浙江省高职院校“十四五”重点立项建设教材

高等职业教育（本科）机电类专业系列教材

轴类零件制造

主　编　方钢强　娄岳海

副主编　黄金永　王循明

参　编　蒋守林　吴文进　邹菊花　潘晓东

主　审　周纯江

机械工业出版社

本书是浙江省高职院校“十四五”重点立项建设教材，依据《轴类零件制造课程标准》编写，充分体现了项目课程的设计思想，以选自企业实际生产的轴类零件为载体，按企业实际制造轴类零件的工艺过程组织教学内容，培养学生完整、合理地编制轴类零件机械加工工艺规程、进行质量检测与质量分析的应用能力。本书主要内容包括：导论、传动轴零件的工艺过程设计、传动轴零件加工设备的选择、传动轴零件主要工装的选择、传动轴零件工艺规程编制、主轴零件的工艺过程设计、主轴零件精加工设备的选择、主轴零件主要工装的选择与设计、主轴零件的工艺规程编制、主轴零件的质量检测与质量分析。

本书可作为高等职业院校、职业本科院校机械类专业的教学用书，也可供相关行业工程技术人员参考。

本书配有电子课件，凡使用本书作为授课教材的教师可登录机械工业出版社教育服务网 www.cmpedu.com，注册后免费下载。咨询电话：010-88379375。

图书在版编目（CIP）数据

轴类零件制造 / 方钢强，娄岳海主编. -- 北京 : 机械工业出版社，2025. 2. --（高等职业教育（本科）机电类专业系列教材）. -- ISBN 978-7-111-77500-3

Ⅰ. TG519. 5

中国国家版本馆 CIP 数据核字第 2025S130Y2 号

机械工业出版社（北京市百万庄大街 22 号　邮政编码 100037）

策划编辑：刘良超　　责任编辑：刘良超

责任校对：樊钟英　梁　静　　封面设计：张　静

责任印制：常天培

固安县铭成印刷有限公司印刷

2025 年 4 月第 1 版第 1 次印刷

184mm×260mm · 20.75 印张 · 510 千字

标准书号：ISBN 978-7-111-77500-3

定价：65.00 元

电话服务

客服电话：010-88361066

010-88379833

010-68326294

网络服务

机　工　官　网：www.cmpbook.com

机　工　官　博：weibo.com/cmp1952

金　书　网：www.golden-book.com

机工教育服务网：www.cmpedu.com

前 言

为深化高等职业教育教学改革，探索工学交替、任务驱动、项目导向、顶岗实习等有利于增强学生岗位职业能力的教学模式，加强高等职业院校和职业本科院校学生实践能力和职业技能的培养，浙江机电职业技术大学机械制造及自动化专业作为国家示范性高职院校重点建设专业、国家“双高计划”建设专业群核心专业，与行业、企业专家合作，建立了以机械制造工艺实施为主线的课程体系。本书依据《轴类零件制造课程标准》编写，是机械制造及自动化专业核心课程系列教材之一。

本书主要介绍轴类零件制造的相关知识和技能，目标是让学生掌握轴类零件加工的工艺过程设计、设备选择、主要工装的选择与设计、工艺规程的编制和操作、质量检测与质量分析等基本职业能力。

本书具有以下特点：

1）本书充分体现了项目课程的设计思想。本书以轴类零件为载体，以轴类零件制造项目为导向，以完成轴类零件加工任务为驱动，按企业实际制造轴类零件的工艺过程组织教学内容，培养学生完整、合理地编制轴类零件机械加工工艺规程、进行质量检测与质量分析的应用能力。

2）本书编排形式遵循项目课程的原理。本书按照轴类零件制造工艺流程组织教学内容，循序渐进、由易到难；在项目的基础上进一步细分模块，体现内容的连续性和完整性，便于学生掌握并应用轴类零件制造知识。

3）本书突出了对学生综合职业能力的训练。每个项目首先明确教学目标，每个模块包括教学目标、案例分析、相关知识和思考与练习环节，既易懂易学，又符合生产实际。理论知识和技能的选取紧紧围绕轴类零件制造工作任务，同时充分考虑了高等职业教育对理论知识的要求，并融合了机械制造工艺师职业资格标准对知识、技能和素质的要求。

4）本书反映了产业发展的“新技术、新工艺、新规范、新标准”。本书融合互联网新技术，创新教材形态，将课程资源嵌入教学内容中，以适应信息化教学和响应制造强国战略。

5）本书积极贯彻党的二十大精神，坚持教书和育人相统一，凝炼素养提升元素，落实立德树人根本任务，培养德智体美劳全面发展的社会主义建设者和接班人，培养学生的自主创新意识，弘扬大国工匠精神，激发学生的爱国热情。

本书由浙江机电职业技术大学方钢强、娄岳海任主编，黄金永、王循明任副主编，蒋守林、吴文进、邹菊花、潘晓东参与了本书编写，全书由方钢强统稿。本书分九个项目，其中项目一由黄金永、吴文进编写，项目二由黄金永、蒋守林编写，项目三、项目四由方钢强编写，项目五、项目六、项目七由娄岳海编写，项目八由王循明、邹菊花编写，项目九由王循明、潘晓东编写。本书由浙江机电职业技术大学周纯江主审。

本书在编写过程中得到了浙江联强数控机床股份有限公司和杭州前进齿轮箱集团有限公司的大力支持，在此表示衷心感谢。

由于编者水平有限，书中疏漏之处在所难免，恳请广大读者批评指正。

编　者

目 录

导论

一、课程性质

课程说课

本课程是一门实践性、综合性、灵活性较强的专业技术课程。本课程主要介绍轴类零件制造的相关专业技术知识，目标是让学生在掌握普通传动轴零件加工的基本知识和基本技能的基础上，培养精密主轴零件的切削加工、设备选择、主要工装的选择与设计、工艺规程的编制、质量检测与分析等基本职业能力。本课程要在学习完机械制图、机械设计基础、产品几何技术规范基础、数控编程实训等课程，并具备机械加工中级工水平后开设，是进一步学习复杂件制造、现代夹具技术等课程的基础。

二、课程内容

本课程打破了以知识传授为主要特征的传统学科课程模式，转变为以企业实际生产的机床轴类零件为载体，以完成轴类零件制造任务为中心，按企业制造轴类零件的整个工艺过程组织课程内容。为此，我们选取了某公司生产的 GH1640-30214A、LK32-20207 等轴类零件作为项目案例（图 0-1、图 0-2），按照轴类零件加工工艺流程依次排列项目。本课程主要内容包括传动轴零件的工艺过程设计、传动轴零件加工设备的选择、传动轴零件主要工装的选择、传动轴零件工艺规程编制、主轴零件的工艺过程设计、主轴零件精加工设备的选择、主轴零件主要工装的选择与设计、主轴零件的工艺规程编制、主轴零件的质量检测与质量分析。每个项目又细分为多个模块，每个模块首先提出要求达到的教学目标，接着以轴类零件作为案例进行详细分析，然后围绕轴类零件加工工作任务完成的需要提供相关知识、技能及针对性练习等，并融合了机械制造工艺师职业资格证书对知识、技能和素质的要求。

三、课程目标

本课程的目标是：使学生掌握轴类零件机械加工工艺编制与实施过程中的工艺分析、毛坯选择、工艺过程设计、加工设备选择、主要工装选用与设计、工艺规程制订、质量检测与质量分析等相关知识和能力，初步具备轴类零件工艺实施的基本职业能力；同时培养学生熟练运用手册、图表等技术资料的能力和实践能力、善于沟通和合作的团队精神、强烈的社会责任感和担当精神、良好的职业道德和精益求精的工匠精神。

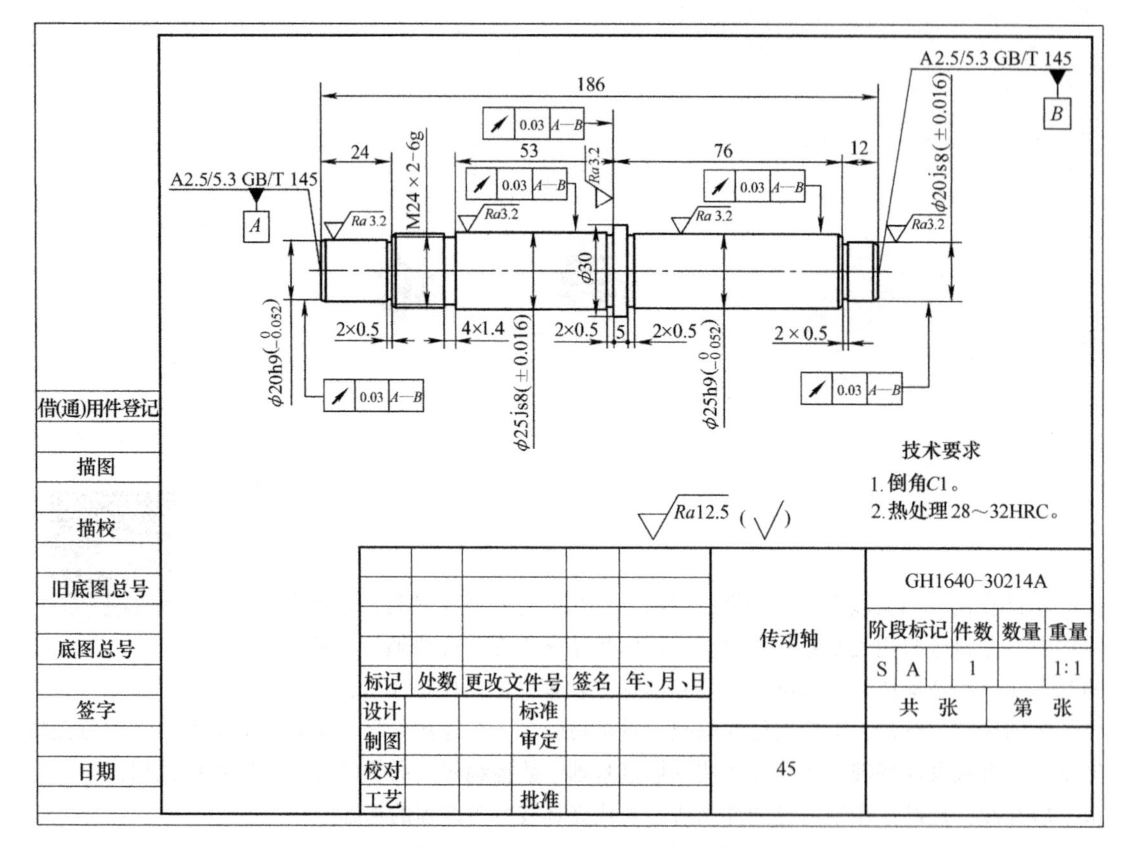

图 0-1 GH1640-30214A 传动轴

四、教学建议

学习本课程的目的在于应用，在于提高机械加工工艺水平。因此，在教学中要注重理论联系实际，不断总结提高。教学需通过校企合作、校内外实训基地来实施，课堂与实习地点一体化。教学活动设计需安排学生到工业母机制造企业或轴类零件制造企业顶岗实习，使学生走入真实的工作岗位，身处真实的生产现场，在专业教师或企业指导老师的现场讲解、指导、示范下，上机加工传动轴零件，观摩、熟悉主轴零件的整个生产流程；有条件的院校可安排学生独立操作主轴零件的若干加工工序，教、学、做相结合，增强学生的实际操作能力。教学过程中，要应用多媒体、视频，利用金工实训室、工艺装备展示室、组合夹具与虚拟设计实训室、工艺及创新实训室等校内实训基地，构建职业情境，以营造有利于学生学习的环境，培养学生的综合职业能力。

五、教学评价

教学评价应采用阶段评价、过程性评价与目标评价相结合的形式，加强实践性教学环节的考核，注重学生动手能力和实践中分析问题、解决问题能力的考核。结合案例分析、实际操作等手段，充分发挥学生的主动性和创造力，注重考核学生的综合职业能力及水平，引导学生进行学习方式的改变。

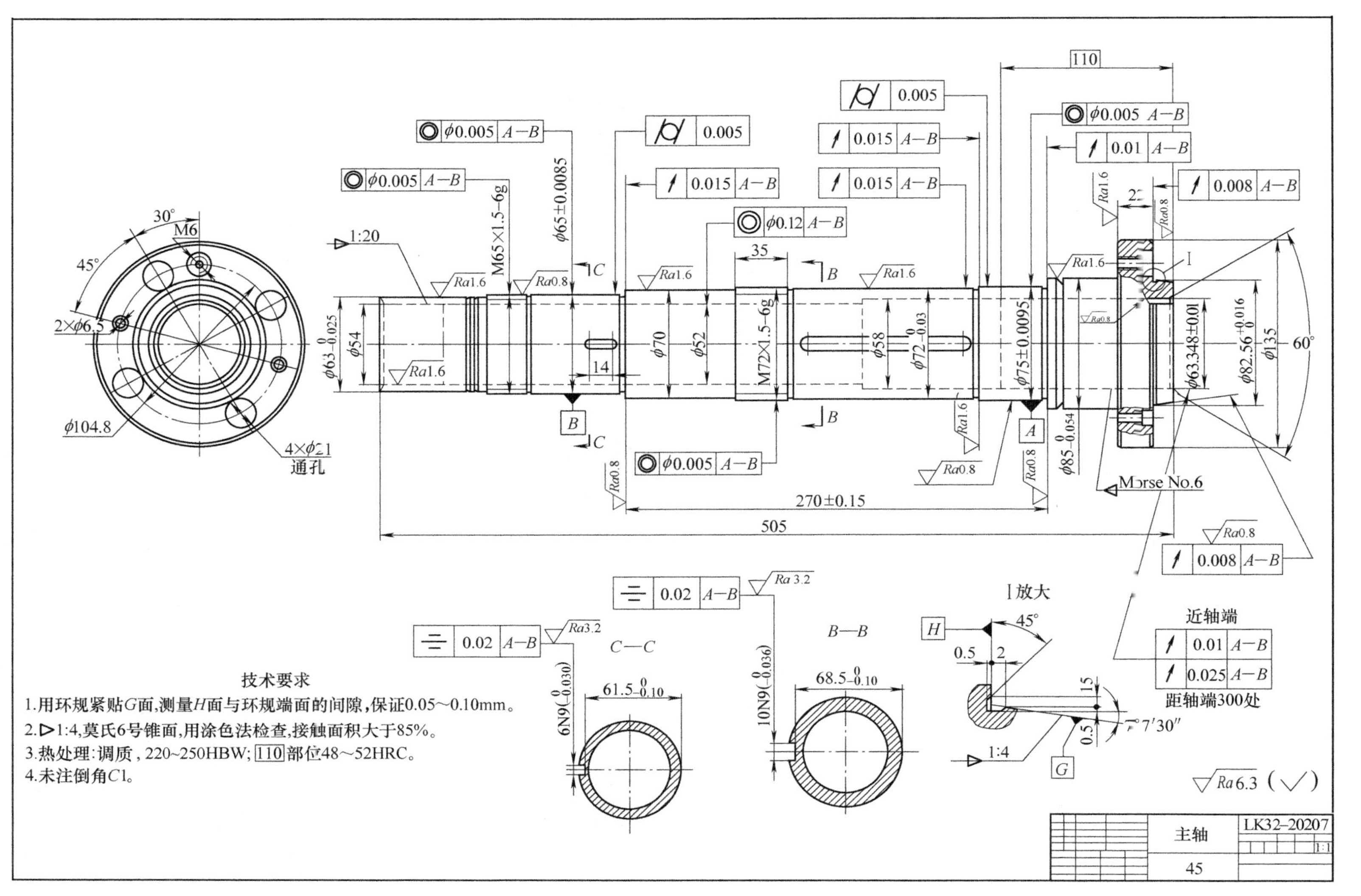

图 0-2 LK32-20207 主轴平面图

项目一

传动轴零件的工艺过程设计

【教学目标】

最终目标：能根据传动轴零件的结构工艺、技术要求进行毛坯的选择。

促成目标：

1）能识读和审查图样。

2）能分析传动轴的功用、结构、尺寸、技术要求、工艺性等。

3）熟悉传动轴的常用材料。

4）会选用传动轴毛坯。

微课视频（1）

微课视频（2）

微课视频（3）

模块一　传动轴零件的工艺分析

一、教学目标

最终目标：能对传动轴零件进行机械加工工艺性分析和技术要求分析。

促成目标：

1）会识读传动轴零件图。

2）能对传动轴零件进行机械加工工艺性分析。

3）能对传动轴零件进行技术要求分析。

二、案例分析

根据图 0-1 所示的传动轴零件图的相关信息，对 GH1640-30214A 传动轴进行加工分析。在对零件图进行分析时，从零件图中获得的信息主要有零件材料、零件结构、热处理状况、每台（套）的零件数量、最大尺寸、尺寸精度、形状和位置精度、表面粗糙度及其他特殊要求等。

传动轴分析如下：

零件图分析

1）零件材料为45钢，毛坯可采用型钢（钢板）、锻件或铸件等。

2）零件的结构是圆形棒状的、中间大两端小，适合采用型（圆）钢和锻件。

3）零件的热处理状况为28~32HRC（调质处理），由于零件中间的最大尺寸和两端的最小尺寸之间只相差10mm，因此热处理应在粗加工前完成。一般情况下，加工余量较少时，热处理在粗加工之前完成；加工余量较大时，热处理在粗加工之后完成。

4）每台（套）零件数为1件，根据生产类型来编制加工工艺。

5）零件的最大尺寸，直径为ϕ30mm，长度为186mm，因此可以选用ϕ32mm×190mm的圆钢材料，且在卧式车床上就能加工。

6）零件的尺寸精度，最小的外圆直径公差为0.032mm，圆柱的长度为53mm，零件加工相对较简单。

7）在形状和位置精度方面，有几何公差要求的各表面，其基准都为两端中心孔，即基准统一，加工较简单，并且圆跳动公差为0.03mm，在车床上车削、在磨床上磨削加工都能达到要求。

8）对于表面粗糙度，零件各表面的表面粗糙度值最小为Ra3.2μm，车削加工就可达到要求。

9）对于其他特殊要求，零件未做具体的规定。

三、相关知识

1. 轴类零件的功用

轴是组成机械结构的一个重要零件，它支承着其他做旋转运动的零件（如齿轮、带轮等）回转并传递运动和动力，同时，它又通过轴承（滚动轴承和滑动轴承）和机架连接。所有轴上的零件都围绕轴线做回转运动，形成了一个以轴为基准的组合体——轴系部件。在轴的设计中，不能只考虑轴本身，还必须和轴系零部件的整个结构密切联系起来。

2. 轴类零件的结构与类型

轴的结构取决于受载情况，轴上零件的布置和固定方式、轴承的类型和尺寸，轴的毛坯、制造和装配工艺及安装、运输等条件。设计轴的结构时应注意尽量减少应力集中、使受力合理、要有良好的工艺性，并使轴上各零件定位可靠、装拆方便。对于要求刚度大的轴，还应在结构上考虑减小轴的变形。一般轴类零件的结构为中间大、两端小。

根据轴所承受的载荷不同，轴可分为以下三类。

（1）心轴　工作时只承受弯曲作用的轴称为心轴。心轴又分固定心轴和转动心轴两种。图1-1a所示的滑轮轴为固定心轴，即当滑轮转动时，其轴固定不动。图1-1b所示的火车轮轴为转动心轴，即其轴与轮用过盈配合固定在一起，轴与轮一起转动。

（2）传动轴　工作时只承受扭转作用的轴称为传动轴。

（3）转轴　工作时同时承受扭转和弯曲作用的轴称为转轴。图1-2所示的减速器输出轴

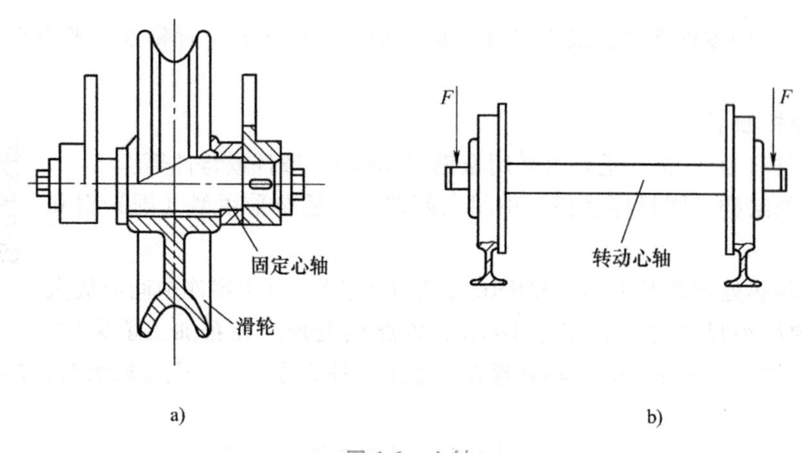

图 1-1 心轴

a) 滑轮轴 b) 火车轮轴

即为转轴。转轴是机械中最常见的轴。

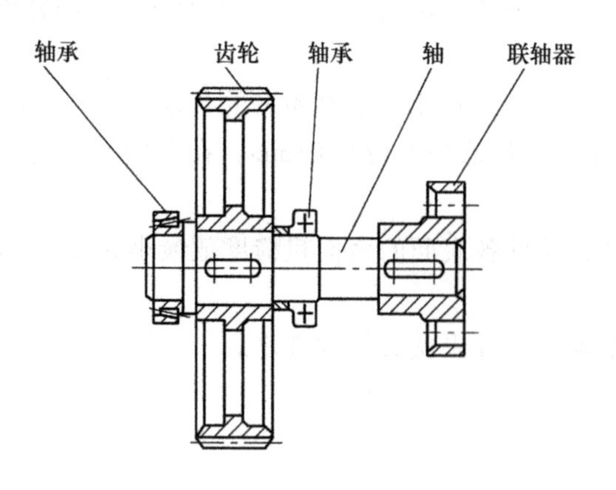

图 1-2 减速器输出轴

根据轴的轴线形状的不同，轴可分为直轴（图 1-1 和图 1-2）、曲轴（图 1-3）和软轴（图 1-4）。

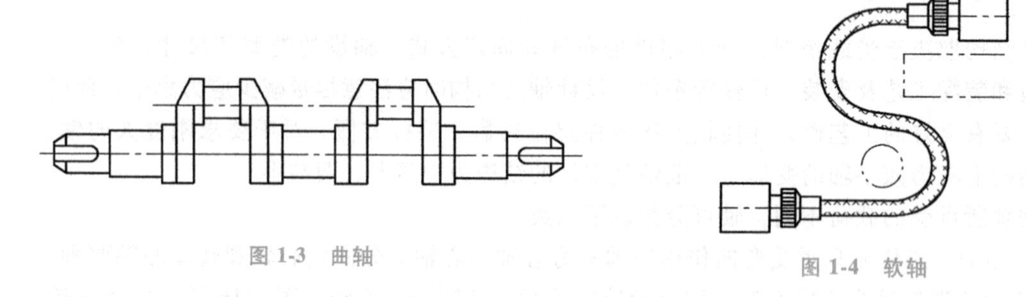

图 1-3 曲轴

图 1-4 软轴

四、思考与练习

传动轴零件的图样分析的主要内容是什么？

模块二　传动轴零件的毛坯选择

一、教学目标

最终目标：能根据传动轴零件的结构特点、技术要求合理选择毛坯。

促成目标：

1）能选择传动轴的材料。

2）能确定毛坯形状和尺寸，并下料。

二、案例分析

轴类零件常用的材料一般是 35 钢、45 钢、50 钢等优质碳素结构钢，最常用的是 45 钢。对于轴类零件的毛坯，常用的有下料件、锻件和铸件等。根据零件的不同要求和生产纲领，可选择不同的零件毛坯。

若图 0-1 所示的传动轴的生产数量为 30 件，则属于小批量生产，这个数量一般由公司的生产计划来确定。

零件的结构是圆形棒状的，并且中间大、两端小，毛坯适合采用型钢（圆）或锻件。零件的最大直径为 ϕ30mm，长度为 186mm，可以选用圆钢；中间 ϕ30mm 的直径长度为 5mm，也可采用圆钢材料。

零件毛坯确定为下料件，选择用 ϕ32mm 的圆钢，材料为 45 钢。

三、相关知识

1. 轴类零件的材料

轴类零件常用的材料一般是 35 钢、45 钢、50 钢等优质碳素结构钢，最常用的是 45 钢。对于受载较小或不太重要的轴，也可用 Q235、Q275 等普通碳素结构钢。根据承受力的大小或轴的重要性，也可选一些低合金钢，如 40Cr、20CrMnTi 等。45 钢是中碳钢，取材广泛，规格齐全，热处理简单，价格实惠，是轴类零件的首选材料。40Cr 钢是中碳低合金钢，取材也很广，规格齐全，但价格比 45 钢稍贵，且其热处理需要油冷，而在相对条件下，其强度等各方面的性能要比 45 钢强，可在要求较高的情况下选用。20CrMnTi 是低碳合金钢，其含碳量低，一般是渗碳钢的首选材料。经渗碳淬火处理后，零件表面变硬，但内部韧性好，一般用于外表面有耐磨要求的轴类零件。

轴类零件根据要求还可选用球墨铸铁和一些高强度铸件。

2. 轴类零件的常用毛坯

对于轴类零件的毛坯，常用的有下料件、锻件和铸件等。应根据零件的不同要求和生产纲领，选择不同的零件毛坯。

1）下料件。下料件可直接从圆钢上截下，是最简单、最容易获得的毛坯。

2）锻件。锻件是将型钢加热后，通过锻打获得的；它的晶粒得到细化，材料组织更紧密。

3）铸件。铸件用于形状较复杂的零件。

四、思考与练习

分析比较轴类零件各类毛坯的优点和缺点。

毛坯的选择　　毛坯的选择

(1)　　(2)

大国工匠——夏立

夏立是中国电子科技集团公司第五十四研究所钳工，高级技师，担任航空、航天通信天线装配责任人。作为一名钳工，在博士扎堆儿的研究所里毫不显眼，但是博士工程师设计出来的图样能不能落到实处，都要听听他的意见。几十年的时间里，夏立天天和半成品通信设备打交道，在生产、组装工艺方面，夏立攻克了一个又一个难关，创造了一个又一个奇迹。

上海65m射电望远镜要求灵敏度高、指向精确，其核心部件方位俯仰控制装置的齿轮间隙要达到0.004mm以内。完成这个“不可能的任务”的，就是有着几十年钳工经验的夏立。作为通信天线装配责任人，夏立还先后承担了“天眼”射电望远镜、嫦娥四号卫星、索马里护航军舰、“9·3”阅兵参阅方阵上通信设施的卫星天线预研与装配、校准任务。

“工匠精神就是坚持把一件事做到最好。”夏立是这么说的，也是如此坚持的。脚踏实地，知行合一，大国工匠，实至名归！

项目二

传动轴零件加工设备的选择

一、教学目标

最终目标：熟悉车削加工方法，会选择合适的车床用于传动轴零件的加工。

促成目标：

1）掌握工件表面的成形方法。

2）掌握车削用量三要素及切削速度计算公式。

3）掌握金属切削机床型号的编制方法。

4）掌握卧式车床的组成及其主要功用。

二、案例分析

根据图 0-1 的技术要求，且零件加工数量少，用卧式车床直接加工就能达到要求，暂定为卧式车床加工。

微课视频（1）

微课视频（2）

三、相关知识

金属的切削加工是利用刀具和工件之间的相对运动切除毛坯上多余金属，进而形成一定形状、尺寸和质量的表面，以获得所需的机械零件。

（一）工件表面的成形方法

（1）零件表面的形状　各种机器零件的形状虽多，但分析起来都不外乎是由平面、圆柱面、圆锥面及成形面所组成，如能加工出这几种典型表面，也就可以组合出各种常见形状的表面了。

平面是以直线为母线，以直线为运动轨迹（导线），做平移运动时所形成的表面（图 2-1a）。

圆柱面和圆锥面是以某一直线为母线，以圆为运动轨迹（导线），做旋转运动时所形成的表面（图 2-1b、c）。

成形面是以曲线为母线，以圆或直线为运动轨迹（导线），做旋转或平移运动时所形成的表面（图 2-1d、e）。

（2）零件表面的成形运动　切削时，机床使刀具和工件之间产生相对运动，运动的作

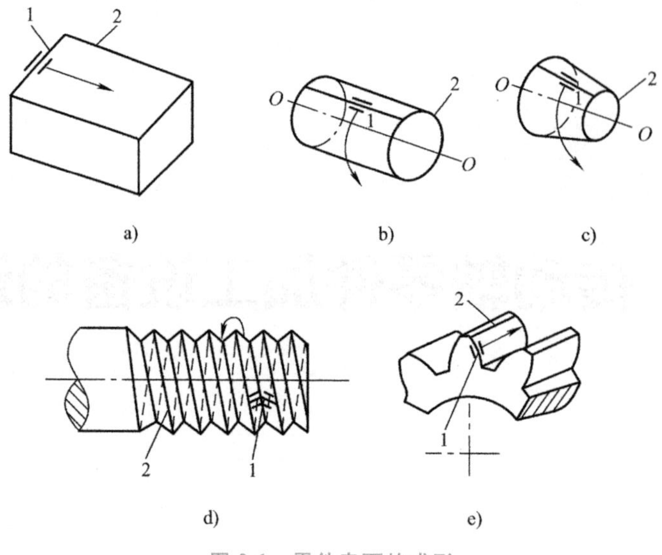

图 2-1 零件表面的成形

1—母线 2—导线

用首先是把毛坯切削成要求的形状。因而，若从几何成形的角度分析刀具与工件之间的相对运动，可称为成形运动。

分析成形运动时，可以把几何学中各种表面的形成规律和切削时刀具与工件之间的相对运动的关系加以联系，如图 2-2 所示。

图 2-2a 是刨削平面示意图，刨刀的往复运动（Ⅰ）可视为直母线；工件的平行移动（Ⅱ）的轨迹所形成的直线可视为导线。

图 2-2b 是铣削平面示意图，铣刀上每个刀尖的旋转运动（Ⅰ）所形成的圆（忽略进给运动，可近似地看成圆）可视为母线，当工件水平移动（Ⅱ）时，这一系列的圆就包络出要求的平面来。展成法加工齿形时，渐开线表面也是包络而成的。

图 2-2c 是车削外圆示意图，刀尖沿工件轴线方向平行移动（Ⅰ）的轨迹所形成的直线可视为母线，工件旋转运动（Ⅱ）时所形成的圆轨迹可视为导线。

图 2-2d 是用普通车刀车削成形面的示意图，车刀沿曲线（Ⅰ）的轨迹所形成的曲线可视为曲线母线。有时，母线可由刀具切削刃的形状直接体现。工件旋转运动（Ⅱ）时所形成的圆轨迹可视为导线。

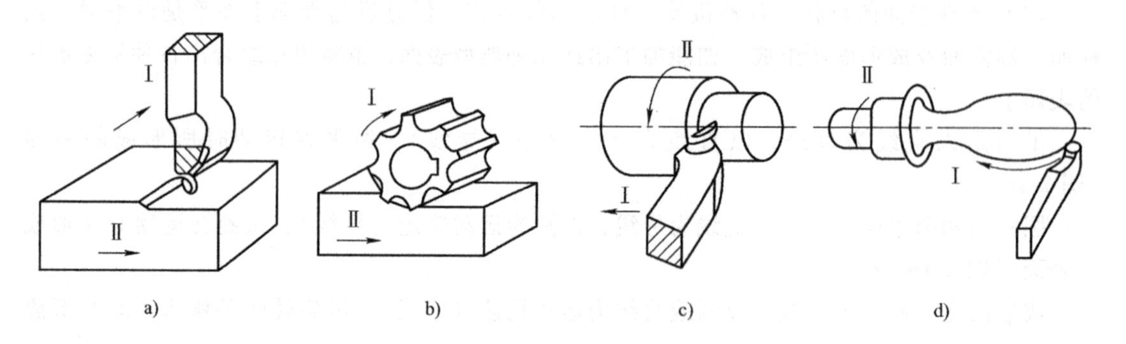

图 2-2 零件表面的成形运动

（3）零件表面的切削运动　从几何成形的角度出发分析刀具与工件之间的相对运动，目的是把相对运动与形成零件表面联系起来。当我们分析一台具体的机床上能够切削出哪些类型的零件（如轴、箱体）及哪些类型的表面（如外圆、平面）时，就要考虑机床能够使工件和刀具产生哪些切削运动，如图 2-3 所示。

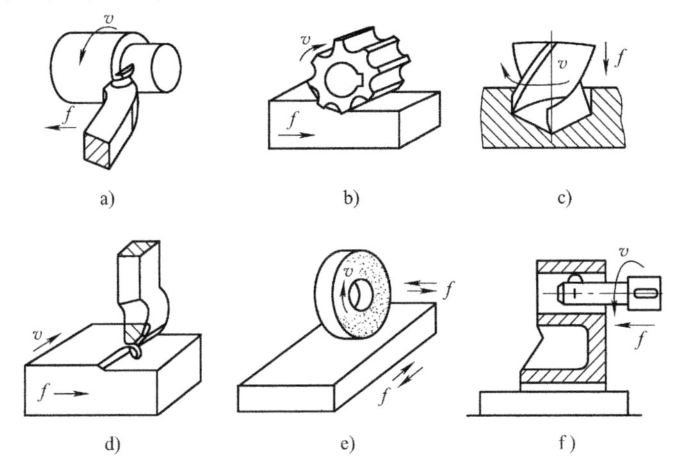

车削加工

图 2-3　几种主要切削运动形式

a）车削　b）铣削　c）钻削　d）刨削　e）外圆磨削　f）镗削

v—主运动　f—进给运动

根据在切削过程中所起的作用来区分，切削运动分为主运动（v）和进给运动（f）。

1）主运动。主运动是切下切屑所需要的最基本的运动，也是切削运动中速度最高、消耗功率最多的运动。如车削外圆时工件的旋转，钻削、铣削和磨削时刀具的旋转，牛头刨床刨削时刀具的直线运动。

2）进给运动。进给运动是使刀具不断地对金属层进行切削，从而切削出完整表面所需要的运动。如车削外圆时刀具沿工件轴向的直线移动，牛头刨床刨平面时工件横向的直线移动。

应该注意：切削过程中主运动只有一个，进给运动可以多于一个。例如，车外圆时，要有纵向进给；磨削外圆时，除纵向进给外，还有圆周进给，才能切出完整的外圆表面。主运动和进给运动可由刀具或工件分别完成，也可由刀具单独完成（例如在钻床上钻孔，主运动和进给运动可以是旋转运动，也可以是直线运动）。

（二）切削要素

（1）切削时产生的表面　在切削运动作用下，工件上的切削层不断地被刀具切削并转变为切屑，从而加工出所需要的工件新表面。工件在切削过程中形成了三个不断变化着的表面，如图 2-4 所示。

1）待加工表面——工件上即将被切去切屑的表面。

2）已加工表面——工件上已切去切屑的表面。

3）过渡表面——工件上正被切削刃切削的表面。

（2）切削用量　切削用量包括切削速度、进给量和背吃刀量，称为切削三要素。它们是表示主运动和进给运动最基本的物理量，是切削加工前调整机床运动的依据，并对加工质

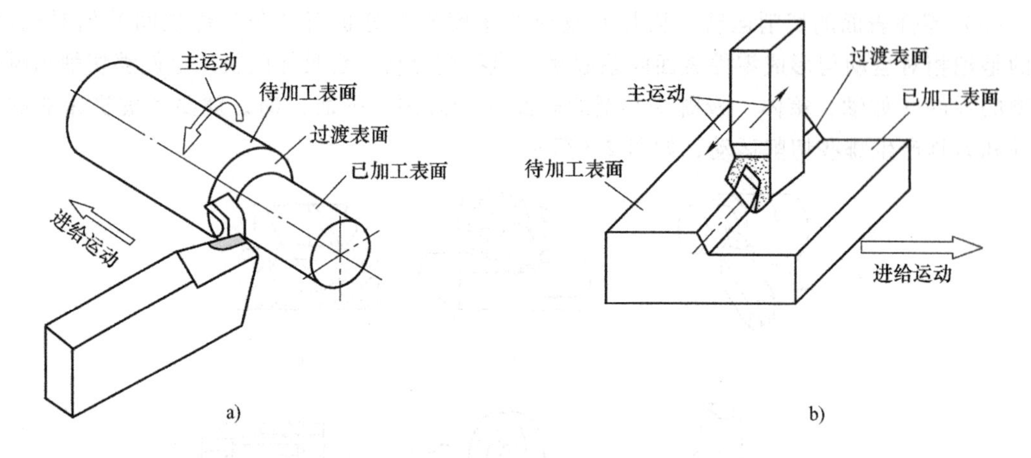

图 2-4 切削时产生的表面

a）车削时产生的表面 b）刨削时产生的表面

量、生产率及加工成本都有很大影响。

1）切削速度 v_c。即在单位时间内，工件和刀具沿主运动方向相对移动的距离。如主运动为旋转运动时，切削速度（单位：m/min）计算式为

$$v_c = \pi d_w n/1000 \tag{2-1}$$

式中 d_w——工件待加工表面或刀具的最大直径（mm）；

n——工件或刀具每分钟转数（r/min）。

如主运动为往复直线运动，则其平均切削速度（单位：m/min）计算式为

$$v_c = 2Ln_r/1000 \tag{2-2}$$

式中 L——往复直线运动的行程长度（mm）；

n_r——主运动每分钟的往复次数，即行程数（str/min）。

2）进给量 f。即在主运动的一个循环（或单位时间）内，刀具和工件之间沿进给运动方向相对运动的距离。

车削时，工件每转一转，刀具移动的距离就是进给量，单位为 mm/r。

刨削时，刀具往复一次，工件移动的距离就是进给量，单位是 mm/str。

对于铣刀、铰刀、拉刀等多齿刀具，还规定每刀齿进给量 f_z，单位是 mm/z。

进给速度、进给量和每齿进给量之间的关系为

$$v_f = nf = nzf_z \tag{2-3}$$

3）背吃刀量 a_p。即待加工表面和已加工表面之间的垂直距离。

车削时，背吃刀量的计算式为

$$a_p = \frac{d_w - d_m}{2} \tag{2-4}$$

式中 d_w——工件待加工表面的直径（mm）；

d_m——工件已加工表面的直径（mm）。

切削用量是机械加工中最基本的工艺参数。切削用量的选择，对于机械加工质量、生产率和刀具的使用寿命有着直接而重要的影响。切削用量的选择取决于刀具材料、工件材料、

工件表面加工余量、加工精度和表面粗糙度要求、生产方式等，可查阅《切削加工手册》。

（三）金属切削机床的分类

金属切削机床简称为机床，是用切削刀具对工件进行切削加工的机器。

机床的分类方法较多，最基本的是按机床的加工方法和所用刀具及其用途划分为 11 大类：车床、钻床、镗床、刨插床、铣床、磨床、拉床、齿轮加工机床、螺纹加工机床、锯床和其他机床。其中最基本的机床是车床、铣床、钻床、刨床和磨床。

除以上基本分类方法外，还可按机床的万能性、加工精度及自动化程度等进行分类。

按照机床的万能性，机床可分为通用机床、专门化机床、专用机床。通用机床适用于单件小批生产，可以加工一定尺寸范围内的各种类型的零件，并可完成多种工序，加工范围较广，但其传动与结构比较复杂，如卧式车床、万能铣床等。专门化机床的生产率比通用机床高，但使用范围比通用机床窄，只能加工一定尺寸范围内的某一类（或少数几类）零件，完成某一种（或少数几种）特定工序，如凸轮轴车床、精密丝杠车床等。专用机床的生产率、自动化程度都比较高，但使用范围最窄，通常只能完成某一特定零件的特定工序，如汽车、拖拉机制造中大量使用的各种组合机床等。

按照机床的加工精度不同，机床可分为普通精度机床、精密机床及高精度机床。

按照机床的质量和尺寸不同，机床可分为仪表机床、中型机床、大型机床、重型机床（质量在 30t 以上）及超重型机床（质量在 100t 以上）。

按照机床的自动化程度，机床可分为手动、机动、半自动和自动机床。

此外，机床还可按照主要功能部件（如主轴等）的数目等进行分类。

（四）金属切削机床型号的编制方法

我国的机床型号现在是按国家标准 GB/T 15375—2008《金属切削机床　型号编制方法》编制的。此标准规定，机床型号由汉语拼音字母和数字按一定的规律组合而成，它适用于各类通用机床和专用机床（不包括组合机床）。下面对通用机床型号的编制方法做简要介绍。

通用机床的型号主要表示机床类型、特性、组别、主参数及重大改进顺序等，如型号 CF6140 表示最大车削直径为 400mm 的卧式仿形车床。

通用机床的型号表示方式如图 2-5 所示。

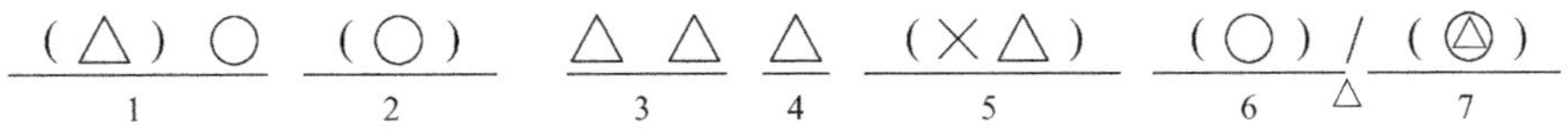

(△) ○　(○)　△　△　△　(×△)　(○) / (◎)

1　2　3　4　5　6　△　7

图 2-5　通用机床的型号表示方式

其中，“○”为大写汉语拼音字母；“△”为阿拉伯数字；“◎”表示既有汉语拼音字母，又有阿拉伯数字。有“( )”的代号或数字，无内容时可以不写，有内容时不带括号。

（1）机床的类别代号（表 2-1）　机床的类是以机床名称的汉语拼音的第一个大写字母表示。当需要时，每一类又可分为若干分类。分类代号用阿拉伯数字表示，置于类别代号之前，居型号首位，但第一分类不予表示。如磨床类的三个分类应表示为 M、2M、3M。

（2）机床的特性代号（表 2-2）

表 2-1 机床的类别代号

类	车床	钻床	镗床	磨床			齿轮加工机床	螺纹加工机床	铣床	刨插床	拉床	锯床	其他机床
代号	C	Z	T	M	2M	3M	Y	S	X	B	L	G	Q
读音	车	钻	镗	磨	二磨	三磨	牙	丝	铣	刨	拉	割	其

1）通用特性代号。如某类型机床具有表 2-2 中所列的某种通用特性时，在类代号之后加上相应的通用特性代号，如 CM6132 型精密卧式车床型号中的“M”表示通用特性为“精密”。若某类型机床只有某种通用特性，而无普通型时，则此通用特性代号不必表示，如 C1312 型单轴转塔自动车床。

2）结构特性代号。为了区别主参数相同而结构不同的机床，在型号中用汉语拼音字母的大写区分，并排列在通用特性代号之后。如 CA6140 型卧式车床型号中的“A”为结构特性代号，表示 CA6140 型卧式车床在结构上有别于 C6140 型卧式车床。

为避免混淆，通用特性代号已用的字母和字母“I”“O”不能用作结构特性代号。可用作结构特性代号的字母有：A、D、E、L、N、P、T、Y，也可将这些字母中的两个组合起来表示，如 AD、AE 等。

表 2-2 机床的通用特性代号

通用特性	高精度	精密	自动	半自动	数控	加工中心自动换刀	仿形	轻型	加重型	柔性加工单元	数显	高速
代号	G	M	Z	B	K	H	F	Q	C	R	X	S
读音	高	密	自	半	控	换	仿	轻	重	柔	显	速

（3）机床的组、系代号（表 2-3） 每类机床按其用途、性能、结构相近或有派生关系，分为 10 个组，每个组又分 10 个系列。机床的组、系代号用两位阿拉伯数字分别表示，第一位数字表示组别，第二位数字表示系别，位于类代号或通用特性代号（或结构特性）之后。例如，CM6132 中的“6”表示落地及卧式车床组，“1”表示卧式车床系。

表 2-3 金属切削机床组、系代号

组别	0	1	2	3	4	5	6	7	8	9
车床 C	仪表小型车床	单轴自动车床	多轴自动、半自动车床	回轮、转塔车床	曲轴及凸轮轴车床	立式车床	落地及卧式车床	仿形及多刀车床	轮、轴、辊、锭及铲齿车床	其他车床
钻床 Z	—	坐标镗钻床	深孔钻床	摇臂钻床	台式钻床	立式钻床	卧式钻床	铣钻床	中心孔钻床	—
镗床 T	—	—	深孔镗床	—	坐标镗床	立式镗床	卧式铣镗床	精镗床	汽车、拖拉机修理用镗床	—

（续）

组别		0	1	2	3	4	5	6	7	8	9
磨床	M	仪表磨床	外圆磨床	内圆磨床	砂轮机	坐标磨床	导轨磨床	刀具刃磨床	平面及端面磨床	曲轴、凸轮轴、花键轴及轧辊磨床	工具磨床
磨床	2M	—	超精机	内圆研磨机	外圆及其他研磨机	抛光机	砂带抛光及磨削机床	刀具刃磨及研磨机床	可转位刀片磨削机床	研磨机	其他磨床
磨床	3M	—	球轴承套圈沟磨床	滚子轴承套圈滚道磨床	轴承套圈超精机床	—	叶片磨削机床	滚子加工机床	钢球加工机床	气门、活塞及活塞环磨削机床	汽车、拖拉机修磨机床
齿轮加工机床 Y		仪表齿轮加工机	—	锥齿轮加工机	滚齿及铣齿机	剃齿及研齿机	插齿机	花键轴铣床	齿轮磨齿机	其他齿轮加工机	齿轮倒角及检查机
螺纹加工机床 S		—	—	—	套丝机	攻丝机	—	螺纹铣床	螺纹磨床	螺纹车床	—
铣床 X		仪表铣床	悬臂及滑枕铣床	龙门铣床	平面铣床	仿形铣床	立式升降台铣床	卧式升降台铣床	床身铣床	工具铣床	其他铣床
刨插床 B		—	悬臂刨床	龙门刨床	—	—	插床	牛头刨床	—	边缘及模具刨床	其他刨床
拉床 L		—	—	侧拉床	卧式外拉床	连续拉床	立式内拉床	卧式内拉床	立式外拉床	键槽及螺纹拉床	其他拉床
锯床 G		—	—	砂轮片锯床	—	卧式带锯床	立式带锯床	圆锯床	弓锯床	锉锯床	—
其他机床 Q		其他仪表机床	管子加工机床	木螺钉加工机	—	刻线机	切断机	—	—	—	—

（4）主参数或设计顺序号　主参数是表示机床规格大小及反映机床最大工作能力的一种参数，以机床最大加工尺寸或与此有关的机床部件尺寸的折算值表示，位于组、型代号之后。

各种型号的机床，其主参数的折算系数可以不同。一般来说，对于以最大棒料直径为主参数的自动车床、以最大钻孔直径为主参数的钻床和以额定拉力为主参数的拉床，其折算系数为 1；对于以床身上最大工件回转直径为主参数的卧式车床、以最大工件直径为主参数的绝大多数齿轮加工机床、以工作台工作面宽度为主参数的立式和卧式铣床、绝大多数镗床和磨床，其主参数的折算系数为 1/10；大型立式车床、龙门刨床、龙门铣床的主参数折算系数为 1/100。

对于某些通用机床，当无法用一个主参数表示时，在型号中用设计顺序号表示，设计顺序号由 01 开始。例如某厂设计试制的第五种仪表磨床为刀具磨床，因该磨床无法用主参数表示，故用设计顺序号“05”表示，则此磨床的型号为 M0605。

（5）主轴数或第二主参数　一般是指主轴数、最大跨距、最大工件长度、最大模数、最大车削（磨削、刨削）长度及工作台工作面长度等。它在型号中的表示方法如下：

1）多轴机床的主轴数，以实际的轴数标于型号中的主参数之后，并用“×”分开，读作“乘”。对于单轴机床，可省略，不予表示。

2）当机床的最大工件长度、最大加工长度、工作台工作面长度、最大跨距、最大模数等第二参数变化而引起机床结构产生较大变化时，为了区分，将第二主参数列入型号中表示。凡第二主参数属于长度、深度、跨距、行程等时，折算系数为 1/100；凡属直径、宽度时，用 1/10 折算系数；最大模数、厚度等则折算系数为 1。当折算值大于 1 时，则取整数；当折算值小于 1 时，则取小数点后第一位数，并在前面加“0”。

（6）重大改进顺序号　当机床的性能及结构布局有重大改进，并按新产品重新设计、试制和鉴定后，应在机床型号中加重大改进顺序号，以示区别。重大改进顺序号按改进的次序分别用汉语拼音字母（大写）A、B、C 等表示。例如型号 M7150A 表示工作台工作面宽度为 500mm，经第一次重大改进设计的卧轴矩台平面磨床；型号 CG6125B 中的“B”表示 CG6125 型高精度卧式车床的第二次重大改进。

（7）其他特性代号　用以反映各类机床的特性，用阿拉伯数字或汉语拼音字母或阿拉伯数字与汉语拼音字母组合来表示。

通用机床的型号编制举例，如图 2-6 所示。

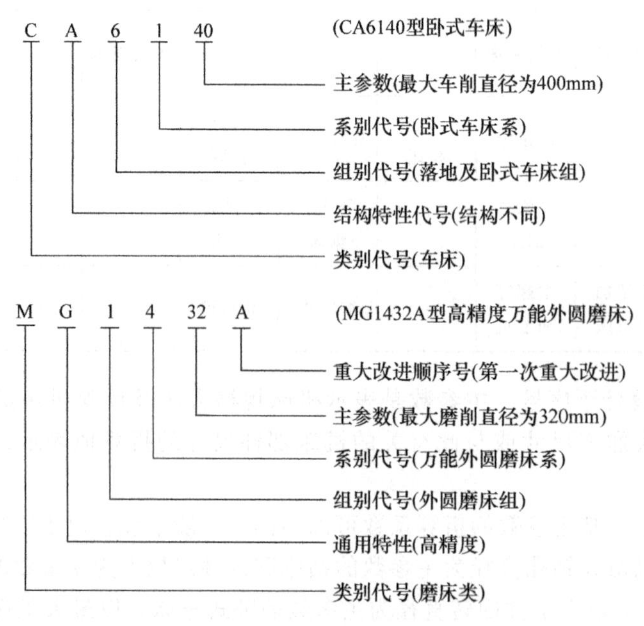

图 2-6　通用机床的型号编制

目前，工厂中仍在使用的几种老型号机床，是按 1959 年以前公布的机床型号编制办法编定的。按规定，以前已定的型号现在不改变。

（五）车床及其种类

车床主要用于车削加工。在车床上可以加工内外圆柱面、圆锥面和成形回转表面；也可以车削端面和环槽，加工各种常用的米制螺纹、寸制螺纹、模数制螺纹和径节制螺纹等。

在一般的机器制造厂中，车床在金属切削机床中所占的比重最大，占金属切削机床总台数的 20%~35%。由此可见，车床的应用是很广泛的，而卧式车床总台数约占车床类机床的 60%。

车床的种类很多，按其用途和结构的不同，主要可分为卧式车床、立式车床、转塔车床、多刀半自动车床、仿形车床及仿形半自动车床、单轴自动车床及多轴自动车床等。

此外，还有专门化车床，如凸轮轴车床、曲轴车床、高精度丝杠车床、车轮车床等。

车床的成形运动有主运动和纵向、横向及车螺纹进给运动。辅助运动有刀具的切入运动，分度、调位及其他各种空行程运动（如装卸、开机、停机、快速趋近、退回等）。

（六）CA6140 型卧式车床（图 2-7）简介

1. 车床的工艺范围

车床的工艺范围很广，它适用于加工各种轴类、套筒类和盘类零件上的回转表面，如内、外圆柱面，圆锥面，环槽及成形回转表面；端面及各种常用螺纹；还可以进行钻孔、扩孔、铰孔和滚花等工艺。

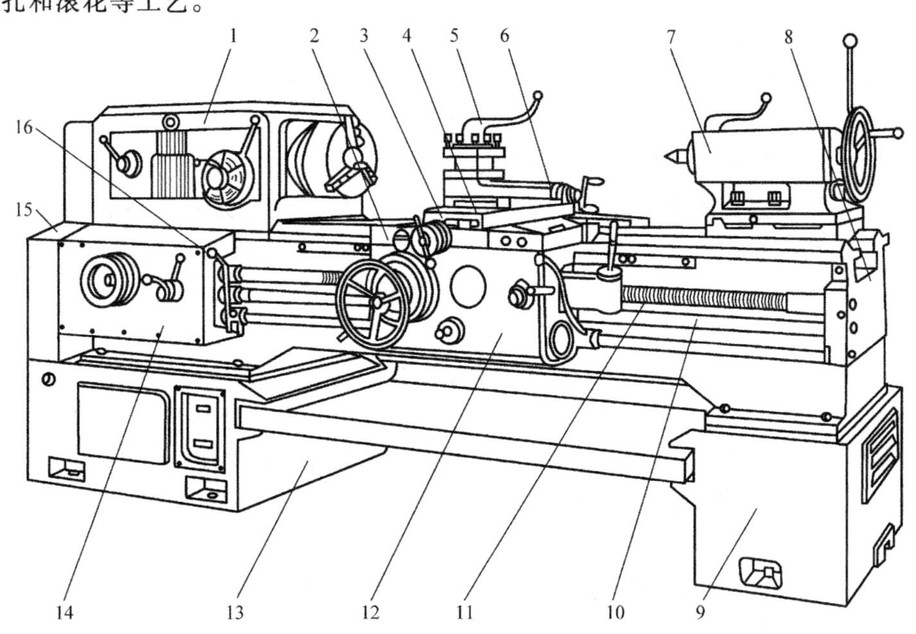

图 2-7　CA6140 型卧式车床外形图

1—主轴箱　2—床鞍　3—中滑板　4—回转盘　5—方刀架　6—小滑板
7—尾座　8—床身　9、13—床腿　10—光杠　11—丝杠　12—溜板箱
14—进给箱　15—交换齿轮架　16—操纵手柄

2. 车床的布局及主要技术性能

由于卧式车床主要加工轴类和直径不太大的盘套类零件，所以采用卧式布局，其主要性能如下：

床身上最大工件回转直径--400mm

最大工件长度--750mm；1000mm；1500mm；2000mm
刀架上最大工件回转直径--210mm
主轴转速：正转　　24 级--10～1400r/min
　　　　　反转　　12 级--14～1580r/min
进给量：纵向　　64 级--0.028～6.33mm/r
　　　　横向　　64 级--0.014～3.16mm/r
车削螺纹范围：米制螺纹　　44 种--$P=1\sim192$mm
　　　　　　　寸制螺纹　　20 种--------------------$\alpha=2\sim24$ 牙/in（1in=25.4mm）
　　　　　　　模数制螺纹　　39 种--$m=0.25\sim48$mm
　　　　　　　径节制螺纹　　37 种--$DP=1\sim96$ 牙/in
主电动机功率：--7.5kW

3. 车床的主要组成部件

CA6140 型卧式车床主要由主轴箱、进给箱、溜板箱、床鞍、尾座、床身、中滑板、小滑板、回转盘、方刀架、左右床腿、光杠、丝杠、交换齿轮架、操纵手柄等部分构成。

（1）主轴箱　主轴箱 1（俗称为床头箱或主变速箱）固定在床身 8 的左端。其内装有主轴和变速、换向机构，由电动机经变速机构带动主轴旋转，实现主运动，并获得所需转速及转向。主轴前端可安装自定心卡盘、单动卡盘等夹具，用以装夹工件。

（2）床鞍　床鞍 2（俗称为大拖板）位于床身 8 的中部，可带动中滑板 3、回转盘 4、小滑板 6 和方刀架 5 沿床身上的导轨做纵向进给运动。

（3）溜板箱　溜板箱 12 固定在床鞍 2 的底部，可带动方刀架 5 一起做纵向运动。溜板箱的功用是将进给箱 14 传来的运动传递给方刀架，使方刀架实现纵向进给、横向进给、快速移动或车螺纹。在溜板箱上装有各种操纵手柄及按钮，可以方便地选择纵、横机动进给运动的接通、断开及变向。溜板箱内设有联锁装置，可以避免光杠 10 和丝杠 11 同时转动。

（4）进给箱　进给箱 14 固定在床身 8 的左前侧。进给箱是进给运动传动链中主要的传动比变换装置，它的功用是改变被加工螺纹的导程或机动进给的进给量。

（5）方刀架　方刀架 5 用来夹持车刀，并使其做纵向、横向或斜向移动。方刀架安装在小滑板 6 上；小滑板装在回转盘 4 上，可沿回转盘上的导轨做短距离移动；回转盘可带动方刀架 5 在中滑板 3 上顺时针方向或逆时针方向转动一定的角度；中滑板可在床鞍 2 的横向导轨上做垂直于床身的横向移动；床鞍可沿床身的导轨做纵向移动。

（6）尾座　尾座 7 安装于床身 8 的尾座导轨上。其上的套筒可安装顶尖，以便支承较长工件的一端；也可装夹钻头、铰刀等孔加工刀具，对工件进行加工，此时可摇动手轮使套筒轴向移动，以实现纵向进给。尾座可沿床身顶面的一组导轨（尾座导轨）做纵向调整移动，然后夹紧在所需要的位置上，以适应加工不同长度工件的需要。尾座还可以相对其底座沿横向调整位置，以车削较长且锥度较小的外圆锥面。

（7）床身　床身 8 固定在左床腿 13 和右床腿 9 上。床身是车床的基本支承件。车床的各个主要部件均安装于床身上，并保持各部件间具有准确的相对位置。

（8）丝杠　丝杠用于螺纹加工，进给时将进给箱的运动传给溜板箱。

（9）光杠　光杠用于一般的车削加工，进给时将进给箱的运动传给溜板箱。

4. 车床的传动系统

CA6140 型卧式车床的传动系统由主运动传动链、车螺纹运动传动链、纵向进给运动传动链、横向进给运动传动链和刀架的快速空行程传动链组成。

传动系统的结构如图 2-8 所示。

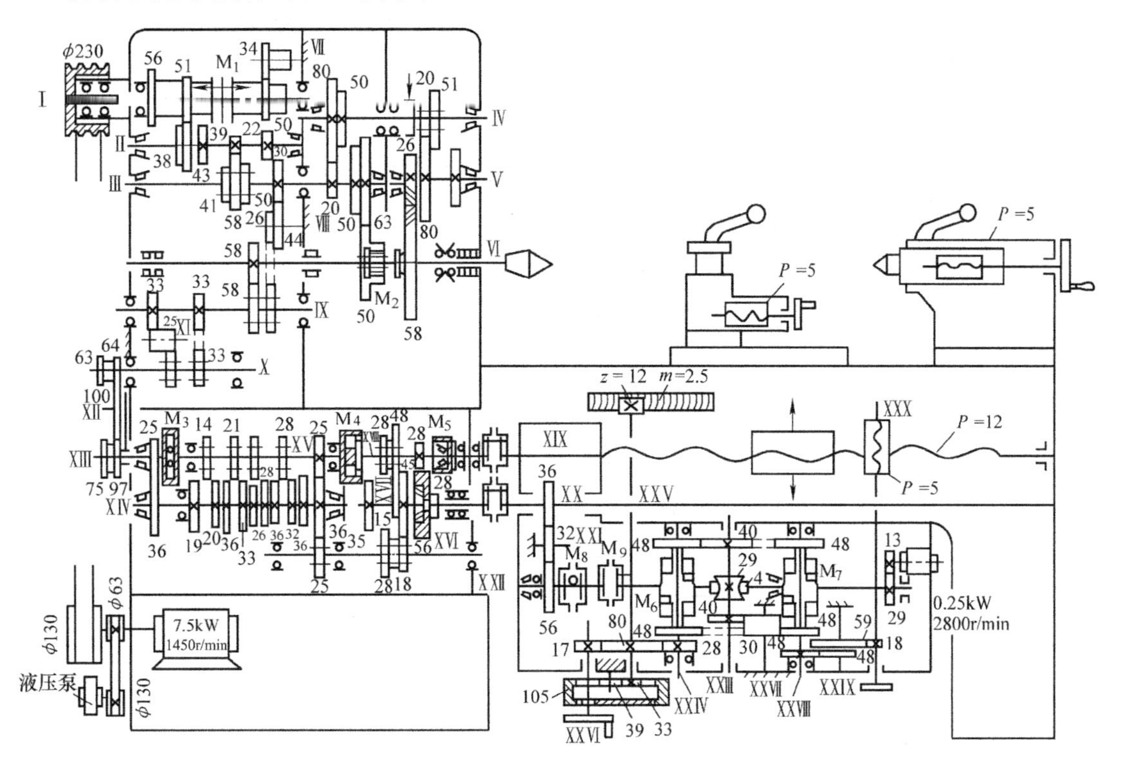

图 2-8　CA6140 型卧式车床的传动系统

（1）主运动传动链

1）传动路线。运动由电动机传出，经过带传动$\frac{\phi130}{\phi230}$使轴 I 获得旋转运动。为控制主轴的起动、停止及旋转方向的变换，在轴 I 上装有双向多片离合器 M_1，且轴 I 上装有齿数为 56、51 的双联空套齿轮和齿数为 50 的空套齿轮。当 M_1 左边的摩擦片被压紧工作时，运动由轴上的双联齿轮传出，实现主轴正转；当 M_1 右边的摩擦片被压紧工作时，运动由轴 I 上齿数为 50 的齿轮传出，实现主轴反转；两边摩擦片均不压紧时，轴 I 空转，主轴停止转动。轴 I 的运动经 M_1 和双联滑移齿轮变速组传至轴 II，使轴 II 获得两种正转转速；经 M_1 和$\frac{50}{34}\times\frac{34}{30}$传至轴 II，使轴 II 获得一种反转转速。由此可知，反转转速级数为正转转速级数的一半。轴 II 的运动经三联滑移齿轮变速组，即齿轮副$\frac{39}{41}$、$\frac{22}{58}$、$\frac{30}{50}$传至轴 III，使轴 III 获得六种正转转速。运动传到轴 III 后，经过两条不同的传动路线传递，一条是高速传动路线，即主轴上带内齿的 $z=50$ 的滑移齿轮处于图示位置时，轴 III 的运动经齿轮副$\frac{63}{50}$直接传给主轴，使主轴获得 6 级高转速；第二条是中低速传动路线，当 $z=50$ 的齿轮处于右边位置（右移）使

M_2 接合工作时，轴Ⅲ的运动经齿轮副$\frac{20}{80}$或$\frac{50}{50}$传到轴Ⅳ，再经齿轮副$\frac{20}{80}$或$\frac{51}{50}$传到轴Ⅴ，然后经齿轮副$\frac{26}{58}$传给主轴Ⅵ，使主轴得到中、低档转速。

为便于分析机床的传动路线，常用传动路线表达式（又称传动结构式）来表示机床的传动路线，其表达式为

$$\begin{matrix}\text{(电动机)}\\ (1450\text{r/min})\\ 7.5\text{kW}\end{matrix}-\frac{\phi130}{\phi230}-\text{I}-\left|\begin{matrix}\text{M}_1\text{(左)正转}-\left|\begin{matrix}\frac{56}{38}\\ \frac{51}{43}\end{matrix}\right|\\ \text{M}_1\text{(右)反转}-\left|\frac{50}{34}\right|-\text{VII}-\left|\frac{34}{30}\right|\end{matrix}\right|-\text{II}-$$

（中、低速传动路线）

$$\text{II}-\left|\begin{matrix}\frac{22}{58}\\ \frac{30}{50}\\ \frac{39}{41}\end{matrix}\right|-\text{III}-\left|\begin{matrix}\left|\begin{matrix}\frac{20}{80}\\ \frac{50}{50}\end{matrix}\right|-\text{IV}-\left|\begin{matrix}\frac{20}{80}\\ \frac{51}{50}\end{matrix}\right|-\text{V}-\frac{26}{58}-\text{M}_2\text{(右)}\\ \frac{63}{50}-\text{M}_2\text{(左)}\end{matrix}\right|-\text{VI(主轴)}$$

（高速传动路线）

轴Ⅲ至轴Ⅴ间的两组双联滑移齿轮变速组的四种传动比分别为

$$u_1=\frac{20}{80}\times\frac{20}{80}=\frac{1}{16},\ u_2=\frac{20}{80}\times\frac{51}{50}\approx\frac{1}{4};\ u_3=\frac{50}{50}\times\frac{20}{80}=\frac{1}{4};\ u_4=\frac{50}{50}\times\frac{51}{50}\approx1$$

2）主轴转速级数。主轴正转时，经中、低速传动路线，其中 $u_2\approx u_3$，主轴转速级数为 $2\times3\times(4-1)=18$ 级（重复六种转速），加上六种高速，主轴的实际转速为 $6+2\times3\times(4-1)=24$ 级。

同理，主轴反转时，获得 $3+3\times(4-1)=12$ 级转速。

3）主运动平衡式。主轴的转速可按下列运动平衡式计算

$$n_{主}=n_{电}\times\frac{130}{230}\times(1-\varepsilon)\ \mu_{\text{I-II}}\mu_{\text{II-III}}\mu_{\text{III-IV}} \tag{2-5}$$

式中 ε——V 带轮的滑动系数，可取 $\varepsilon=0.02$；

$\mu_{\text{I-II}}$——轴Ⅰ和轴Ⅱ间的可变传动比，其余类推。

例如，图 2-8 所示的齿轮啮合情况（离合器 M_2 拨向左侧），主轴的转速为

$$n_{主}=1450\times\frac{130}{230}\times(1-0.02)\times\frac{51}{43}\times\frac{22}{58}\times\frac{63}{50}\text{r/min}\approx450\text{r/min} \tag{2-6}$$

主轴反转主要用于车削螺纹，在不断开主轴和刀架间传动联系的情况下，使刀架退回到

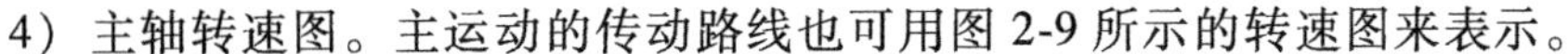

起始位置。

4）主轴转速图。主运动的传动路线也可用图 2-9 所示的转速图来表示。

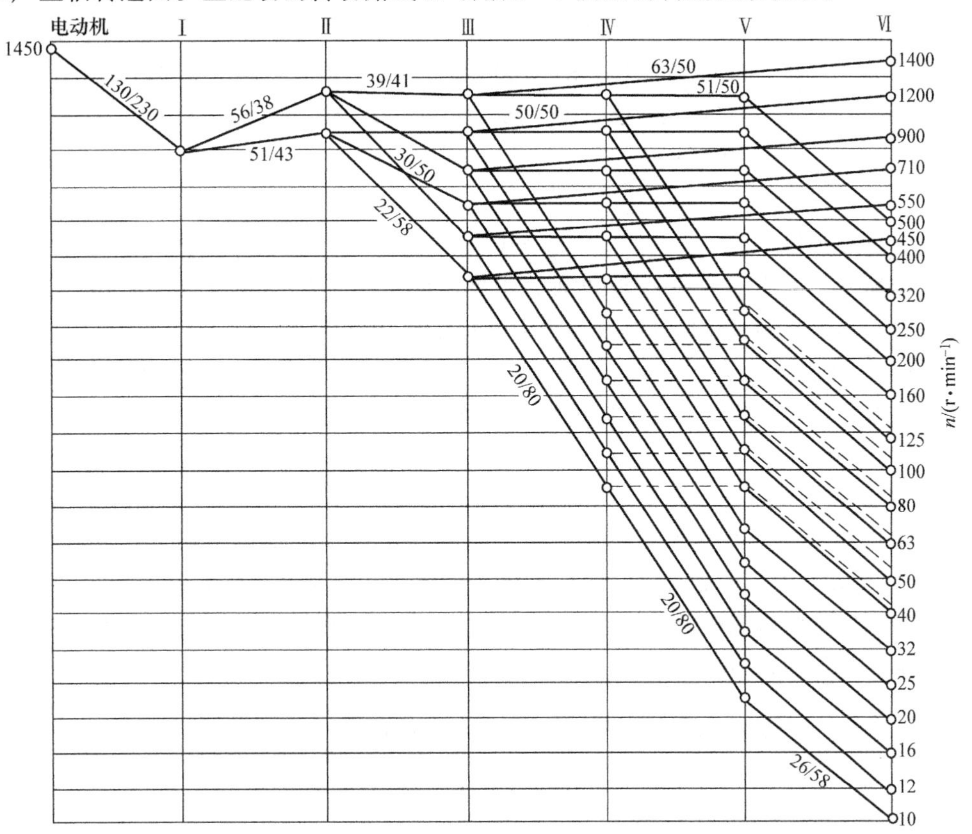

图 2-9　转速图

（2）进给运动传动链　进给运动传动链是实现刀架纵向或横向运动的传动链。进给运动的动力来源也是电动机。运动由电动机→主运动传动链→主轴→进给运动传动链→刀架，使刀架实现机动的纵向、横向进给运动或车螺纹运动。由于进给量及螺纹的导程是以主轴每转过一转时刀架的移动量来表示的，因此该传动路线的两个末端元件分别是主轴和刀架。它包括车螺纹进给运动传动路线和机动进给运动传动链。

1）车螺纹时的传动路线。CA6140 型卧式车床可以车削米制、寸制、模数制和径节制四种标准螺纹、大导程螺纹、非标准和较精密的螺纹，以及上述各种螺纹的左旋和右旋螺纹。车削螺纹时，主轴与刀架之间必须保持严格的传动比关系，即主轴每转一转，刀架应均匀地移动一个导程 P。由此可列出车削螺纹传动链的运动平衡方程式为

$$1_{(\text{主轴})}\ uP_{\text{h丝}}=P_{\text{h}} \tag{2-7}$$

式中　u——从主轴到丝杠之间全部传动副的总传动比；

$P_{\text{h丝}}$——机床丝杠的导程，CA6140 型卧式车床的 $P_{\text{h丝}}=12\text{mm}$；

P_{h}——被加工工件的导程（mm）。

2）机动进给运动传动链。机动进给运动传动链主要用来加工圆柱面和端面。为了减少螺纹传动链中丝杠及开合螺母的磨损，保证螺纹传动链的精度，机动进给是由光杠经溜板箱

传动的。

① 纵向机动进给运动传动链。CA6140 型卧式车床的纵向机动进给量有 64 种。当运动由主轴经正常导程的米制螺纹传动路线时，可获得正常的进给量。这时的运动平衡式为

$$f_{纵}=1_{(主轴)}\times\frac{58}{58}\times\frac{33}{33}\times\frac{63}{100}\times\frac{100}{75}\times\frac{25}{36}\times\mu_j\times\frac{25}{36}\times\frac{36}{25}\times u_b\times\frac{28}{56}\times\frac{36}{32}\times\frac{32}{36}\times$$
$$\frac{4}{29}\times\frac{40}{48}\times\frac{28}{80}\times\pi\times2.5\times12 \tag{2-8}$$

将上式化简可得

$$f_{纵}=0.711u_ju_b \tag{2-9}$$

通过变换 u_j、u_b 的值，可得到 32 种正常进给量（范围为 0.08～1.22mm/r），其余 32 种进给量可分别通过寸制螺纹传动路线和扩大导程传动路线得到。

② 横向机动进给运动传动链。由传动系统图分析可知，当横向机动进给与纵向机动进给的传动路线一致时，所得到的横向进给量是纵向进给量的一半，横向与纵向进给量的种类数相同，都为 64 种。

③ 刀架快速机动移动。为了缩短辅助时间，提高生产效率，CA6140 型卧式车床的刀架可实现快速机动移动。刀架的纵向和横向快速移动由快速移动电动机（$P=0.25$kW，$n=2800$r/min）传动，经齿轮副 13/29 使轴 XXII 高速转动，再经蜗杆副 4/29、溜板箱内的转换机构，使刀架实现纵向或横向的快速移动。快移方向由溜板箱中的双向离合器 M_6 和 M_7 控制。其传动路线表达式为

$$快速移动电动机-\frac{18}{24}-\text{XXII}-\frac{13}{29}-\text{XXIII}-\begin{Bmatrix}M_6\cdots\cdots纵向\\M_7\cdots\cdots横向\end{Bmatrix}$$

四、思考与练习

1. 什么是切削运动？
2. 什么是切削用量？

大国工匠——顾秋亮

顾秋亮在中国船舶重工集团公司第七〇二研究所从事钳工工作四十多年，先后参加和主持过数十项机械加工和大型工程项目的安装调试工作，是一名安装经验丰富、技术水平过硬的钳工技师。在蛟龙号载人潜水器的总装及调试过程中，顾秋亮同志作为潜水器装配保障组组长，工作兢兢业业，刻苦钻研，对每个细节进行精细操作，任劳任怨，以严肃的科学态度和踏实的工作作风，凭借扎实的技术技能和实践经验，主动勇挑重担，解决了一个又一个难题，保证了潜水器按时完成总装联调。诚如顾秋亮所说，每个人都应该去寻找适合自己的人生之路。知识重要，手上的技艺同样重要，人生的价值体现其实不必拘泥于书本，接受大国工匠的人生故事感召，成为各种高精尖技艺的接班人，幸甚至哉！

项目三 传动轴零件主要工装的选择

最终目标：会选用车刀与车床通用夹具。

促成目标：

1）掌握常用车刀的选用。

2）掌握车床通用夹具的选用。

模块一　车刀的选择

一、教学目标

最终目标：会选用车刀。

促成目标：

1）熟悉金属切削过程。

2）熟悉金属切削刀具材料与切削部分的几何形状。

3）熟悉刀具的磨损形式与刀具的使用寿命。

4）了解常用车刀的种类、材料。

5）掌握常用车刀的刃磨与安装方法。

微课视频（1）微课视频（2）正交平面参考系

二、案例分析

根据图 0-1 所示 GH1640—30214A 传动轴图样的技术要求，在卧式车床上直接加工零件，采用通用刀具，主要用 45°端面车刀、90°外圆车刀、2mm 宽的割槽刀、60°螺纹车刀等焊接车刀或可转位车刀，ϕ2. 5mm 中心钻等。

三、相关知识

金属切削加工是在金属切削机床上利用工件和刀具彼此间协调的相对运动，切除工件多余的金属材料，获得符合要求的尺寸精度、形状精度、位置精度和表面质量的加工方法。

（一）刀具的几何结构

1. 刀具的组成

切削刀具的种类很多，结构也多种多样。外圆车刀是最基本、最典型的切削刀具之一。车刀由刀头和刀杆两部分组成。刀头用于切削，刀杆用于装夹。其切削部分由刀面、切削刃构成，即三面、二刃、一尖，如图 3-1 所示。

其定义分别为：

（1）前刀面 A_γ　刀具上切屑流过的表面。

（2）后刀面 A_α　刀具上与工件过渡表面相对的表面。前刀面与后刀面之间所包含的刀具实体部分称为刀楔。

（3）副后刀面 A'_α　刀具上与工件已加工表面相对的表面。

（4）主切削刃 S　前刀面与后刀面的交线，它完成主要的切削工作。

（5）副切削刃 S'　除主切削刃以外的切削刃，它配合主切削刃完成切削工作。

（6）刀尖　主切削刃和副切削刃汇交的一小段切削刃，它可以是小的直线段或圆弧。

2. 刀具角度参考系

刀具角度是确定刀具切削部分几何形状的重要参数，用于定义和规定刀具角度的各基准坐标平面称为参考系。

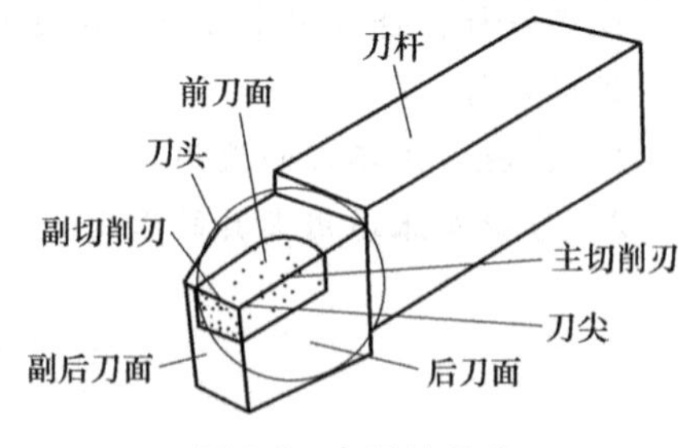

图 3-1　车刀的组成

参考系有两类：一类称为刀具静止参考系（或称为标注参考系），它是刀具设计时标注、刃磨和测量的基准，用此定义的刀具角度称为刀具静态角度或称标注角度；另一类称为刀具动态参考系（或称为工作参考系），它是确定刀具切削工作时角度的基准，用此定义的刀具角度称为刀具工作角度。两者的区别在于前者是在一定的假设条件下建立的，而后者是根据生产中的实际状况建立的。

（1）建立静止参考系的条件

1）运动假设——假设刀具的进给运动速度为 0。

2）安装假设——假设切削刃上选定点与工件中心线等高，刀杆中心线与进给方向垂直。

（2）静止参考系　刀具设计时标注、刃磨、测量角度最常用的是正交平面参考系。但在标注可转位刀具或大刃倾角刀具时，常用法平面参考系。在刀具制造过程中，如铣削刀槽、刃磨刀面时，常需用假定工作平面、背平面参考系中的角度。

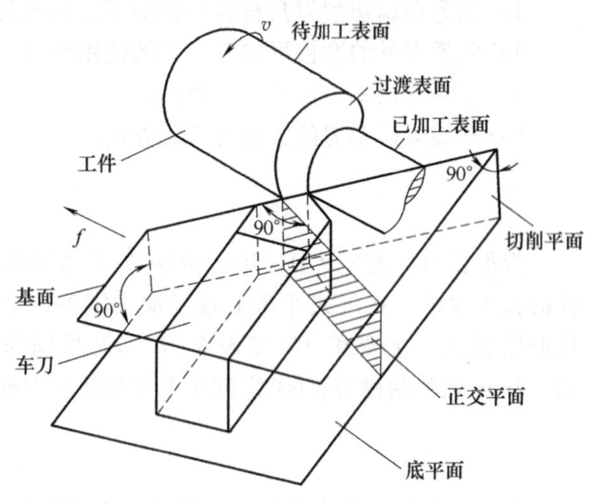

图 3-2　正交平面参考系

1）正交平面参考系。正交平面参考系由以下三个平面组成，如图 3-2 所示。

① 基面 p_r。过切削刃选定点垂直于该点切削速度方向的平面，车刀的基面可理解为平行于刀具底面的平面。

② 切削平面 p_s。过切削刃选定点与切削刃相切并垂直于基面的平面。

③ 正交平面 p_o。过切削刃选定点同时垂直于切削平面与基面的平面，也称为主剖面或主截面。

2）法平面参考系。法平面参考系由 p_r、p_s、p_n 三个平面组成，如图 3-3 所示。其中，法平面 p_n 是过切削刃上选定点并垂直于切削刃（若切削刃为曲线，则垂直于切削刃在该点的切线）的平面。法平面 p_n 与正交平面 p_o 之间的夹角称为刃倾角 λ_s。

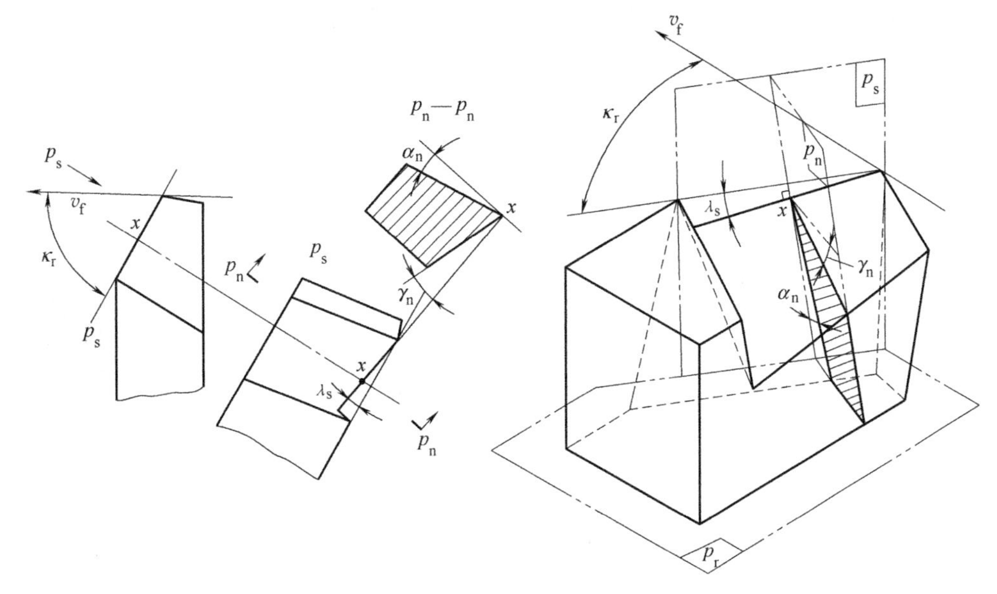

图 3-3　法平面参考系及车刀角度

3）假定工作平面参考系。假定工作平面参考系由 p_r、p_f、p_p 三个平面组成，如图 3-4 所示。其中，假定工作平面 p_f 为过切削刃上选定点平行于假定进给运动方向并垂直于基面的平面，背平面 p_p 为过切削刃上选定点既垂直于假定工作平面又垂直于基面的平面。

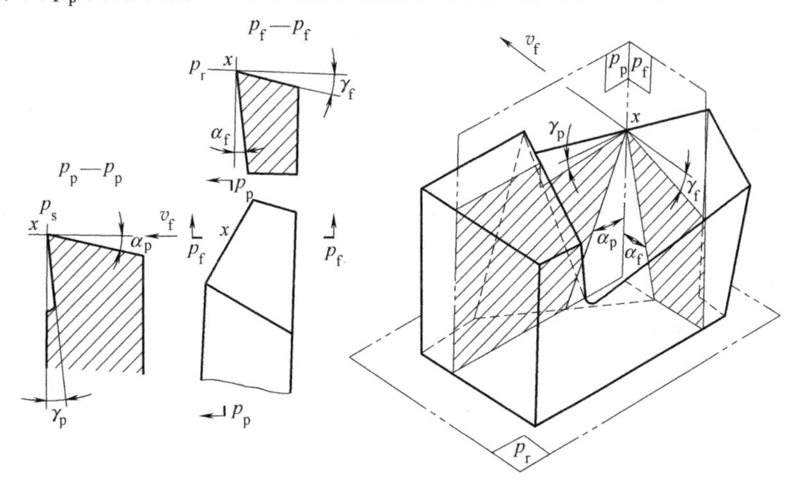

图 3-4　假定工作平面参考系及车刀角度

3. 刀具几何角度

刀具的几何角度是指刀具上的切削刃、刀面与参考系中各参考面间的夹角，用以确定切削刃、刀面的空间位置。正交平面参考系中的刀具角度定义如下，如图 3-5 所示。

（1）前角 γ_o　正交平面中测量的前刀面与基面间的夹角。

（2）后角 α_o　正交平面中测量的后刀面与切削平面间的夹角。

（3）主偏角 κ_r　基面中测量的，主切削刃在基面内的投影与假定进给运动方向的夹角。

（4）副偏角 κ_r'　基面中测量的，副切削刃在基面内的投影与假定进给运动方向反方向的夹角。

（5）刃倾角 λ_s　切削平面中测量的主切削刃与基面间的夹角。

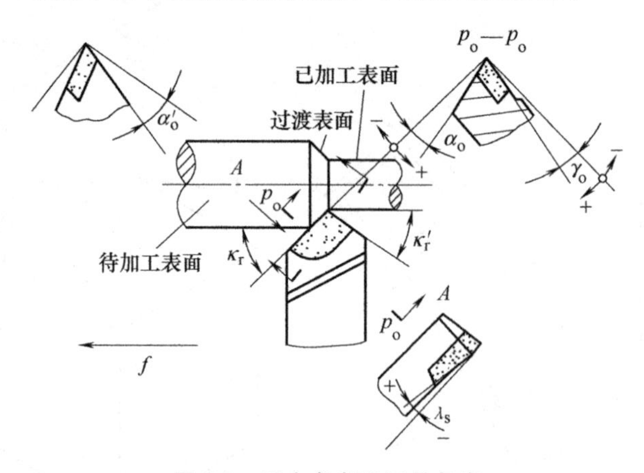

刀具角度

图 3-5　正交参考系刀具角度

用上述角度就能确定车刀主切削刃及其前、后刀面的方位。其中用 γ_o、λ_s 两角确定前刀面的方位，用 α_o、κ_r 两角可确定后刀面的方位，用 κ_r、λ_s 两角可确定主切削刃的方位。

4. 刀具角度正负的规定

如图 3-6 所示，前刀面与基面平行时前角为零；前刀面与切削平面间夹角小于 90°时，前角为正；大于 90°时，前角为负。后刀面与基面间夹角小于 90°时，后角为正；大于 90°时，后角为负。

刃倾角是前刀面与基面在切削平面中的测量值，因此其正负的判断方法与前角类似。切削刃与基面（车刀底平面）平行时，刃倾角为零；刀尖相对车刀的底平面处于最高点时，刃倾角为正；处于最低点时，刃倾角为负。

主偏角 κ_r、副偏角 κ_r'一般为正值。

（二）车刀角度的一面二角分析法

车刀设计图样一般用正交平面参考系标注角度，因为它既能反映刀具的切削性能又便于刃磨检验。图样取基面投影为主

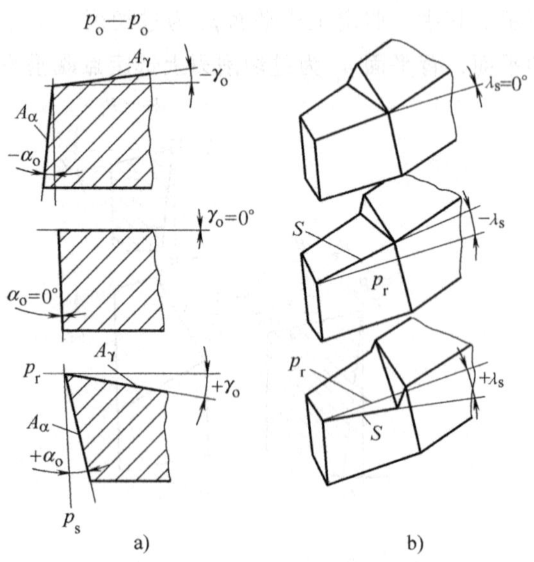

图 3-6　刀具角度正负的规定

视图，背平面（外圆车刀）或假定工作平面投影（端面车刀）为侧视图，切削平面投影为向视图。同时作出主、副切削刃上的正交平面，标注必要的角度及刀杆尺寸。派生角度及非独立的尺寸均不需要标注。视图间应符合投影关系，角度及尺寸应按选定比例绘制。

因为表示空间任意一个平面方位的定向角度只需两个，所以判断车刀切削部分需要标注的独立角度数量可用一面两角分析法确定，即车刀需要标注的独立角度数量是刀面数量的两倍。

绘制车刀工作图样时首先应判断或假定车刀的进给运动方向，即确定哪条是主切削刃，哪条是副切削刃，然后可确定基面、切削平面及正交平面内的标注角度。下面举例分析：

1）直头外圆车刀。直头外圆车刀由前刀面、后刀面、副后刀面组成，有三个刀面，3×2=6，需要标注6个独立角度。即前刀面定向角 γ_o、λ_s；后刀面定向角 α_o、κ_r；副后刀面定向角 α_o'、κ_r'。

2）45°弯头车刀。如图3-7所示，弯头车刀磨出四个刀面，三条切削刃，即主切削刃 $\overline{12}$，副切削刃 $\overline{23}$ 或 $\overline{14}$。45°弯头车刀用途较广，可用于车外圆、车端面、车内孔或倒角。

45°弯头车刀需要标注的独立角度共有八个，即主切削刃 $\overline{12}$ 前刀面定向角 γ_o、λ_s；主切削刃 $\overline{12}$ 后刀面定向角 α_o、κ_r；副切削刃 $\overline{14}$ 副后刀面定向角 α_{o1}'、κ_{r1}'；副切削刃 $\overline{23}$ 副后刀面定向角 α_{o2}'、κ_{r2}'。

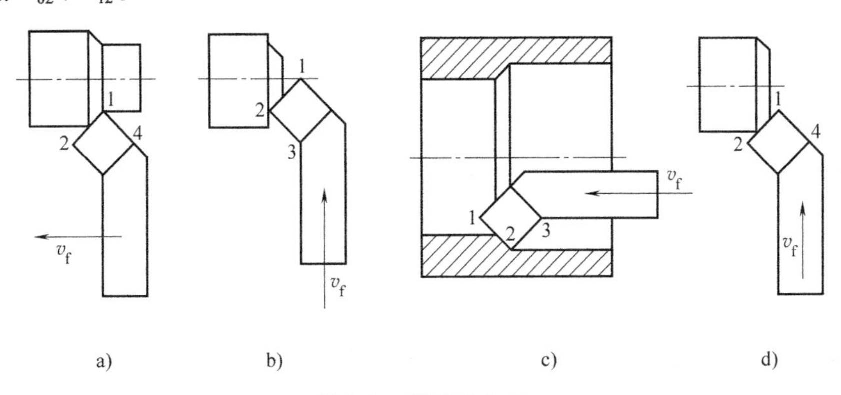

图3-7　45°弯头车刀

a）车外圆　b）车端面　c）车内孔　d）倒角

（三）刀具的工作角度

1. 刀具工作参考系及工作角度

刀具安装位置、切削合成运动方向的变化，都会引起刀具工作角度的变化。因此研究切削过程中的刀具角度，必须以刀具与工件的相对位置、相对运动为基础建立参考系，这种参考系称为工作参考系。用工作参考系定义的刀具角度称为工作角度。这里只介绍最简单的工作正交平面参考系 p_{re}、p_{se}、p_{oe} 及其工作角度，如图3-8所示。

（1）工作基面 p_{re}　通过切削刃选定点垂直于合成切削速度方向的平面。

（2）工作切削平面 p_{se}　通过切削刃选定点与切削刃相切，且垂直于工作基面的平面。该平面包含合成切削速度方向。

（3）工作正交平面 p_{oe}　通过切削刃选定点，同时垂直于工作切削平面与工作基面的平面。

(4) 刀具工作角度　刀具工作角度的定义与标注角度类似，它是前刀面、后刀面、切削刃与工作参考系平面间的夹角。

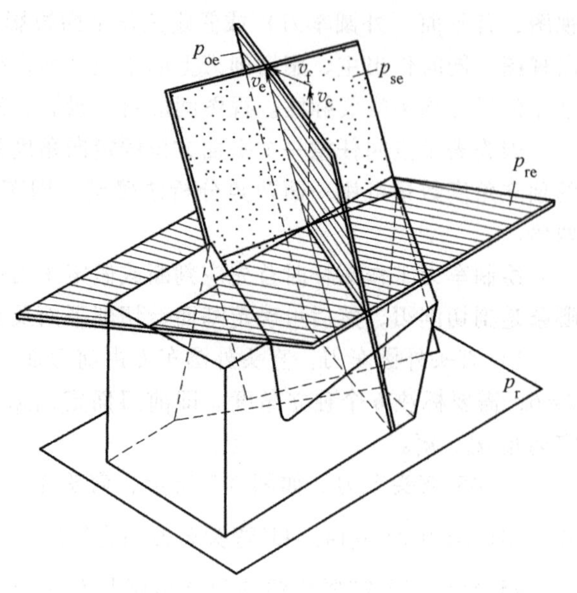

图 3-8　刀具工作参考系

2. 刀具安装对工作角度的影响

(1) 刀杆偏斜对工作主、副偏角的影响　如图 3-9 所示，车刀随四方刀架逆时针方向转动 θ 角后，工作主偏角将增大，工作副偏角将减少。顺时针方向转动 θ 角后则相反。

$$\kappa_{re}=\kappa_r\pm\theta$$
$$\kappa'_{re}=\kappa'_r\mp\theta \tag{3-1}$$

(2) 切削刃安装高低对工作前、后角的影响　如图 3-10 所示，车刀切削刃选定点 A 高于工件中心 h 时，将引起工作前、后角的变化。不论是因为刀具安装引起的，还是由于刃倾角引起的，只要切削刃选定点不在中心高度上，则 A 点的切削速度方向就不与刀杆底面垂直。工作参考系平面 p_{se}、p_{re} 转动了 ε 角，工作前角就增大 ε，工作后角就减小 ε。

$$\sin\varepsilon=\frac{2h}{d}$$
$$\gamma_{oe}=\gamma_o+\varepsilon$$
$$\alpha_{oe}=\alpha_o-\varepsilon \tag{3-2}$$

式中　d——A 点处的工件直径。

同理，切削刃选定点 A 低于工件中心时，将引起工作前角减小、工作后角加大。

加工内表面时，主切削刃安装得高或低时对工作角度的影响与加工外表面时相反。

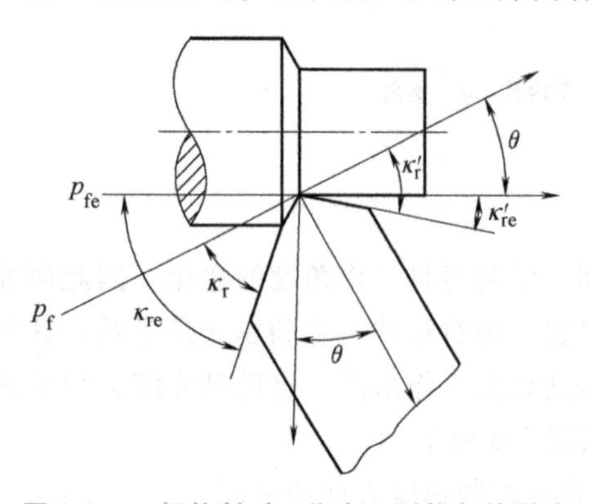

图 3-9　刀杆偏斜对工作主、副偏角的影响

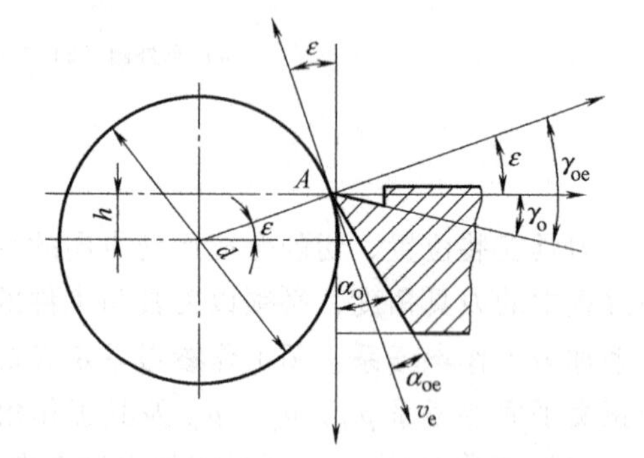

图 3-10　切断时切削刃高于工件中心对工作前、后角的影响

3. 进给运动对工作角度的影响

(1) 横向进给运动对工作前、后角的影响　图 3-11 所示为切断刀切断工件时，其工作

角度的变化。由切削速度 v_c 与进给速度 v_f 组成的合成速度 v_e 切于阿基米德螺旋面的过渡表面，其螺旋倾角为 μ。垂直于合成速度的工作基面 p_{re} 与静态基面 p_r 间的夹角为 μ，同样，包含 v_e 的工作切削平面 p_{se} 与静态切削平面 p_s 间的夹角也为 μ。于是，工作前角和工作后角分别为

$$\tan\mu=\frac{v_f}{v_c}=\frac{f}{\pi d}$$

$$\begin{cases}\gamma_{oe}=\gamma_o+\mu \\ \alpha_{oe}=\alpha_o-\mu\end{cases} \tag{3-3}$$

当切削刃接近工件中心时，μ 越来越大，α_{oe} 会变成负值。这时，就不是在切削，而是在顶挤工件了。所以，切断时工件上总留下 1~2mm 的小圆柱，这正说明最后工件是被刀具后刀面顶断的。

而对于切槽和不切削到工件中心的车端面，由于 f 较小而 d 较大，所以工作角度变化较小，可以忽略不计。

(2) 纵向进给运动对工作前、后角的影响　纵向进给车外圆时，切削合成运动产生的加工表面为圆柱螺旋线，如图 3-12 所示。过主切削刃上选定点 A 的加工表面螺旋升角为 η。

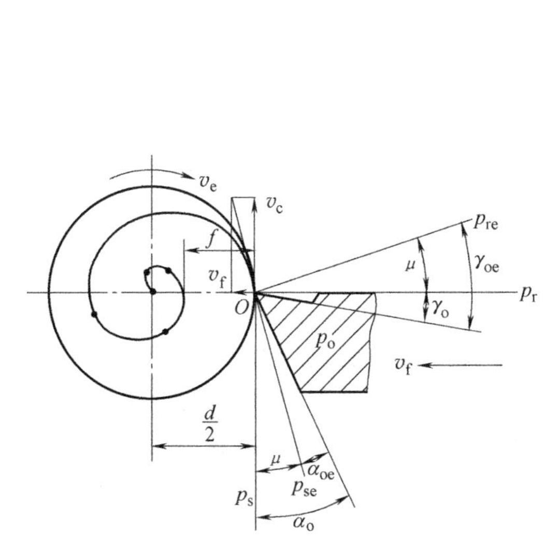

图 3-11　横向进给运动对工作前、后角的影响

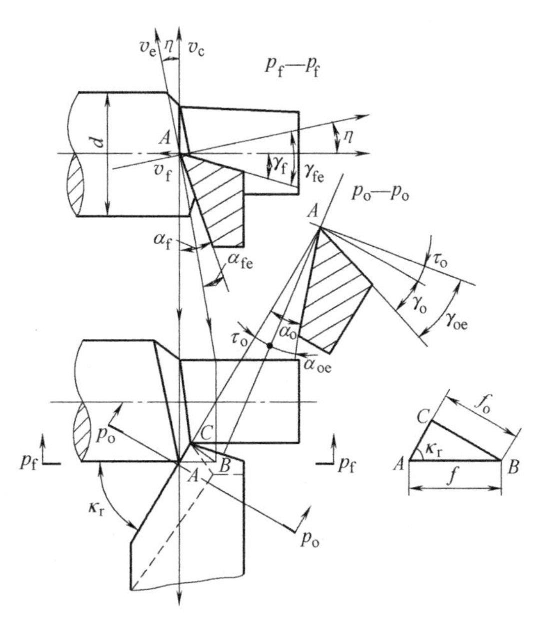

图 3-12　纵向进给运动对工作前、后角的影响

$$\tan\eta=\frac{v_f}{v_c}=\frac{f}{\pi d} \tag{3-4}$$

由于在 p_f 平面中工作基面和工作切削平面倾斜了 η 角，所以在 p_f 平面中后角减少了 η 角，前角增加了 η 角。

$$\gamma_{fe}=\gamma_f+\eta$$

$$\alpha_{fe}=\alpha_f-\eta \tag{3-5}$$

由上列各式可知，在纵向走刀车削中，主切削刃的工作前角比标注前角增大，工作后角比标注后角减小（副切削刃情况刚好相反）。其变化量随选定点工件直径 d 的减少或进给量

f的增大而增加。在纵车外圆时，由于工件进给量相对于直径很小，所以因纵向进给运动而引起的刀具角度变化也很小，往往忽略不计；但在车螺纹（尤其是车多线螺纹）时，由于f相对于d较大，纵向进给运动对刀具角度的影响就不容忽视，应该适当加大主切削刃后角，或者采用斜刀垫使刀具后刀面偏离工件过渡表面。

（四）切削层参数

切削层为切削部分切过工件的一个单程所切除的工件材料层，如图3-13所示。

切削层形状、尺寸直接影响着切削过程的变形、刀具承受的负荷以及刀具的磨损。为简化计算，切削层形状、尺寸规定在刀具基面中度量。它们的定义与符号如下：

1. 切削层公称厚度 h_D

简称切削厚度，是垂直于过渡表面度量的切削层尺寸。计算式为

$$h_D = f\sin\kappa_r \tag{3-6}$$

2. 切削层公称宽度 b_D

简称切削宽度，是平行于过渡表面度量的切削层尺寸。计算式为

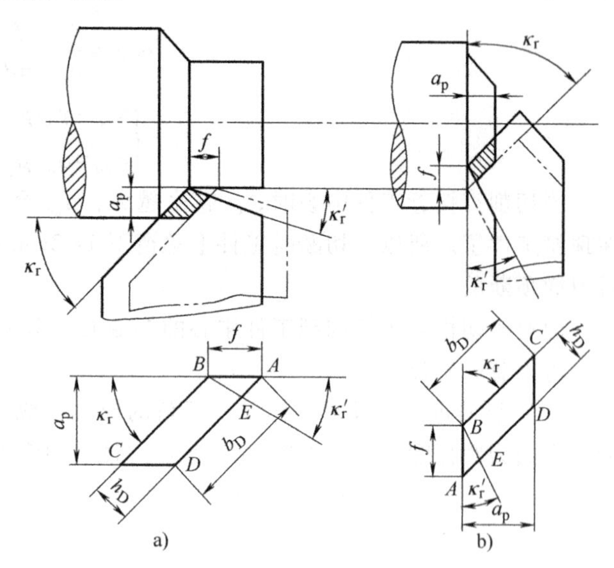

图3-13 切削层参数

a）车外圆 b）车端面

$$b_D = \frac{a_p}{\sin\kappa_r} \tag{3-7}$$

3. 切削层公称横截面积 A_D

简称切削层横截面积，是在切削层尺寸平面里度量的横截面积。计算式为

$$A_D = h_D b_D = a_p f \tag{3-8}$$

分析以上三式可知：切削厚度与切削宽度随主偏角大小变化。当$\kappa_r = 90°$时，$h_D = f$，$b_D = a_p$。A_D只与切削用量a_p、f有关，不受主偏角的影响。但切削层横截面的形状则与主偏角、刀尖圆弧半径大小有关。随主偏角的减小，切削厚度将减小，而切削宽度将增大。

按式（3-8）计算得到的A_D是公称横截面积，而实际切削横截面积为图3-13中的$\square EBCD$。

$$\square EBCD = A_D(\square ABCD) - \Delta A(\triangle ABE)$$

式中 ΔA——残留面积，它直接影响已加工表面的表面粗糙度。

（五）刀具材料

1. 刀具材料应具备的性能

微课视频（3）

微课视频（4）

刀具在切削过程中，和工件直接接触的切削部分要承受极大的切削力，尤其是切削刃及紧邻的前刀面、后刀面，长期处在切削高温环境中工作，并且切削中的各种不均匀、不稳定因素，还将对刀具切削部分造成不同程度的冲击和振动。如切削钢材时，切屑对前刀面的挤压应力高达2~3MPa；高速切削钢材时切屑与前刀面接触区的温度常保持在800~900℃，中心

区温度甚至超过1000℃。为了适应如此繁重的切削负荷和恶劣的工作条件，刀具材料应具备以下几方面性能。

1）足够的硬度和耐磨性。硬度是刀具材料应具备的基本性能。刀具硬度应高于工件材料的硬度，常温硬度一般须在60HRC以上。

耐磨性是指材料抵抗磨损的能力，它与材料硬度、强度和组织结构有关。材料硬度越高，耐磨性越好；组织中碳化物和氮化物等硬质点的硬度越高、颗粒越小、数量越多且分布越均匀，则耐磨性越高。

2）足够的强度与韧性。切削时刀具要承受较大的切削力、冲击和振动，为避免崩刃和折断，刀具材料应具有足够的强度和韧性。材料的强度和韧性通常用抗弯强度和冲击值表示。

3）较高的耐热性和化学稳定性。耐热性是指刀具材料在高温下保持足够的硬度、耐磨性、强度和韧性、抗氧化性、抗黏结性和抗扩散性的能力（也称为热稳定性）。通常把材料在高温下仍保持高硬度的能力称为热硬性（也称为高温硬度），它是刀具材料保持切削性能的必备条件。刀具材料的高温硬度越高，耐热性越好，允许的切削速度越高。刀具材料的化学稳定性好，则刀具材料在高温下，不易与周围介质发生化学反应，刀具的磨损小。

4）较好的工艺性和经济性。为了便于刀具加工制造，刀具材料要有良好的工艺性能，如热轧、锻造、焊接、热处理和机械加工等性能。刀具材料的选用应立足于本国资源，注意经济效果，力求价格低廉。应当指出，上述几项性能之间可能相互矛盾（如硬度高的刀具材料，其强度和韧性较低）。没有一种刀具材料能具备所有性能的最佳指标，而是各有所长。所以在选择刀具材料时应合理选用。

2. 刀具材料分类、性能及应用

刀具材料可分为工具钢（包括碳素工具钢、合金工具钢、高速工具钢）、硬质合金、陶瓷和超硬材料（包括金刚石、立方氮化硼等）四大类。一般机加工使用最多的是高速工具钢与硬质合金。

刀具材料

各类刀具材料的主要物理力学性能见表3-1。

表3-1　各类刀具材料的主要物理力学性能

材料种类		硬度/HRC(HRA)	抗弯强度/GPa	冲击值/(MJ/cm^2)	热导率/[W/(m·K)]	耐热性/℃
工具钢	碳素工具钢	60~65 (81.2~84)	2.16	—	≈41.87	200~250
	合金工具钢	60~65 (81.2~84)	2.35	—	≈41.87	300~400
	高速工具钢	63~70 (83~86.6)	1.96~4.41	0.098~0.588	16.75~25.1	600~700
硬质合金	钨钴类	(89~91.5)	1.08~2.16	0.019~0.059	75.4~87.9	800
	钨钛钴类	(89~92.5)	0.882~1.37	0.0029~0.0068	20.9~62.8	900
	含有碳化钽、铌类	(≈92)	≈1.47	—	—	1000~1100
	碳化钛基类	(92~93.3)	0.78~1.08	—	—	1000

（续）

材料种类		硬度/HRC(HRA)	抗弯强度/GPa	冲击值/(MJ/cm²)	热导率/[W/(m·K)]	耐热性/℃
陶瓷	氧化铝陶瓷	(91~95)	0.44~0.686	0.0049~0.0117	20.93~41.9	1200
	氧化铝碳化物混合陶瓷		0.71~0.88			1100
超硬材料	立方氮化硼	8000~9000HV	≈0.294	—	75.55	1400~1500
	人造金刚石	10000HV	0.21~0.48		146.54	700~800

国家标准 GB/T 2075—2007《切削加工用硬切削材料的分类和用途 大组和用途小组的分类代号》依照不同的被加工工件材料对硬质合金、陶瓷、金刚石和氮化硼等硬切削材料规定了分类、用途和代号。

P 类（P01~P50，识别颜色为蓝色）。成分为：5%~40%TiC+微量的 Ta（Nb）C，其余为 WC+Co，主要用于加工除不锈钢外所有带奥氏体结构的钢和铸钢。国产材料有 YT、YC、SC 类合金。

M 类（M01~M40，识别颜色为黄色）。成分为：5%~10%TiC+微量的 Ta（Nb）C，其余为 WC+Co，主要用于加工不锈钢。国产材料有 YW、YM 类合金。

K 类（K01~K40，识别颜色为红色）。成分为：WC+2%~10%Co，个别牌号添加 2%的 Ta（Nb）C，主要用于加工铸铁、有色金属或非金属材料。国产材料有 YG、YD 类合金。

N 类（N01~N30，识别颜色为绿色）。主要用于加工有色金属，如铝合金、非金属的纤维强化型塑料。PCD 被列为 N 类合金。可超高速切削（v_c = 100~1000m/min）塑料，高速切削（v_c = 200~1200m/min）铝合金。

S 类（S01~S30，识别颜色为褐色）。主要用于加工高温合金及耐热材料。包含 PVD 涂层合金及超细颗粒硬质合金，CBN 及氮碳化硼也可归于此类。

H 类（H01~H30，识别颜色为灰色）。主要用于加工淬火钢和冷硬铸铁。通常 PCBN 也被列为 H 类合金，可实现高速切削（v_c = 150~400m/min）高硬度的工件（40~65HRC）。

（1）高速工具钢 高速工具钢是富含 W、Cr、Mo、V 等合金元素的高合金工具钢，热处理后硬度一般为 62~66HRC，耐热性为 600~700℃，制造工艺性好，能锻造，易磨成锋利切削刃。因此到目前为止，高速工具钢仍是世界各国制造复杂、精密和成形刀具的基本材料，是应用最广泛的刀具材料之一。高速工具钢在工厂中常称为白钢或锋钢。

高速工具钢按切削性能不同可分为普通高速工具钢、高性能高速工具钢和粉末冶金高速工具钢。常用高速工具钢的种类、牌号及主要性能见表 3-2。

表 3-2 常用高速工具钢的种类、牌号及主要性能

钢号	牌号	硬度(HRC)			抗弯强度/GPa	冲击值/(MJ/m²)
		常温	500℃	600℃		
普通高速工具钢	W18Cr4V	63~66	56	48.5	2.94~3.33	0.172~0.331
	W6Mo5Cr4V2	63~66	55~56	47~48	3.43~3.92	0.294~0.392

（续）

钢号		牌号	硬度(HRC)			抗弯强度/GPa	冲击值/(MJ/m^2)
			常温	500℃	600℃		
高性能高速工具钢	高碳	95W18Cr4V3	67~68	59	52	≈2.92	0.166~0.216
	高钒	W6Mo5Cr4V3	65~67	—	51.7	≈3.136	≈0.245
	含钴	W6Mo5Cr4V2Co8	66~68	—	54	≈2.92	≈0.294
		W2Mo9Cr4VCo8	67~70	60	55	2.65~3.72	0.225~0.294
	含铝	W6Mo5Cr4V2Al	67~69	60	55	2.84~3.82	0.225~0.294
		W10Mo4Cr4V3Al	67~69	60	54	3.04~3.43	0.196~0.274

1）普通高速工具钢。普通高速工具钢的特点是工艺性能好，具有较高的硬度、强度、耐磨性和韧性。可用于制造各种刃形复杂的刀具。切削普通钢料时的切削速度通常不高于60m/min。

普通高速工具钢又分为钨系高速工具钢和钨钼系高速工具钢两类。

① 钨系高速工具钢。这类高速工具钢的典型牌号为W18Cr4V（简称W18），碳的质量分数为0.7%~0.8%，含W18%，Cr4%、V1%。此类高速工具钢综合性能较好，可制造各种复杂刃型刀具。

② 钨钼系高速工具钢。它是以Mo代替部分W发展起来的一种高速工具钢，典型牌号是W6Mo5Cr4V2（简称M2），碳的质量分数为0.8%~0.9%，含W6%、Mo5%、Cr4%、V2%。与W18Cr4V相比，这种高速工具钢的碳化物含量相应减少，而且颗粒细小分布均匀，因此抗弯强度、塑性、韧性和耐磨性都略有提高，适于制造尺寸较大、承受冲击力较大的刀具（如滚刀、插刀）；又因Mo的存在，使其热塑性非常好，故特别适于轧制或扭制钻头等热成形刀具。其主要缺点是可磨削性略低于W18Cr4V。

2）高性能高速工具钢。高性能高速工具钢是在普通高速工具钢成分中再添加一些C、V、Co、Al等合金元素，进一步提高耐热性能和耐磨性。这类高速钢刀具的寿命为普通高速钢刀具的1.5~3倍，适用于加工不锈钢、耐热钢、钛合金及高强度钢等难加工材料。这种高速工具钢的种类很多，下面主要介绍两种。

① 钴高速工具钢（W2Mo9Cr4VCo8，简称M42）。这是一种含钴超硬高速工具钢，常温硬度达67~69HRC，具有良好的综合性能。其中的钴元素能提高材料的高温硬度，相应地提高了切削速度，因钒元素含量不高，可磨性良好。钴高速工具钢在国外应用较多，我国由于钴储量少，故使用不多。

② 铝高速工具钢（W6Mo5Cr4V2Al，简称501）。铝高速工具钢是我国研制的无钴高速工具钢，是在W6Mo5Cr4V2的基础上增加铝、碳的含量，以提高钢的耐热性和耐磨性，并使其强度和韧性不降低。国产W6Mo5Cr4V2Al的性能已接近国外的W2Mo9Cr4VCo8，因不含钴，生产成本较低，已在我国推广使用。

3）粉末冶金高速工具钢。粉末冶金高速工具钢是将熔炼的高速工具钢液用高压惰性气体（氩气或纯氮气）雾化成细小粉末，将粉末在高温高压下制成刀坯，或压制成钢坯然后经轧制（或锻造）成材的一种刀具材料。

与熔炼高速工具钢相比，由于粉末冶金高速工具钢的碳化物细小，分布均匀，热处理变形小，因此制成的刀具不仅耐磨性好，而且可磨削性也得到显著改善。粉末冶金高速工具钢适于制造切削难加工材料的刀具，特别适于制造各种精密刀具和形状复杂的刀具。

（2）硬质合金　硬质合金是将一些难熔的、高硬度的合金碳化物微米数量级粉末与金属黏结剂按粉末冶金工艺制成的刀具材料。常用的合金碳化物有 WC、TiC、TaC、NbC 等，常用的黏结剂有 Co 以及 Mo、Ni 等。合金碳化物是硬质合金的主要成分，具有高硬度、高熔点和化学稳定性好等特点。因此，硬质合金的硬度、耐磨性、耐热性均超过高速工具钢，切削温度达 800～1000℃ 时仍能进行切削，且切削速度高。其缺点是抗弯强度低，为 W18Cr4V 的 1/4～1/2；冲击韧性差，为 W18Cr4V 的 1/4～1/3；由于硬质合金的常温硬度很高，除磨削外，很难采用切削加工方法制造出复杂的形状结构，故可加工性差。硬质合金的性能取决于化学成分、碳化物粉末粗细及其烧结工艺。碳化物含量增加时，则硬度增高、抗弯强度降低，适于粗加工；黏结剂含量增加时，则抗弯强度增高，硬度降低，适于精加工。

国家标准 GB/T 18376.1—2008《硬质合金牌号　第 1 部分：切削工具用硬质合金牌号》规定了切削工具用硬质合金（以下简称硬质合金）牌号的分类及牌号表示规则、各组别的要求及作业条件推荐等。

硬质合金牌号按使用领域的不同分成 P、M、K、N、S、H 六类。各个类别为满足不同的使用要求，以及根据硬质合金材料的耐磨性和韧性的不同，分成若干个组，用 01、10、20 等两位数字表示组号。必要时，可在两个组号之间插入一个补充组号，用 05、15、25 等表示。

硬质合金牌号由类别代码、分组号、细分号（需要时使用）组成。

例如：

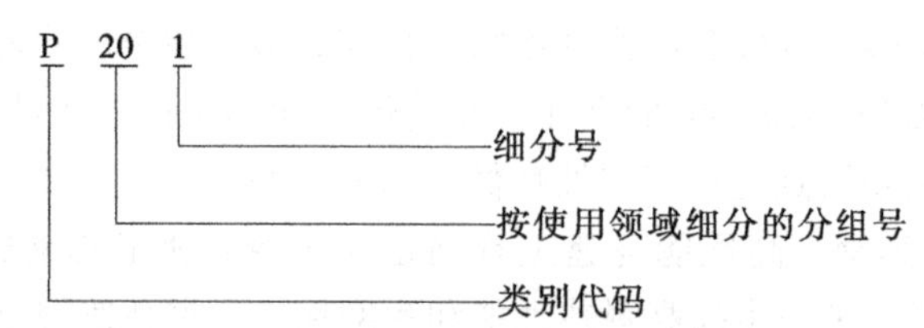

硬质合金作业条件见表 3-3。

表 3-3　硬质合金作业条件

组别	作业条件		性能提高方向	
	被加工材料	适应的加工条件	切削性能	合金性能
P01	钢、铸钢	高切削速度，小切削截面，无振动条件下精车、精镗	↑切削速度　进给量↓	↑耐磨性　韧性↓
P10		高切削速度，中或小切削截面条件下的车削、仿形车削、车螺纹和铣削		
P20	钢、铸钢、长屑可锻铸铁	中切削速度，中切削截面条件下的车削、仿形车削和铣削，小切削截面的刨削		
P30		中或低切削速度，中或大切削截面条件下的车削、铣削、刨削和不利条件下的加工		
P40	钢、含砂眼和气孔的铸钢铁	低切削速度，大切削角，大切削截面以及不利条件的车、刨削，切槽和自动机床上加工		

（续）

<table>
<tr><th rowspan="2">组别</th><th colspan="2">作业条件</th><th colspan="2">性能提高方向</th></tr>
<tr><th>被加工材料</th><th>适应的加工条件</th><th>切削性能</th><th>合金性能</th></tr>
<tr><td>M01</td><td>不锈钢、铁素体钢、铸钢</td><td>高切削速度，小载荷，无振动条件下精车、精镗</td><td rowspan="5">↑切削速度 进给量↓</td><td rowspan="5">↑耐磨性 韧性↓</td></tr>
<tr><td>M10</td><td rowspan="4">不锈钢、铸钢、锰钢、合金钢、合金铸铁、可锻铸铁</td><td>中和高切削速度，中、小切削截面条件下的车削</td></tr>
<tr><td>M20</td><td>中切削速度，中切削截面条件下的车削、铣削</td></tr>
<tr><td>M30</td><td>中和高切削速度，中或大切削截面条件下的车削、铣削、刨削</td></tr>
<tr><td>M40</td><td>车削、切断、强力铣削加工</td></tr>
<tr><td>K01</td><td>铸铁、冷硬铸铁、短屑可锻铸铁</td><td>车削、精车、铣削、镗削、刮削</td><td rowspan="5">↑切削速度 进给量↓</td><td rowspan="5">↑耐磨性 韧性↓</td></tr>
<tr><td>K10</td><td>硬度高于220HBW的铸铁、短屑可锻铸铁</td><td>车削、铣削、镗削、刮削、拉削</td></tr>
<tr><td>K20</td><td>硬度低于220HBW的灰铸铁、短屑可锻铸铁</td><td>用于中切削速度下，轻载荷粗加工、半精加工的车削、铣削、镗削等</td></tr>
<tr><td>K30</td><td rowspan="2">铸铁、短屑可锻铸铁</td><td>用于在不利条件下可能采用大切削角的车削、铣削、刨削、切槽加工，对刀片的韧性有一定的要求</td></tr>
<tr><td>K40</td><td>用于在不利条件下的粗加工，采用较低的切削速度，大的进给量</td></tr>
<tr><td>N01</td><td rowspan="2">非铁金属、塑料、木材、玻璃</td><td>高切削速度下，铝、铜、镁、塑料、木材等材料的精加工</td><td rowspan="4">↑切削速度 进给量↓</td><td rowspan="4">↑耐磨性 韧性↓</td></tr>
<tr><td>N10</td><td>较高切削速度下，铝、铜、镁、塑料、木材等材料的精加工或半精加工</td></tr>
<tr><td>N20</td><td rowspan="2">非铁金属、塑料</td><td>中切削速度下，铝、铜、镁、塑料等材料的半精加工或粗加工</td></tr>
<tr><td>N30</td><td>中切削速度下，铝、铜、镁、塑料等材料的粗加工</td></tr>
<tr><td>S01</td><td rowspan="4">耐热和优质合金：含镍、钴、钛的各类合金材料</td><td>中切削速度下，耐热钢和钛合金的精加工</td><td rowspan="4">↑切削速度 进给量↓</td><td rowspan="4">↑耐磨性 韧性↓</td></tr>
<tr><td>S10</td><td>低切削速度下，耐热钢和钛合金的半精加工或粗加工</td></tr>
<tr><td>S20</td><td>较低切削速度下，耐热钢和钛合金的半精加工或粗加工</td></tr>
<tr><td>S30</td><td>较低切削速度下，耐热钢和钛合金的断续切削，适于半精加工或粗加工</td></tr>
</table>

（续）

组别	作业条件		性能提高方向	
	被加工材料	适应的加工条件	切削性能	合金性能
H01	淬硬钢、冷硬铸铁	低切削速度下，淬硬钢、冷硬铸铁的连续轻载精加工	↑切削速度 进给量↓	↑耐磨性 韧性↓
H10		低切削速度下，淬硬钢、冷硬铸铁的连续轻载精加工、半精加工		
H20		较低切削速度下，淬硬钢、冷硬铸铁的连续轻载半精加工、粗加工		
H30		较低切削速度下，淬硬钢、冷硬铸铁的半精加工、粗加工		

注：不利条件系指原材料或铸造、锻造的零件表面硬度不匀，加工时的切削深度不匀，间断切削以及振动等情况。

（3）涂层刀具　涂层刀具是在韧性和强度较高的硬质合金或高速工具钢的基体上，采用化学气相沉积（CVD）、物理化学气相沉积（PVD）、真空溅射等方法，涂覆一薄层（5~12μm）颗粒极细的耐磨、难熔、耐氧化的硬化物（TiC、TiN、TiC-Al_2O_3）后获得的新型刀片。涂层刀具具有较高的综合切削性能，能够适应多种材料的加工。

（4）陶瓷刀具　陶瓷刀具是以氧化铝（Al_2O_3）或氮化硅（Si_3N_4）为基体再添加少量金属，在高温下烧结而成的一种刀具材料。主要特点是：

1）高硬度与高耐磨性，常温硬度达91~95HRA，超过硬质合金，可切削60HRC以上的硬材料。

2）高耐热性，1200℃下硬度为80HRA，强度、韧性降低较少。

3）高化学稳定性，高温下仍有较好的抗氧化、抗黏结性能，热磨损较少。

4）较低的摩擦系数，切屑不易黏刀，不易产生积屑瘤。

5）强度与韧性低，强度只有硬质合金的1/2，抗冲击差，易崩刃与破损。

6）热导率低，仅为硬质合金的1/5~1/2，抗热冲击性能较差，切削时一般不加切削液。

陶瓷刀具一般适用于在高速下精细加工硬材料，如 v_c=200m/min条件下车削淬火钢。

（5）超硬刀具材料

1）金刚石。金刚石是碳的同素异形体，是目前自然界最硬的物质，显微硬度达10000HV。

金刚石刀具有三种：天然单晶金刚石刀具、人造聚晶金刚石刀具和金刚石复合刀具。天然金刚石（即钻石）由于价格昂贵等原因，应用很少。人造金刚石是在高温高压和其他条件配合下由石墨转化而成。金刚石复合刀具是在硬质合金基体上烧结上一层厚度约0.5mm的金刚石，形成了金刚石与硬质合金的复合刀片。

金刚石刀具有很好的耐磨性，可用于加工硬质合金、陶瓷和高铝硅合金等高硬度、高耐磨材料，刀具寿命比硬质合金刀具提高几倍甚至几百倍；金刚石刀具有非常锋利的切削刃，能切下极薄的切屑，加工冷硬现象较少；金刚石刀具抗黏结能力强，不产生积屑瘤，很适于精密加工。但其耐热性差，切削温度不得超过700℃；强度低、脆性大，对振动很敏感，只宜微量切削；与铁的亲合力很强，不适于加工含碳的钢铁材料。金刚石目前主要用于磨具及磨料，作为刀具多在高速下对非铁金属及非金属材料进行精细切削。

2）立方氮化硼。立方氮化硼（CBN）是由六方氮化硼在高温高压下加入催化剂转变而成的，硬度高达8000~9000HV，仅次于金刚石，耐热性却比金刚石好得多，在高于1300℃时仍可切削，且立方氮化硼的化学惰性大，与钢铁材料在1200~1300℃高温下也不易起化学作用。因此，立方氮化硼作为一种新型超硬磨料和刀具材料，用于加工钢铁材料，特别是加工高温合金、淬火钢和冷硬铸铁等难加工材料，可实现“以车代磨”，大幅度提高加工效率，具有非常广阔的发展前途。

（六）金属切削过程的基本规律

微课视频（5）

微课视频（6）

微课视频（7）

微课视频（8）

切削过程是刀具前刀面挤压切削层，使之产生弹性变形、塑性变形然后被刀具切离形成切屑的过程。在切削过程中产生的切削变形、切削力、切削热与切削温度和刀具磨损等现象对加工表面质量、生产效率和生产成本起着重要影响。

1. 切削变形和切屑形成过程

（1）切削变形区　如图3-14所示，在切削金属材料时，切削层受到刀具前刀面挤压，出现了三个不同变形特点的区域。

1）第Ⅰ变形区。始滑移面*OA*与终滑移面*OM*之间的塑性变形区域。在切削力作用下，切削层材料移近*OA*面，产生弹性变形，进入*OA*面产生塑性变形，即*OA*面上切应力达到材料的剪切屈服极限而发生剪切滑移。继续移动，剪切滑移量和切应力逐渐增大。到达*OM*面时，切应力最大，超过材料的剪切强度极限，剪切滑移结束，切削层被刀具切离，形成了切屑。此变形区是产生塑性变形和剪切滑移的区域，所以也称为剪切区。

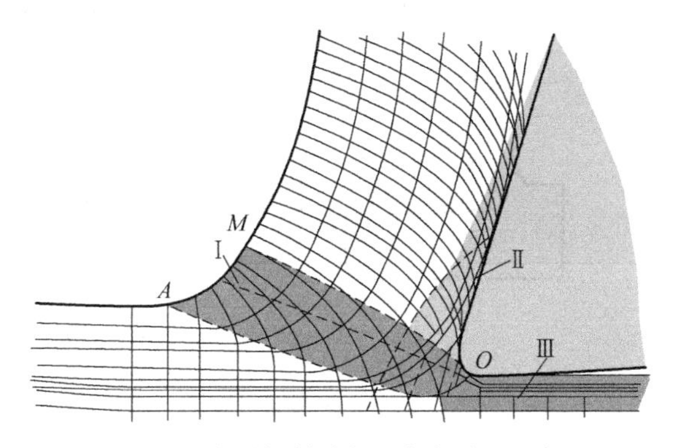

图3-14　金属切削过程三个变形区示意图

2）第Ⅱ变形区。与刀具前刀面接触的切屑底层内产生塑性变形的区域。切屑在刀具前刀面上流出时，又受到前刀面的挤压和摩擦作用，使靠近前刀面处的金属纤维化，其方向基本上和前刀面平行。此变形区的变形是造成前刀面磨损和产生积屑瘤的主要原因，所以也称为积屑瘤区。

3）第Ⅲ变形区。在已加工表面层内近切削刃附近的塑性变形区域。已加工表面受切削刃钝圆部分和后刀面的挤压、摩擦与回弹，造成纤维化与加工硬化。此变形区是造成已加工表面加工硬化和残余应力的主要原因，因此也称为冷硬区。

（2）切屑类型　根据剪切滑移后形成切屑的外形不同，将切屑分为四种类型，如图3-15所示。

1）带状切屑：在切削软钢、铜、铝和可锻铸铁等材料时，切削层经塑性变形后被刀具切离，其外形呈延绵不断的带状，并沿刀具前刀面流出。

形成条件：工件材料为塑性材料；前角（γ_o）大，切削速度（v_c）大，切削厚度（h_D）小。

切削现象：切屑底面光滑，上表面呈毛茸状，切削力变化小，切削平稳。

2）节状切屑（或称挤裂切屑）：切削层在塑性变形过程中，剪切面上局部位置处切应力达到材料剪切强度极限而产生局部断裂，使切屑顶面开裂形成节状。

形成条件：工件材料塑性较小；γ_o 较小，v_c 较小，h_D 较大。

切削现象：切屑上表面呈锯齿状，底面有时出现裂纹，切削力较小，切削较平稳，与刀具摩擦较小。

3）粒状切屑（或称单元切屑）：在剪切面上产生的切应力超过材料剪切强度极限，形成的切屑呈梯形颗粒状。

形成条件：工件材料塑性大（低碳钢、铝合金），γ_o 小，v_c 小，h_D 大。

切削现象：切屑呈梯形粒状，切削力波动较大，切削不平稳，表面粗糙度值较大，易形成积屑瘤。

4）崩碎切屑：在切削铸铁类、青铜等脆性金属时，切屑层未经明显的塑性变形，突然崩裂而成切屑，形成崩碎切屑。

形成条件：工件为脆性材料（灰铸铁、铸造锡青铜）；γ_o 小。

切削现象：切削力虽小，但切削力变化大，较大的冲击振动，工件表面凸凹不平。

同样材料，随着切削用量和刀具几何角度的改变，切屑类型可转化。

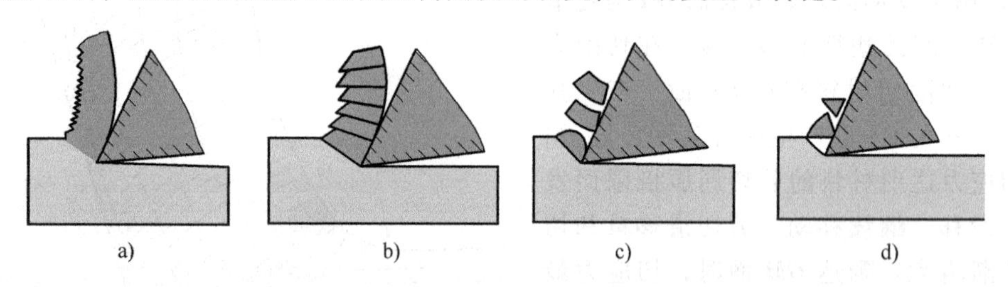

图 3-15 切屑类型

a）带状切屑 b）节状切屑 c）粒状切屑 d）崩碎切屑

2. 切屑控制

切屑控制（又称为切屑处理，工厂中一般简称为“断屑”），是指在切削加工中采取适当的措施来控制切屑的卷曲、流出与折断，形成“可接受”的良好屑形。

（1）切屑的流向 控制切屑的流向是为了使切屑不损伤加工表面，便于对切屑处理，使切削顺利进行。影响切屑流向的主要参数是刀具刃倾角 λ_s、主偏角 κ_r 及前角 γ_o。如图 3-16 所示，$-\lambda_s$ 使切屑流向已加工表面，$+\lambda_s$ 使切屑流向待加工表面。当车刀的主偏角 $\kappa_r=90°$时，切屑流向是偏向已加工表面。使用负前刀角刀具，由于前刀面上推力作用，切屑易流向加工工件一侧。

（2）断屑原因与屑形 断屑原因主要有两方面：

1）切屑在流出过程中与阻碍物相碰，使切屑弯曲后产生的弯曲应力超过材料强度极限而折断。

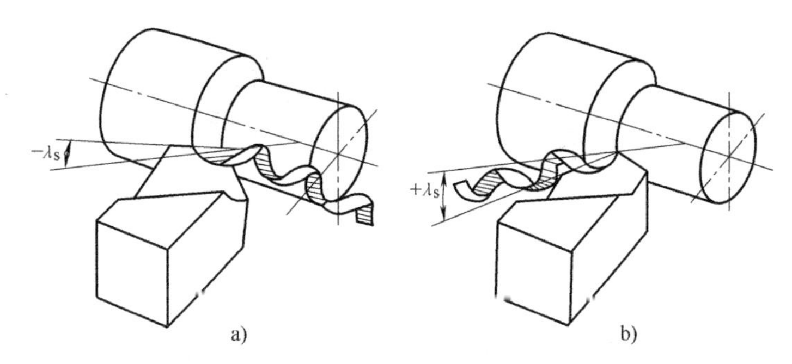

图 3-16　刃倾角对切屑流向的影响

a）$-\lambda_s$　b）$+\lambda_s$

2）切屑流出过程中靠自身重量而甩断。

图 3-17a 所示为切屑流出后碰到刀具后刀面产生折断的断屑原理。切屑卷曲后，加剧了切屑内部的塑性变形，切屑的塑性降低，硬度提高，变脆，从而为断屑创造了有利的内在条件。

经研究知，切屑厚度 h_{ch} 增加，卷曲半径 ρ 减小，台阶高度 h_{Bn} 增大，台阶宽度 L_{Bn} 较小，则切屑较易折断，如图 3-17b 所示。

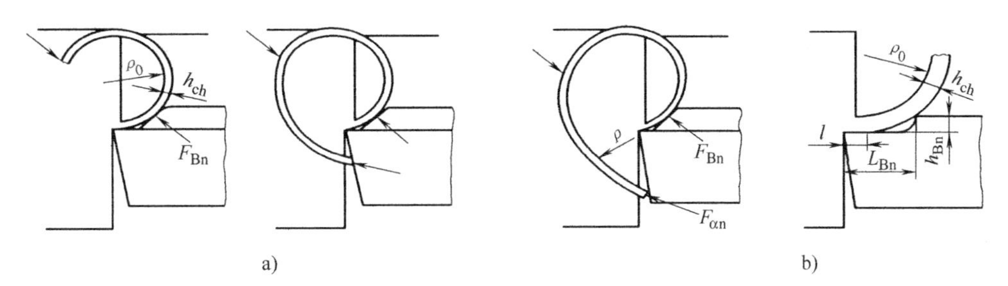

图 3-17　切屑折断原理

a）切屑受力后卷曲　b）影响卷曲半径参数

生产中由于加工条件不同，形成的切屑形状有许多种。国家标准规定的切屑形状与名称分为八类，图 3-18 所示为可接受的切屑形状。

（3）断屑措施

1）磨制断屑槽。在刀具前刀面上磨出断屑槽是实现断屑的有效措施，因此，在生产中使用非常普遍。对于可转位刀片，刀片前刀面上有不同形状和尺寸的断屑槽，以满足不同切削条件的断屑需要。在焊接硬质合金刀片的车刀上，可磨制如图 3-19 所示三种形式的断屑槽：折线型、直线圆弧型和全圆弧型。

折线型断屑槽和直线圆弧型断屑槽适用于碳钢、合金钢、工具钢；全圆弧型断屑槽的槽底前角 γ_n 大，适用于加工塑性高的金属材料，如低碳钢、不锈钢、锡青铜、黄铜和铝。

影响断屑效果的断屑槽主要参数是槽宽 L_{Bn} 和槽深 h_{Bn}（r_{Bn}）。其中槽宽 L_{Bn} 大小应确保一定厚度的切屑在流出时碰到断屑台，并在断屑台反屑角 δ_{Bn} 作用下，使切屑卷曲，并减小卷曲半径 ρ。由于进给量 f 大，切削厚度 h_{ch} 大，使切屑不易卷曲，则应使槽宽 L_{Bn} 相应增大。表 3-4 为根据进给量与背吃刀量来确定的断屑槽宽度 L_{Bn}。

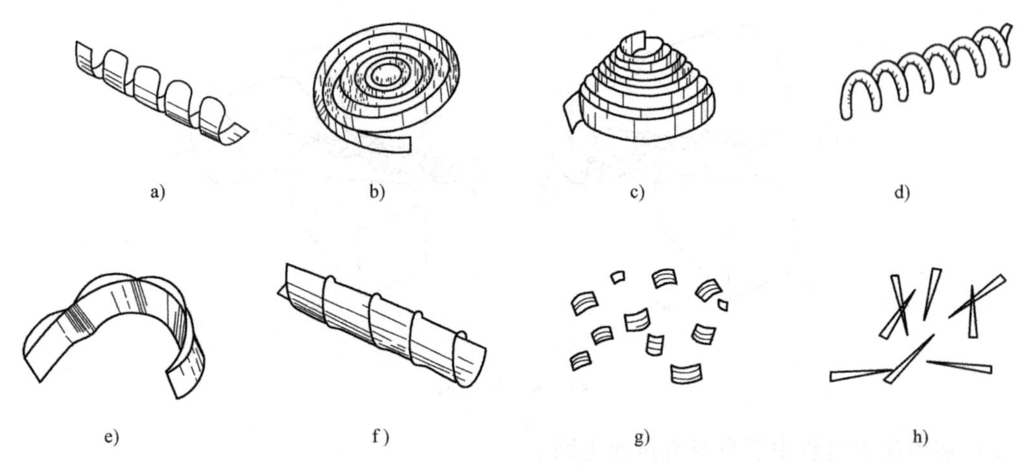

图 3-18 可接受的切屑形状

a）短管状切屑 b）平盘旋状切屑 c）锥盘旋状切屑 d）短环形螺旋切屑
e）弧形切屑 f）短锥形螺旋切屑 g）单元切屑 h）针形切屑

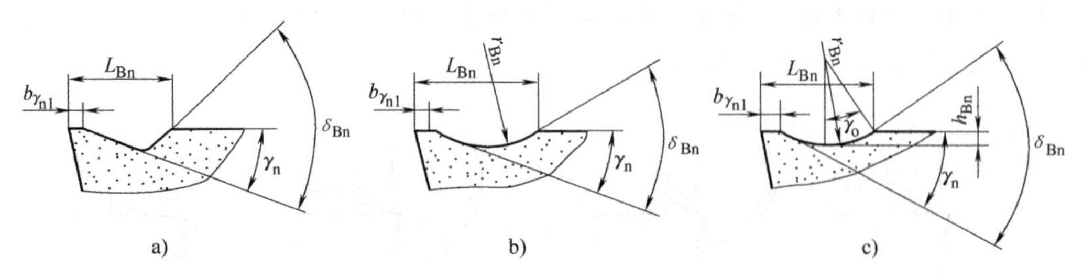

图 3-19 断屑槽形式

a）折线型 b）直线圆弧型 c）全圆弧型

表 3-4 断屑槽宽度 L_{Bn} （单位：mm）

进给量 f/(mm/r)	背吃刀量 a_p/mm	断屑槽宽度 L_{Bn}	
		低碳钢、中碳钢	合金钢、工具钢
0.3～0.5	1～3	3.2～3.5	2.8～3.0
0.3～0.5	2～5	3.5～4.0	3.0～3.2
0.3～0.6	3～6	4.5～5.0	3.2～3.5

2）改变切削用量。在切削用量参数中，对断屑影响最大的是进给量 f，其次是背吃刀量 a_p，最小为切削速度 v_c。进给量 f 增大，使切屑厚度 h_{ch} 增大，当受卷曲或碰撞后切屑易折断。低速切削时，由于切屑变形较充分，卷曲半径 ρ 减小，较易使切屑折断。

3）改变刀具角度主偏角。主偏角是影响断屑的主要因素。主偏角增大，切屑厚度增大，易断屑。所以生产中断屑良好的车刀，常选取较大的主偏角，取 $\kappa_r=60°\sim90°$。

4）其他断屑方法

① 固定附加断屑挡块。为了使切屑流出时可靠断屑，可在刀具前刀面上固定可调距离和角度的挡块，使流出切屑碰撞挡块而折断。不足之处是减小了出屑空间且易被切屑阻塞。

② 间断切削。采用断续切削、摆动切削或振动切削，实现间断切削，使切削厚度 h_D 变化，获得不等截面切屑，造成狭小截面处应力集中，强度减小，达到断屑目的。这类断屑方

法结构及装置较复杂。

③ 切削刃上开分屑槽。这是较为常见的方法，例如中等直径以上钻头、圆柱铣刀、拉刀等切削刃较长的刀具，在相邻主切削刃上磨出交错分布的分屑槽，使切屑分段流出，便于排屑和容屑。

3. 积屑瘤

积屑瘤是切削塑性金属（对中碳钢、低碳钢、铝合金等进行车、钻、铰、拉和螺纹加工）时，由切屑堆积在刀具前刀面近切削刃处的一个硬楔块，它在第Ⅱ变形区内，是由摩擦和变形形成的物理现象，如图 3-20 所示。

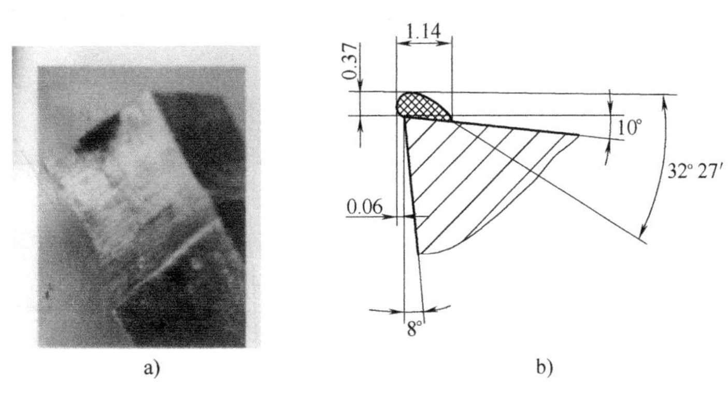

图 3-20　高速钢刀具加工 45 钢时的积屑瘤

a）积屑瘤　b）积屑瘤外形尺寸

实践表明，影响积屑瘤形成的主要因素是压力和切削温度。当近切削刃处的压力和温度很低时，切屑底层塑性变形小，摩擦系数小，积屑瘤不易形成；在高温时，切屑底层材料软化，摩擦系数减小，积屑瘤也不易产生。例如，切削中碳钢，切削温度为 300～380℃时，积屑瘤高度值最大，切削温度超过 600℃时，积屑瘤消失。

积屑瘤对切削加工的影响有以下几个方面：

1）积屑瘤可以代替切削刃和前刀面进行切削，从而保护切削刃和前刀面，减少刀具的磨损。

2）积屑瘤的存在使刀具在切削时具有更大的实际前角，减小了切屑的变形，并使切削力下降。

3）积屑瘤具有一定的高度，其前端伸出切削刃之外，使实际的切削厚度增大，影响加工精度。

4）在切削过程中积屑瘤是不断地生长和破碎的，所以积屑瘤的高度也是在不断地变化的，从而也导致了实际切削厚度的不断变化，引起局部过切，使零件的表面粗糙度值增大。同时部分积屑瘤的碎片会嵌入已加工表面，影响零件表面质量。

5）不稳定的积屑瘤不断地生长、破碎和脱落，积屑瘤脱落时会剥离前刀面上的刀具材料，加剧刀具的磨损。

积屑瘤对加工的影响有利有弊，弊大于利，精加工时应尽量避免。常用的避免方法有：

1）选择低速或高速加工，避开容易产生积屑瘤的切削速度区间，如图 3-21 所示。例如，高速钢刀具采用低速宽刀加工，硬质合金刀具采用高速精加工。

2）采用冷却性和润滑性好的切削液，减小刀具前刀面的表面粗糙度值等。

3）增大刀具前角，减小前刀面上的正压力。

4）采用预先热处理，适当提高工件材料硬度，降低塑性，减小工件材料的加工硬化倾向。

4. 切削力

切削力是工件材料抵抗刀具切削所产生的阻力，它是影响工艺系统强度、刚度和加工工件质量的重要因素。切削力是设计机床、刀具和夹具、计算切削动力消耗的主要依据，在自动化生产和精密加工中，也常利用切削力来检测和监控刀具磨损情况和加工表面质量。

（1）切削力的来源　切削力来源于三个方面，如图 3-22 所示。其一为克服被加工材料弹性变形的抗力；其二为克服被加工材料塑性变形的抗力；其三为克服切屑对刀具前刀面、工件过渡表面和已加工表面对刀具后刀面的摩擦力。

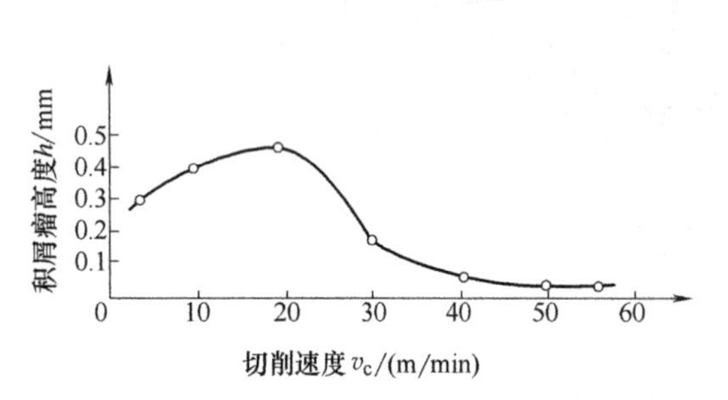

图 3-21　切削速度对积屑瘤的影响

注：加工条件：材料 45 钢，a_p = 4.5mm，f = 0.67mm/r

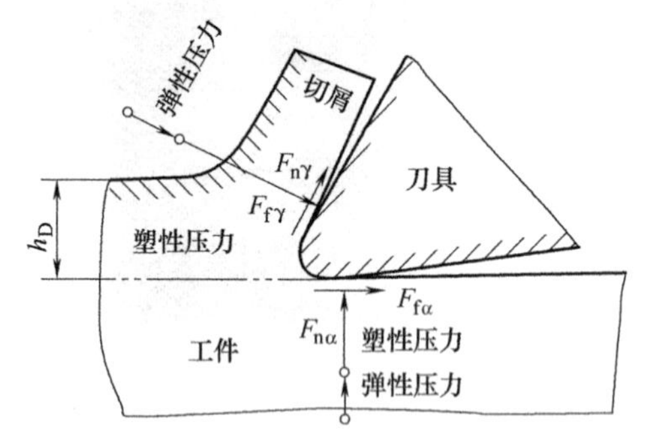

图 3-22　切削力的来源

（2）切削力的分解和作用　上述各力形成作用于车刀的合力 F，如图 3-23 所示。为了测量和应用的方便，常将其分解为相互垂直的三个分力，即切削力 F_c、背向力 F_p 和进给力 F_f。

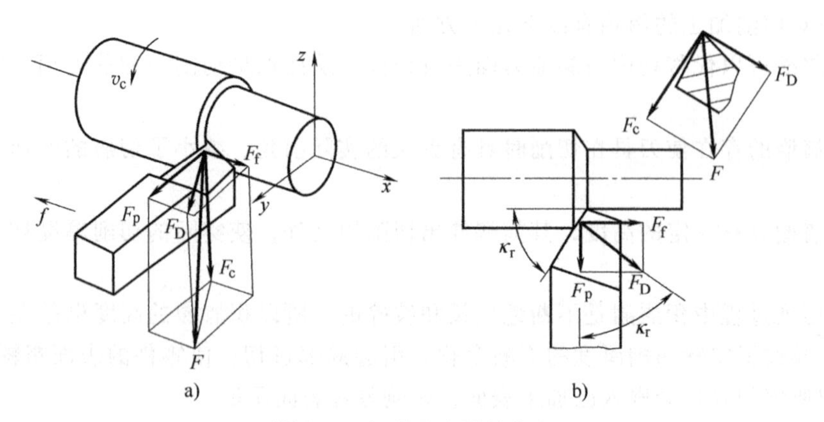

图 3-23　切削合力及其分力

$$F=\sqrt{F_D^2+F_c^2}=\sqrt{F_c^2+F_p^2+F_f^2}$$

$$F_p=F_D\cos\kappa_r ;\qquad F_f=F_D\sin\kappa_r \tag{3-9}$$

式中　F_c——切削力，它垂直于基面 p_r，与切削速度 v_c 方向一致，它消耗机床的主要功率，是计算切削功率、选取机床电动机功率和设计机床主传动机构的依据；

F_f——进给力，它作用于基面 p_r 内，与进给方向平行，是设计机床进给机构的依据；

F_p——背向力，它作用于基面 p_r 内，与进给方向垂直，它能使工件产生变形，是校验机床主轴在水平面内刚度及相应零部件强度的依据；

F_D——作用于基面内的合力。

式（3-9）表明，当 $\kappa_r=90°$ 时，$F_p\approx0$、$F_f\approx F_D$，各分力的大小对切削过程会产生明显不同的作用。

根据实验，当 $\kappa_r=45°$，$\lambda_s=0°$，$\gamma_o\approx15°$ 时，各分力间近似关系为

$$F_c:F_p:F_f=1:(0.4\sim0.5):(0.3\sim0.4)$$

随着车刀材料、车刀几何参数和切削用量、工件材料和车刀磨损情况等切削条件的不同，各分力之间的比例可以在较大范围内变化。

（3）切削力和切削功率的计算

1）切削力实验公式。切削力实验公式是将实验数据通过数学整理后建立的。

切削力实验公式有两种形式：指数公式和单位切削力公式。切削力的指数公式（单位为 N）为

$$\begin{aligned}F_c&=C_{Fc}a_p^{x_{Fc}}f^{y_{Fc}}v_c^{n_{Fc}}K_{Fc}\\F_p&=C_{Fp}a_p^{x_{Fp}}f^{y_{Fp}}v_c^{n_{Fp}}K_{Fp}\\F_f&=C_{Ff}a_p^{x_{Ff}}f^{y_{Ff}}v_c^{n_{Ff}}K_{Ff}\end{aligned}\tag{3-10}$$

式中　C_{Fc}、C_{Fp}、C_{Ff}——系数，由实验时根据加工条件和工件材料确定；

x_F、y_F、n_F——指数，表明切削用量对切削力的影响程度；

K_{Fc}、K_{Fp}、K_{Ff}——不同加工条件（与实验条件不同）时对各切削分力的修正系数。

2）单位切削力。单位切削力 k_c 可用单位切削层面积切削力表示。单位切削力公式（单位为 N/mm^2）为

$$k_c=\frac{F_c}{A_D}=\frac{C_{Fc}a_p^{x_{Fc}}f^{y_{Fc}}}{a_pf}=\frac{C_{Fc}}{f^{1-y_{Fc}}}\tag{3-11}$$

通常切削力实验公式中 $x_{Fc}\approx1$。若已知单位切削力 k_c，则切削力 F_c 为

$$F_c=k_cA_D=k_ca_pfv_c^{n_{Fc}}K_{Fc}\tag{3-12}$$

由此可见，利用单位切削力 k_c 计算切削力 F_c 是一种简便的方法。

3）切削功率。主运动消耗的切削功率 P_c（单位为 kW）计算公式为

$$P_c=\frac{F_cv_c}{60\times1000}\tag{3-13}$$

式中　v_c——切削速度（m/min）。

根据式（3-13）求出切削功率 P_c，则主电动机的功率 P_E（单位为 kW）计算公式为

$$P_E=P_c/\eta_c\tag{3-14}$$

式中　η_c——机床传动效率，一般取 $\eta_c=0.75\sim0.85$。

式（3-14）是校验和选用机床主电动机功率的计算式。

（4）影响切削力的因素　凡影响切削变形和摩擦的因素均影响切削力，其中主要包括

切削用量、工件材料和刀具几何角度三个方面。

1）切削用量。

① 背吃刀量 a_p 和进给量 f。如图 3-24 所示，若 a_p、f 分别增加 1 倍，则切削层面积也增加 1 倍。a_p 增加 1 倍，切削宽度 b_D 增大 1 倍，故 F_c 也增大 1 倍，因此，公式中影响指数 $x_{Fc}=1$；f 增大 1 倍时，切削厚度 h_D 也增大 1 倍，但切削变形程度减小，导致 F_c 也有所下降，综合考虑，F_c 的增长要慢于 f 的增长，因此，公式中影响指数 $y_{Fc}=0.75$。

② 切削速度 v_c。切削塑性材料时，切削速度对切削力的影响如同对切削变形的影响规律。如图 3-25 所示，当 v_c<35m/min 时，由于积屑瘤的产生和消失，使车刀的实际前角 γ_{oe} 增大和减小，导致了切削力 F_c 的减小和增大。当 v_c>35m/min 时，随着 v_c 的增大，摩擦系数 μ 减小，致使切削力 F_c 减小。另一方面随着 v_c 的增大，切削温度 θ 也增高，被加工金属的强度和硬度降低，也导致切削力 F_c 降低，因此，公式中影响指数 $n_{Fc}=-0.15$。

切削用量的选择

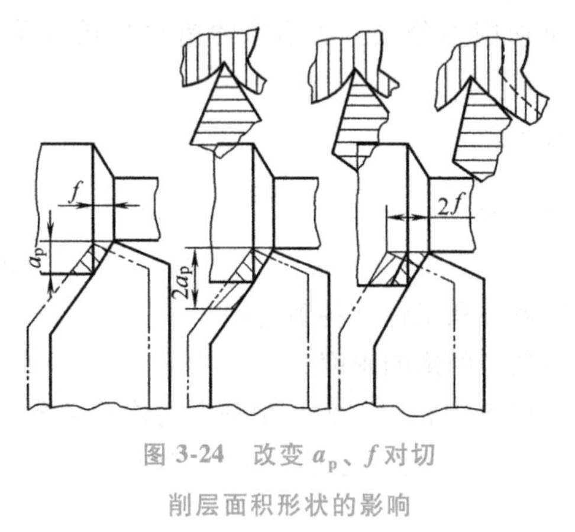

图 3-24 改变 a_p、f 对切削层面积形状的影响

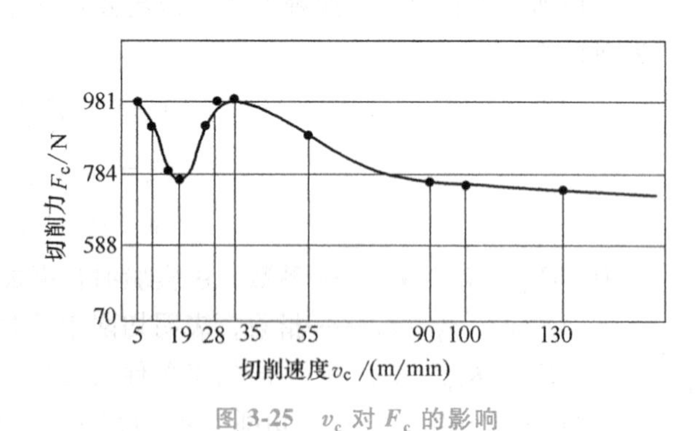

图 3-25 v_c 对 F_c 的影响

注：加工条件：工件 45 钢，刀具 YT15，$\gamma_o=15°$、$\kappa_r=45°$、$\lambda_s=0°$，$a_p=2$mm，$f=0.2$mm/r

加工脆性材料时，因切削变形和摩擦力均较小，故切削速度对切削力影响不大。

2）工件材料。工件材料的硬度和强度越高，其剪切屈服强度就越高，产生的切削力 F_c 就越大；工件材料的塑性和韧性越高，则切削变形越大，切屑与刀具间摩擦力增加，故切削力 F_c 越大；而脆性材料（如铸铁）强度低，摩擦力小，塑性变形小，加工硬化小，其切削力也比塑性材料的小。

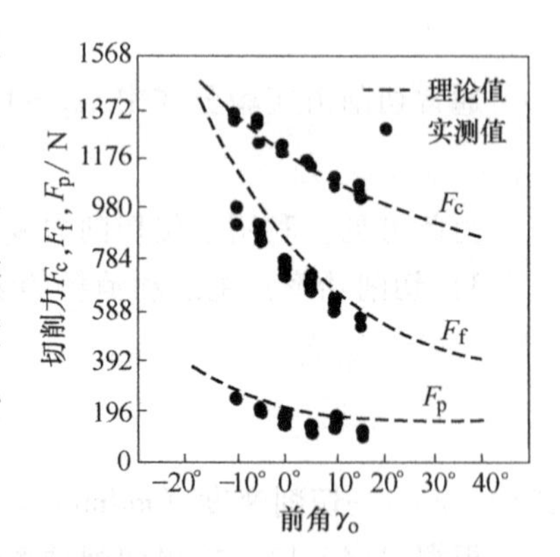

图 3-26 前角 γ_o 对 F_c 的影响

3）刀具几何角度。

① 前角 γ_o。前角 γ_o 增大，切削变形减小，各切削分力均减小，如图 3-26 所示。实践证明，当加工脆性金属（如铸铁、青铜等）时，由于切屑变形和加工硬化很小，所以前角对切削力的影响不显著。

② 主偏角 κ_r。如图 3-27 所示，主偏角在 30°～60°范围内增大时，因切削厚度 h_D 增大，故切削变形减小，切削力 F_c 减小；当主偏角为 60°～70°时，切削力 F_c 最小；主偏角继续增

大，因刀尖圆弧半径 r_ε 所占的切削宽度 b_D 比例增大，切屑流出时挤压加剧，造成切削力 F_c 增大。

刀具几何参数选择

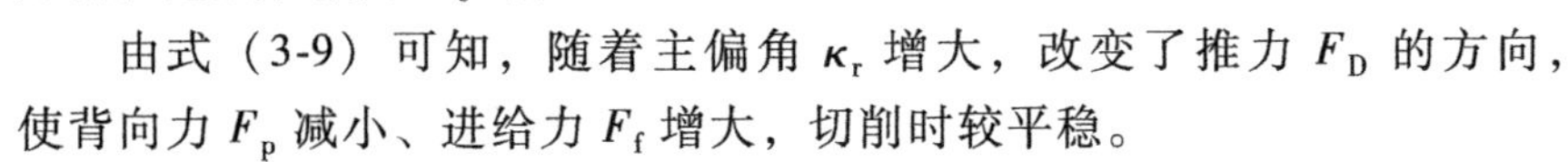

由式（3-9）可知，随着主偏角 κ_r 增大，改变了推力 F_D 的方向，使背向力 F_p 减小、进给力 F_f 增大，切削时较平稳。

由于主偏角在60°～70°间能减小切削力 F_c 和背向力 F_p，这既能减少功率的消耗，又适宜在加工系统刚性较差的条件下切削，因此，生产中在车削轴类零件时一般选用75°车刀。

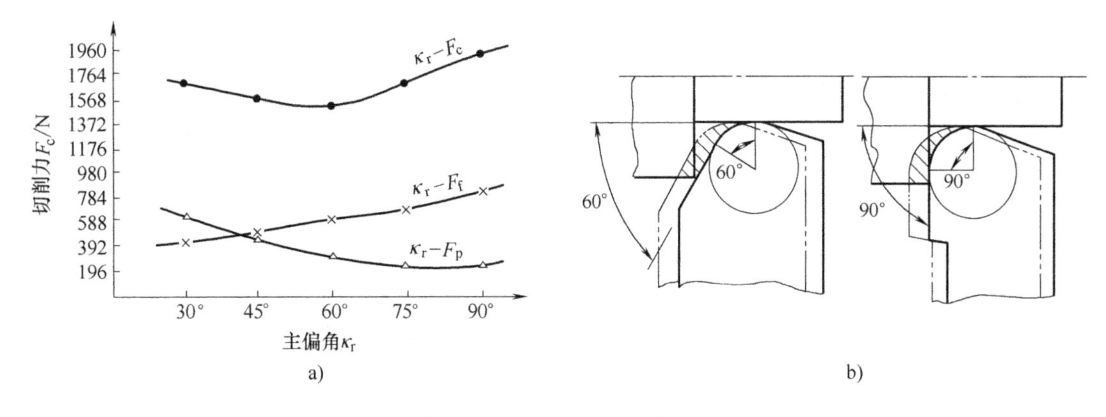

图 3-27　主偏角 κ_r 的影响

a）κ_r 对 F_c 的影响　b）κ_r 对切削宽度 b_D 的影响

注：加工条件：正火45钢，刀具YT15，$\gamma_o=15°$、$\kappa_r'=10°\sim12°$、$\alpha_o=6°\sim8°$，$a_p=3\text{mm}$，$f=0.3\text{mm/r}$，$v_c=100\text{m/min}$

③ 刃倾角 λ_s。从图3-28可知，λ_s 对 F_c 影响不大，而对 F_p、F_f 影响较大。λ_s 增大，使 F_p 减小较多，F_f 有所增大。这主要是 λ_s 改变了合力 F 的方向，从而影响了 F_p 和 F_f。

④ 刀尖圆弧半径 r_ε。当 κ_r、f、a_p 一定时，r_ε增大，F_c 变化不大，但 F_f 减小，而 F_p 增大，如图3-29所示。这是由于曲线切削刃上各点的 κ_r 减小所致，所以为防止在切削过程中工件弯曲变形及产生振动，应使 r_ε尽量减小。

4）其他因素。

① 刀具材料的摩擦系数越小，切削力越小。各类刀具材料中，摩擦系数按高速工具钢、YG类硬质合金、YT类硬质合金、陶瓷、金刚石的顺序依次减小。

② 前刀面磨损会使刀具实际前角增大，切削力减小。后刀面磨损，刀具与工件的摩擦增大，切削力增大。前、后刀面同时磨损时，切削力先减小，后逐渐增大。F_p 增加的速度最快，F_c 增加的速度最慢。

③ 刀具的前、后刀面刃磨质量越好，摩擦系数越小，切削力越小。

④ 使用润滑性能好的切削液，能有效减少摩擦，使切削力减小。

计算切削力时，考虑到各个参数对切削力不同的影响，需对切削力数值进行相应的修正，其修正系数值通过切削实验确定。表3-5为用硬质合金车刀 $\gamma_o=10°$、$\kappa_r=45°$、$\lambda_s=0°$和 $r_\varepsilon=2\text{mm}$ 纵车外圆、横车及镗孔时，切削力公式中各系数、指数和单位切削力值。

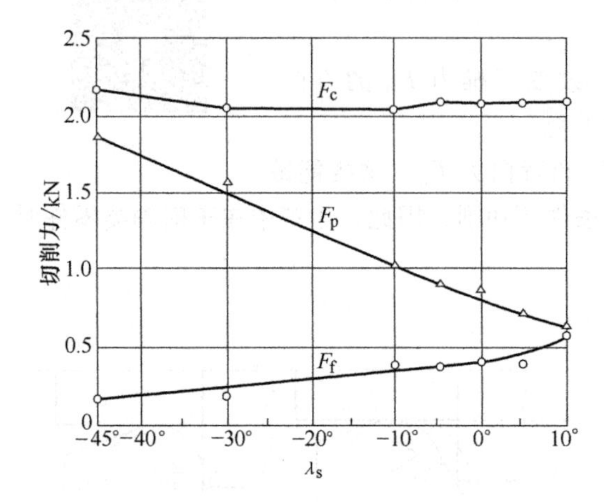

图 3-28 刃倾角 λ_s 对切削力的影响

注：工件材料：45 钢（正火），187HBW；刀具结构：焊接式平前刀面外圆车刀；刀具材料：YT15；

几何参数：$\gamma_o=18°$、$\alpha_o=6°$，$\alpha'_o=4°\sim6°$，$\kappa_r=75°$、$\kappa'_r=10°\sim12°$；切削用量：$a_p=3\text{mm}$，$f=0.35\text{mm/r}$，$v_c=100\text{m/min}$

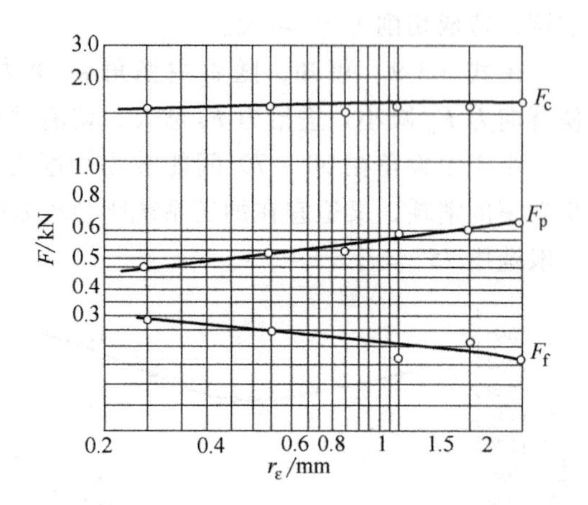

图 3-29 刀尖圆弧半径 r_ε 对切削力的影响

注：工件材料：45 钢（正火），187HBW；刀具结构：焊接式平前刀面外圆车刀；刀具材料：YT15；

几何参数：$\gamma_o=18°$、$\alpha_o=6°\sim7°$，$\kappa_r=75°$、$\kappa'_r=10°\sim12°$；切削用量：$a_p=3\text{mm}$，$f=0.35\text{mm/r}$，$v_c=93\text{m/min}$

表 3-5 系数、指数和单位切削力值

加工材料	切削力 F_c $F_c=C_{Fc}a_p^{x_{Fc}}f^{y_{Fc}}v_c^{n_{Fc}}K_{Fc}$				切削力 F_p $F_p=C_{Fp}a_p^{x_{Fp}}f^{y_{Fp}}v_c^{n_{Fp}}K_{Fp}$				切削力 F_f $F_f=C_{Ff}a_p^{x_{Ff}}f^{y_{Ff}}v_c^{n_{Ff}}K_{Ff}$			
	C_{Fc}	x_{Fc}	y_{Fc}	n_{Fc}	C_{Fp}	x_{Fp}	y_{Fp}	n_{Fp}	C_{Ff}	x_{Ff}	y_{Ff}	n_{Ff}
结构钢、铸钢 $R_m=650\text{MPa}$	2795	1.0	0.75	−0.15	1940	0.90	0.6	−0.3	2880	1.0	0.5	−0.4
不锈钢 1Cr18Ni9Ti 硬度 141HBW	2000	1.0	0.75	0	—	—	—	—	—	—	—	—
灰铸铁硬度 190HBW	900	1.0	0.75	0	530	0.9	0.75	0	450	1.0	0.4	0
可锻铸铁硬度 150HBW	790	1.0	0.75	0	420	0.9	0.75	0	375	1.0	0.4	0

加工材料	单位切削力 $k_c=C_{Fc}/f^{1-y_{Fc}}$ f/(mm/r)										
	0.1	0.15	0.20	0.24	0.30	0.36	0.41	0.48	0.56	0.66	0.71
结构钢、铸钢 $R_m=650\text{MPa}$	4991	4508	4171	3937	3777	2630	3494	3367	3213	3106	3038
不锈钢 1Cr18Ni9Ti 硬度 141HBW	3571	3226	2898	2817	2701	2597	2509	2410	2299	2222	2174
灰铸铁硬度 190HBW	1607	1451	1304	1267	1216	1169	1125	1084	1034	1000	978
可锻铸铁硬度 150HBW	1419	1282	1152	1120	1074	1032	994	958	914	883	864

5. 切削热和切削温度

切削热与切削温度是切削过程中另一个重要物理现象，它们对刀具磨损、刀具寿命及加工工艺系统热变形均产生重要影响。

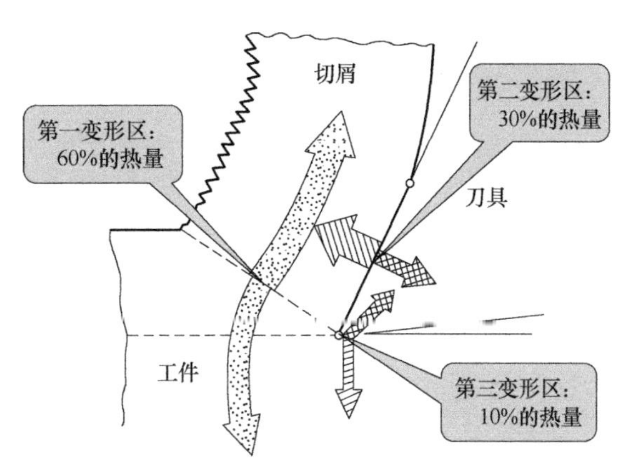

图 3-30　切削塑性材料时切削热的产生与传导

（1）切削热的来源与传散　如图 3-30 所示，切削热的来源由三个变形区产生弹性变形功、塑性变形功所转化的热量 $Q_{变}$，切屑与刀具摩擦功、工件与刀具摩擦功所转化的热量 $Q_{摩}$ 所组成。其中在剪切面上，塑性变形热占的比例最大，切削脆性金属时则后刀面摩擦热占的比重较大。

切削热通过切屑、刀具、工件和周围介质（空气或切削液）传出。不同的切削加工方法，切削热沿不同传导途径传递出去的比例也各不相同，见表 3-6。

表 3-6　不同加工方法切削热传导比例

传导途径	干车削	钻削
切屑	50%～86%	28%
工件	3%～9%	52%
刀具	10%～40%	15%
周围介质	1%	5%

热量传散的比例与切削速度有关，切削速度增加时，由摩擦生成的热量增多，但切屑带走的热量也增加，在刀具中热量减少，留在工件中热量更少。所以在高速切削时，切屑的温度很高，而工件和刀具的温度相对较低。

（2）切削温度分布　切削温度是指切削区域的平均温度，通常指刀具前刀面与切屑接触区的平均温度。切削热主要是通过切削温度影响切削加工的。切削温度的高低决定于产生热量的多少和传散热量的快慢两方面因素。

图 3-31 所示为用实验方法测得的在正交平面内的切削温度分布规律。

1）剪切面上各点的温度基本一致，由此可以推断剪切面上各点的应力应变规律基本上变化不大。

2）前刀面和后刀面上的最高温度都处在离切削刃有一定距离的地方，这是摩擦热沿刀面不断增加的缘故。温度最高点出现在前刀面上。

3）在剪切区域内，垂直剪切方向上温度梯度较大，这是由于剪切滑移的速度很快，热量来不及传导出来，从而形成较大的温度梯度。

4）垂直于前刀面的切屑底层温度梯度大，距离前刀面 0.1～0.2mm 处，温度就可能下降一半。这说明前刀面上的摩擦是集中在切屑的底层，因此切削温度对前刀面的摩擦系数有较大影响。

5）后刀面的接触长度很小，因此温度的升降是在极短时间内完成的，导致已加工表面受到一次热冲击。

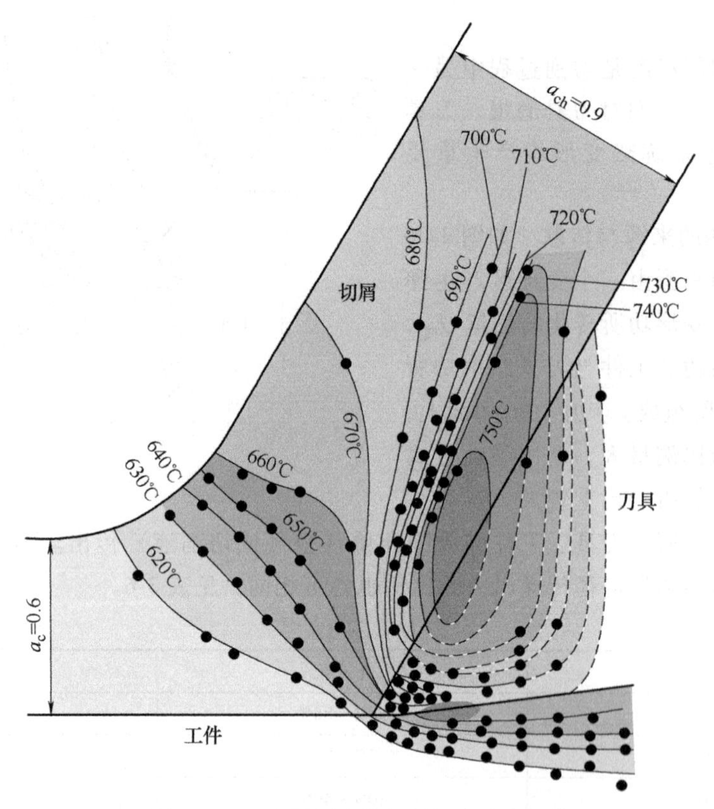

图 3-31　正交平面内的切削温度分布规律

6）工件材料塑性越大，前刀面上的接触长度越大，切削温度的分布就越均匀。工件材料脆性越大，最高温度所在的点离切削刃就越近。

7）工件材料导热系数越低，刀具的前、后刀面的温度就越高。

（3）影响切削温度的因素　在切削时影响产生热量和传散热量的因素有切削用量、工件材料、刀具几何参数和切削液等。

1）切削用量。通过实验得到切削温度 θ 的经验公式为

$$\theta = C_\theta v_c^{z_\theta} f^{y_\theta} a_p^{x_\theta} \tag{3-15}$$

式中　C_θ——切削温度系数；

z_θ、y_θ、x_θ——切削用量对切削温度的影响指数。

通过实验得到使用高速钢刀具和硬质合金刀具切削中碳钢时，切削温度系数 C_θ 和指数 x_θ、y_θ、z_θ，见表 3-7。

表 3-7　切削温度的系数及指数

<table>
<tr><th>刀具</th><th>加工方法</th><th>C_θ</th><th colspan="2">z_θ</th><th>y_θ</th><th>x_θ</th></tr>
<tr><td rowspan="3">高速钢刀具</td><td>车削</td><td>140~170</td><td colspan="2" rowspan="3">0.35~0.45</td><td rowspan="3">0.2~0.3</td><td rowspan="3">0.08~0.1</td></tr>
<tr><td>铣削</td><td>80</td></tr>
<tr><td>钻削</td><td>150</td></tr>
<tr><td rowspan="4">硬质合金刀具</td><td rowspan="4">车削</td><td rowspan="4">320</td><td>f/(mm/r)</td><td></td><td rowspan="4">0.15</td><td rowspan="4">0.05</td></tr>
<tr><td>0.1</td><td>0.41</td></tr>
<tr><td>0.2</td><td>0.31</td></tr>
<tr><td>0.3</td><td>0.26</td></tr>
</table>

通过对比表中数据可知，$z_\theta>y_\theta>x_\theta$，说明切削用量三要素对切削温度的影响 $v_c>f>a_p$。

2）工件材料。工件材料主要是通过硬度、强度和热导率而影响切削温度。材料的硬度、强度低，热导率高，产生切削温度低。高碳钢（合金钢）强度和硬度高，热导率低，切削温度比 45 钢高 30%；不锈钢热导率约为 45 钢的 1/3，切削温度比 45 钢高 40%；加工脆性金属材料产生的变形和摩擦较小，故切削温度比 45 钢低 20%。

3）刀具几何参数。在刀具几何参数中，影响切削温度最为明显的因素是前角和主偏角，如图 3-32 所示，其次是刀尖圆弧半径 r_ε。

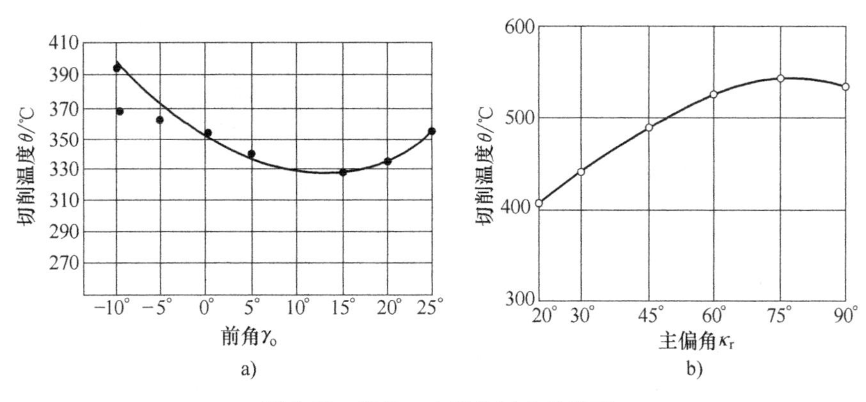

图 3-32　前角、主偏角对 θ 的影响

a）γ_o 对 θ 的影响　b）κ_r 对 θ 的影响

前角增大，能减小变形和摩擦，降低切削温度；但前角过大，刀头体积减小，散热条件变差，θ 上升。实践表明，$\gamma_o\approx15°$时降低切削温度最为有效。

主偏角减小，切削变形和摩擦增加，切削热增加，但主偏角减小后刀头体积增大，散热大为改善，因此切削温度降低。

适当增大刀尖圆弧半径、采用负刃倾角均能增大散热面积，有利于降低切削温度。

4）切削液。浇注切削液是降低切削温度的重要措施。切削液对切削温度的影响，与切削液的导热性能、比热容、流量、浇注方式以及本身的温度有很大的关系。从导热性能来看，油类切削液不如乳化液，乳化液不如水基切削液。

6. 刀具磨损和破损

切削时刀具在高温条件下，受到工件、切屑的摩擦作用，刀具材料会逐渐被磨耗或出现破损。刀具磨损后，将使工件加工精度降低，表面粗糙度值增大，并导致切削力加大、切削温度升高，甚至产生振动，不能继续正常切削。因此，刀具磨损直接影响生产效率、加工质量和生产成本。

（1）刀具磨损的形式　刀具磨损的形式分为正常磨损和非正常磨损两类。

1）正常磨损。正常磨损是指随着切削时间增加磨损逐渐扩大的磨损形式，如图 3-33 所示，它主要包括以下三种形式。

① 前刀面磨损。前刀面上出现月牙洼磨损，其深度为 KT，宽度为 KB，中心是切削温度最高处，这是由刀屑流出时产生摩擦和高温高压作用形成的。这种磨损形态比较少见，一般发生在以较大切削速度和切削厚度（h_D>0.5mm）加工塑性金属时。

② 后刀面磨损。后刀面磨损分为三个区域：刀尖磨损 C 区，磨损量 VC 是因刀尖处强度

低、温度集中造成的；中间磨损 B 区，除均匀磨损量 VB 外，在其磨损严重处的最大磨损量为 VB_{max}，它是由摩擦和散热差所致；边界磨损 N 区，切削刃与待加工表面交界处的磨损量 VN，是高温氧化和表面硬化层作用引起的。后刀面单独磨损多半是在切削厚度小，特别是加工铸铁等脆性材料时出现的。

前、后刀面同时磨损，为一般常见磨损形态。

③ 副后刀面磨损。在切削过程中因副后角 α_o' 及副偏角 κ_r' 过小，致使副后刀面受到严重摩擦而产生磨损。

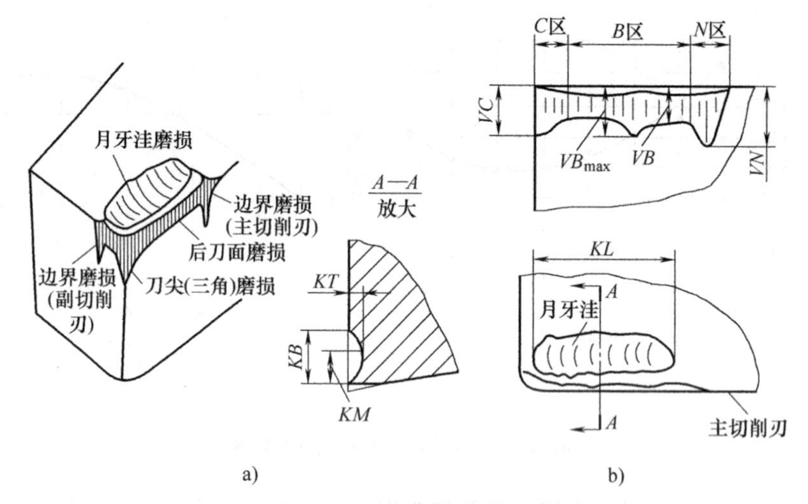

图 3-33　刀具的正常磨损形式

a）刀具的磨损形态　b）刀具磨损的测量

2）非正常磨损。非正常磨损也称破损，常见的非正常磨损形式如图 3-34 所示。

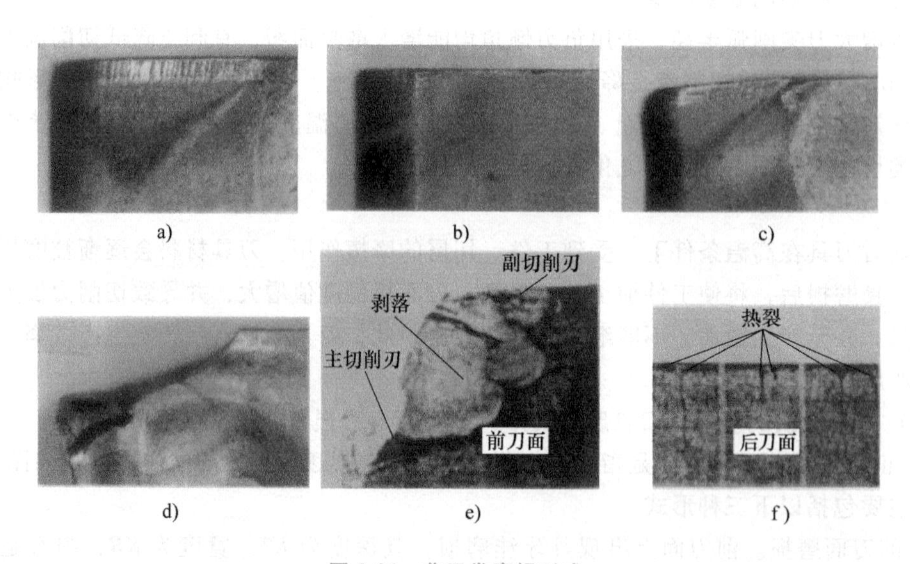

图 3-34　非正常磨损形式

a）沟槽磨损　b）切削刃细小缺口　c）塑性变形　d）切削刃崩裂　e）切削刃剥落　f）热裂

① 塑性破损。

a. 沟槽磨损。在后刀面上刻划出深浅不同的沟槽。刀具材料耐磨性不够，或工件材料表面有硬质点摩擦等所致。

b. 切削刃细小缺口。切削刃上出现微粒脱落形成不规则的细小缺口。通常是因为刀片硬度高、脆性增大，切削刃锋利使强度变差，断续切削或切屑碰坏造成的。

c. 塑性变形。刀具切削区域因严重塑性变形使刀面和切削刃周围产生塌陷。通常是因为切削温度过高和切削压力过大，导致刀头强度和硬度降低，主要出现在高速钢刀具、硬质合金刀具上。

② 脆性破损。

a. 切削刃崩裂。切削刃和前刀面上受较大冲击力作用；a_p、f 过大使切削力增大；中间切入，γ_o 过大，刀具强度降低造成切削刃和前刀面大面积崩裂。

b. 切削刃剥落。刀面或切削刃周围出现表层脱落而损坏刀具。常发生在硬度高、脆性大的陶瓷刀具上，压力和摩擦力较大情况下。

c. 热裂。在垂直于切削刃方向上因受热而产生裂纹。一般是热循环使材料疲劳，间断切削和切削液浇注不均匀，温差大所致。

（2）磨损过程和磨损标准　由于多数切削情况下都会发生后刀面磨损，且 VB 测量方便，所以常用 VB 值衡量磨损程度。

1）磨损过程。正常的磨损过程如图 3-35 所示，包括三个阶段：

初期磨损阶段（Ⅰ）。开始切削时将新刃磨的切削刃和刀面上残留的粗糙不平很快磨去。

正常磨损阶段（Ⅱ）。磨损量 VB 随着切削时间增加而逐渐加大。这一阶段是刀具工作的有效阶段。

急剧磨损阶段（Ⅲ）。在温度升高、刀具性能下降的情况下，磨损量 VB 急剧增大，不久刀具将丧失切削能力。

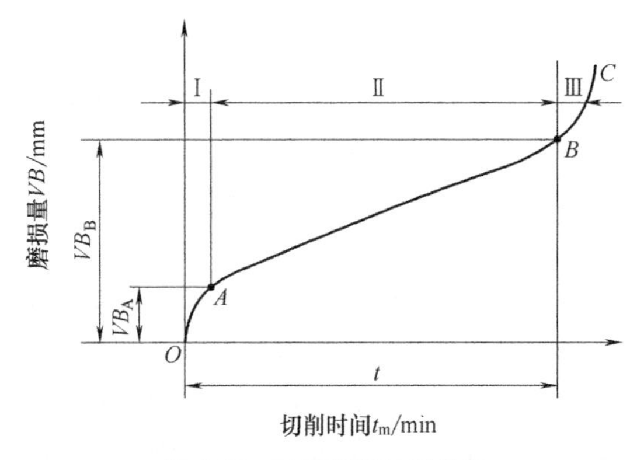

图 3-35　刀具磨损过程曲线

在理论研究和生产实践中常利用磨损过程曲线来控制刀具使用时间，作为比较和衡量刀具切削性能好坏、工件材料切削的难易程度、刀具角度选择合理与否的依据。

2）磨损标准。磨损标准也称磨损判据、磨钝标准。刀具磨损值达到了规定的标准时就应该重磨或更换切削刃。

国家标准（GB/T 16461—2016《单刃车削刀具寿命试验》）规定的磨损标准是：对于正常磨损形式，规定在后刀面 B 区内的磨损带宽度 $VB=0.3\text{mm}$；对于非正常磨损，取磨损带宽度 $VB_{max}=0.6\text{mm}$。硬质合金刀具的前刀面上产生月牙洼磨损，规定其深度 $KT=(0.05+0.3f)\text{mm}$ 为前刀面磨损标准。

在生产实践中，刀具磨损标准常根据加工性质、刀具材料和工件材料等确定。加工质量要求越高，刀具材料的硬度越高，工件材料的塑性越高，机床、刀具、工件系统越差时，VB 越小。表 3-8 为车刀的磨损标准，供使用时参考。

(3) 刀具磨损原因及减轻措施

1) 磨粒磨损。工件材料中的氧化物、碳化物和氮化物等硬质点；铸、锻工件表面硬的夹杂物；切屑、加工表面黏附积屑瘤残片，如同“磨粒”对刀具表面（前刀面、后刀面）摩擦和刻划所致。其磨损强度（即磨损快慢程度）取决于硬质点与刀具的硬度差。减轻磨损的措施包括采用热处理使工件材料所含硬质点减小、变软，或选用硬度高、细晶粒的刀具材料。

表 3-8 车刀的磨损标准

工件材料	加工性质	磨损标准 VB/mm	
		高速钢刀具	硬质合金刀具
碳钢、合金钢	粗车 精车	1.5~2.0 1.0	1.0~1.4 0.4~0.6
灰铸铁、可锻铸铁	粗车 精车	2.0~3.0 1.5~2.0	0.8~1.0 0.6~0.8
耐热钢、不锈钢	粗、精车	1.0	1.0

2) 相变磨损。在较高速度切削时，切削温度升高，刀具材料产生相变，刀具发生塑性变形而失去切削性能（前面塌陷、切削刃卷曲）。因此应合理选择切削用量，以降低切削温度。

3) 黏结磨损。中速切削时切屑与刀具前刀面黏结产生积屑瘤，滑动过程中产生剪切破坏，带走刀具材料黏结颗粒，或使切削刃和前刀面小块剥落所致。增加系统刚度，减轻振动有助于避免大颗粒的脱落。

4) 扩散磨损。扩散磨损是在高温作用下，工件与刀具材料中合金元素相互扩散置换造成的。如 WC 类硬质合金在 800~900℃时，W、C 原子向切屑中扩散，切屑中 Fe、C 原子向刀具中扩散，经原子间相互置换后（脱碳、贫钨），降低了刀具中原子间的结合强度和耐磨性。选用化学稳定性好的刀具材料可以减轻扩散磨损。

5) 氧化磨损。切削温度达到 700~800℃时，硬质合金材料中 WC、TiC 和 Co 与空气中的氧发生化合作用，形成了硬度和强度较低的氧化膜。由于空气不易进入切削区域，易在刀具后刀面近待加工表面处形成氧化膜。工件表层中的氧化皮、冷硬层和硬杂质点对氧化膜连续摩擦，造成氧化磨损，即图 3-33 中的边界磨损 *VN*。

刀具磨损是由机械摩擦和热效应两方面的作用造成的。在不同的条件下，刀具磨损的原因也就不同。如图 3-36 所示，在低、中速切削范围内，磨粒磨损和黏结磨损是刀具磨损的主要原因，如拉削、铰孔、攻螺纹等加工时的刀具磨损主要属于这类磨损。在中速切削以上时，热效应使高速钢刀具产生相变磨损，使硬质合金刀具产生黏结、扩散和氧化磨损。

7. 刀具寿命

(1) 刀具寿命的概念　刀具寿命 *T* 是指一把新刀具从开始使用到报废的总切削时间。在自动化生产中，常用达到工件尺寸、几何精度的工件数量来表示。

刀具寿命是衡量刀具材料切削性能、工件材料的切削加工性及刀具几何参数是否合理的重要参数。

（2）刀具寿命方程式　通过单因素刀具磨损实验，即固定其他条件，分别改变 v_c、f、a_p 做刀具磨损实验，可得出磨损曲线。根据已确定的磨损标准，可从磨损曲线上求出对应的 T 值，再在双对数坐标中分别画出 v_c-T、f-T、a_p-T 曲线，经数据处理后可得到下列刀具寿命实验公式：

$$v_c = A/T^m$$

$$f = B/T^n$$

$$a_p = C/T^p$$

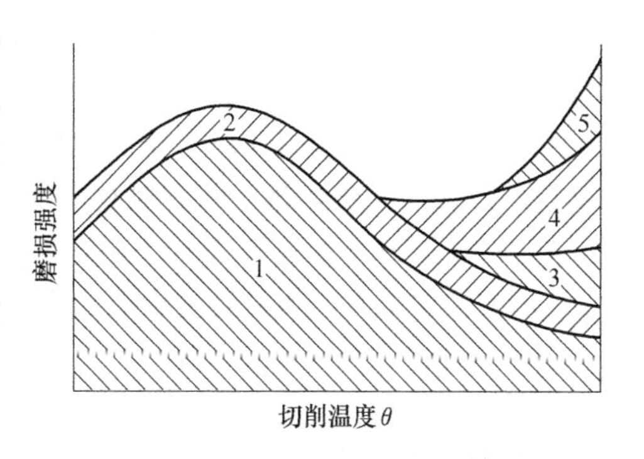

图 3-36　切削温度对刀具磨损强度的影响

1—黏结磨损　2—磨粒磨损　3—扩散磨损　4—相变磨损　5—氧化磨损

将上述三式综合整理得

$$T = C_T K_T / (v_c^{1/m} f^{1/n} a_p^{1/p}) \tag{3-16}$$

式中　C_T——与工件材料、刀具材料和其他切削条件有关的常数；

A、B、C——常数；

m、n、p——v_c、f、a_p 对刀具寿命的影响程度指数；

K_T——其他因素对刀具寿命影响的修正系数。

用 YT15 硬质合金车刀切削 $R_m = 0.736\text{GPa}$ 的碳钢时，切削用量与刀具寿命的实验公式为

$$T = C_T K_T / (v_c^5 f^{2.25} a_p^{0.75}) \tag{3-17}$$

（3）影响刀具寿命的因素　由于切削温度对刀具的磨损有着决定性影响，因此凡是影响切削温度的因素都是影响刀具寿命的因素。

1）切削用量。从式（3-17）中可以看出：v_c、f、a_p 增大，刀具寿命 T 减小，且 v_c 影响最大，f 次之，a_p 最小。

2）刀具几何参数。合理选择刀具几何参数能提高刀具寿命。

① 前角。前角增大，切削温度降低，刀具寿命增加；但 γ_o 过大，切削刃强度低，散热差，且易于破损，刀具寿命反而会下降。

② 主、副偏角和刀尖圆弧半径。κ_r 减小，刀具强度增加，散热得到改善，故刀具寿命增高。适当减小 κ_r' 和增大 r_ε 都能提高刀具强度，改善散热条件，使刀具寿命增高。

3）工件材料。工件材料的强度、硬度和韧性越高，产生的切削温度越高，刀具寿命越低。此外，工件材料的热导率越小，切削温度越高，刀具寿命越低。

4）刀具材料。刀具材料是影响刀具寿命的重要因素，选用热导率、耐磨性、热硬性高、化学稳定性好的刀具材料，刀具寿命越长。采用涂层刀具和使用高性能刀具材料，是提高刀具寿命的有效途径。

（4）刀具寿命确定原则　在实际生产中，首先确定一个合理的刀具寿命 T 值，然后根据已知刀具寿命确定切削速度 v_c。确定合理的刀具寿命有两种方法：最高生产率刀具寿命和最低生产成本刀具寿命。一般常采用最低生产成本刀具寿命，但在生产急需时也采用最高生产率刀具寿命。

各种刀具寿命一般根据下列原则来确定：

1）复杂的、高精度的、多刃的刀具寿命应选得比简单的、低精度的、单刃的刀具高。

2）对于机夹可转位刀具，由于换刀时间短，为使切削刃始终处于锋利状态，刀具寿命可选得低些。

3）对于换刀、调刀比较复杂的数控刀具、自动线刀具以及多刀加工时，刀具寿命应选得高些，以减少换刀次数，保证整机和整线的可靠工作。

4）精加工刀具切削负荷小，刀具寿命应比粗加工刀具选得高些。

5）大件加工时，为避免一次进给中中途换刀，刀具寿命应选得高些。

（七）切削条件的合理选择

1. 工件材料的切削加工性

工件材料的切削加工性是指在一定的加工条件下工件材料被切削的难易程度。材料加工的难易，不仅取决于材料本身的性能，还取决于具体的切削条件。

（1）切削加工性评价指标

微课视频（9）　微课视频（10）

1）工件材料的使用性能指标。工件材料的物理力学性能是切削加工性的重要影响因素，因此用工件材料的物理和力学性能（硬度 HBW、抗拉强度 R_m、伸长率 A、冲击韧度 a_K 和热导率 k）的高低、大小来划分加工性等级，衡量切削该材料的难易程度。表 3-9 确定的材料加工性等级，能较为直观和全面地反映切削加工难易。

表 3-9　工件材料切削加工性分级表

切削加工性		易切削			较易切削		较难切削			难切削			
等级代号		0	1	2	3	4	5	6	7	8	9	9_a	9_b
硬度	HBW	≤50	>50~100	>100~150	>150~200	>200~250	>250~300	>300~350	>350~400	>400~480	>480~635	>635	
	HRC					>14~24.8	>24.8~32.3	>32.3~38.1	>38.1~43	>43~50	>50~60	>60	
抗拉强度 R_m /GPa		≤0.196	>0.196~0.441	>0.441~0.588	>0.588~0.784	>0.784~0.98	>0.98~1.176	>1.176~1.372	>1.372~1.568	>1.568~1.764	>1.764~1.96	>1.96~2.45	>2.45
伸长率 A (%)		≤10	>10~15	>15~20	>20~25	>25~30	>30~35	>35~40	>40~50	>50~60	>60~100	>100	
冲击韧度 a_K /(kJ/m²)		≤196	>196~392	>392~588	>588~784	>784~980	>980~1372	>1372~1764	>1764~1962	>1962~2450	>2450~2940	>2940~3920	
热导率 k /[W/(m·K)]		293.08~418.68	167.47~293.08	83.47~167.47	62.80~83.47	41.87~62.80	33.5~41.87	25.12~33.5	16.75~25.12	8.37~16.75	<8.37		

例如正火 45 钢性能为 229HBW、$R_m = 0.598\text{GPa}$、$A = 16\%$、$a_K = 588\text{kJ/m}^2$、$k = 50.24\text{W/(m·K)}$，从表 3-9 中查出各项性能的切削加工性等级为“4-3-2-2-4”，因而属于较易切削的金属材料。

2）相对加工性指标。通常以切削 45 钢（170~229HBW，$R_m = 0.637\text{GPa}$）达到刀具寿命 $T = 60\text{min}$ 的切削速度 v_{060} 作为标准，在相同的加工条件下，切削其他材料的 v_{60} 与 v_{060} 的比值 K_r 称为相对加工性指标，即

$$K_r=\frac{v_{60}}{v_{060}} \tag{3-18}$$

$K_r>1$ 表示较 45 钢易切削；$K_r<1$ 表示较 45 钢难切削，且属难切削材料，例如调质 45Cr、65Mn、不锈钢、钛合金、高锰钢、镍基高温合金等。目前常用的工件材料，按相对加工性 K_r 可分为 8 级，见表 3-10。

表 3-10　工件材料相对切削加工性等级

加工性等级	名称及种类		相对加工性 K_r	代表性材料
1	很容易切削材料	一般有色金属	>3.0	5-5-5 铜铅合金，9-4 铝铜合金，铝镁合金
2	容易切削材料	易切削钢	2.5~3.0	退火 15Cr，R_m=0.373~0.441GPa 自动机钢 R_m=0.393~0.491GPa
3		较易切削钢	1.6~2.5	正火 30 钢 R_m=0.441~0.549GPa
4	普通材料	一般钢及铸铁	1.0~1.6	45 钢，灰铸铁
5		稍难切削材料	0.65~1.0	2Cr13 调质 R_m=0.834GPa 85 钢 R_m=0.883GPa
6	难切削材料	较难切削材料	0.5~0.65	45Cr 调质 R_m=1.03GPa 65Mn 调质 R_m=0.932~0.981GPa
7		难切削材料	0.15~0.5	50CrV 调质，1Cr18Ni9Ti，某些钛合金
8		很难切削材料	<0.15	某些钛合金，铸造镍基高温合金

此外，根据不同的加工条件与要求，也可按“刀具寿命指标”“加工表面质量”“切削力”和“切屑控制或断屑的难易程度”等指标来衡量工件材料的切削加工性好坏。

（2）常用材料切削加工性简述

1）铸铁。切削铸铁时变形小，切削力小，切削温度较低，产生崩碎切屑，有微振，不易达到小的表面粗糙度值，属于较易切削加工材料。灰铸铁、可锻铸铁、球墨铸铁的石墨分别呈片状、团絮状和球状，它们的强度依次提高，加工性随之变差；在铸铁的基体组织中，若珠光体和碳化物含量增多，则硬度增高，加工性变差。

选用刀具——通用型高速钢刀具、YG（K）类硬质合金刀具。

刀具几何参数——较小前角 γ_o。

切削用量——较小切削速度 v_c。

2）碳素结构钢。普通碳素钢的加工性主要决定于含碳量。低碳钢硬度低，塑性和韧性高，故切削变形大，切削温度高，易产生黏屑和积屑瘤，断屑困难，表面不易达到小的表面粗糙度值，故低碳钢加工性较差。如 10 钢加工性等级为“2-1-5-/-4”。

选用刀具——高速钢刀具、YT（P）类硬质合金刀具。

刀具几何参数——较大前角 γ_o 和后角 α_o，$+\lambda_s$ 和较大 κ_r，切削刃锋利。

切削用量——高速钢刀具用较低切削速度，硬质合金刀具用较高切削速度。

高碳钢硬度高，塑性低及热导率低，切削力大，切削温度高，刀具易磨损，寿命低，故高碳钢的加工性较差。如 60 钢加工性等级为“5-3-1-/-4”。

选用刀具——高速钢刀具、YT（P）类硬质合金刀具、涂层刀具、Al_2O_3 陶瓷刀具。

刀具几何参数——较小的前角 γ_o，很窄的负倒棱，较小的 κ_r。

3）合金结构钢。合金渗碳钢（如 20Cr、20CrMnTi）属于低碳合金钢，加入了一定量的合金元素，使钢的强度提高，塑性和韧性有所下降，切削加工性提高，基本同低碳钢。

合金调质钢（如 40Cr、40Mn2）属于中碳钢，加入了合金元素，使强度和硬度提高，塑性和韧性降低，热导率降低，其加工性较中碳钢差，基本同高碳钢。

4）不锈钢。不锈钢的种类较多，常用的有马氏体不锈钢、奥氏体不锈钢。以奥氏体不锈钢 07Cr19Ni11Ti 为例，其性能为 291HBW、$R_m=0.539\text{GPa}$、$A=40\%$、$a_K=2452\text{kJ/m}^2$、$k=14\text{W/(m·K)}$，加工性等级为“5-2-6-9-8”，属于难切削材料。它具有如下特点：

① 伸长率是 45 钢的 2.5 倍，冲击韧度是 45 钢的 4 倍，塑性高，加工硬化严重，切削力增大。

② 切削温度比 45 钢高 200~300℃，热导率只有 45 钢的 1/3，刀具容易磨损。

③ 容易黏刀和生成积屑瘤，影响已加工表面质量。

④ 断屑困难。

选用刀具——YW（M）类、YG6A、YG8A（K）类硬质合金刀具，不宜用 YT 类硬质合金刀具。

刀具几何参数——较大前角 γ_o，$-\lambda_s$，负倒棱，切削刃锋利。

切削用量——切削速度 v_c 较切削 45 钢低 40%，背吃刀量 a_p 较大。

（3）改善材料切削加工性的途径

1）进行适当热处理。金属材料在性能及工艺要求许可范围内可采取适当的热处理方法以改善材料的切削加工性，例如，低碳钢进行正火处理，细化晶粒，可提高硬度，降低韧性；高碳钢通过退火处理，可使硬度降低，便于切削；不锈钢进行调质处理，可降低塑性，以便加工；灰铸铁需进行退火处理，以降低表皮硬度，消除内应力。

2）合理选用刀具材料。根据加工材料的性能与要求，选择与之匹配的刀具材料。例如含钛元素的各类难加工材料，应选用 K（YG）类或 M（YW）类硬质合金刀具，防止材料与 P（YT）类硬质合金发生亲合作用，YS、YM 类硬质合金刀具可用于切削高温合金、高锰钢、淬火钢、冷硬铸铁等。

3）其他措施

① 合理选择刀具几何参数。从减小切削力、改善热量传散、增加刀具强度、有效断屑、减少摩擦和提高刃磨质量等方面来调节各参数间大小关系，达到改善切削加工性的作用。

② 保持切削系统的足够刚性。

③ 选用高效切削液及有效浇注方式。

④ 采用新的切削加工技术，如加热切削、低温切削、振动切削等。

2. 切削液

合理选用切削液能有效地减小切削力，降低切削温度，从而延长刀具寿命，防止工件热变形，提高加工质量。此外，使用高性能切削液也是改善某些难加工材料切削加工性的一个重要措施。

（1）切削液的作用

1）冷却作用。切削液浇注在切削区域内，利用液体吸收大量热，并以热传导、对流和汽化等方式来降低切削温度。

2）润滑作用。切削过程中由于刀具与切屑、工件之间存在很大的压力，切削液难以进入液体润滑状态，只能形成边界润滑。带油脂的极性分子吸附在刀具的前、后刀面上，形成了物理性吸附膜；添加硫、氯、磷等极压添加剂与金属表面产生化学反应形成牢固的化学性吸附膜，从而在高温时减小接触面间的摩擦，减小刀具磨损，提高润滑效果。

3）排屑和洗涤作用。在磨削、钻削、深孔加工和自动化生产中利用浇注或高压喷射方法排除切屑或引导切屑流向，冲洗机床及工具上的细屑与磨粒。

4）防锈作用。切削液中加入防锈添加剂，使它与金属表面起化学反应而生成保护膜，起到防锈、防蚀等作用。

此外，切削液应满足物理化学性质稳定，排放时不污染环境，对人、机无害和经济性好等要求。

（2）切削液种类及其应用

生产中常用的切削液有以冷却为主的水溶性切削液和以润滑为主的油溶性切削液。

1）水溶性切削液。水溶性切削液包括水溶液、乳化液和合成切削液。

① 水溶液。成分以软水为主，加入防锈剂、防霉剂，具有较好的冷却效果。主要用于粗加工、普通磨削加工。

② 乳化液。乳化液是水和乳化油混合后经搅拌形成的乳白色液体。乳化油由矿物油、脂肪酸、皂、表面活性乳化剂、乳化稳定剂配制而成。乳化液用途广，能自行配制。表3-11列举了加工碳钢时的粗加工、精加工和复杂刀具加工中乳化油浓度的选用。

表 3-11　乳化油浓度的选用

加工要求	粗车普通磨削	切割	粗铣	铰孔	拉削	齿轮加工
浓度(%)	3~5	10~20	5	10~15	10~20	15~25

③ 合成切削液。合成切削液是国内外推广使用的高性能环保型切削液。主要成分为水、表面活性剂、防锈剂。主要用于高速磨削，难加工材料的钻孔、铣削和攻螺纹。

2）油溶性切削液。油溶性切削液主要有切削油和极压切削油。

① 切削油。切削油中有矿物油、动植物油和复合油（矿物油与动植物油的混合油），其中常用的是矿物油。

矿物油包括20号全损耗系统用油、32号全损耗系统用油、轻柴油和煤油等。全损耗系统用油润滑性较好，在普通精车、螺纹精加工中使用甚广；轻柴油流动性好，有冲洗作用，在自动机加工使用多；煤油的渗透性突出，也具有冲洗作用，故常用于精加工铝合金、精刨铸铁、高速钢铰刀精铰孔中。浇注煤油能明显减小表面粗糙度值和提高刀具寿命。

② 极压切削油。极压切削油是在矿物油中添加氯、硫、磷等极压添加剂配制而成。高温高压下它们快速与金属发生反应生成氯化铁、硫化铁等化学吸附膜，在400~800℃（依次为磷化物、氯化物、硫化物）的高温时仍能起润滑作用，因此，极压切削油在高速加工、精加工及对难加工材料切削中使用较多。

注意：

1）因硫会腐蚀铜，切削铜和铜合金时，不能用含硫的切削液。

2）切削铝时不宜用水溶液、硫化切削油及含氯的切削液（高温时水会使铝产生针孔；硫化切削油与铝形成强度高于铝本身的化合物，不但不能起到润滑作用，反而会增大刀具与切屑间的摩擦）。

3）陶瓷刀具因对热裂很敏感，一般不用切削液。

（3）固体润滑剂　固体润滑剂中应用最多的是二硫化钼（MoS_2）。MoS_2 润滑膜具有很小的摩擦系数（0.05~0.09）、高的熔点（1185℃）、高抗压性（3.1GPa）、牢固的附着力。切削时可将 MoS_2 涂刷在刀面或工作表面上，也可添加在切削油中，在高温、高压情况下仍能保持很好的润滑性和耐磨性。此外，使用 MoS_2 润滑剂能防止黏结和抑制积屑瘤形成，能延长刀具寿命和减小表面粗糙度值。

固体润滑剂是一种很好的环保型润滑剂，已用于车、铰孔、深孔攻螺纹、拉孔等加工中。

3. 刀具几何参数选择

（1）刀具合理几何参数　刀具几何参数的选择是否合理，对刀具使用寿命、加工质量、生产效率和加工成本等有着重要影响。所谓刀具的合理几何参数，是指在保证加工质量的前提下，能够满足刀具使用寿命长、较高生产效率、较低加工成本的刀具几何参数。一般地说，刀具的合理几何参数包含以下四个方面：

1）刀具角度。即前角 γ_o、后角 α_o、主偏角 κ_r、副偏角 κ_r'、刃倾角 λ_s 等。

2）前、后刀面形式。如前刀面上磨出断屑槽、卷屑槽，后刀面上双重刃磨或铲背等。

3）切削刃形状。如直线刃、折线刃、圆弧刃、月牙弧刃、波形刃等，刀尖（及过渡刃）的形状也属于刃形问题。

4）刃口形状。切削刃的剖面形式，又称为刃区形式。

以上四方面内容是相互联系的，从整体上构成一个合理的刀具切削部分。

（2）前角 γ_o 的功用及其选择

1）前角的功用。

① 直接影响切削区域的变形程度。若增大刀具前角，可使切削刃锋利，减小刀面挤压切削层时的塑性变形，减小切屑流经前刀面的摩擦阻力，从而减小了切削力、切削热和切削功率。

② 直接影响切削刃与刀头强度、受力性质和散热条件。刀具前角大，将导致切削刃与刀头的强度降低，刀头的散热体积减小；过份加大前角，有可能导致切削刃处出现弯曲应力，造成崩刃。

③ 直接影响切屑形态和断屑效果。较小的前角，可以增大切削的变形，使之易于脆化断裂。

④ 影响加工表面质量。增大前角可减小表面粗糙度值，值得注意的是，前角大小同切削过程中的振动现象有关，减小前角或采用负前角时，振幅急剧增大。

2）前角的选择原则和参数值。

① 工件材料。工件材料的强度、硬度低，可以取较大甚至很大的前角；工件材料强度、硬度高，应取较小的前角；加工特别硬的工件时，前角可以很小甚至取负值；加工塑性材料时，尤其是冷加工硬化严重的材料，应取较大的前角；加工脆性材料时，可取较小前角。

② 加工性质。精加工的前角较大；粗加工，特别是断续切削，承受冲击性载荷，或对有硬皮的铸件粗切时，为保证切削刀具有足够的强度，应适当减小前角；但在采取某些强化切削刃及刀尖的措施之后，也可增大前角至合理的数值。成形刀具及展成法刀具，为减小刀

具的刃形误差对零件加工精度的影响，常取较小的前角，甚至取 $\gamma_o=0°$。

③ 刀具材料。刀具材料的抗弯强度较低、韧性较差时，应选用较小的前角，如高速钢刀具相比硬质合金刀具，允许选用较大的前角（可增大 5°~10°）；陶瓷刀具的抗弯强度是高速钢刀具的 1/3~1/2，前角比硬质合金刀具更小。

④ 工艺系统刚性。工艺系统刚性差和机床功率不足时，应选取较大的前角。

⑤ 数控机床和自动生产线所用刀具，应考虑保障刀具尺寸公差范围内的使用寿命及工作的稳定性，而选用较小的前角。

表 3-12 为硬质合金车刀合理前角、后角的参考值，高速钢车刀前角一般比表中值大 5°~10°。

（3）后角 α_o 的功用及其选择

1）后角的功用。

① 后角的主要功用是减小后刀面与过渡表面之间的摩擦。增大后角能减小摩擦，可以提高已加工表面质量和刀具使用寿命。

② 后角越大，切削刃钝圆半径 r_n、楔角越小，切削刃越锋利。

③ 在同样的磨钝标准 *VB* 下，后角大的刀具由新用到磨钝，所磨去的金属体积较大，这也是增大后角可以提高刀具寿命的原因之一。但它带来的问题是刀具径向磨损值 *NB* 大（$\Delta_2-\Delta_1$），当工件尺寸精度要求较高时，就不宜采用大后角，或需进行切深补偿调整，如图 3-37 所示。

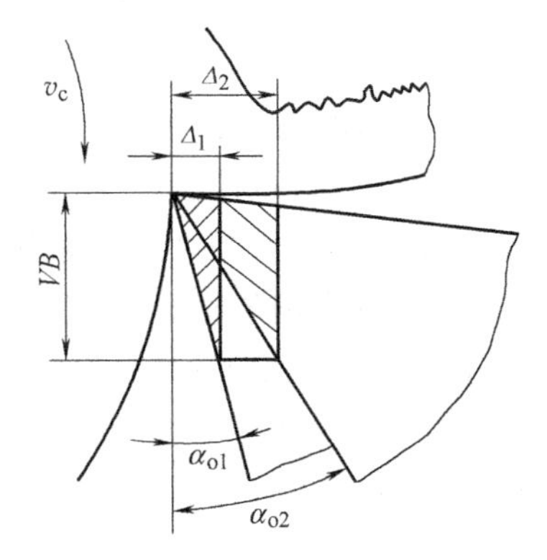

图 3-37　后角重磨后对加工精度的影响

④ 增大后角将削弱切削刃和刀头的强度，使散热体积减小；且 *NB* 一定时的磨耗体积小，刀具寿命低。

2）后角的选择。

① 加工性质。粗加工、强力切削及承受冲击载荷的刀具，要求切削刃强固，应取较小的后角 $\alpha_o=6°\sim8°$；精加工时，刀具磨损主要发生在切削刃区和后刀面上，增大后角可提高刀具寿命和加工表面质量，$\alpha_o=8°\sim12°$。

② 工件材料。工件材料硬度、强度较高时，为保证切削刃强度，宜取较小的后角；加工脆性材料，切削力集中在刃区附近，宜取较小的后角；工件材质较软、塑性较大或易加工硬化时，后刀面的摩擦对加工表面质量及刀具磨损影响较大，应适当加大后角。

③ 工艺系统刚度。工艺系统刚度差，容易出现振动时，应适当减小后角。

④ 加工精度。各种有尺寸精度要求的刀具，为了限制重磨后刀具尺寸的变化，宜取较小的后角。

硬质合金车刀合理后角的选择见表 3-12。

表 3-12　硬质合金车刀合理前角、后角的参考值

工件材料种类	合理前角参考值(°)		合理后角参考值(°)	
	粗车	精车	粗车	精车
低碳钢	20~25	25~30	8~10	10~12
中碳钢	10~15	15~20	5~7	6~8
合金钢	10~15	15~20	5~7	6~8

（续）

工件材料种类	合理前角参考值(°)		合理后角参考值(°)	
	粗车	精车	粗车	精车
淬火钢	-15～-5		8～10	
不锈钢(奥氏体)	15～20	20～25	6～8	8～10
灰铸铁	10～15	5～10	4～6	6～8
铜及铜合金(脆)	10～15	5～10	6～8	6～8
铝及铝合金	30～35	35～40	8～10	10～12
钛合金(R_m≤1.177GPa)	5～10		10～15	

(4) 主偏角 κ_r、副偏角 κ_r'的功用及其选择

1) 主偏角和副偏角的功用。

① 减小主、副偏角，可减小切削加工残留面积高度，提高表面质量。

② 影响切削层的形状，尤其是主偏角，会直接影响同时参与工作的切削刃长度和单位切削刃的负荷。

③ 增大主偏角，使背向力减小，切削平稳。

④ 主偏角和副偏角决定了刀尖角 ε_r，故直接影响刀尖的强度和散热体积，减小主偏角，可降低切削温度，提高刀具寿命。

⑤ 大的主偏角使切削厚度增大，断屑性能好。

2) 合理主偏角的选择原则和参数值。

① 加工很硬的材料，如冷硬铸铁和淬火钢，为减轻单位切削刃上的负荷，改善刀头散热条件，提高刀具寿命，宜取较小的主偏角。

② 工艺系统刚性较好时，减小主偏角可提高刀具寿命；刚性不足（如车细长轴）时，应取大的主偏角，甚至主偏角 $\kappa_r \geqslant 90°$，以减小背向力 F_p，减少振动。

③ 需要从中间切入的，以及仿形加工的车刀，应增大主偏角和副偏角；有时，由于工件形状的限制，例如车阶梯轴，则需用 $\kappa_r = 90°$的偏刀。

④ 单件小批生产，希望1～2把刀具加工出工件上所有的表面（外圆、端面、倒角），则选取通用性较好的45°车刀或与直角台阶相适应的90°车刀。

3) 合理副偏角的选择原则和参考值。副切削刃的主要任务是形成已加工表面，因此，副偏角 κ_r'的合理数值首先应满足加工表面质量要求，再考虑刀尖强度和散热要求。此外，选取副偏角也要考虑振动问题，但与主偏角相比，其影响比较小。

① 一般刀具的副偏角，在不引起振动的情况下，可选取较小的数值，如车刀、面铣刀、刨刀，均可取 $\kappa_r' = 5 \sim 10°$。

② 精加工刀具的副偏角应取得更小一些，必要时，可磨出一段 $\kappa_r' = 0°$的修光刃，修光刃长度 b_ε'应略大于进给量，即 $b_\varepsilon' \approx (1.2 \sim 1.5)f$。

③ 加工高强度、高硬度材料或断续切削时，应取较小的副偏角（$\kappa_r' = 4° \sim 6°$），以提高刀尖强度。

④ 切断刀、锯片铣刀和槽铣刀等，为了保证刀头强度和重磨后刀头强度变化较小，只能取很小的副偏角，即 $\kappa_r' = 1° \sim 2°$

(5) 刃倾角 λ_s 的功用及其选择

1) 刃倾角的功用。

① 影响切屑流出方向。如图 3-38 所示，当 $\lambda_s=0°$时，切屑沿主切削刃垂直方向流出；当 $\lambda_s>0°$时，切屑流向待加工表面，适合于精加工；当 $\lambda_s<0°$时，切屑流向已加工表面，容易划伤工件表面，适合于粗加工。

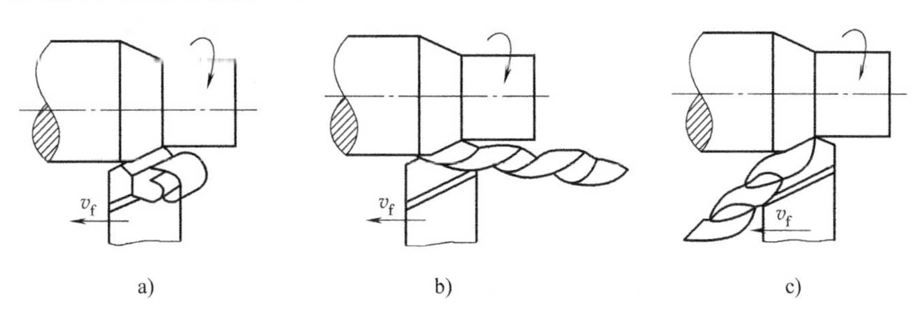

图 3-38　刃倾角对切屑流向的影响

a) $\lambda_s=0°$　b) $-\lambda_s$　c) $+\lambda_s$

② 影响刀尖强度和刀尖散热条件。在非自由不连续切削时，负的刃倾角使远离刀尖的切削刃处先接触工件，可使刀尖避免受到冲击；正的刃倾角将使冲击载荷首先作用于刀尖。同理，负的刃倾角使刀头强固，刀尖处散热条件较好，有利于提高刀具寿命。生产中常在选用较大前角时，同时选取负刃倾角，以解决“锋利与强固”的矛盾。

③ 影响切入切出的平稳性。当刃倾角 $\lambda_s=0°$时，切削刃同时切入和切出，冲击力大；当刃倾角 $\lambda_s\neq0°$时，切削刃逐渐切入工件，冲击小，而且刃倾角值越大，切削刃越长，切削刃单位长度上的负荷越小，切削过程越平稳。

④ 影响切削分力之间的比值。以外圆车刀为例，当刃倾角 λ_s 从 10°变化到-45°时，F_p 约增大到两倍，将造成工件弯曲变形和导致振动。

2) 合理刃倾角的选择原则和参考值。在加工钢件或铸铁件时，粗车取 $\lambda_s=-5°\sim0°$，精车取 $\lambda_s=0°\sim5°$；有冲击负荷或断续切削取 $\lambda_s=-15°\sim-5°$。加工高强度钢、淬硬钢或强力切削时，为提高刀头强度，取 $\lambda_s=-30°\sim-10°$。当工艺系统刚度较差时，一般不宜采用负刃倾角，以避免背向力的增加。金刚石车刀和立方氮化硼车刀，取 $\lambda_s=-5°\sim0°$。

(6) 刀尖修磨形式　在刀具上，强度较差、散热条件不好的地方是刀尖，即主、副切削刃连接处。为强化刀尖，常在刀尖处修磨出如图 3-39 所示的三种过渡刃形式：修圆刀尖、倒角刀尖和倒角带修光刃，以提高刀尖处强度，加强热量传散，减小残留面积，提高进给量。

1) 修圆刀尖。修圆刀尖的刀具常用来精加工和半精加工。若在粗加工刀具和切削难加工材料刀具上修圆刀尖，在系统刚性足够的条件下可提高进给量。通常刀尖修圆量 $r_\varepsilon=0.2\sim2\text{mm}$。

过大的刀尖圆弧半径会使背向力 F_p 增大，影响断屑。

2) 倒角刀尖。倒角刀尖主要用于车刀、可转位面铣刀和钻头的粗加工、半精加工和有间断的切削中，一般取 $\kappa_{r_\varepsilon}=\kappa_r/2$、$b_\varepsilon=0.5\sim2\text{mm}$。

3) 倒角带修光刃。在倒角刀尖与副切削刃间做出与进给方向平行的修光刃，其上 $\kappa'_{r\varepsilon}=$

0°，宽度 $b'_\varepsilon=(1.2\sim1.5)f$，用它在切削时修光残留面积。磨制出的全长光刃应平直锋利，且装刀平行于进给方向。主要用在工艺系统刚性足够的车刀、刨刀和面铣刀的较大进给量半精加工中。

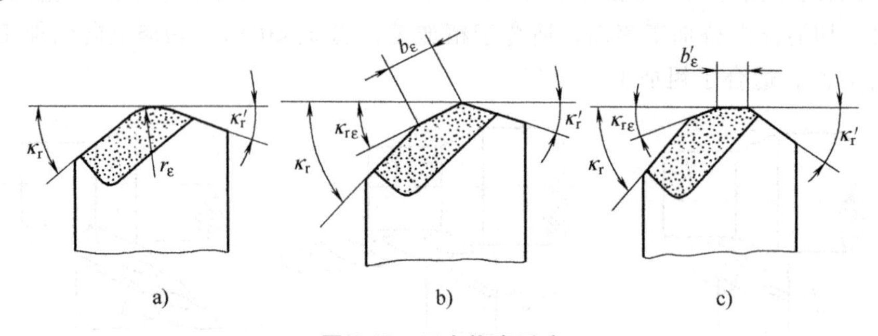

图 3-39　刀尖修磨形式

a）修圆刀尖　b）倒角刀尖　c）倒角带修光刃

（7）刃口修磨形式　主切削刃的刃口有五种修磨形式：锋刃、修圆刃口、负倒棱刃口、平棱刃口、负后角倒棱刃口，如图 3-40 所示。

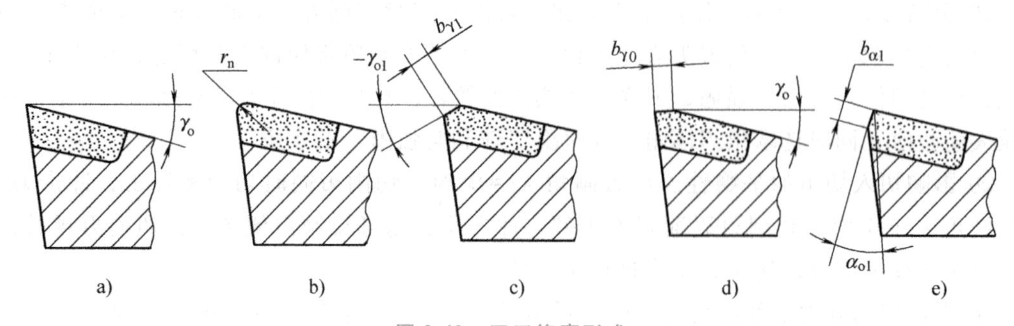

图 3-40　刃口修磨形式

a）锋刃　b）修圆刃口　c）负倒棱刃口　d）平棱刃口　e）负后角倒棱刃口

高速钢刀具精加工磨出锋利刃口，在合理的刀具角度和切削用量条件下，能获得很高的加工表面质量。硬质合金刀具在加工韧性高的材料时，为减少切削刃黏屑，应磨制锋利刃口。

修圆刃口在可转位刀片上较普遍，一般 $r_n<0.1\text{mm}$，切削时提高了刃口强度，尤其在切削硬材料时能提高切削用量。

负倒棱刃口、平棱刃口均可提高刃口强度、抗冲击能力和改善散热条件，提高刀具疲劳寿命。但过大的刃口修磨量会使切削力增加而易产生振动，通常取刃口倒棱宽度 $b_{\gamma1}=f/2$，倒棱角度 $\gamma_{o1}=-5°\sim-15°$。

负后角倒棱在切削时起阻尼作用，能抑制振动。修磨的负倒棱宽度 $b_{\alpha1}=0.1\sim0.3\text{mm}$、负后角 $\alpha_{o1}=-3°\sim-5°$，在生产中的切断刀、高速螺纹车刀和细长轴车刀均有采用。0°后角倒棱称为刃带，在制造、刃磨钻头、铰刀、拉刀等定尺寸刀具时有利于控制和保持尺寸精度。

4. 切削用量选择

切削用量三要素对切削力、刀具磨损和刀具寿命、产品加工质量等都有直接的影响。合理的切削用量是指充分利用刀具的切削性能和机床性能（功率、转矩），在保证质量的前提下，使得切削效率最高和加工成本最低的切削用量。

（1）选择切削用量的原则　制订合理的切削用量，要综合考虑生产率、加工质量和加工成本。

1）切削用量对生产率的影响。以外圆切削为例，在粗加工时，毛坯的余量较大，加工精度和表面粗糙度要求均不高，在制订切削用量时，要在保证刀具寿命的前提下，尽可能地以提高生产率和降低加工成本为目标。切削用量三要素 v_c、f、a_p 中的任何一个参数增加一倍，都可使生产率增加一倍。通常背吃刀量不宜取得过小，否则，为了切除余量，可能使进给次数增加，这样会增加辅助时间，反而会使金属切除率降低。

2）切削用量对刀具寿命的影响。在切削用量三要素中，切削速度 v_c 对刀具寿命的影响最大，进给量 f 的影响次之，背吃刀量 a_p 影响最小。因此，从保证合理的刀具寿命来考虑时，应首先选择尽可能大的背吃刀量 a_p；其次按工艺和技术条件的要求选择较大的进给量 f；最后根据合理的刀具寿命，用计算法或查表法确定切削速度 v_c。

3）切削用量对加工质量的影响。在切削用量三要素中，切削速度 v_c 增大时，切削变形和切削力有所减小，已加工表面的表面粗糙度值减小；进给量 f 增大，切削力将增大，而且表面粗糙度值会显著增大；背吃刀量 a_p 增大，切削力 F_c 成比例增大，使工艺系统弹性变形增大，并可能引起振动，因而会降低加工精度，使已加工表面的表面粗糙度值增大。因此，在精加工和半精加工时，常常采用较小的背吃刀量 a_p 和进给量 f。硬质合金车刀常采用较高的切削速度（一般 $v_c=80\sim100\text{m/min}$），高速钢车刀则采用较低的切削速度（如宽刃精车刀 $v_c=3\sim8\text{m/min}$）。

由于切削速度 v_c 对刀具寿命影响最大，其次为 f，最小是 a_p，因此，选择切削用量基本原则和步骤是：先确定 a_p，再选 f，最后确定 v_c。必要时需校验机床功率是否允许。

（2）切削用量的选定

1）背吃刀量 a_p。粗加工（表面粗糙度 $Ra50\sim12.5\mu\text{m}$）：除留给后道工序的余量外，加工余量不多并较均匀，工艺系统刚性足够时，应使背吃刀量一次切除余量，即 $a_p=A$（半径方向加工余量）。

加工面上有硬化层、氧化皮或硬杂质，若加工余量足够，则 a_p 也应加大。若 $A>6\text{mm}$，工艺系统刚度不足，断续切削等需分两次切除余量，则第一次背吃刀量：$a_{p1}=(2/3\sim3/4)A$；第二次背吃刀量 $a_{p2}=(1/4\sim1/3)A$。

半精加工（表面粗糙度 $Ra6.3\sim3.2\mu\text{m}$）时，$a_p=A$，背吃刀量一般为 0.5~2mm。

精加工（表面粗糙度 $Ra1.6\sim0.8\mu\text{m}$）时，$a_p=A$，背吃刀量为 0.1~0.5mm。

2）进给量 f。粗加工时，由于工件的表面质量要求不高，进给量的选择主要受切削力的限制。在机床进给机构的强度、车刀刀杆的强度和刚度以及工件的装夹刚度等工艺系统强度良好，刀具强度较大的情况下，可选用较大的进给量值。当断续切削时，为减小冲击，要适当减小进给量。

在半精加工和精加工时，因背吃刀量较小，切削力不大，进给量的选择主要考虑加工质量和已加工表面的表面粗糙度值，一般取的值较小。

在实际生产中，进给量常常根据经验或查表法确定。粗加工时，根据加工材料、车刀刀杆尺寸、工件直径以及已确定的背吃刀量按表 3-13 来选择进给量。在半精加工和精加工时，则根据表面粗糙度值的要求，按工件材料、刀尖圆弧半径、切削速度的大小不同由表 3-14 来选择进给量。

表 3-13　硬质合金车刀及高速钢车刀粗车外圆和端面时进给量的参考值

工件材料	车刀刀杆尺寸 $\frac{B}{mm}\times\frac{H}{mm}$	工件直径/mm	背吃刀量/mm				
			≤3	>3~5	>5~8	>8~12	>12
			进给量/(mm/r)				
碳素结构钢和合金结构钢	16×25	20	0.3~0.4	—	—	—	—
		40	0.4~0.5	0.3~0.4	—	—	—
		60	0.5~0.7	0.4~0.6	0.3~0.5	—	—
		100	0.6~0.9	0.5~0.7	0.5~0.6	0.4~0.5	—
		400	0.8~1.2	0.7~1.0	0.6~0.8	0.5~0.6	—
	20×30 25×25	20	0.3~0.4	—	—	—	—
		40	0.4~0.5	0.3~0.4	—	—	—
		60	0.6~0.7	0.5~0.7	0.4~0.6	—	—
		100	0.8~1.0	0.7~0.9	0.5~0.7	0.4~0.7	—
		600	1.2~1.4	1.0~1.2	0.8~1.0	0.6~0.9	0.4~0.6
	25×40	60	0.6~0.9	0.5~0.8	0.4~0.7	—	—
		100	0.8~1.2	0.7~1.1	0.6~0.9	0.5~0.8	—
		1000	1.2~1.5	1.1~1.5	0.9~1.2	0.8~1.0	0.7~0.8
铸铁及铜合金	16×25	40	0.4~0.5	—	—	—	—
		60	0.6~0.8	0.5~0.8	0.4~0.6	—	—
		100	0.8~1.2	0.7~1.0	0.6~0.8	0.5~0.7	—
		400	1.0~1.4	1.0~1.2	0.8~1.0	0.6~0.8	—
	25×30 25×25	40	0.4~0.5	—	—	—	—
		60	0.6~0.9	0.5~0.8	0.4~0.7	—	—
		100	0.9~1.3	0.8~1.2	0.7~1.0	0.5~0.8	—
		600	1.2~1.8	1.2~1.6	1.0~1.3	0.9~1.1	0.7~0.9

注：1. 加工断续表面及有冲击的加工时，表内的进给量应乘系数 k=0.75~0.85。

2. 加工耐热钢及其合金时，不采用大于 1.0mm/r 的进给量。

3. 加工淬硬钢时，表内进给量应乘以系数 k=0.8（当材料硬度为 44~56HRC 时）或 k=0.5（当材料硬度为 57~62HRC 时）。

表 3-14　根据表面粗糙度值选择进给量的参考值

工件材料	表面粗糙度 Ra/μm	切削速度范围/(m/min)	刀尖圆弧半径 r_ε/mm		
			0.5	1.0	2.0
			进给量 f/(mm/r)		
铸铁、青铜、铝合金	6.3 3.2 1.6	不限	0.25~0.40 0.15~0.25 0.10~0.15	0.40~0.50 0.25~0.40 0.15~0.20	0.50~0.60 0.40~0.60 0.20~0.35
碳钢、合金钢	6.3	<50 >50	0.30~0.50 0.40~0.55	0.45~0.60 0.55~0.65	0.55~0.70 0.65~0.70

（续）

工件材料	表面粗糙度 *Ra*/μm	切削速度范围/(m/min)	刀尖圆弧半径 r_ε/mm		
			0.5	1.0	2.0
			进给量 f/(mm/r)		
碳钢、合金钢	3.2	<50 >50	0.18～0.25 0.25～0.30	0.25～0.30 0.30～0.35	0.3～0.40 0.35～0.50
	1.6	<50 50～100 >100	0.10 0.11～0.16 0.16～0.20	0.11～0.15 0.16～0.25 0.20～0.25	0.15～0.22 0.25～0.35 0.25～0.35

确定了粗、精加工进给量后，须按机床实际进给量修正，才可实际使用。

3）切削速度 v_c。确定了 a_p 和 f 后，即可根据要求达到的刀具寿命 T 来确定刀具寿命允许的切削速度 v_T：

$$v_T=\frac{C_v}{T^m a_p^{x_v} f^{y_v}}k_v \tag{3-19}$$

式（3-19）中各系数和指数可查阅切削用量手册。切削速度也可以由表 3-15 来选定，并按下列步骤换算生产中所用的切削速度 v_c。

表 3-15　硬质合金外圆车刀切削速度参考值

工件材料	热处理状态	刀具材料	a_p=0.3～2mm f=0.08～0.3mm/r	a_p=2～6mm f=0.3～0.6mm/r	a_p=6～10mm f=0.6～1mm/r
			v_c/(m/min)		
碳素钢	正火	YT15　YT30 YT5R　YC35　YC45	160～130	110～90	80～60
	调质		130～100	90～70	70～50
合金钢	正火	YT30　YT5R　YM10	130～110	90～70	70～50
	调质	YW1　YW2　YW3　YC45	110～80	70～50	60～40
不锈钢	正火	YG8　YG6A　YG8N YW3　YM051　YM10	80～70	70～60	60～50
淬火钢	>45HRC	YT510　YM051　YM052	>40HRC 50～30	60HRC 30～20	—
高锰钢	（w_{Mn}=13%）	YT5R　YW3 YC35　YS30　YM052	30～20	20～10	—
高温合金	（GH135）	YM051　YM052　YD15	50	—	
	（K14）	YS2T　YD15	40～30	—	
钛合金	—	YS2T　YD15	a_p=1.1mm f=0.1～0.3mm/r	a_p=2.0mm f=0.1～0.3mm/r	a_p=3.0mm f=0.1～0.3mm/r
			65～36	49～28	44～26
灰铸铁	（<190HBW）	YG8　YG8N	120～90	80～60	70～50
	（190～225HBW）	YG3X　YG6X　YG6A	110～80	70～50	60～40
冷硬铸铁	≥45HRC	YG6X　YG8M　YM053 YD15　YS2　YDS15	a_p=3～6mm　f=0.15～0.3mm/r 15～17		

$$v_T \to n\left(=\frac{1000v_T}{\pi d}\right) \to n_{实}(接近的机床实际转速) \to v_c\left(=\frac{\pi d n_{实}}{1000}\right)$$

在实际生产中，选择切削速度的一般原则是：

1）粗车时，背吃刀量 a_p 和进给量 f 均较大，故选择较低的切削速度；精加工时，背吃刀量 a_p 和进给量 f 均较小，故选择较高的切削速度，同时应尽量避开积屑瘤和鳞刺产生的区域。

2）加工材料的强度及硬度较高时，应选较低的切削速度；反之则选较高的切削速度。材料的加工性越差，例如加工奥氏体不锈钢、钛合金和高温合金时，则切削速度也选得越低。易切削钢的切削速度则较同硬度的普通碳钢为高；加工灰铸铁的切削速度较中碳钢为低；而加工铝合金和铜合金的切削速度则较加工钢的要高得多。

3）刀具材料的切削性能越好时，切削速度也选得越高。

4）在断续切削或者是加工锻、铸件等带有硬皮的工件时，为了减小冲击和热应力，要适当降低切削速度。

5）加工大件、细长轴和薄壁工件时，要选用较低的切削速度；在工艺系统刚度较差的情况下，切削速度就应避开产生自激振动的临界速度。

（八）车刀

1. 车刀的类型

车刀是指在车床上使用的刀具，是应用最广的一种刀具。按用途不同，车刀可分为外圆车刀、端面车刀、仿形车刀、切断（槽）车刀、螺纹车刀和内孔车刀等，如图 3-41 所示。按结构型式不同，车刀又可分为整体式、焊接式、机夹式和可转位式，如图 3-42 所示。

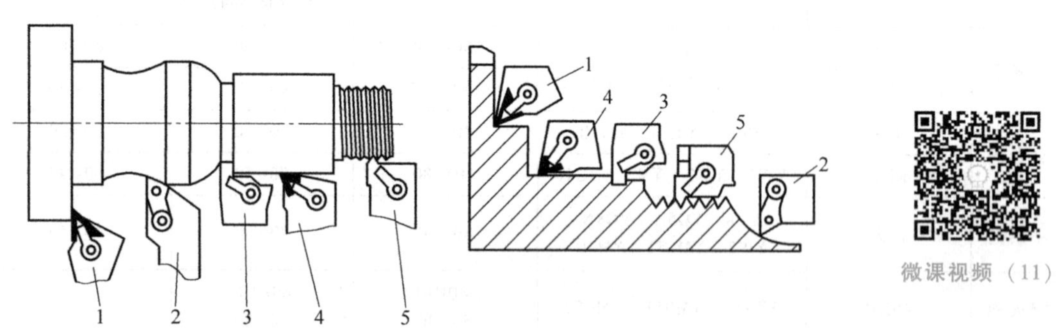

图 3-41　车刀类型和用途

1—端面车刀　2—仿形车刀　3—切槽车刀　4—外圆（内孔）车刀　5—螺纹车刀

（1）整体式　整体高速工具钢制造，易磨成锋利切削刃，刀具刚性好。适用于小型车刀和加工非铁金属车刀。

（2）焊接式　结构简单、紧凑，制造方便，使用灵活。适用于各类车刀，特别是小型刀具。

（3）机夹式　避免焊接缺点，刀杆可重复利用，使用灵活方便。适用于大型车刀、螺纹车刀、切断车刀。

（4）可转位式　避免焊接缺点，刀片转位更换迅速，生产率高，断屑稳定。适用于各类车刀，特别是数控车床刀具。

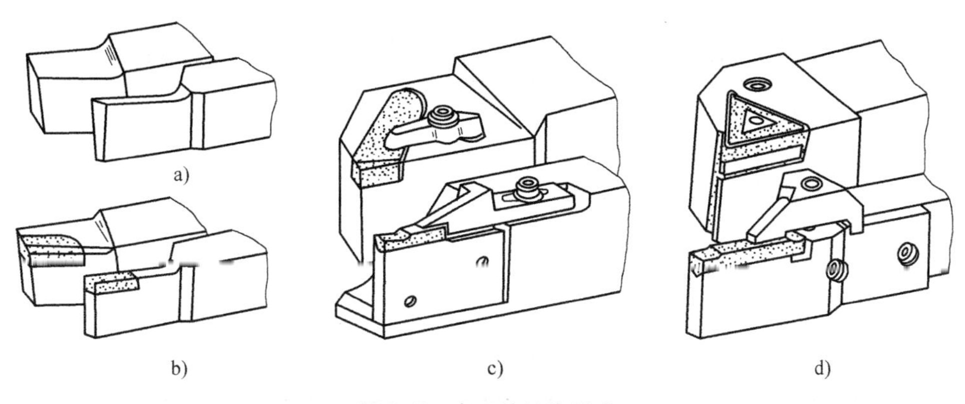

a)　b)　c)　d)

图 3-42　车刀的结构型式

a）整体式　b）焊接式　c）机夹式　d）可转位式

2. 焊接式车刀

焊接式车刀是由一定形状的刀片和刀杆通过钎焊连接而成。刀片一般选用各种不同牌号的硬质合金材料，而刀杆一般选用 45 钢，刀杆截面形状有矩形、正方形和圆形三种。一般选用矩形，刀杆高度按机床中心高选择，当刀杆高度尺寸受到限制时，可加宽为正方形，以提高其刚性。刀杆的长度一般为其高度的 6 倍。切断车刀工作部分长度需大于工件的半径。内孔车刀的刀杆，其工作部分截形一般为圆形，长度大于工件孔深。焊接式车刀质量与刀片牌号、刀片型式、刀槽型式、刀片在刀槽中位置、刀具几何参数、焊接工艺和刃磨质量等有密切关系。

（1）硬质合金焊接刀片的选择　焊接式车刀的硬质合金刀片型号已标准化（YS/T 253—1994《硬质合金焊接车刀片》，YS/T 79—2018《硬质合金焊接刀片》），常用硬质合金刀片型号见表 3-16。

表 3-16　常用硬质合金刀片型号

型号示例	刀片简图	主要尺寸/mm	主要用途
A108		$L=8$	制造外圆车刀、镗刀、切槽刀
A208		$L=8$	制造端面车刀、镗刀
A225Z		$L=25$(左)	
A312		$L=12$	制造外圆车刀、端面车刀
A340Z		$L=40$(左)	
A406		$L=6$	制造外圆车刀、镗刀、端面车刀
A430Z		$L=30$(左)	

（续）

型号示例	刀片简图	主要尺寸/mm	主要用途
C110		$L=10$	制造螺纹车刀
C312		$B=12.5$	制造切断刀、切槽刀

刀片型号用一个字母和三个数字表示。第一个字母和第一位数字表示刀片形状，后两位数字表示刀片的主要尺寸。若个别结构尺寸不同时，在后两位数字后再加一字母，以示区别。若为左切刀片，则在型号末尾标以字母“Z”；右切刀片末尾不标代号。

刀片形状主要根据车刀用途和主、副偏角的大小来选择，刀片长度一般为切削刃工作长度的 1.6~2 倍，切槽刀的宽度可按经验公式估算：$B=0.6\sqrt{d}$（d 为工件直径）。刀片厚度要根据切削力的大小来确定。工件材料强度越高，切削层面积越大时，刀片厚度应选得大些。

（2）刀槽选择　焊接式车刀的刀槽有开口槽（通槽）、半封闭槽（半通槽）、封闭槽和切口槽四种，如图 3-43 所示。

开口槽：制造简单，焊接面积最小，刀片内应力小，适用于 A1、C3 型刀片。

半封闭槽：刀片焊接面积大，焊接牢靠，适用于 A2、A3、A4 等带圆弧刀片。

封闭槽、切口槽：刀片焊接面积最大，焊接牢靠，焊接后刀片内应力大，易产生裂缝，适用于 C1、C3 等底面积相对较小的刀片。

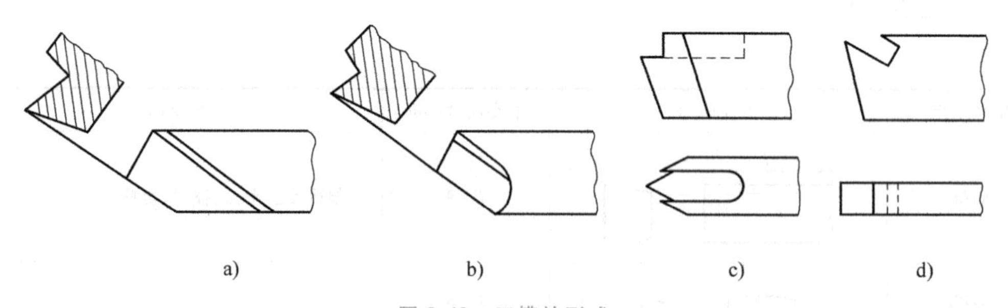

图 3-43　刀槽的形式

a）开口槽　b）半封闭槽　c）封闭槽　d）切口槽

刀槽尺寸可通过计算求得，通常可按刀片配制。为了便于刃磨，要使刀片露出刀槽 0.5～1mm。一般取刀槽前角 $\gamma_{og}=\gamma_o-(5°\sim10°)$，以减少刃磨前面工作量。刀杆后角 $\alpha_{og}=\alpha_o+(2°\sim4°)$，以便于刃磨刀片，提高刃磨质量，如图 3-44 所示。

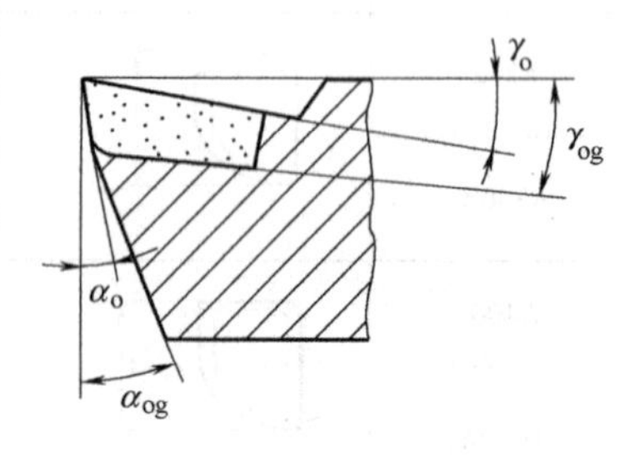

图 3-44　刀片在刀槽中安放位置

（九）车刀的安装与刃磨

1. 车刀的安装

车刀使用时必须正确安装（图 3-45）。基本要求有下列几点：

1）车刀刀尖应与车床的主轴轴线等高，可根据尾座顶尖的高度来进行调整。

2）车刀刀杆应与车床轴线垂直。

3）车刀应尽可能伸出短些，一般伸出长度不超过刀杆厚度的2倍。若伸出太长，刀杆刚度减弱，切削时容易产生振动。

4）刀杆下面的垫片应平整，且片数不宜太多（少于3片）。

5）车刀位置装正后，应拧紧刀架螺钉，一般用两个螺钉，并交替拧紧。

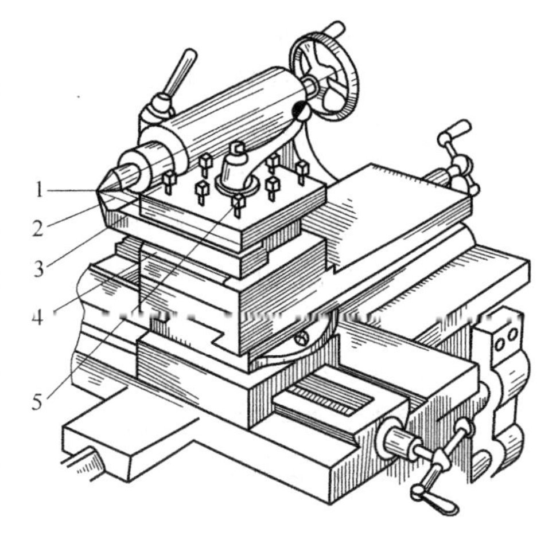

图3-45　车刀的安装

1—顶尖　2—刀头　3—刀杆
4—垫片　5—刀架螺钉

2. 车刀的刃磨

车刀用钝后，必须刃磨，以便恢复其合理的形状和角度。车刀是在砂轮机上刃磨的。磨高速钢车刀时，用氧化铝砂轮（一般为白色），磨硬质合金车刀时，用碳化硅砂轮（一般为绿色）。刃磨的顺序和姿势如图3-46所示。

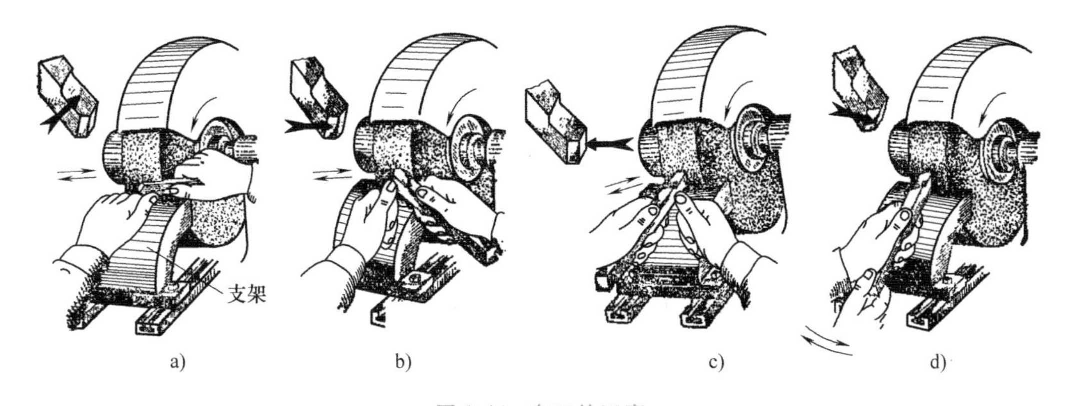

图3-46　车刀的刃磨

a）磨前刀面　b）磨副后刀面　c）磨后刀面　d）磨刀尖过渡刃

（1）磨前刀面

1）刀杆尾部下倾。

2）按前角大小倾斜前刀面。

3）将切削刃与刀杆底面平行或倾斜一定角度。

4）将前刀面自下而上慢慢接触砂轮。

（2）磨副后刀面

1）按副偏角大小，将刀杆向右偏斜。

2）按副后角大小，将刀头向上翘。

3）将副后刀面自下而上慢慢接触砂轮。

（3）磨后刀面

1）按主偏角大小，将刀杆向左偏斜。

2）按主后角大小，将刀头向上翘。

3）将主后刀面自下而上慢慢接触砂轮。

（4）磨刀尖过渡刃

1）刀尖上翘，使过渡刃处有后角。

2）左右移动或摆动进行刃磨。

车刀在砂轮机上刃磨后，还要用油石加全损耗系统用油将各面磨光，以延长车刀寿命和降低被加工零件的表面粗糙度值。

（5）刃磨车刀时的注意事项

1）刃磨时，两手握稳车刀，使刀杆靠于支架，并使受磨面轻贴砂轮。切勿用力过猛，以免挤碎砂轮，造成事故。

2）应将刃磨的车刀在砂轮圆周面上左右移动，使砂轮磨耗均匀，不出沟槽。应避免在砂轮两侧面用力粗磨车刀，以致砂轮受力偏摆、跳动，甚至破碎。

3）刀头磨热时，即应沾水冷却，以免刀头因温度升高而软化。但磨硬质合金车刀时，不应沾水，以免产生裂纹。

4）不要站在砂轮的正面，以防砂轮破碎时伤及操作者。

四、思考与练习

车刀的刃磨的目的是什么？

模块二　传动轴零件通用夹具的选择

一、教学目标

最终目标：掌握传动轴零件通用夹具的选择与使用。

促成目标：

1）掌握通用车夹具的工作原理。

2）熟悉专用车夹具的工作原理。

微课视频（12）

夹具概述

夹具组成

二、案例分析

根据GH1640—30214A传动轴图样的技术要求，采用卧式车床直接加工零件，并选用$\phi1\sim\phi13$mm钻夹头、活动顶尖、拨盘、鸡心夹头，少许铜片、垫刀块、划针、粉笔等工具和夹具。

三、相关知识

（一）夹具简介

工艺装备是产品制造过程中所用的各种工具的总称，包括刀具、夹具、模具、检具、辅具、钳工工具和工位器具。其中夹具是产品制造过程中不可缺少的装置。不同的生产类型，不同的制造过程，使用的夹具种类也不同。

1. 夹具的定义

夹具是用于装夹工件（和引导刀具）的装置。夹具在切削加工、焊接、热处理、流水线、检测等过程中都会广泛应用。

2. 机床夹具

在金属切削机床上使用的夹具称为机床夹具，通常简称为夹具。机床夹具是机械加工工艺系统的一个重要组成部分。

在切削加工中，机床夹具的设计与应用将直接影响产品的加工质量、制造成本和生产效率。图 3-47 所示为铣床夹具。

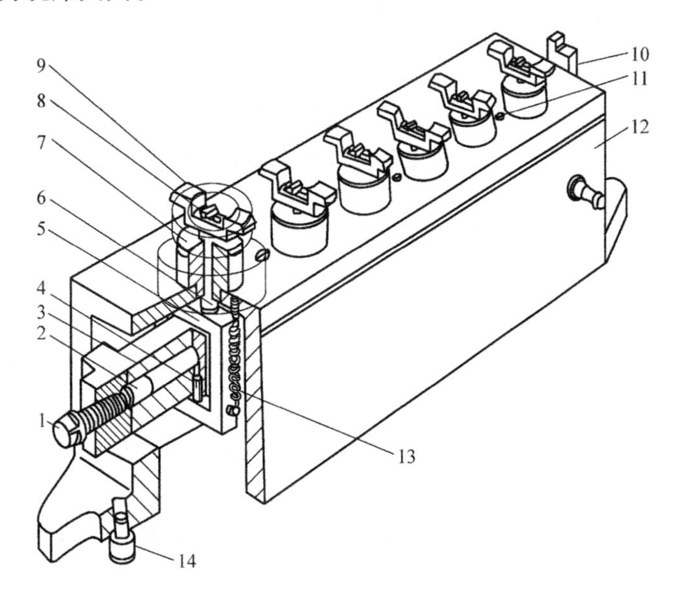

图 3-47　铣床夹具

1—螺钉　2、4—滑柱　3—介质（液性塑料）　5—框架　6—拉杆　7—定位轴　8—钩
9—压板　10—对刀块　11—键　12—夹具体　13—弹簧　14—定位销

3. 夹具的功能

（1）主要功能　机床夹具的功能可以分为主要功能和特殊功能。主要功能是装夹工件，也就是实现一个或一批工件的正确定位和夹紧。

1）定位。即确定工件在机床上或夹具中占有正确位置的过程。定位是在加工前完成的过程，应保证一个或者一批工件的位置正确。

定位的操作是解决工件定位基准（基面）与夹具的定位元件定位表面的接触和配合问题，应根据工件的加工工序中的要求，保证加工位置正确。

2）夹紧。即工件定位后将其固定，使其在加工过程中保持定位位置不变的操作。夹紧也是在加工前完成的过程，夹紧的作用克服加工时外力的作用，保证原有定位位置正确，同时尽量不使工件变形。

工件定位以后，必须通过一定的装置产生夹紧力把工件固定，使工件保持在准确定位的位置上，否则，在加工过程中因受切削力、惯性力、传动力、离心力、重力等外力的作用而发生位置变化或引起振动，破坏了原来的准确定位，将无法保证加工要求。这种产生夹紧力的装置便是夹具夹紧装置。

（2）特殊功能　不同的机床夹具用于不同机床的加工，机床夹具必须适应机床的要求，因而不同类型的机床夹具也会有特殊的功能。

1）定向。即确定机床夹具在机床上的位置正确的过程。例如，利用铣床夹具在铣床上加工槽、台阶面，利用镗床夹具（镗模）加工平行孔系、垂直孔系等，保证铣床夹具和镗模在机床上的位置正确是首要条件，在满足该条件的情况下，才能考虑定位和夹紧问题。

2）对刀。即调整刀具切削刃相对工件或夹具的正确位置的过程。铣床夹具相对刀具切削刃的位置的正确性是靠对刀操作完成的。

3）导向。即确定刀具的正确加工位置并引导刀具工作。钻床和镗床夹具在应用时，可引导钻头和镗杆的加工位置。

4. 夹具在机械加工中的作用

1）保证加工精度。用夹具装夹工件时，能稳定地保证加工精度。

2）提高劳动生产率，能使工件迅速地定位和夹紧，显著地缩短辅助时间和基本时间。

3）改善工人的劳动条件。用夹具装夹工件方便、省力、安全。

4）降低生产成本。在批量生产中使用夹具时，由于劳动生产率的提高和允许使用技术等级较低的工人操作，故可明显地降低生产成本。

5）保证工艺纪律。在生产过程中使用夹具，可确保生产周期、生产调度等工艺秩序。

6）扩大机床工艺范围。这是在生产条件有限的企业中常用的一种技术改造措施。

5. 夹具的分类

（1）按照机床使用类型分类　不同的机床，其切削成形的运动不同，加工精度要求也各不相同，根据不同的机床类型可以分为车床夹具、铣床夹具、钻床夹具、磨床夹具、镗床夹具和齿轮加工夹具。其中用于在镗床上和钻床上加工孔系表面的夹具分别称为镗模和钻模。

（2）按照夹具性质分类　这种方法主要反映夹具在不同生产类型中的通用特性，故也是选择夹具的主要依据。目前，我国常用的分类有通用夹具、专用夹具、可调夹具、组合夹具和自动化生产用夹具五大类。

1）通用夹具。通用夹具是指结构、尺寸已规格化，且具有一定通用性的夹具，如自定心卡盘、单动卡盘（图 3-48）、机用虎钳、万能分度头、顶尖、中心架、电磁吸盘等。其特点是适应性强，不需调整或稍加调整即可装夹一定形状和尺寸范围内的各种工件。这类夹具已商品化，且成为机床附件。

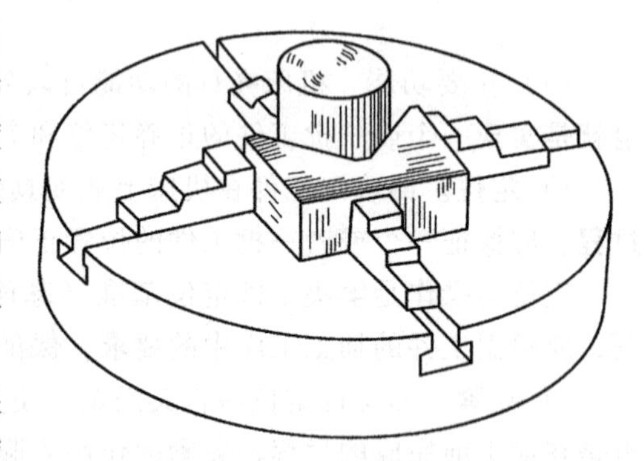

图 3-48　单动卡盘

采用通用夹具可缩短生产准备周期，减少夹具品种，从而降低生产成本。其缺点是加工精度不高，生产率也较低，且较难装夹形状复杂的工件，故适用于单件小批量生产。

2）专用夹具。专用夹具是针对某一工件某一工序的加工要求而专门设计和制造的夹具。图 3-49 所示为专用回转式钻模。其特点是针对性极强，没有通用性。在产品相对稳定、批量较大的生产中，用各种专用夹具可获得较高的生产率和加工精度。专用夹具的设计制造周期较长，随着现代多品种，中、小批生产的发展，专用夹具在适应性和经济性等方面已产生许多问题。

3）可调夹具。可调夹具是针对通用夹具和专用夹具的缺陷而发展起来的一类新型夹具。对不同类型和尺寸的工件，只需调整或更换原来夹具上的个别定位元件和夹紧元件便可使用。它又分为通用可调夹具和成组夹具两种。前者的通用范围比通用夹具更大；后者则是一种专用可调夹具，它按成组原理设计并能加工一族相似的工件，故在多品种，中、小批生产中使用有较好的经济效果。

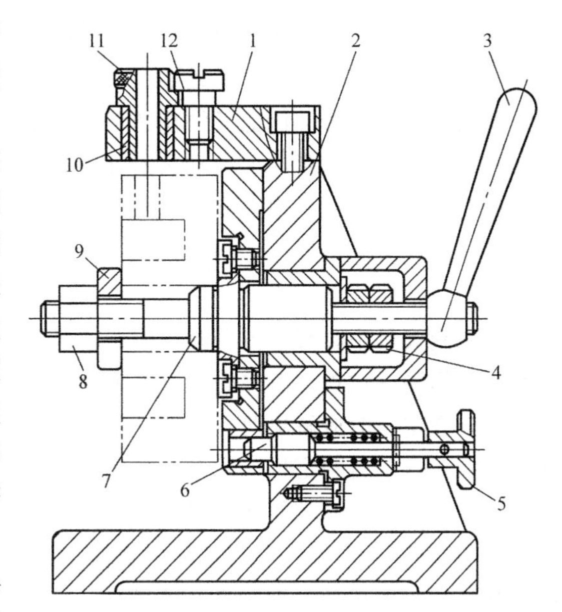

图 3-49　专用回转式钻模

1—钻模板　2—夹具体　3—手柄　4、8—螺母
5—把手　6—对定销　7—圆柱销　9—快换垫圈
10—衬套　11—钻套　12—螺钉

4）组合夹具（柔性夹具）。组合夹具是一种模块化的夹具。标准的模块元件有较高的精度和耐磨性，可组装成各种夹具；夹具用毕即可拆卸，留待组装新的夹具。由于使用组合夹具可缩短生产准备周期，元件能重复多次使用，并具有可减少专用夹具数量等优点，因此组合夹具在单件，中、小批多品种生产和数控加工中，是一种较经济的夹具。组合夹具也已商品化。

5）自动化生产用夹具。自动化生产用夹具主要分自动线夹具和数控机床用夹具两大类。自动线夹具有两种，一种是固定式夹具；另一种是随行夹具。数控机床夹具还包括加工中心用夹具和柔性制造系统用夹具。随着制造的现代化，在企业中数控机床夹具的比例正在增加，以满足数控机床的加工要求。数控机床夹具的典型结构是拼装夹具，即利用标准的模块组装成的夹具。

（二）工件的定位原理

1. 工件的装夹

定位原理

工件找正

定位形式

定位与夹紧是装夹工件的两个有联系的过程。在工件定位以后，为了使工件在切削力等作用下能保持既定的位置不变，通常还需再夹紧工件，将工件紧固，因此它们之间是不相同的。若认为工件被夹紧后，其位置不能动了，所以也就定位了，这种理解是错误的。此外，还有些机构能使工件的定位与夹紧同时完成，例如自定心卡盘等。

2. 工件的定位

加工时，为了保证工件的加工要求，特别是为了保证本工序（本次安装）加工出来的表面相对于在此以前已经获得的表面间的位置要求，必须使工件相对于刀具及切削成形运动（通常由机床提供）处于一个正确的位置。这就是广义的工件的定位的概念。

获得正确位置的方法有两种：一种是根据刀具及切削成形运动的位置直接逐个调整被加

工工件的位置，这种方法称为找正法，适用于单件小批量生产。另一种是使用夹具，这时，工件不需要按刀具位置及切削成形运动方向逐件找正位置，适用于加工成批工件。

使用夹具时，为了保证工件在加工过程中的正确位置，需要有两方面措施。一方面是使夹具相对于刀具及切削成形运动占有正确位置。这一措施（或过程）称为夹具的对定。另一方面是使工件在夹具中占有正确位置，这一措施（或过程）称为工件的定位。这就是狭义的定位的概念。

夹具通常用于加工成批工件，在此讨论的是工件在夹具中的定位问题，就是使工件多次重复放置到夹具中时都能占据同一位置。对于一批工件来说，也就是每个工件放置到夹具中时都能占据同一位置。工件的定位是依靠定位装置、在夹紧工件之前或夹紧过程中实现的。

工件在定位时应解决两个问题：首先是要解决工件位置“定与不定”的问题，也就是使工件在宏观上得到定位，这个问题需要根据六点定位原理，通过消除工件相应的“自由度”来解决；其次是要解决工件位置定得“准与不准”的问题，也就是要保证工件上某些点、线或表面（工序基准）的位置精度，这个问题需要通过选择合适的定位基准和选择、设计相应的定位元件（或装置）来解决。

在机械加工实施中，必须使得工件达到图样要求和被加工表面的技术要求，夹具作为重要的工艺装备之一，其主要作用是保证加工精度。首先应保证工件在加工前和加工过程中的正确位置，即一批工件在夹具中占有正确的位置。此外，夹具在应用和设计中还需要保证夹具在机床上的正确位置；刀具相对夹具的正确位置。

工件在加工前的正确位置，即一批工件在夹具中占有正确的位置，是完成工件在夹具中定位的任务，也是夹具应用和设计中首先要解决的关键问题。定位方案定夺时应遵循以下原则：

1）遵循基准重合原则。即使定位基准与工序基准重合。在多工序加工时，还应遵循基准统一原则。

2）合理选择主要定位基准。主要定位基准应有较大的支承面和较高的精度。

3）便于工件的装夹和加工，并使夹具的结构简单。

工件在加工过程中应保持加工位置正确，即当受到各种外力的作用时，能保证和保持定位位置的准确。这是夹具应用和设计解决的另一个重要问题，即夹紧问题。

3. 工件的自由度

一个尚未定位的工件，其位置是不确定的。如图 3-50 所示，在空间直角坐标系中，工件可沿 x、y、z 轴有不同的位置，也可以绕 x、y、z 轴回转方向有不同的位置。它们分别用 $\vec{x}$、$\vec{y}$、$\vec{z}$ 和 $\overset{\frown}{x}$、$\overset{\frown}{y}$、$\overset{\frown}{z}$ 表示。这种工件位置的不确定性，称为自由度。其中 $\vec{x}$、$\vec{y}$、$\vec{z}$ 分别称为沿 x、y、z 轴线方向的自由度；$\overset{\frown}{x}$、$\overset{\frown}{y}$、$\overset{\frown}{z}$ 分别称为绕 x、y、z 轴回转方向的自由度。定位的任务，首先是限制工件的自由度。

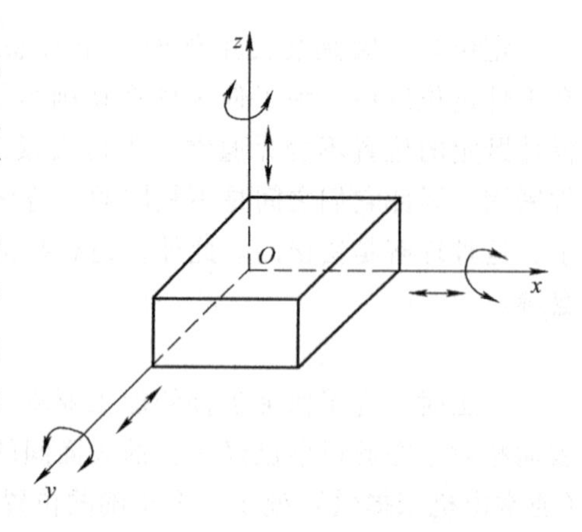

图 3-50　工件的六个自由度

（1）六点定位原理

1）六点定位规则。工件在直角坐标系中有六个自由度（$\vec{x}$、$\vec{y}$、$\vec{z}$、$\overset{\curvearrowright}{x}$、$\overset{\curvearrowright}{y}$、$\overset{\curvearrowright}{z}$），夹具用合理分布的六个支承点限制工件的六个自由度，即用一个支承点限制工件的一个自由度的方法，使工件在夹具中的位置完全确定。

2）定位点分布的规律。工件的定位基准是多种多样的，故各种形态的工件的定位支承点分布将会有所不同。下面分析完全定位时，几种典型工件的定位支承点分布规律。

① 平面几何体的定位。如图 3-51 所示，工件以 A、B、C 三个平面为定位基准，其中 A 面最大，设置成三角形布置的三个定位支承点 1、2、3，当工件的 A 面与该三点接触时，限制 $\overset{\curvearrowright}{x}$、$\overset{\curvearrowright}{y}$、$\vec{z}$ 三个自由度；B 面较狭长，在沿平行于 A 面方向设置两个定位支承点 4、5，当侧面 B 与该两点相接触时，即限制 $\vec{x}$、$\overset{\curvearrowright}{z}$ 两个自由度；在最小的平面 C 上设置一个定位支承点 6，限制 $\vec{y}$ 一个自由度。

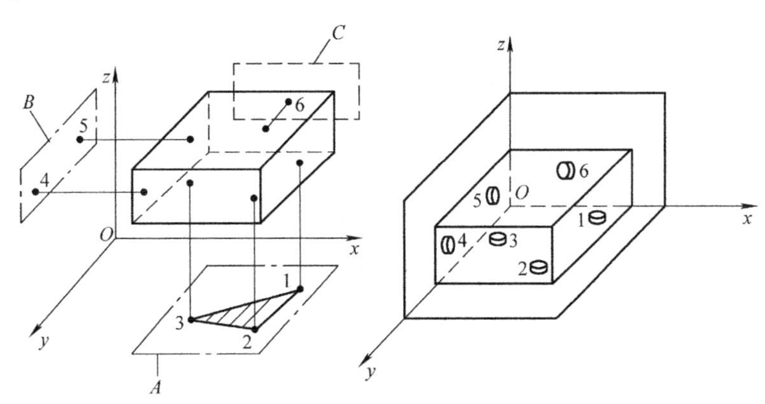

图 3-51　平面几何体的定位

用图 3-51 中设置的六个定位支承点，可使工件完全定位。由于定位是通过定位点与工件的定位基面相接触来实现的，两者一旦脱离，定位作用就自然消失了。在实际定位中，定位支承点并不一定就是一个真正直观的点，因为从几何学的观点分析，成三角形的三个点为一个平面的接触；同样成线接触的定位，则可认为是两点定位。进而也可说明在这种情况下，“三点定位”或“两点定位”仅是指某种定位中，数个定位支承点的综合结果，而非某一定位支承点限制了某一自由度。

② 圆柱几何体的定位。如图 3-52 所示，工件的定位基准是长圆柱面的轴线、后端面和键槽侧面。长圆柱面采用中心定位，外圆与 V 形块呈两直线接触（定位点 1、2；定位点 4、5），限制了工件的 $\vec{x}$、$\vec{z}$、$\overset{\curvearrowright}{x}$、$\overset{\curvearrowright}{z}$ 四个自由度；定位支承点 3 限制了工件的 $\vec{y}$ 一个自由度；定位支承点 6 限制了工件绕 y 轴回转方向的自由度 $\overset{\curvearrowright}{y}$。这类几何体的定位特点是以中心定位为主，用两条直（素）线接触作“四点定位”，以确定轴线的空间位置。

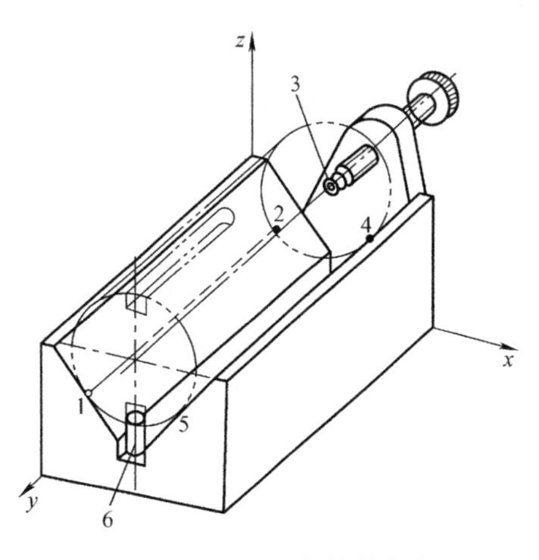

图 3-52　圆柱几何体的定位

如图 3-53a 所示，确定轴线 A 的位置所需限制的自由度为 $\vec{x}$、$\vec{z}$、$\overset{\curvearrowright}{x}$、$\overset{\curvearrowright}{z}$，而其余两个自由度与轴

线的位置无关。这类定位的特点是键槽（或孔）处的定位点与加工面有一圆周角关系，为此设置的定位支承称为防转支承，如图 3-53b 所示，在槽 T 处设置一防转支承，以保证槽与加工面的角度 α。防转支承应布置在较大的转角半径 r 处。

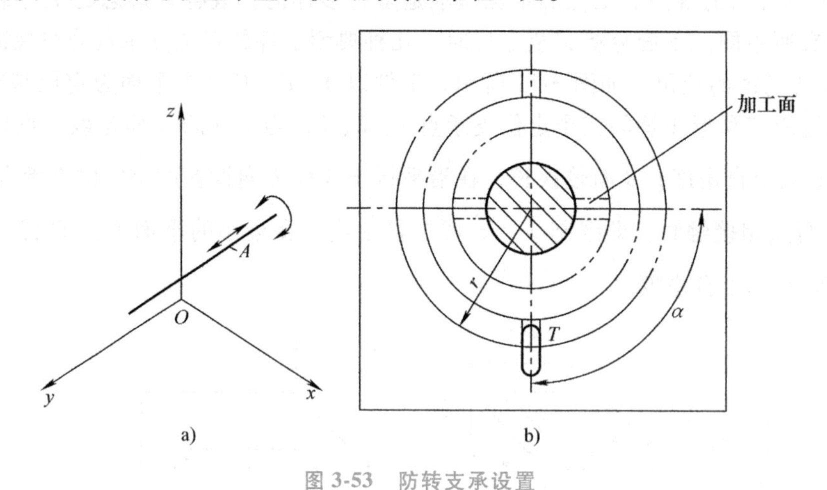

图 3-53　防转支承设置

a）与轴线位置无关的两个自由度　b）防转支承的布置

③ 圆盘几何体的定位。如图 3-54 所示，圆盘几何体可以视作圆柱几何体的变形，即随着圆柱面的缩短，圆柱面的定位功能也相应减少，图中由定位销的定位支承点 5、6 限制了工件的 $\vec{y}$、$\vec{z}$ 两个自由度；相应地，几何体的端面上升为主要定位基准，由定位支承点 1、2、3 限制了工件的 $\vec{x}$、$\overset{\frown}{y}$、$\overset{\frown}{z}$ 自由度；防转支承点 4 限制了工件的 $\overset{\frown}{x}$ 自由度。

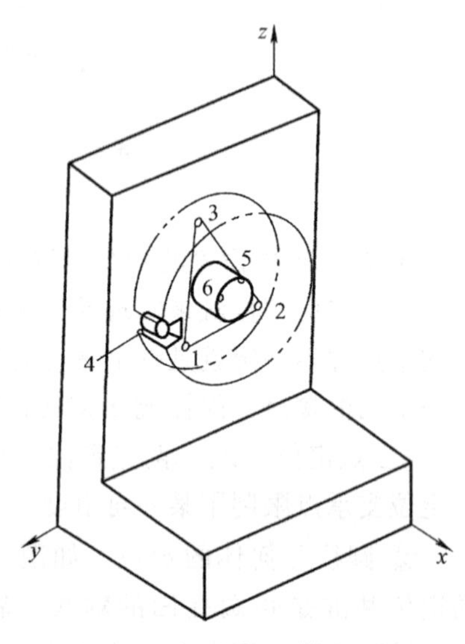

图 3-54　圆盘几何体的定位

3）注意事项。根据上述三种典型定位示例的分析，在应用六点定位规则时必须注意以下主要问题：

① 定位支承点的合理分布主要取决于定位基准的形状和位置，定位支承点的分布是不能随意组合的。

② 工件的定位，是工件以定位面与夹具的定位元件的工作面保持接触或配合实现的。一旦工件定位面与定位元件工作面脱离接触或配合，就丧失了定位作用。

③ 工件定位以后，还要用夹紧装置将工件紧固。因此要区分定位与夹紧的概念。

④ 定位支承点所限制的自由度名称，通常可按定位接触处的形态确定，其特点见表 3-17。定位点分布应该符合几何学的观点。

⑤ 有时定位点的数量及其布置不一定如示例那样明显直观，如自动定心定位。图 3-55 所示为以内孔为定位面的自动定心定位原理图。工件的定位基准为中心要素圆的中心轴线。从一个截面上看，夹具有三个点与工件接触，似为三点定位。实际上这种定位只消除了 $\vec{x}$ 和 $\vec{z}$ 两个自由度，是两点定位。该夹具采用六个接触点，只限制工件长圆柱面的 $\vec{x}$、$\vec{z}$、$\overset{\frown}{x}$、$\overset{\frown}{z}$ 四个自由度。在自动定心定位中，应注意这个问题。

表 3-17　典型单一定位基准的定位特点

定位接触形态	限制自由度数	自由度类别	特　点
长圆锥面接触	5	三个沿坐标轴方向(平移) 两个绕坐标轴方向(转动)	可作主要定位基准
长圆柱面接触	4	两个沿坐标轴方向(平移) 两个绕坐标轴方向(转动)	
大平面接触	3	一个沿坐标轴方向(平移) 两个绕坐标轴方向(转动)	
短圆柱面接触	2	两个沿坐标轴方向(平移)	不可作主要定位基准， 只能与主要基准组合定位
线接触	2	一个沿坐标轴方向(平移) 一个绕坐标轴方向(转动)	
点接触	1	一个沿坐标轴方向(平移) 或绕坐标轴方向(转动)	

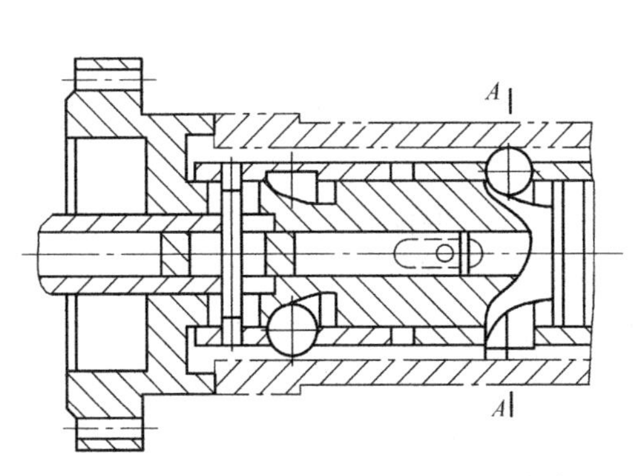

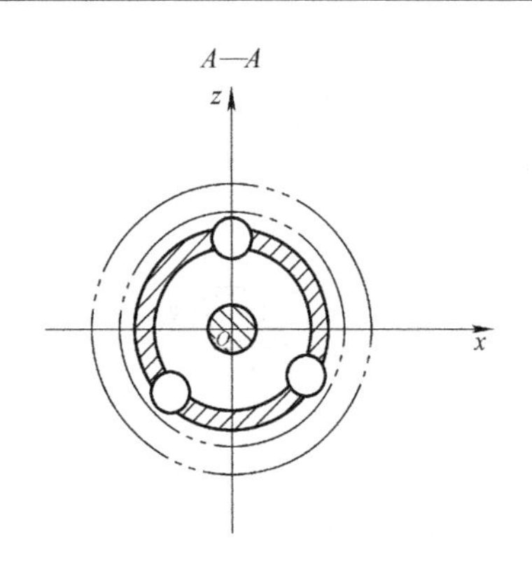

图 3-55　自动定心定位原理图

(2) 完全定位与不完全定位　正确的定位形式有完全定位和不完全定位两种。

① 完全定位。完全定位是不重复地限制工件的六个自由度的定位，适合较复杂工件的加工。

② 不完全定位。不完全定位是根据实际加工情况，在满足加工要求下，不需要限制工件全部自由度的定位。图 3-56 所示为不完全定位的示例，它们在保证加工要求的条件下，仅限制了工件的部分自由度。如图 3-56a 所示的圆锥面中心定位，限制了工件的 $\vec{x}$、$\vec{y}$、$\vec{z}$、$\overset{\curvearrowright}{x}$、$\overset{\curvearrowright}{z}$ 五个自由度。图 3-56b 所示的平面支承限制了工件的 $\vec{x}$、$\vec{z}$、$\overset{\curvearrowright}{x}$、$\overset{\curvearrowright}{y}$、$\overset{\curvearrowright}{z}$ 五个自由度。图 3-56c、d 所示的工件加工面相同，前者需限制工件的 $\vec{x}$、$\vec{z}$、$\overset{\curvearrowright}{x}$、$\overset{\curvearrowright}{y}$、$\overset{\curvearrowright}{z}$ 五个自由度；后者无两槽之间的位置要求，则可不必限制自由度 $\overset{\curvearrowright}{y}$，即限制自由度为 $\vec{x}$、$\vec{z}$、$\overset{\curvearrowright}{x}$、$\overset{\curvearrowright}{z}$。图 3-56e 所示的平板状工件的定位，仅限制了工件的 $\vec{z}$、$\overset{\curvearrowright}{x}$、$\overset{\curvearrowright}{y}$ 三个自由度，它是常见的定位中定位点较少的一种。

(3) 欠定位与过定位

1) 欠定位。欠定位是一种定位不足而影响加工的现象，也就是加工应该限制的自由度没有被限制。例如，图 3-56c 中，若不设置防转的定位销，则工件的 $\overset{\curvearrowright}{y}$ 自由度就不能得到限制，也就无法保证两槽间的位置要求，因此是不允许的。通常只要仔细分析定位点的作用，

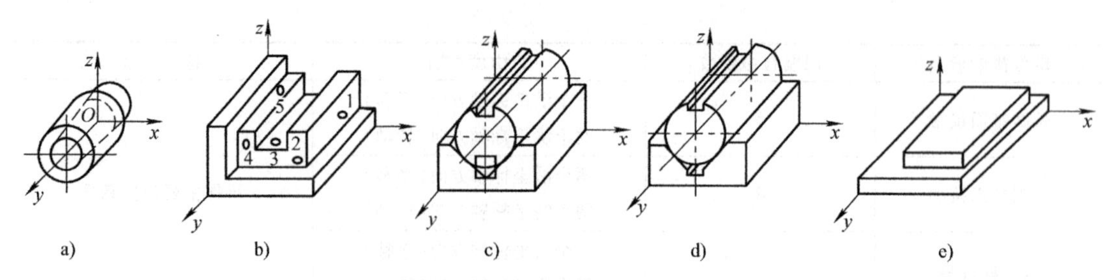

图 3-56　不完全定位示例

欠定位是可以防止的。

2）过定位。过定位是指定位时工件的同一自由度被数个定位元件重复限制。过定位的情况较复杂，如图 3-57 所示，加工平面对 *A* 面有垂直度公差要求。若用夹具的两个大平面 *A*、*B* 实现定位，即工件的 *A* 面限制 $\vec{x}$、$\overset{\curvearrowright}{y}$、$\overset{\curvearrowright}{z}$ 三个自由度，*B* 面限制了 $\vec{z}$、$\overset{\curvearrowright}{x}$、$\overset{\curvearrowright}{y}$ 三个自由度，其中自由度 $\overset{\curvearrowright}{y}$ 被 *A*、*B* 面同时重复限制。由图可见，当工件处于图 3-57a 所示加工位置时，可保证垂直度要求；而当工件处于图 3-57b 所示加工位置时，则不能保证垂直度要求。这种随机的误差造成了定位的不稳定，严重时会引起过定位干涉。

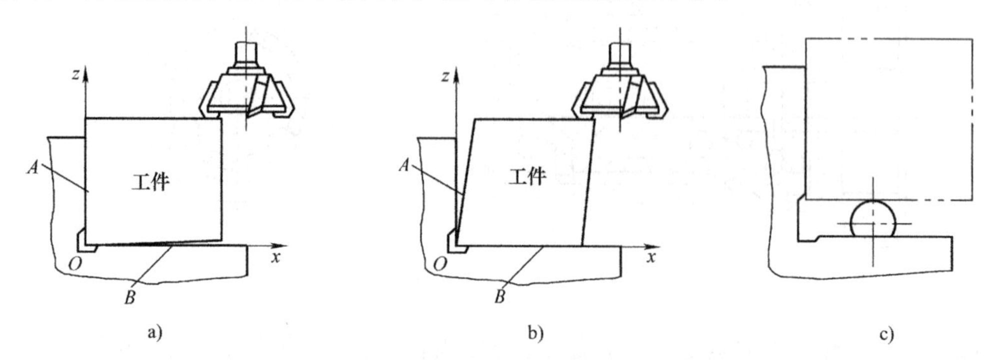

图 3-57　过定位及其消除方法示例之一

3）减少过定位干涉的措施。

① 减小接触面积。如图 3-57c 所示，把定位的面接触改为线接触，即减去了引起过定位的自由度 $\overset{\curvearrowright}{y}$。

② 改变定位元件形状，以减少定位支承点。如图 3-58 所示，将圆柱定位销改为菱形销，使定位销在干涉部位（*z* 方向）不接触，即减去了引起过定位的自由度 $\vec{z}$。

③ 缩短圆柱面的接触长度。

④ 设法使过定位的定位元件在干涉方向上能浮动，以减少实际支承点数目。如图 3-59 所示的可浮动的定位元件，分别在 $\vec{z}$（图 3-59a）、$\vec{x}$（图 3-59b）和 $\overset{\curvearrowright}{y}$、$\overset{\curvearrowright}{z}$（图 3-59c）方向上浮动，从而消除了过定位。

⑤ 拆除过定位元件。在机械加工中，对于一些特殊结构的定位，其过定位是不可避免的。如图 3-60 所示的导轨面定位，由于接触面较多，故都存在着过定位，其中双 V 形导轨的过定位就相当严重。像这类特殊的定位，应设法减少过定位的有害影响。

由于过定位的干涉是相关的定位基准和定位元件的误差引起的，故当工艺上采取措施将它们的误差减小到一定程度时，即可把定位的影响减小到最低限度。通常，上述导轨面均经

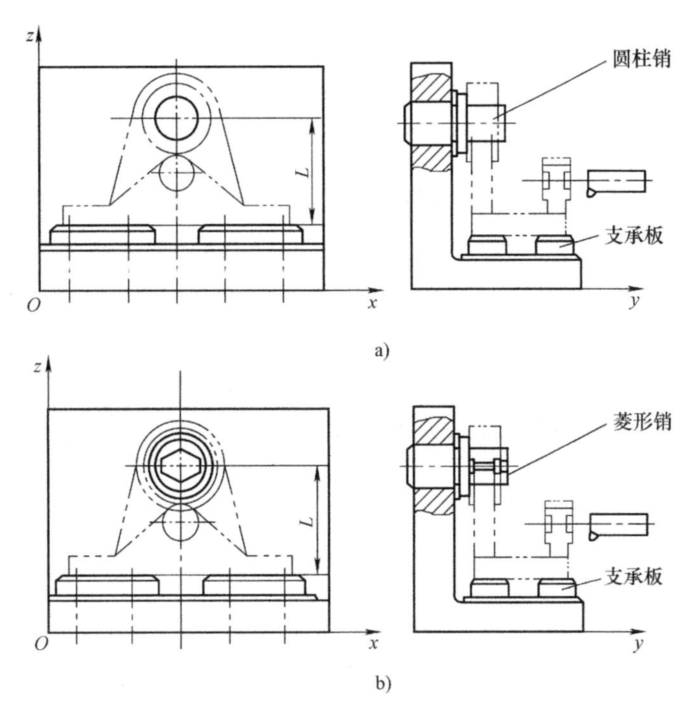

图 3-58 过定位及其消除方法示例之二

a）过定位 b）把圆柱销定位改为菱形销定位

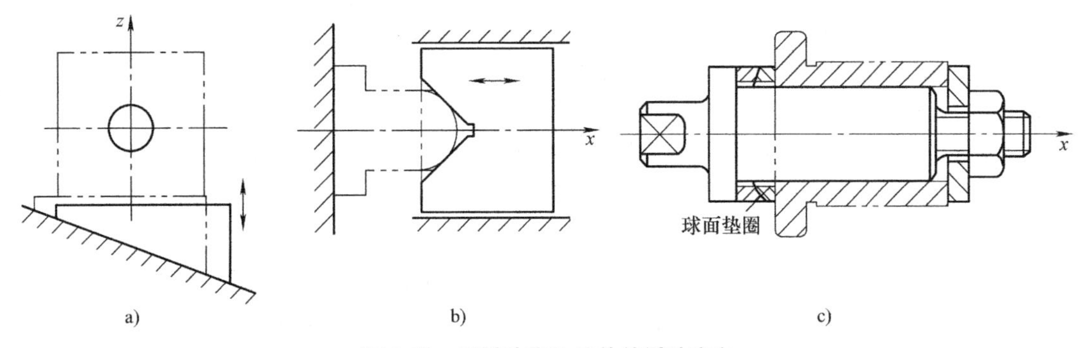

图 3-59 可浮动定位元件的浮动方向

a）可浮动的平面支承（$\vec{z}$） b）可浮动的 V 形块（$\vec{x}$） c）球面垫圈（$\widehat{y}$、$\widehat{z}$）

过配刮，具有较高的精度，其中图 3-60c 所示结构用双圆柱 1、2 定位，已把过定位的影响减小到最小程度。

4. 常见定位方法与定位元件

（1）对定位元件的要求　合理选择工件定位基准后，定位元件与其接触和配合则是至关重要。定位元件的结构、形状、尺寸及布置形式等的正确选用体现了夹具应用中的优化程度。根据工件的不同结构和加工技术要求，与之对应的定位元件也是结构种类繁多，常见的工件定位基准有平面、内孔、外圆表面，也有不同表面组合的表面。对定位元件的要求主要有以下几个方面：

1）足够的精度。由于定位误差的基准位移误差直接与定位元件的定位表面有关，因

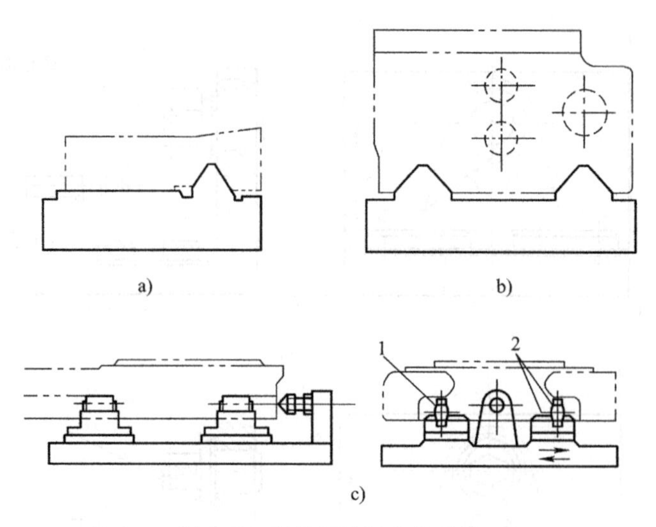

图 3-60 导轨面的过定位分析

a）V 形导轨 b）双 V 形导轨 c）用双圆柱定位的较好定位结构

此，定位元件的定位表面应有足够的精度，以保证工件的加工精度。例如，V 形块的半角公差、V 形块的理论圆中心高度尺寸、圆柱心轴定位圆柱面的圆度、支承板的平面度公差等，都应有足够的制造精度。通常，定位元件的定位表面还应有较小的表面粗糙度值，如 *Ra*0.4μm、*Ra*0.2μm、*Ra*0.1μm 等。

2）足够的储备精度。由于定位是通过工件的定位基准与定位元件的定位表面相接触来实现的，而工件的装卸将会使定位元件磨损，从而导致定位精度下降。为了提高夹具的使用寿命，定位元件表面应有较高的硬度和耐磨性。特别是在产品较固定的大批量生产中，应注意提高定位元件的耐磨性，以使夹具有足够的储备精度。通常工厂可以按生产经验和工艺资料对主要定位元件，如 V 形块、心轴等制订磨损公差，以保证夹具在使用周期内的精度。不同的材料有不同的力学性能，定位元件常用的材料有优质碳素结构钢 20 钢、45 钢、65Mn，工具钢 T8、T10，合金结构钢 20Cr、40Cr、38CrMoAl 等。

3）足够的强度和刚度。通常对定位元件的强度和刚度是不作校核的，但是在设计时仍应注意定位元件危险断面的强度，以免在使用中损坏；而定位元件的刚度也往往是影响加工精度的因素之一。因此，可用类比法来保证定位元件的强度和刚度，以缩短夹具设计的周期。

4）应协调好与有关元件的关系。在定位设计时，还应处理、协调好与夹具体、夹紧装置、对刀导向元件的关系。有时定位元件还需留出排屑空间等，以便于刀具进行切削加工。

5）良好的结构工艺性。定位元件的结构应符合一般标准化要求，并应满足便于加工、装配、维修等工艺性要求。通常标准化的定位元件有良好的工艺性，设计时应优先选用标准定位元件。

（2）工件以平面为定位基准时的常用定位元件

平面定位元件

内圆面定位元件

外圆面定位元件

组合定位

1）支承钉。如图 3-61 所示，平头支承钉（A 型）用于支承精基准平面；

球头支承钉（B 型）用于支承粗基准平面；网纹顶面支承钉（C 型）常用于要求摩擦力大的工件平面或侧面定位；可换式支承钉适用于生产量大的场合。一个支承钉相当于一个支承点，限制一个自由度；在一平面内，两个支承钉限制两个自由度；不在同一直线上的三个支承钉限制三个自由度。

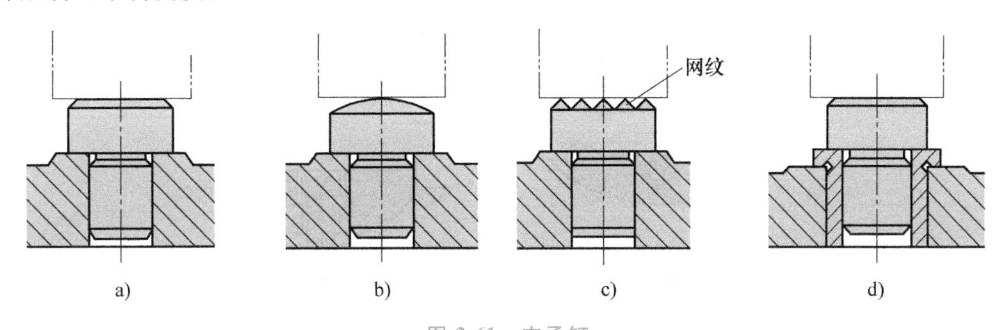

图 3-61　支承钉

a）A 型　b）B 型　c）C 型　d）可换式支承钉

2）支承板。如图 3-62 所示，平面型支承板（A 型）结构简单，但埋头螺钉处清理切屑比较困难，适用于侧面和顶面定位；带斜槽型支承板（B 型），其槽中可以容纳切屑，清除切屑也比较容易，适用于底面定位。当支承定位基准平面较大时，常用几块支承板组合成一个平面，各支承板组装到夹具体上之后，应将其工作表面一起磨削，以保证等高。一个支承板相当于两个支承点，限制两个自由度，多个支承板组合成一个平面可以限制三个自由度。

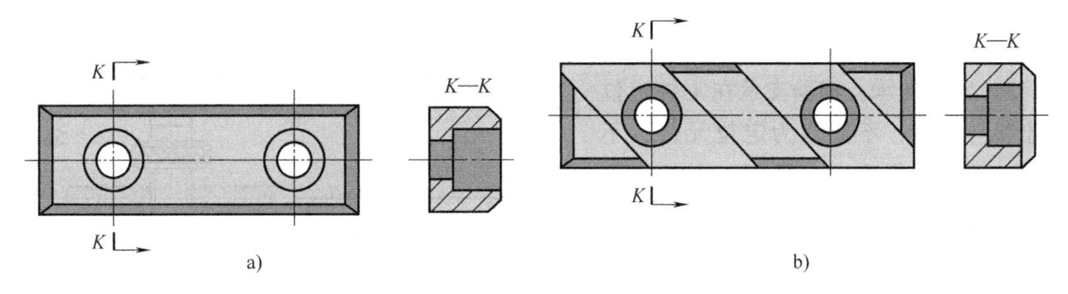

图 3-62　支承板

a）A 型　b）B 型

3）可调支承。如图 3-63 所示，可调支承多用于支承工件的粗基准表面，其支承的高度

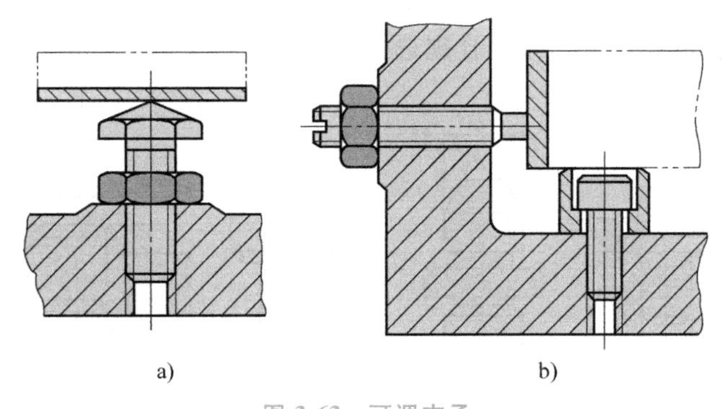

图 3-63　可调支承

a）用于底面定位支承点的调节　b）用于侧面定位支承点的调节

可以根据需要进行调整。每加工一批工件，应根据粗基准的位置变化情况，相应加以调整，以保证加工余量均匀或保证加工表面与非加工表面间的位置尺寸，调整到位后用螺母将其锁紧。在加工同一批工件中，一般不再进行调整，其定位作用与固定支承相同。

4）自位支承。自位支承用于增加与工件的接触点，减少工件变形或减少接触应力。自位支承常用的几种形式如图 3-64 所示。由于自位支承是活动的或浮动的，无论结构上是两点或三点支承，其实质只起一个支承点的作用，所以自位支承只限制一个自由度。

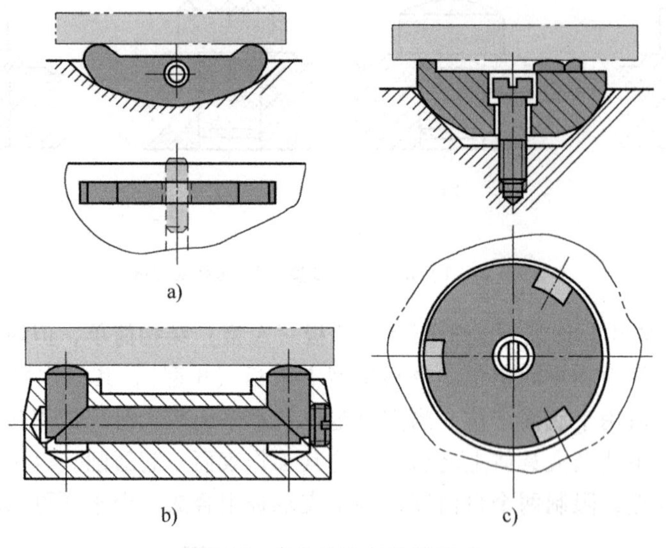

图 3-64　自位支承的结构形式

5）辅助支承。辅助支承在工件定位后才参与支承，不能作为定位元件，不限制工件的自由度，它只用于增加工件在加工过程中的刚性和定位稳定性，如图 3-65 所示。

图 3-65　辅助支承

（3）工件以孔为定位基准时的常用定位元件

1）定位销。如图 3-66 所示，定位销分固定式和可换式，圆柱销（A 型固定式定位销）和菱形销（B 型固定式定位销）。固定式定位销可根据工件的孔径尺寸大小合理选择，可换式定位销适用于生产量大的场合。当工

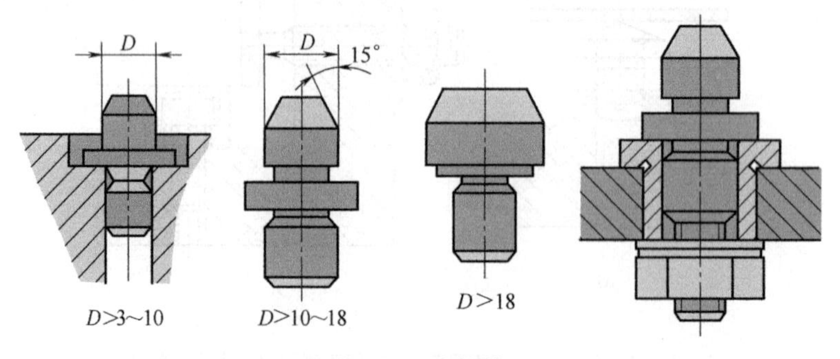

图 3-66　定位销

件以两个圆孔表面组合定位时，在两个定位销中应采用一个菱形销。一个短圆柱销可以限制两个自由度，一个菱形销可以限制一个自由度；一个长圆柱销（$L/D \geq 1$）可以限制四个自由度。

2）圆锥销。如图 3-67 所示，圆锥销常用于工件孔端的定位，一个短圆锥销可以限制三个自由度；一个长圆锥销可以限制五个自由度。

3）定位心轴。定位心轴主要用于盘套类零件的定位，如图 3-68 所示。短定位心轴可以限制二个自由度；长定位心轴可以限制四个自由度；长定位圆锥心轴可以限制五个自由度。

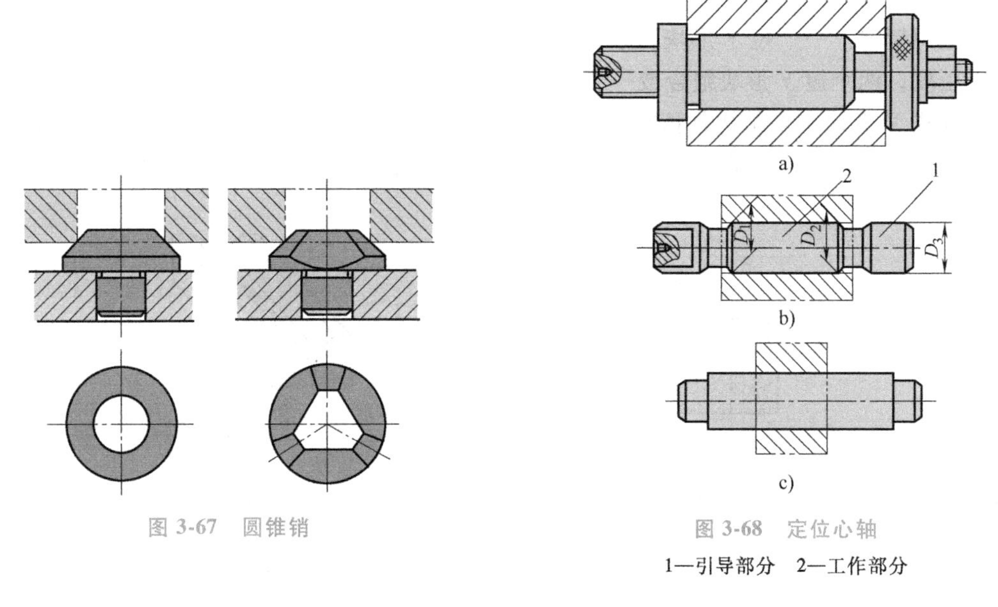

图 3-67　圆锥销

图 3-68　定位心轴

1—引导部分　2—工作部分

（4）工件以外圆为定位基准时的常用定位元件

1）定位套筒。定位套筒的结构形式如图 3-69 所示。图 3-69a 所示形式用于工件以端面为主要定位基准的场合，其短定位套限制工件的两个自由度；图 3-69b 所示形式用于工件以外圆柱表面为主要定位基准面的场合，其长定位套孔限制工件的四个自由度。

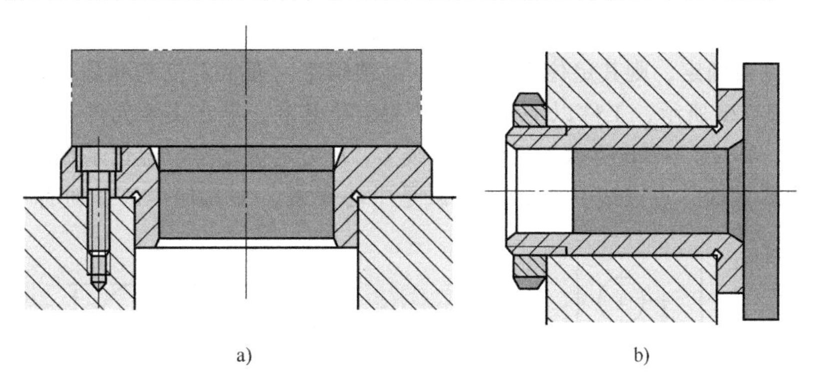

图 3-69　定位套筒的结构形式

2）半圆孔定位座。半圆孔定位座常用于大型轴类工件的定位，其结构形式如图 3-70 所示。当工件尺寸较大，用圆柱孔定位安装不便时，可将圆柱孔改成两半，下半孔用作定位，上半孔用于压紧工件。短半圆孔定位可以限制两个自由度；长半圆孔定位可以限制四个自由度。

3）V 形块。V 形块分固定式和活动式，结构尺寸已标准化，斜面夹角 α 有 60°、90°、120°等几种形式。

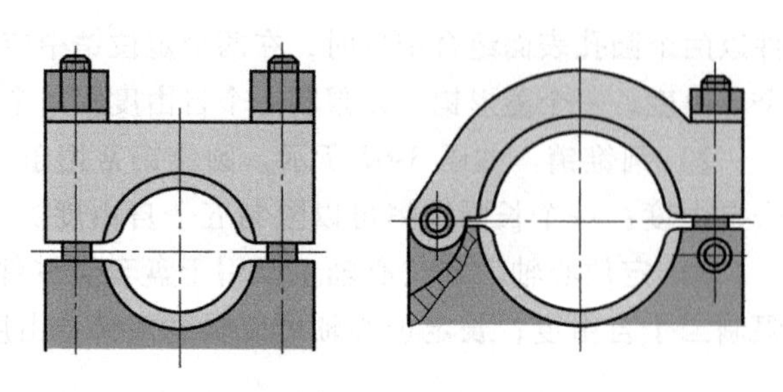

图 3-70　半圆孔定位座的结构形式

图 3-71a 所示为标准固定 V 形块；图 3-71b 所示为长 V 形块，用于定位基准面较长的情况；图 3-71c 所示为两短 V 形块组合，用于定位基准面较长或两段基准面分布较远的情况。一个短 V 形块可以限制两个自由度，两个短 V 形块组合或一个长 V 形块均可以限制四个自由度。

活动式 V 形块主要结构是依靠弹簧实现浮动，它浮动的作用是削除 V 形块原应限制的两个自由度中的一个，活动 V 形块可以限制一个自由度。

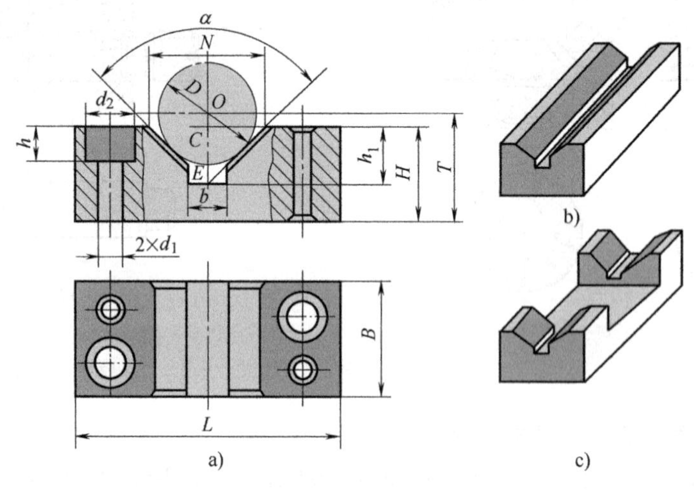

图 3-71　V 形块

5. 定位基准

定位基准是针对加工的工件而言的，选择工件上合理的定位基准是一个关键问题。工件的定位基准一旦被确定，则其定位方案也基本上被确定。通常定位基准是在制订工艺规程时选定的。如图 3-72a 所示，工件以平面 A 和 B 为定位基准，靠在支承元件上得到定位，以保证工序尺寸 H、h。图 3-72b 所示，工件以素线 C、F 为定位基准。定位基准除了工件上的实际表面（轮廓要素面、点或线）外，也可以是中心要素，如几何中心、对称中心线或对称

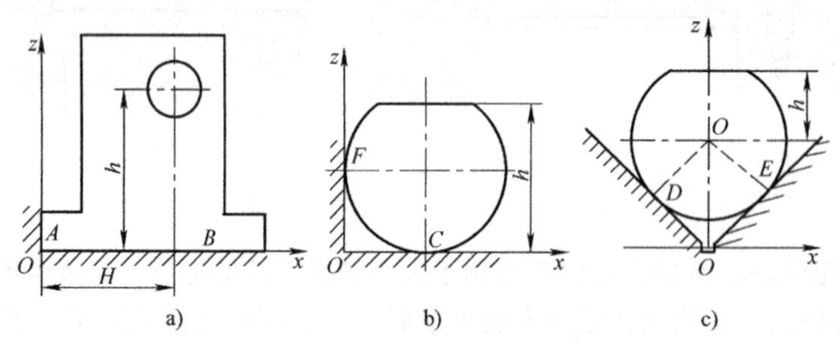

图 3-72　定位基准

a）基准为工件表面　b）基准为工件素线　c）基准为工件几何中心（中心要素）

中心平面。如图 3-72c 所示，定位基准是两个与 V 形块接触的点 D、E 的几何中心 O，这种定位称为中心定位。

工件的定位基准在夹具上是与定位元件接触或者配合的。在应用夹具时，从减小加工误差考虑，应尽可能选用工序基准为定位基准，即遵循基准重合原则。当用多个表面定位时，应选择其中一个较大的表面为主要定位基准。

（三）工件的夹紧

1. 夹紧装置

夹紧力三要素　夹紧机构

（1）夹紧装置的组成　在机械加工过程中，为保持工件定位时所确定的正确加工位置，防止工件在切削力、惯性力、离心力及重力等作用下发生位移和振动，一般机床夹具都应有一个夹紧装置，将工件夹紧。

夹紧装置分为手动夹紧和机动夹紧两类。根据结构特点和功用，典型的夹紧装置由三部分组成，如图 3-73 所示。

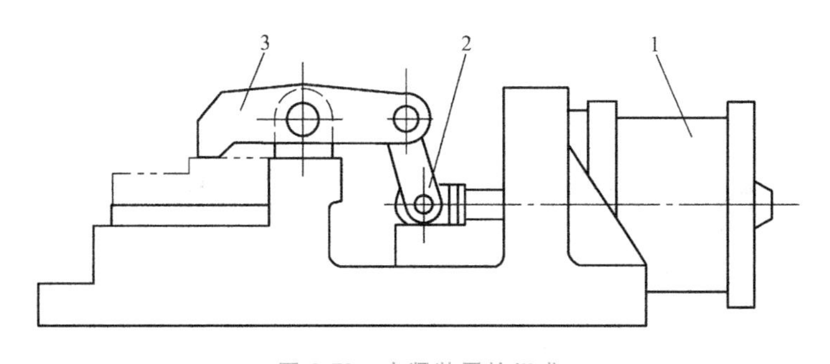

图 3-73　夹紧装置的组成

1—力源装置　2—中间传力机构　3—夹紧元件

1）力源装置。它是产生夹紧力的装置。通常是指动力夹紧时所用的气压装置、液压装置、电动装置、磁力装置、真空装置等。手动夹紧时的力源由人力保证，没有力源装置。

2）中间传力机构。它是位于力源装置和夹紧元件之间的机构。通过它将力源装置产生的夹紧力传给夹紧元件，然后由夹紧元件最终完成对工件的夹紧。

3）夹紧元件。它是实现夹紧的最终执行元件。通过它和工件直接接触而夹紧工件。对于手动夹紧装置，夹紧机构由中间传力机构和夹紧元件所组成。

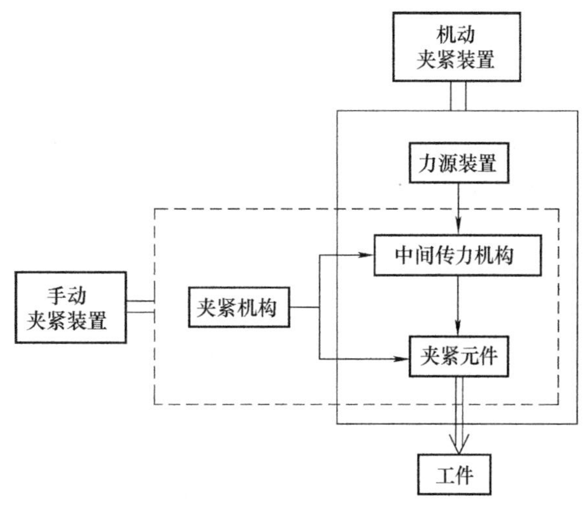

图 3-74　夹紧装置组成的方框图

夹紧装置各组成部分之间的相互关系如图 3-74 所示。

（2）夹紧装置选择的基本要求　夹紧装置选择的合理与否，不仅关系到工件的加工质量，而且对提高生产效率，降低加工成本以及创造良好的工作条件等诸方面都有很大的影响。选择的夹紧装置应满足下列基本要求。

1）夹紧过程中，不改变工件定位时确定的正确加工位置。

2）夹紧力的大小要可靠和适当，既要保证工件在整个加工过程中不产生移动或振动，又要不使工件产生过大的夹紧变形和损伤。

3）夹紧装置的自动化和复杂程度与产品的生产类型相适应，在保证生产率的前提下，其结构要力求简单，以便于制造和维修。

4）夹紧装置的操作应当安全、方便、省力。

2. 夹紧力

选择夹紧装置时，首先应合理地确定夹紧力的三要素，即方向、大小和作用点，应依据工件的结构特点、加工要求，并结合工件加工中的受力状况及定位元件的结构和布置方式等综合考虑。

（1）夹紧力的方向

1）夹紧力的方向应有助于定位稳定，且主夹紧力应朝向主要定位基面。

如图 3-75a 所示，夹紧力的两个分力 F_{wz}、F_{wx} 分别朝向了定位基面，将有助于定位稳定；图 3-75b 中，夹紧力 F_w 的竖直分力 F_{wz} 背向定位基面，将使工件抬起。

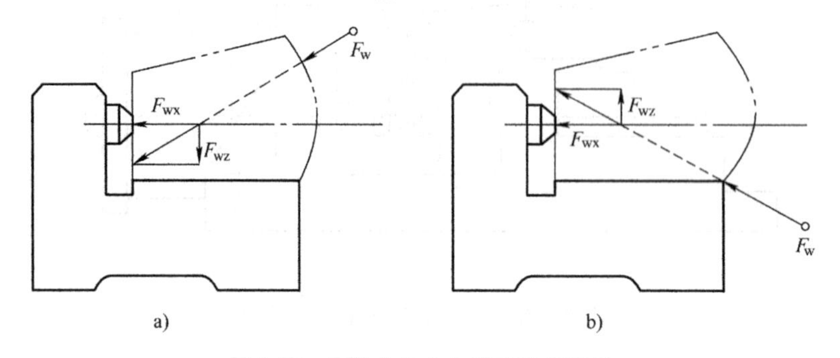

图 3-75　夹紧力的方向应有助于定位

a）正确　b）错误

又如图 3-76a 所示，工序简图中要求保证加工孔轴线与 A 面的垂直度。图 3-76b、c 中的 F_w 都不利于保证镗孔轴线与 A 面的垂直度。图 3-76d 中的 F_w 朝向了主要定位基面 A 面，则有利于保证加工孔轴线与 A 面的垂直度。

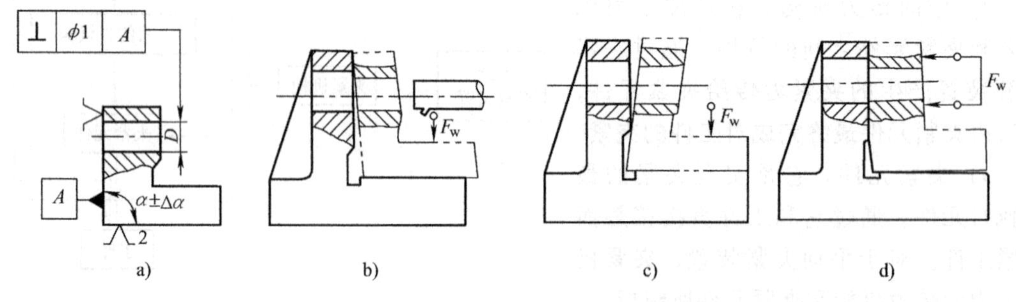

图 3-76　夹紧力应指向主要定位基面

a）工序简图　b）、c）错误　d）正确

2）夹紧力的方向应有利于减小夹紧力。图 3-77 所示为工件在夹具中加工时常见的几种受力情况。图 3-77a 中，夹紧力 F_w、切削刀 F 和重力 G 同向，所需的夹紧力最小；图 3-77e 中，需要由夹紧力产生的摩擦力来克服切削力和重力，所需夹紧力最大。

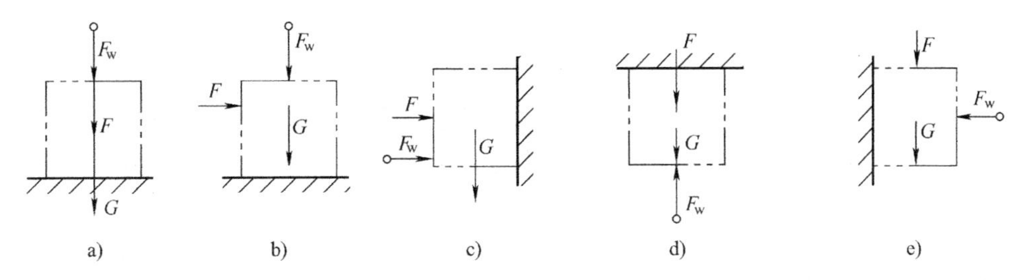

图 3-77 夹紧力方向与夹紧力大小的关系

在实际生产中，满足 F_w、F 及 G 同向的夹紧机构并不很多，故在机床夹具设计时要根据各种因素辩证分析、恰当处理。

3）夹紧力的方向应是工件刚度较高的方向。如图 3-78a 所示，薄套件径向刚度差而轴向刚度好，采用图 3-78b 所示方案，可避免工件发生严重的夹紧变形。

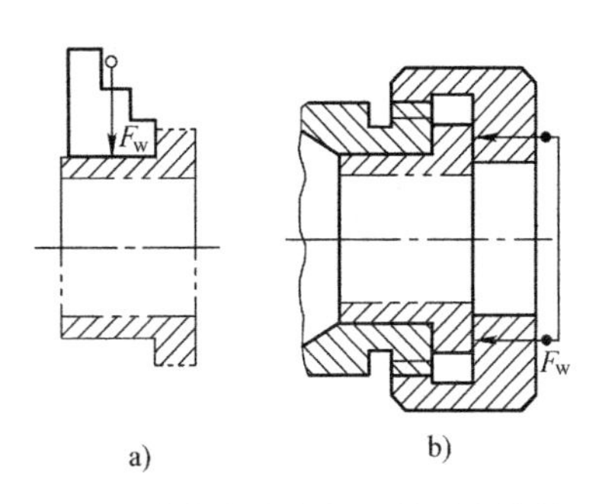

图 3-78 夹紧力方向与工件刚度的关系

a）径向夹紧 b）轴向夹紧

（2）夹紧力的作用点 夹紧力的方向确定后，应根据下述原则确定作用点的位置。

1）夹紧力的作用点应落在定位元件的支承范围内，如图 3-79 所示。

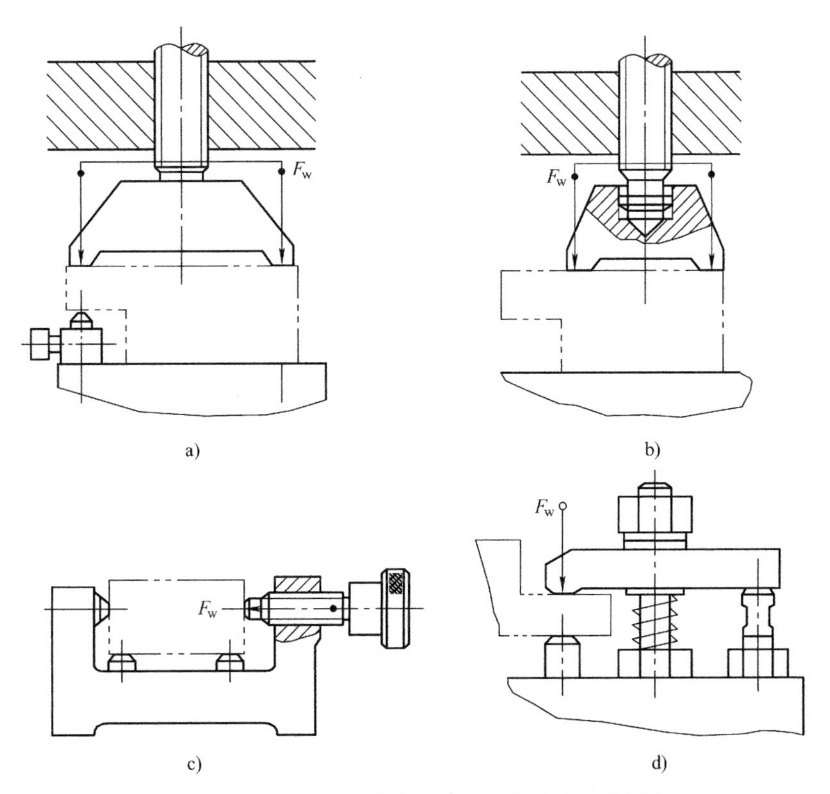

图 3-79 夹紧力作用点落在定位元件的支承范围内

如图 3-80 所示，夹紧力的作用点落到了定位元件支承范围之外，夹紧时将破坏工件的定位。

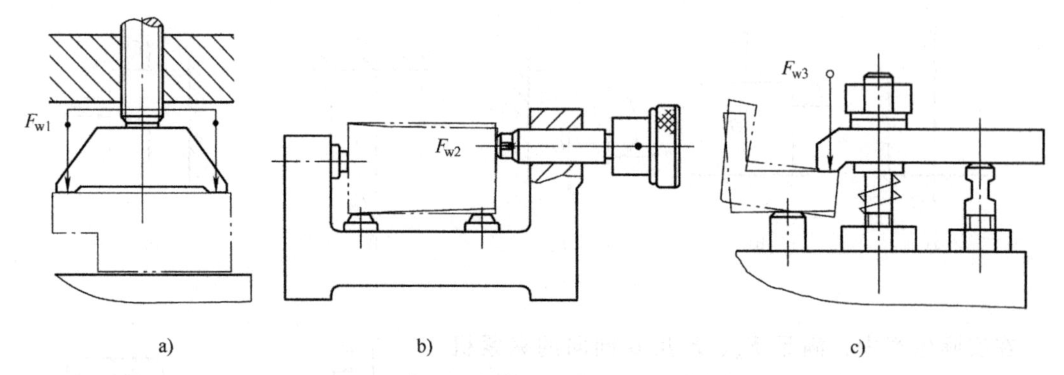

图 3-80 夹紧力作用点落在定位元件支承范围外

2）夹紧力的作用点应选在工件刚度较高的部位。如图 3-81 所示，工件的夹紧变形最小。

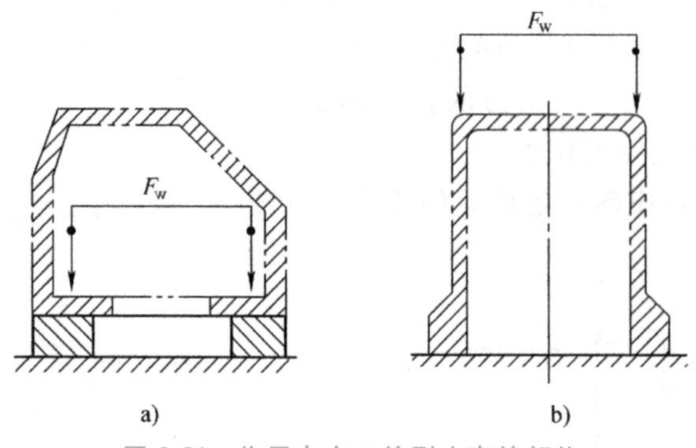

图 3-81 作用点在工件刚度高的部位

如图 3-82 所示，夹紧力作用点的选择会使工件产生较大的变形。

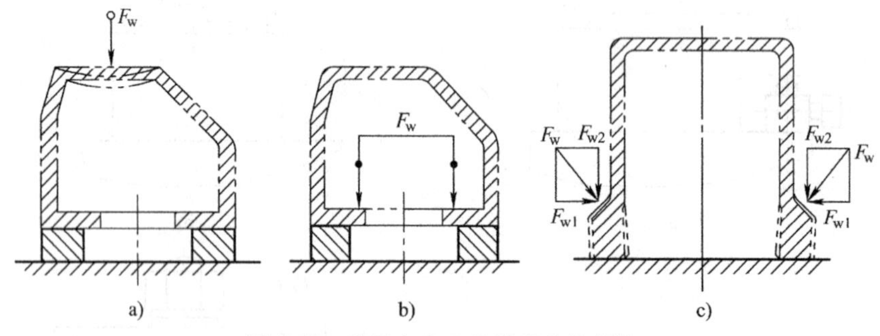

图 3-82 作用点在工件刚度差的部位

3）夹紧力的作用点应尽量靠近加工表面。作用点靠近加工表面可减小切削力对该点的力矩和减小振动。如图 3-83a、b 所示，在切削力大小相同的条件下，图 3-83a 所用的夹紧力较小；如图 3-83c、d 所示，克服相同的切削力矩时，图 3-83c 所用的夹紧力较小。

如图 3-84 所示，当作用点只能远离加工面，造成工件装夹刚度较差时，应在靠近加工面附近设置辅助支承，并施加辅助夹紧力 F_{w1}，以减小加工振动。

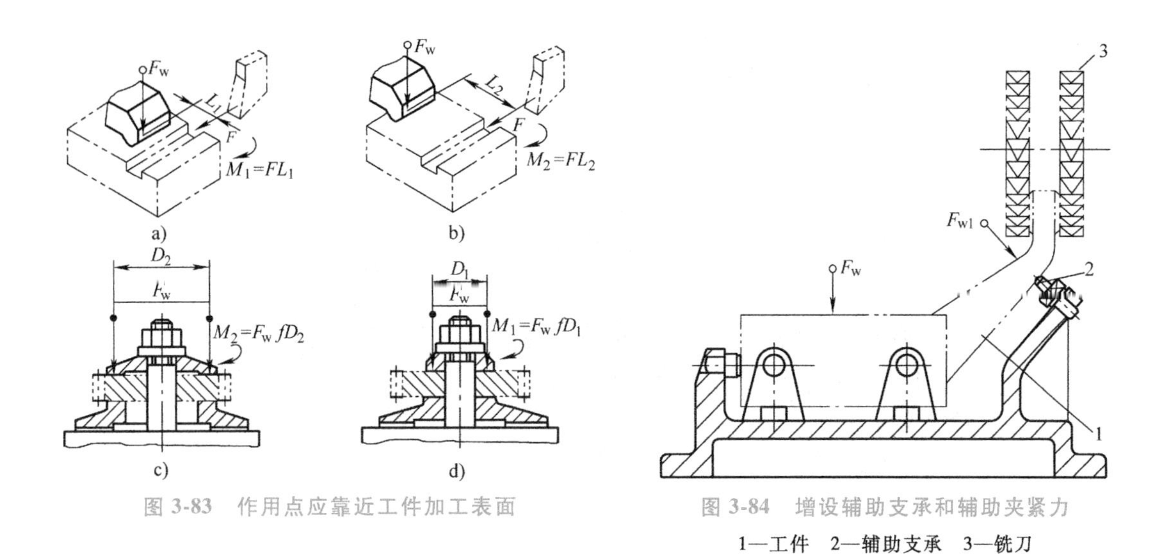

图 3-83　作用点应靠近工件加工表面

图 3-84　增设辅助支承和辅助夹紧力

1—工件　2—辅助支承　3—铣刀

（3）夹紧力大小的估算　理论上，夹紧力的大小应与作用在工件上的其他力（力矩）相平衡；而实际上，夹紧力的大小还与工艺系统的刚度、夹紧机构的传递效率等因素有关，计算是很复杂的。因此，实际设计中常采用估算法、类比法和试验法确定所需的夹紧力。

（四）车床通用夹具的选用

通用夹具是指结构、尺寸已规格化，且具有一定通用性的夹具，其特点是适应性强、不需调整或稍加调整即可装夹一定形状和尺寸范围内的各种工件。这类夹具已商品化，且成为机床附件。

卧式车床用的通用夹具主要有卡盘、花盘、顶尖、中心架、跟刀架等，根据各种工件的形状和大小不同，可选择不同的夹具来安装工件。

1. 自定心卡盘

自定心卡盘是车床上最常用的夹具，它装夹方便，自动定心。不同规格的卡盘，都有一个夹持范围（超出范围因夹持力不够容易损坏卡盘），可根据工件的大小来选择卡盘的大小。自定心卡盘的卡爪有正爪和反爪，正爪可夹外圆，也可以撑内孔，反爪只能夹直径较大的零件（图 3-85）。新的卡盘的定心精度相对较高，但经使用后因卡爪等的磨损，定心精度容易受损。工件上同轴度要求较高的表面，应尽可能在一次装夹中车出。

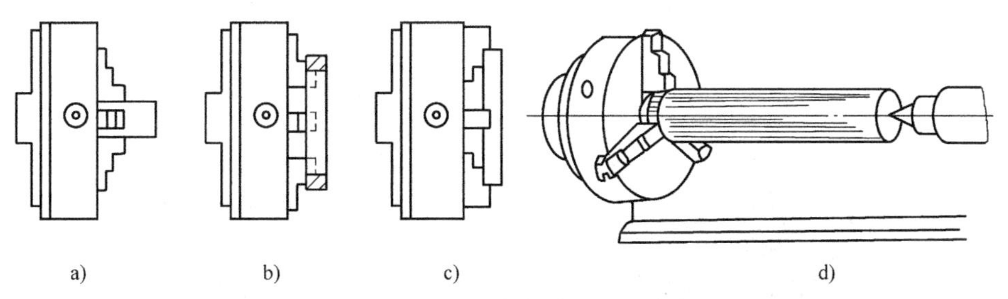

图 3-85　用自定心卡盘装夹工件的方法

a）正爪夹外圆　b）正爪撑内孔　c）反爪夹大直径　d）与顶尖配合使用

（1）自定心卡盘的结构　自定心卡盘是由爪盘体 1、小锥齿轮 2、大锥齿轮 3（另一端是平面螺纹）和三个卡爪 4 组成，如图 3-86 所示。三个卡爪上有与平面螺纹相同的螺牙并与之配合，三个卡爪在爪盘体中的导槽中呈120°均布。爪盘体的锥孔与车床主轴前端的外锥面配合，起对中作用，并通过键来传递转矩，最后用螺母将爪盘体锁紧在主轴上。

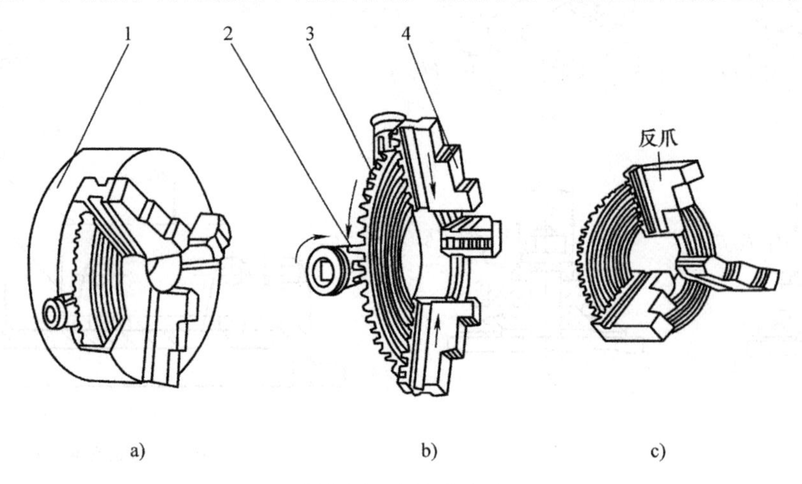

图 3-86 自定心卡盘

1—爪盘体 2—小锥齿轮 3—大锥齿轮 4—卡爪

（2）自定心卡盘的工作原理 当转动其中一个小锥齿轮时，即带动大锥齿轮转动，其上的平面螺纹又带动三个卡爪同时在爪盘体的三条T形槽内向中心或者向外移动，从而实现自动定心。

（3）安装工件 用自定心卡盘安装工件的方法如图3-85所示，可按下列步骤进行：

1）工件在卡爪间放正，轻轻夹紧。

2）放下安全罩，开动机床，使主轴低速旋转，检查工件有无偏摆。若有偏摆应停机，用小锤轻敲找正，然后紧固工件。紧固后，必须取下扳手，并放下安全罩。

3）移动车刀至车削行程的左端。用手旋转卡盘，检查刀架是否与卡盘或工件碰撞。

2. 单动卡盘

单动卡盘也是车床上常用的卡盘之一。单动卡盘上的四个卡爪分别通过转动螺杆而沿四个方向单独运动，如图3-87所示。因它是单动的，因此它对工件的安装要求比较高，完全靠人工的技术决定工件的安装精度。在工件安装时，一般先在工件的外加工表面划线，用顶尖或者划线盘来找正工件的位置，一边调整一边找正。单动卡盘的夹紧力大，适于夹持较大的圆柱形工件和形状不规则的工件。

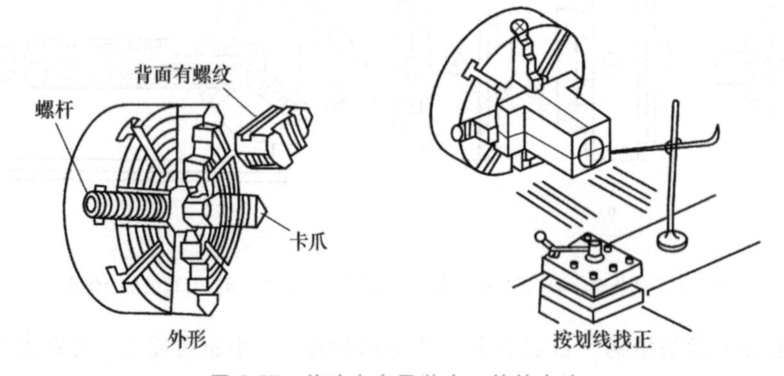

图 3-87 单动卡盘及装夹工件的方法

用单动卡盘装夹工件时，按以下步骤进行：

1）按工件的大小，调整卡盘中任意两个呈 90°的卡爪到一定的位置。

2）装上工件，调整另两个卡爪至夹紧状态，但夹紧力不要太大，能夹紧不掉为好。

3）用划线盘或尾座顶尖对工件划线或对基准面进行粗找正。

4）对工件粗找正到一定位置时，对工件进行夹紧。

5）对工件进行试切、测量、调整、再试切、测量，达到图样要求。

6）当工件加工完工后，对工件定位基准对面的两个卡爪进行标识（用粉笔等）。

7）在以后的拆装过程中，只移动有标识的卡爪，其余两个不动，以防基准转换，影响工件的加工精度。

3. 花盘

花盘比法兰盘直径要大，一般接近机床的加工直径，花盘上还有沿径向分布的长短不一的导槽，以及在端面上分布着一定直径的小槽。径向槽主要用来安装夹紧螺钉，可根据工件的大小调整螺钉的位置。直径方向的小槽，主要用于安装工件时对工件进行粗定位。工件安装到花盘上，并用压板、垫铁、螺钉、螺母等进行固定，按加工前划线进行找正，然后夹紧。在加工前要判定工件安装是否平衡，如失衡过大，要进行适当配重，以防振动。图 3-88 所示为花盘装夹工件的实例。

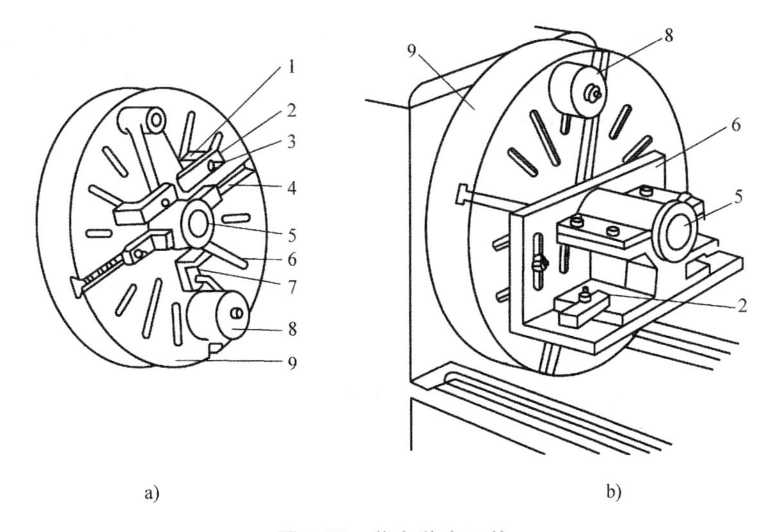

图 3-88　花盘装夹工件

a）花盘上装夹工件　b）花盘与弯板配合装夹工件

1—垫铁　2—压板　3—压板螺钉　4—T 形槽　5—工件　6—弯板　7—可调螺钉　8—配重铁　9—花盘

4. 顶尖

常用的顶尖分为固定顶尖和活动顶尖，如图 3-89 所示。

（1）固定顶尖　固定顶尖又分为普通固定顶尖、硬质合金固定顶尖和梅花形硬质合金固定顶尖。

1）普通固定顶尖。一般用碳素工具钢制作。用在工件转速很慢或是顶尖与工件之间没有相对运动的情况下，否则顶尖容易退火，失去作用。

2）硬质合金固定顶尖。是一种最常用的顶尖，就是在普通顶尖的尖部焊上一种硬质合

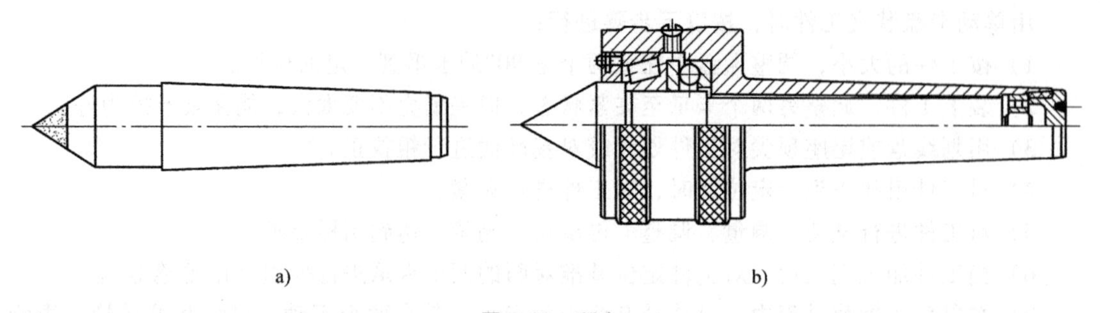

a)　　　　　　b)

图 3-89　顶尖

a）固定顶尖　b）活动顶尖

金材料，表面光滑，摩擦力小，硬质合金一般不会退火，顶尖比较稳定。

3）梅花形硬质合金固定顶尖。顶尖的圆锥面四周有几个凹形面，形状像梅花，工件与顶尖接触面积少，不容易发热，一般用于精加工。

（2）活动顶尖　工件与顶尖相对不动，顶尖与外壳做相对运动，根据顶尖的精度来决定加工工件的精度，一般这种顶尖精度较高。

（3）工件在两顶尖之间的安装（拨盘、鸡心夹头、顶尖三种附件配合使用）　较长或加工工序较多的轴类工件，为保证工件同轴度要求，常采用两顶尖装夹的方法，如图 3-90a 所示。工件支承在前后两顶尖间，由卡箍、拨盘带动旋转。前顶尖装在主轴锥孔内，与主轴一起旋转。后顶尖装在尾座锥孔内，固定不转。有时也可用自定心卡盘代替拨盘（图 3-90b），此时前顶尖用一段钢棒车成，夹在自定心卡盘上，卡盘的卡爪通过鸡心夹头带动工件旋转。

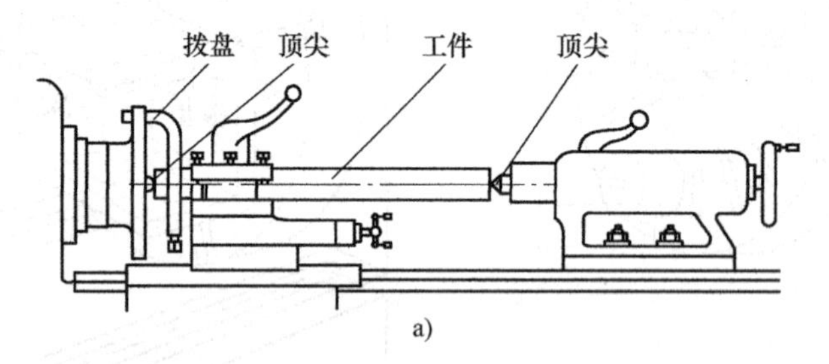

a)

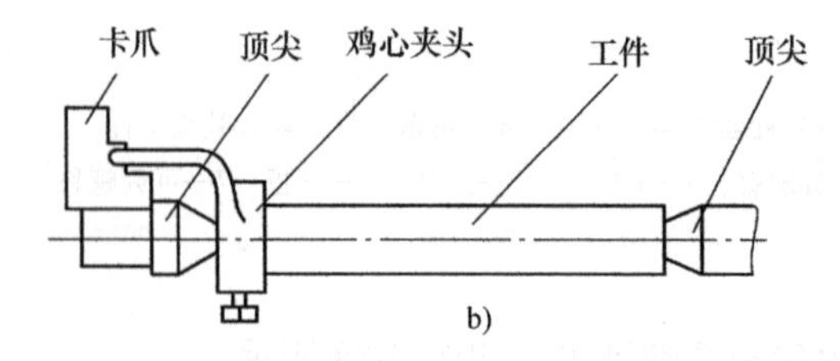

b)

图 3-90　两顶尖安装工件

a）用拨盘两顶尖安装工件　b）用自定心卡盘代替拨盘安装工件

（4）工件在心轴上的安装　精加工盘套类零件时，如孔与外圆的同轴度、孔与端面的垂直度要求较高时，工件需在心轴上装夹，如图 3-91 所示。这时应先加工孔，然后以孔定位安装在心轴上，再一起安装在两顶尖上进行外圆和端面的加工。

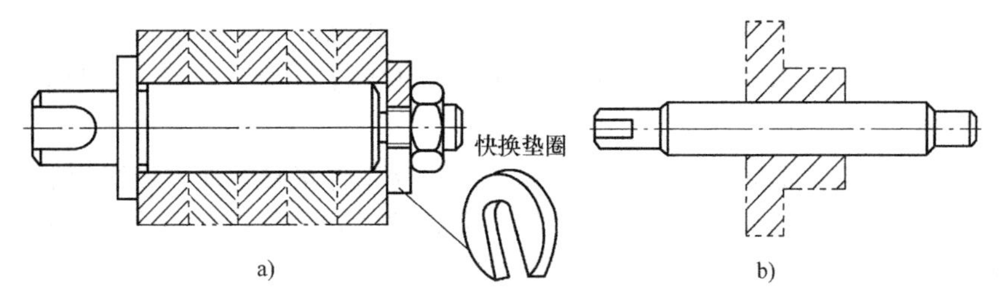

图 3-91　心轴装夹工件

a）圆柱心轴装夹工件　b）圆锥心轴装夹工件

5. 中心架

中心架是指支承在工件中心的支承架。根据工件的支承需要，将中心架固定在车床的床身上。利用床身上的尾座导轨进行定位，根据工件的直径大小调整三个支承爪伸出的长度。

中心架一般用在两个方向。第一，当加工细长轴（外露长度为直径的 20 倍）时，由于工件本身刚度不好，车削时容易产生变形，导致两端尺寸小，中间尺寸大，这时可用中心架来支承，以增加工件的刚度。具体的做法为先在工件的中心位置加工一段支承外圆面，在适当的位置装上中心架，再将工件装上车床，夹紧；将车床主轴的转速调至 80~100r/min，一边转动工件，一边调整中心架的三个支承脚，使三个支承脚均匀地与工件接触。在加工过程中，三个支承脚要经常润滑。当工件与支承脚接触不良时，可适当地对支承脚进行研磨。用这种方法加工工件，不能一次装夹完成，有它的局限性，一般用得较少，主要用于两端尺寸不同，可分头加工的零件。第二，当加工大直径（以不能放入主轴中间通孔为准）的轴类零件的端面、中心孔、内孔等时，用中心架支承一端，提高支承效果，降低工件加工的扭力。具体的安装方式与第一种相同，所不同的就是装在工件的外露端。图 3-92 所示为中心架使用实例。

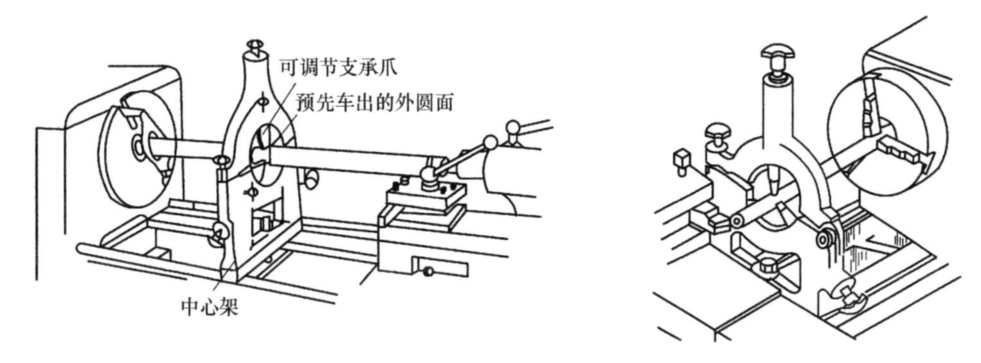

图 3-92　用中心架车削外圆、内孔及端面示意图

使用中心架的操作步骤：

1）将中心架定位面擦净，装上车床导轨面，目测调整到一定位置。

2）将中心架下架体上的两个支承爪伸到一定的位置。

3）打开中心架的上架体。

4）加工细长轴时，工件一端用自定心卡盘夹持，另一端用顶尖顶住。加工直径较大、而工件又长或者无中心孔可用时，工件的一端用自定心卡盘夹持，另一端放在中心架下架体的两个支承爪上。

5）调整中心架的正确位置，固定中心架，合上上架体，并拧紧螺钉。

6）慢速转动工件，调整三个支承爪的位置，使爪与工件均匀接触，并轻轻研磨工件与支承爪的接触面。

7）拧紧中心架支承爪的定位螺钉，并在支承爪与工件接触的地方加润滑油。

8）开始加工工件。一件工件完工后，加工第二件时要重新调整三个支承爪的位置（精加工时除外）。

6. 跟刀架

对不适宜调头车削的细长轴，不能用中心架支承，而要用跟刀架支承进行车削，以增加工件的刚度。跟刀架有点类似于中心架的形状和作用，所不同的是，跟刀架安装在机床的床鞍上，跟着刀架一起沿纵向移动。

跟刀架主要的用途也是加工细长轴，几个支承脚支承在车刀的对面方向，使加工工件产生的部分切削力最后传递至跟刀架上，不会使工件在加工时产生变形。跟刀架与工件的安装方式与中心架大致相同，只是刀具方向相当于中心架的一只脚，在加工前要研磨工件与支承脚。图 3-93、图 3-94 所示为跟刀架使用示意图。

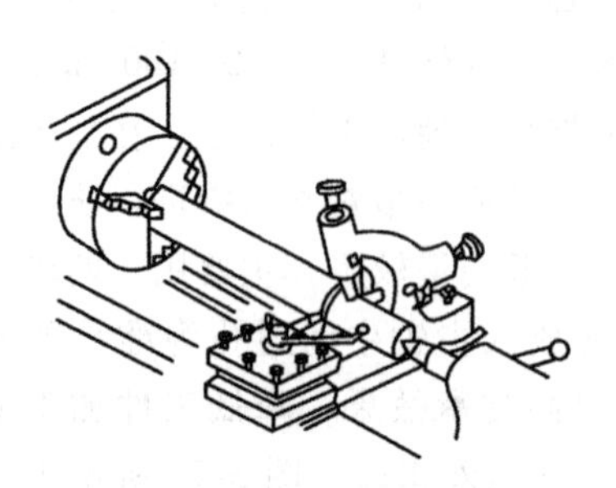

图 3-93　用跟刀架车削工件

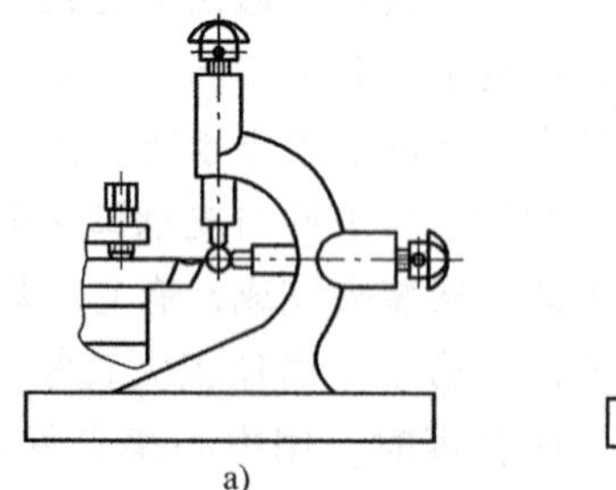

a)

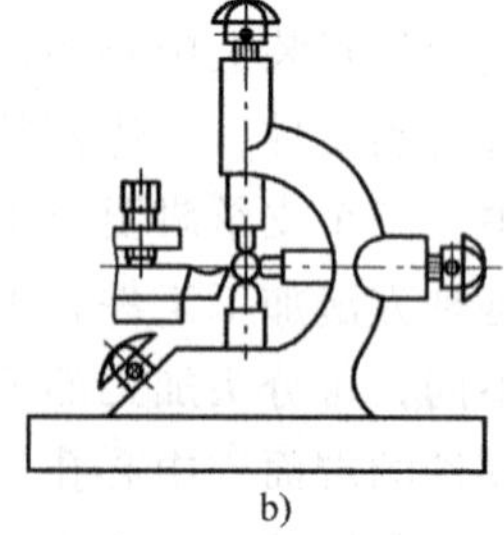

b)

图 3-94　跟刀架支承车削细长轴

a）两爪跟刀架　b）三爪跟刀架

四、思考与练习

试分析传动轴在自定心卡盘上的定位。

大国工匠——管延安

管延安，曾担任中交港珠澳大桥岛隧工程Ⅴ工区航修队钳工，参与港珠澳大桥岛隧工程建设，负责沉管二次舾装、管内电气管线、压载水系统等设备的拆装维护以及船机设备的维修保养等工作。18 岁起，管延安就开始跟着师傅学习钳工，“干一行，爱一行，钻一行”是他对自己的要求，以主人翁精神去解决每一个问题。通过二十多年的勤学苦练和对工作的专注，一个个细小突破的集成，一件件普通工作的累积，使他精通了车、铣、刨、磨、钻、铰、攻、套、铆等各门钳工工艺，因其精湛的操作技艺被誉为“中国深海钳工第一人”，成就了“大国工匠”的传奇。他先后荣获全国五一劳动奖章、全国技术能手、全国职业道德建设标兵、全国最美职工、中国质量工匠、齐鲁大工匠等荣誉。

项目四

传动轴零件工艺规程编制

【教学目标】

最终目标：会编制传动轴加工工艺规程。

促成目标：

1）会传动轴零件加工的工艺分析。

2）会编制传动轴零件工艺规程。

3）会对传动轴零件机械加工工艺方案进行分析比较。

模块一　机械加工工艺规程的分析

一、教学目标

最终目标：会正确设计传动轴零件的机械加工工艺方案。

促成目标：

1）掌握机械加工工艺的基本概念、定义和行业术语。

2）会正确设计零件的机械加工工艺方案。

二、案例分析

加工方案选择

工艺过程

加工方法选择

对 GH1640—30214A 传动轴进行加工工艺分析。

（一）机械加工工艺规程的作用

机械加工工艺规程的作用主要表现在三个方面：

1）指导工人操作，指导车间组织生产。

2）指导公司进行生产准备和计划调度。

3）指导公司新建或扩建工厂、车间，设备采购，人员招聘等。

GH1640—30214A 传动轴的加工工艺规程的作用，主要有以下五个方面：

1）确定采购材料的规格，如下料规格为 ϕ32mm×190mm。

2）确定采购热处理设备的规格，选择自己加工还是外协加工。因材料规格只有 ϕ32mm×190mm，只需一台小设备，如量大可自购一台，量小外协加工即可。

3）确定设备采购，主要采购 32 型的或 40 型的车床（卧式、数控）都可以，如 LK-32、LK-40、CL6140。

4）确定刀具、量具、检具、主要工装等的配置。

① 刀具主要包括 45°端面车刀，90°外圆车刀，2mm 宽的切槽刀，60°螺纹车刀等焊接式车刀或可转位车刀，ϕ2.5mm 中心钻等。

② 量具包括 0~200mm 游标卡尺、0~200mm 直尺、0~25mm 螺旋千分尺，M24×2mm 螺纹环规或螺纹千分尺等。

③ 主要工装包括 ϕ1~ϕ13mm 钻夹头、活动顶尖、拨盘、鸡心夹头，少许铜片、垫刀块、划针、粉笔等。

5）确定操作工人的操作技能水平。操作工人的水平要达到中级，会车螺纹，会使用两顶尖夹持的方法进行加工等。

（二）传动轴加工工艺规程的设计步骤

先抛开生产纲领、生产类型，单从图样来分析 GH1640—30214A 传动轴加工工艺规程。

（1）材料　材料选用 45 钢，两端最大尺寸为 ϕ25mm，只有中间 5mm 长的地方为 ϕ30mm，不管热处理后怎样变形，用 ϕ32mm 规格的材料即能加工。下料长度根据零件总长、规格等，选择 3~4mm 的加工余量，最后取长度为 190mm。

（2）热处理　28~32HRC 为调质处理，它可以放在粗加工前，也可以放在粗加工后、半精加工前，应根据材料的加工余量及加工后产生变形的情况来安排。传动轴加工余量较小，一般放在粗加工前进行热处理。

（3）机械切削加工　一般先粗加工、后精加工，就是指先加工余量多的，再加工余量少的；先加工基准面，再加工其他面。对于轴类零件的加工，主要的定位基准为两端中心孔，不管图样有无表示，都必须加工（除图样特别说明外）。加工轴类零件时，一般先加工外圆上尺寸较大的轴段，再加工外圆上尺寸较小的轴段。

（4）切削用量的选择　切削用量（切削速度、背吃刀量、进给量）的选择，应根据刀片材料来定。刀具供应商大多提供切削用量的选择方式及数值。

（三）GH1640—30214A 传动轴加工定位基准的选择

（1）目测　根据传动轴的毛坯长度 190mm 与传动轴的实际长度 186mm，用目测的方法测定传动轴一端的加工余量，一般用在加工第一面时。

（2）划线　若传动轴一端已加工，在加工另一端时，需对传动轴的轴向进行定位，可选择划线的方法，测定加工后传动轴的长度。用这种方法加工的零件精度低、效率低，一般用在单件、小批量的加工过程中。

（3）用轴的端面定位　这种方法的定位精度相对较高，也比较常用，一般有两种方法：第一种，在车床的主轴锥孔内装一定位块，限止轴向运动；第二种方法，在自定心卡盘的卡爪的夹紧面上，车出一大于卡爪装夹直径的圆弧，作轴向限位用。

（4）用台阶面定位　用卡爪夹持轴端小外圆，台阶面与卡爪端面贴实定位。

（5）用中心孔定位　当用中心孔定位时，中心孔大小的一致程度对轴向定位起关键作用，因此在制订工艺时要特别注意。

（6）用中心孔和端面同时定位　这种定位方式需要采用专用的夹具。

（四）GH1640—30214A 传动轴加工工艺路线的拟定

根据图样的要求，拟定传动轴的加工工艺线路为热处理→粗加工→精加工。

（1）粗加工　粗加工主要包括车两端面、打两端中心孔、粗车两端外圆，包括切槽。主要的目的是加工定位基准（即两端中心孔）；加工多余的切削余量，为精加工作准备。

（2）精加工　精加工主要是使加工后的表面质量达到图样要求，前面我们提到用自定心卡盘装夹工件，其定位精度为 0.10mm 左右，一端夹持一端用顶尖是达不到图样要求的，因此选择用两顶尖装夹的方法来实现。产生精度达不到的原因，主要表现在尾座顶尖顶紧力太大或太小。力太大容易使工件变形；力太小则顶不紧，工件容易产生轴向窜动。

（五）GH1640—30214A 传动轴加工余量的确定

传动轴的加工余量主要指半精加工和精加工的余量，粗加工的余量主要取决于毛坯的质量及规格。

为了使加工后的零件符合图样要求。一般最后工序分半精车和精车，半精车的余量约为 1.00mm，精车的余量约为 0.10mm；车台阶面时，余量一般为 0.10~0.20mm，单边只需精车，不需半精车。加工螺距为 2mm 的螺纹时，一般分三刀进给，即粗车、半精车、精车，第一刀的背吃刀量约为 1.1mm，第二刀的背吃刀量约为 0.4mm，第三刀的背吃刀量约为 0.1mm；螺纹大径一般比公称直径小 0.2mm。

（六）GH1640—30214A 传动轴加工尺寸链和工序尺寸的确定

GH1640—30214A 传动轴加工的尺寸链主要有加工过程中的轴向尺寸链和各工序间加工余量安排。轴向尺寸链比较简单，控制相对也简单，一般不需经过复杂的计算。在零件图样上用括号表示的尺寸为封闭尺寸，此尺寸在实际使用中相对比较次要。

（七）GH1640—30214A 传动轴加工的工时定额和技术经济分析

1. 工时定额

零件加工的工时额主要由两大部分时间组成，即作业时间和准备时间。

（1）作业时间　又可分为切削加工时间和辅助时间。

1）切削加工时间。主要指刀具实际切削工件的时间。

2）辅助时间。主要指退刀、换刀、工件装卸等所需的时间。

（2）准备时间　主要包括布置工作场地的时间、休息和生理需要时间、准备和终结时间。

1）布置工作场地的时间。如清理切屑、润滑机床、机床保养等。

2）休息和生理需要时间。工人在工作时间内要抽出一定的时间进行休息，用以恢复体力，满足生理上的需要，如补充水分等。

3）准备和终结时间。主要包括识图，领料，准备所需的工、夹、量、刀具，工件送检等所需的时间。

传动轴加工的工时定额为：25min。

2. 技术经济分析

GH1640—30214A 传动轴的工艺方案一般有两种：第一种为下料→热处理→粗车→半精

车→精车；第二种为下料→热处理→车加工→磨加工。

1）从设备上分析，第一种方案所需的设备为锯床、热处理设备（箱或炉）、车床三种设备；第二种方案所需的设备为锯床、热处理设备（箱或炉）、车床、外圆磨床四种设备。

从设备上来说，第一种方案设备简单，投资少；而第二种方案需要四种设备，其中还需一台外圆磨床。一台磨床的设备价格要超过其余三台设备，因此它的投资成本高。

2）从工艺路线上分析，第一种与第二种方案所不同的是第一种方案多了半精车和精车两道车加工工序，而第二种方案增加了一道磨削加工工序。对于GH1640—30214A传动轴，尺寸公差值为0.032mm，在磨床上加工时，工人只要会操作机床，尺寸公差、形状公差、位置公差都能保证；但在车床上精车时就不一样了，要加工这样的轴，工人至少要有1年车床加工经验，才能下手操作。

构成零件加工成本的因素主要有六部分：材料费，人工费，水电费，机床折旧费，工、夹、量、刀具费，维护费。这六部分费用中，最主要的为材料费、人工费和刀具费。从上面两种方案看，材料费相同、人工费则是第一种大于第二种（工人的技术等级要高），刀具费是第一种大于第二种（刀具消耗大）。当采用大批量生产时，排除设备投资的因素，一般选择第二种；但采用小批量生产时，在没有外圆磨床的情况下，还是选择第一种方案。

三、相关知识

（一）工艺过程简介

机械加工的目的是将毛坯加工成符合产品要求的零件。通常，毛坯需要经过若干工序才能转化为符合产品要求的零件。一个相同结构、相同要求的机器零件，可以采用几种不同的工艺过程完成，但其中总有一种工艺过程在某一特定条件下是较经济、较合理的。按一定的格式，用文件的方式规定零件的制造工艺过程和操作方法，称为工艺规程。

（1）生产过程　从原材料或半成品到成品制造出来的各有关劳动过程的总和称为生产过程。

一台产品的生产过程包括的内容有：

1）原材料（或半成品、元器件、标准件、工具、工装、设备）的购置、运输、检验、保管。

2）生产准备工作。如编制工艺文件，专用工装及设备的设计与制造等。

3）毛坯制造。

4）零件的机械加工及热处理。

5）产品装配与调试、性能试验以及产品的包装、发运等工作。

生产过程往往由许多工厂或工厂的许多车间联合完成，这有利于专业化生产、提高生产率、保证产品质量、降低生产成本。

生产过程包括工艺过程和辅助过程两部分。

（2）工艺过程　工艺即使各种原材料、半成品成为产品的方法和过程。工艺过程是指利用生产设备、工具及一定的方法改变生产对象的形状、尺寸、相对位置和性能等，使其变为成品件的过程。例如，铸造、锻压、焊接、热处理、切削加工、装配等，均属于工艺过程。

（3）辅助过程　辅助过程是与原材料改变为成品件有间接关系的过程，如运输、保管、检验、设备维修、购销等。

（4）机械加工工艺过程　采用切削加工方法直接改变毛坯的形状、尺寸和表面质量，使之成为符合技术要求的零件，此过程称为机械加工工艺过程。

（二）机械加工工艺过程的组成

零件的机械加工工艺过程由一系列工序组成。

（1）工序　指一个（或一组）工人在一个工作地点（如一台机床或一个钳工台）对一个（或同时对几个）工件加工，所连续完成的那部分工艺过程，称为工序。它包括在这个工件上连续进行的直到转向加工下一个工件为止的全部动作。区分工序的主要依据是：工作地点固定和工作连续。

工序是组成工艺过程的基本单元，也是制订生产计划、进行经济核算的基本单元。工序又可细分为工步、走刀、安装、工位等组成部分。

（2）工步　在加工表面、切削刀具、切削速度和进给量都不变的情况下所完成的那部分工序，称为工步。

工序划分不同，工步可能相同，也可能会不同。

对于一次安装中连续进行的若干相同多工位加工的工步，通常算作一个工步。

为了提高生产率，常常用几把不同刀具或复合刀具同时加工一个零件的几个表面，也可看作一个工步，称为复合工步。

（3）走刀　在一个工步内，有些表面由于加工余量太大或由于其他原因需用同一把刀具以及相同的转速和进给量对同一表面进行多次切削，这时刀具对工件的每一次切削就称为一次走刀。

（4）安装　工件在机床或夹具中定位并夹紧的过程称为装夹。工件在一次装夹下所完成的那部分工艺过程称为安装。

（5）工位　工位是指为了完成一定的工序，一次装夹工件后，工件与夹具或设备的可动部分一起相对刀具或设备的固定部分所占据的每个位置。

（三）生产类型及其工艺特征

1. 生产类型

根据产品的品种和年产量的不同，机械产品的生产可分为三种类型，即单件生产、大量生产和成批生产。

（1）单件生产　单件生产是指单个地制造不同结构和尺寸的产品，很少重复或不重复生产。单件生产的特点是产品品种多而数量少。

（2）大量生产　大量生产是指产品的数量很大，工作点经常重复地进行某个零件的某一道工序的加工。大量生产的特点是产品品种单一而数量大。

（3）成批生产　成批生产是指分批地制造相同的产品，制造过程有重复性的生产。成批生产的特点是几种产品品种轮番制造，如机床的生产就是典型代表，大多数机械产品的生产均属于成批生产。

按照一次投入生产的工件数量（批量）的多少，成批生产又可分为小批生产、中批生产和大批生产三种情况。小批生产与单件生产类似，大批生产与大量生产类似，中批生产介于大批生产与小批生产之间。

2. 生产类型与工艺特征的关系（表 4-1）

表 4-1　各种生产类型与工艺特征的关系

工艺特征项目	各种生产类型的工艺特征		
	小批(单件)生产	中批生产	大批(大量)生产
工件的互换性	一般是配对制造，没有互换性，广泛用钳工修配	大部分有互换性，少数用钳工修配	全部有互换性。某些精度较高的配合件采用分组选择装配法
毛坯的制造方法及加工余量	铸件用木模手工造型；锻件用自由锻。毛坯精度低，加工余量大	部分铸件用金属模；部分锻件用模锻。毛坯精度中等，加工余量中等	铸件广泛采用金属模机器造型；锻件广泛采用模锻以及其他高生产率的毛坯制造方法。毛坯精度高，加工余量小
机床设备	通用机床、数控机床或加工中心	数控机床加工中心或柔性制造单元。设备条件不够时，也采用部分通用机床、部分专用机床	专用生产线、自动生产线、柔性制造生产线或数控机床
夹具	多用标准附件，极少采用夹具，靠划线及试切法达到精度要求	广泛采用夹具或组合夹具，部分靠加工中心一次安装	广泛采用高生产率夹具，靠夹具及调整法达到精度要求
刀具与量具	采用通用刀具和万能量具	可以采用专用刀具及专用量具或三坐标测量机	广泛采用高生产率刀具和量具，或采用统计分析法保证质量
对工人的要求	需要技术熟练的工人	需要一定熟练程度的工人和编程技术人员	对操作工人的技术要求较低，对生产线维护人员要求较高
工艺规程	有简单的工艺路线卡	有工艺规程，对关键零件有详细的工艺规程	有详细的工艺规程

（四）机械加工工艺规程的制订准备及步骤

规定零件机械加工工艺过程和操作方法等的工艺文件称为机械加工工艺规程。它是在具体的生产条件下，最合理或较合理的工艺过程和操作方法，并按规定的形式书写成工艺文件，经审批后用来指导生产的。

工艺规程中包括各个工序的排列顺序，加工尺寸、公差及技术要求，工艺设备及工艺措施，切削用量及工时定额等内容。

（1）机械加工工艺规程的作用　机械加工工艺规程是机械制造工厂最主要的技术文件，是工厂规章制度的重要组成部分，其作用主要体现在以下几方面：

1）指导生产的主要技术文件，起生产的指导作用。

2）是生产组织和生产管理的依据，即生产计划、调度、工人操作和质量检验等的依据。

3）是新建或扩建工厂或车间的主要技术资料。

4）是进行技术交流，开展技术革新的基本资料。

总之，零件的机械加工工艺规程是每个机械制造厂或加工车间最主要的技术文件之一，是生产一线的法规性文件。生产前用它做生产的准备，生产中用它做生产的指挥，生产后用它做生产的检验。

（2）机械加工工艺规程的类型　按行业规定，工艺规程的类型分为专用工艺规程和通用工艺规程。专用工艺规程是针对每一个产品和零件所设计的工艺规程。通用工艺规程包括：典型工艺规程、成组工艺规程和标准工艺规程。典型工艺规程是指为一组结构相似的零部件所设计的通用工艺规程；成组工艺规程是指按成组技术原理将零件分类成组，针对每一组零件所设计的通用工艺规程；标准工艺规程是指已纳入国家标准或工厂标准的工艺规程。

机械加工工艺规程包括机械加工工艺过程卡片、机械加工工序卡片、标准零件或典型零件工艺过程卡片、机械加工工序操作指导卡片、检验卡片等。装配工艺规程有工艺过程卡片和工序卡片。机械加工工艺过程卡片、机械加工工艺卡片、机械加工工序卡片是机械加工常用的工艺规程。

1）机械加工工艺过程卡片。该卡片主要列出零件加工所经过的整个工艺路线、工装设备和工时等内容，多作为生产管理使用。常用的机械加工工艺过程卡片的格式见表 4-2。

2）机械加工工艺卡片。该卡片是以工序为单位详细说明整个工序规程的工艺文件，卡片中反映各道工序的具体内容及加工要求、工步的内容及安装次数、切削用量、采用的设备及工装，是用来指导工人生产及掌握整个零件加工过程的一种主要技术文件，在成批生产或小批量生产的重要零件加工中应用广泛。机械加工工艺卡片的格式见表 4-3。

3）机械加工工序卡片。工序卡片是针对工艺卡片中的每道工序而制订的。该卡片详细记载了该工序中工步加工的具体内容与要求，及所需的工艺资料，包括定位基准、工件安装方法、工序尺寸及极限偏差、切削用量的选择、工时定额等，并配有工序图，是能具体指导工人操作的工艺文件，适用于大批量生产的零件及成批生产中的重要零件。机械加工工序卡片的格式见表 4-4。

（3）制订机械加工工艺规程的准备及步骤

1）制订出正确的机械加工工艺规程需要遵循下列基本原则：

① 必须可靠保证零件图样上所有技术要求的实现，既要保证质量，又要提高工作效率。

② 保证经济上的合理性，即要成本低，消耗要小。

③ 保证良好的安全工作条件，即尽量减轻工人的劳动强度，保障生产安全，创造良好的工作环境。

④ 要从实际出发，即所制订的工艺规程应立足于企业的实际条件，并具有先进性，尽量采用新工艺、新技术、新材料。

表 4-2 机械加工工艺过程卡片

机械加工工艺过程卡片		产品型号		零件图号		
		产品名称		零件名称		共 页 第 页

材料牌号		毛坯种类		毛坯外形尺寸		每毛坯可制件数		每台件数		备注	

工序号	工序名称	工序内容	车间	工段	设备	工艺装备	工序工时 准终	工序工时 单件

描图
描校
底图号
装订号

										设计(日期)	审核(日期)	标准化(日期)	会签(日期)	
标记	处数	更改文件号	签字	日期	标记	处数	更改文件号	签字	日期					

表 4-3　机械加工工艺卡片

	机械加工工艺卡片			产品型号				零(部)件图号							
				产品名称				零(部)件名称				共　页		第　页	
材料牌号		毛坯种类		毛坯外形尺寸		每毛坯可制件数				每台件数				备注	
工序	装夹	工步	工序内容	同时加工零件数	切削用量				设备名称及编号	工艺装备名称及编号			技术等级	时间定额	
					背吃刀量/mm	切削速度/(m/min)	每分钟转数或往复次数	进给量/(mm/r 或 mm/双行程)		夹具	刀具	量具		单件	准终
								设计(日期)		审核(日期)		(标准化日期)		(会签日期)	
标记	处数	更改文件号	签字	日期	标记	处数	更改文件号	签字	日期						

表 4-4　机械加工工序卡片

	机械加工工序卡片	产品型号		零件图号			
		产品名称		零件名称		共　页	第　页

车间	工序号	工序名称	材料牌号
毛坯种类	毛坯外形尺寸	每毛坯可制件数	每台件数
设备名称	设备型号	设备编号	同时加工件数

夹具编号	夹具名称	切削液	
工位器具编号	工位器具名称	工序工时	
		准终	单件

	工步号	工步内容	工艺装备	主轴转速/(r/min)	切削速度/(m/min)	进给量/(mm/r)	背吃刀量/mm	进给次数	工步工时	
									机动	辅助
描图										
描校										
底图号										
装订号										

											设计(日期)	审核(日期)	标准化(日期)	会签(日期)	
	标记	处数	更改文件号	签字	日期	标记	处数	更改文件号	签字	日期					

⑤ 所制订的工艺规程随着实践的检验和工艺技术的发展与设备的更新，应能不断地修订完善。

2）制订机械加工工艺规程所需的原始资料：

① 零件图，必要的产品、部件的装配图、毛坯图，产品验收的质量标准。

② 产品的生产纲领和生产类型。

③ 工厂（车间）现有的生产条件（包括毛坯生产条件、协作关系、工艺装备、工人技术状态等）。

④ 有关的标准、手册、图表等技术资料。

⑤ 工厂的发展前景。

⑥ 国内、外的生产技术发展状态等。

3）制订机械加工工艺规程的步骤：

① 分析研究部件装配图，审查零件图。

② 选择毛坯。

③ 选择定位基准。

④ 拟定工艺路线。

⑤ 确定各工序采用的设备和工装。

⑥ 确定各工序加工余量，计算工序尺寸、公差。

⑦ 确定各工序的切削用量和工时定额。

⑧ 确定各主要工序的技术检验要求及检验方法。

⑨ 填写工艺文件。

四、思考与练习

1. 零件在装夹中应注意哪些事项？
2. 如何理解机械加工工艺方案的优劣？

模块二　编制机械加工工艺规程

一、教学目标

最终目标：编制传动轴加工工艺规程。

促成目标：

1）掌握工艺规程的内容及作用。

2）掌握工艺规程制订的原则与方法。

二、案例分析

编制工艺规程

过程卡制订

工序卡制订

编制 GH1640—30214A 传动轴的工艺规程。

根据上面的分析和说明，编制表 4-5 所示的机械加工工艺过程卡片。

根据上面的分析和说明及表 4-5 所示的机械加工工艺过程卡片，编制表 4-6～表 4-14 所示的机械加工工序卡片。

表 4-5　机械加工工艺过程卡片

<table>
<tr><td colspan="2" rowspan="2"></td><td colspan="3" rowspan="2">机械加工工艺过程卡片</td><td>产品型号</td><td>GH1640</td><td>零件图号</td><td>GH1640—30214A</td><td>总 10 页</td><td colspan="2">第 1 页</td></tr>
<tr><td>产品名称</td><td>卧式车床</td><td>零件名称</td><td>传动轴</td><td>共 1 页</td><td colspan="2">第 1 页</td></tr>
<tr><td colspan="2">材料牌号</td><td>45</td><td>毛坯种类</td><td>圆钢</td><td>毛坯外形尺寸</td><td>φ32mm×190mm</td><td>每毛坯可制件数</td><td>1</td><td>每台件数</td><td>1</td><td>备注</td></tr>
<tr><td rowspan="2"></td><td rowspan="2">工序号</td><td rowspan="2">工序名称</td><td rowspan="2">工序内容</td><td rowspan="2">车间</td><td rowspan="2">工段</td><td rowspan="2">设备</td><td colspan="3" rowspan="2">工艺装备</td><td colspan="2">工时</td></tr>
<tr><td>准终</td><td>单件</td></tr>
<tr><td></td><td>10</td><td>下料</td><td>φ32mm×190mm</td><td>铸</td><td>锻</td><td>GB4028</td><td colspan="3"></td><td></td><td></td></tr>
<tr><td></td><td>20</td><td>热</td><td>热处理:28～32HRC</td><td>金</td><td>热</td><td></td><td colspan="3"></td><td></td><td></td></tr>
<tr><td></td><td>30</td><td>钻中心孔</td><td>车两端面至总长 186mm,钻两端中心孔 A2.5</td><td>金</td><td></td><td>CL6140</td><td colspan="3">2.5A 型中心钻,φ1～φ13mm 钻夹头,45°端面车刀,90°外圆车刀,0～200mm 游标卡尺,0～200mm 直尺,划针</td><td></td><td></td></tr>
<tr><td></td><td>40</td><td>粗车</td><td>用一夹一顶装夹,粗车 φ30mm 表面至图样尺寸,粗车其他各段外圆,留余量 1～1.5mm,切槽、倒角</td><td>金</td><td></td><td>CL6140</td><td colspan="3">90°外圆车刀,2mm 切槽刀,45°弯头车刀自制定位夹具一副,垫刀块若干</td><td></td><td></td></tr>
<tr><td></td><td>50</td><td>半精车</td><td>用两顶尖装夹工件,半精车各段外圆,主要外圆表面留余量 0.5mm</td><td>金</td><td></td><td>CL6140</td><td colspan="3">90°外圆车刀,活动顶尖,固定顶尖,拨盘,鸡心夹头</td><td></td><td></td></tr>
<tr><td>描图</td><td>60</td><td>车螺纹</td><td>用两顶尖装夹工件,车螺纹至图样尺寸</td><td>金</td><td></td><td>CL6140</td><td colspan="3">60°螺纹车刀,M24×2mm 螺规,螺纹对刀板</td><td></td><td></td></tr>
<tr><td>描校</td><td>70</td><td>精车</td><td>用两顶尖装夹工件,精车主要外圆至图样尺寸</td><td>金</td><td></td><td>CL6140</td><td colspan="3">90°外圆车刀,0～25mm 螺旋千分尺</td><td></td><td></td></tr>
<tr><td>底图号</td><td>80</td><td>检</td><td>综合检查</td><td></td><td></td><td></td><td colspan="3"></td><td></td><td></td></tr>
<tr><td>装订号</td><td>90</td><td>入库</td><td>清洗干净,涂上防锈油,入库</td><td></td><td></td><td></td><td colspan="3"></td><td></td><td></td></tr>
</table>

<table>
<tr><td></td><td></td><td></td><td></td><td></td><td></td><td></td><td></td><td></td><td></td><td>设计(日期)</td><td>审核(日期)</td><td>标准化(日期)</td><td>会签(日期)</td><td></td></tr>
<tr><td>标记</td><td>处数</td><td>更改文件号</td><td>签字</td><td>日期</td><td>标记</td><td>处数</td><td>更改文件号</td><td>签字</td><td>日期</td><td></td><td></td><td></td><td></td><td></td></tr>
</table>

表 4-6　机械加工工序卡片（30 工序，工步 1、2）

机械加工工序卡片	产品型号	GH1640	零件图号	GH1640—30214A	总 10 页	第 2 页
	产品名称	卧式车床	零件名称	传动轴	共 9 页	第 1 页

A2.5中心孔 Rz 6.3
Ra 12.5
Ra 12.5
ϕ28
4
15
188

车间	工序号	工序名称	材料牌号
金工	30	钻中心孔	45
毛坯种类	毛坯外形尺寸	每毛坯可制件数	每台件数
下料件	ϕ32mm×190mm	1	1
设备名称	设备型号	设备编号	同时加工件数
卧式车床	CL6140	027-05	1
夹具编号		夹具名称	切削液
工位器具编号		工位器具名称	工序工时
			准终 / 单件

工步号	工步内容	工艺设备	主轴转速/(r/min)	切削速度/(m/min)	进给量/(mm/r)	背吃刀量/mm	进给次数	工步工时 机动	工步工时 辅助
1	用 0~200mm 的游标卡尺检查毛坯外圆及长度是否与工艺要求一致，外圆为 ϕ32mm、长度为 190mm	0~200mm 游标卡尺							
2	用自定心卡盘夹工件毛坯外圆，伸出长度 30mm a. 用目测车一端 2mm 的余量 b. 车 ϕ28mm×15mm 工艺凸台 c. 钻中心孔	45°端面车刀 90°外圆车刀 2.5A 型中心钻；ϕ1 ~ ϕ13mm 的钻夹头	750 750	75.4 12	0.66 0.20	2 1.25/2.65	1 1		

描图	描校	底图号	装订号

										设计（日期）	审核（日期）	标准化（日期）	会签（日期）	
标记	处数	更改文件号	签字	日期	标记	处数	更改文件号	签字	日期					

表 4-7 机械加工工序卡片（30 工序，工步 3、4）

	机械加工工序卡片	产品型号	GH1640	零件图号	GH1640—30214A	总 10 页	第 3 页
		产品名称	卧式车床	零件名称	传动轴	共 2 页	第 2 页

车间	工序号	工序名称	材料牌号
金工	30	钻中心孔	45
毛坯种类	毛坯外形尺寸	每毛坯可制件数	每台件数
下料件	ϕ32mm×190mm	1	1
设备名称	设备型号	设备编号	同时加工件数
卧式车床	CL6140	027-05	1
夹具编号		夹具名称	切削液
工位器具编号		工位器具名称	工序工时
			准终 / 单件

工步号	工步内容	工艺设备	主轴转速 /(r/min)	切削速度 /(m/min)	进给量 /(mm/r)	背吃刀量 /mm	进给次数	工步工时 机动	工步工时 辅助
3	用粉笔在未加工端外圆上涂上白色的标记，用 0~200mm 的金属直尺测量长度，在 186mm 位置用划针划出长度记号	粉笔 0~200mm 金属直尺 划针							
4	用自定心卡盘夹外圆，按划线记号，车端面至总长 186mm，钻中心孔	45°端面车刀，0~200mm 游标卡尺 2.5A 型中心钻，ϕ1~ϕ13mm 钻夹头	750	12	0.20	1.25/2.56	1		

描图														
描校														
底图号														
装订号											设计(日期)	审核(日期)	标准化(日期)	会签(日期)
	标记	处数	更改文件号	签字	日期	标记	处数	更改文件号	签字	日期				

表 4-8 机械加工工序卡片（40 工序，工步 1~3）

机械加工工序卡片	产品型号	GH1640	零件图号	GH1640—30214A	总 10 页	第 4 页
	产品名称	卧式车床	零件名称	传动轴	共 2 页	第 1 页

车间	工序号	工序名称	材料牌号
金工	40	粗车	45
毛坯种类	毛坯外形尺寸	每毛坯可制件数	每台件数
下料件	ϕ32mm×190mm	1	1
设备名称	设备型号	设备编号	同时加工件数
卧式车床	CL6140	027-05	1
夹具编号	夹具名称	切削液	
工位器具编号	工位器具名称	工序工时	
		准终	单件

工步号	工步内容	工艺设备	主轴转速/(r/min)	切削速度/(m/min)	进给量/(mm/r)	背吃刀量/mm	进给次数	工步工时 机动	工步工时 辅助
1	在主轴莫氏 6 号锥孔中装上图中所示的双点画线的定位装置（根据需要可调整 3 号螺杆的长短，并用 2 号螺母锁紧）	自制定位夹具一副							
2	用自定心卡盘夹 ϕ28mm 外圆，另一端用顶尖顶住 a. 先车 ϕ26.5mm、ϕ30mm 外圆至工序图尺寸 b. 再车 ϕ21.5mm、ϕ25mm 外圆至工序图尺寸，倒角 $C1$	活动顶尖一件；0~200mm 游标卡尺 90°车刀							
3	车右端三处退刀槽至工序图尺寸	2mm 切槽刀							

描图	描校	底图号	装订号

标记	处数	更改文件号	签字	日期	标记	处数	更改文件号	签字	日期	设计（日期）	审核（日期）	标准化（日期）	会签（日期）

表 4-9　机械加工工序卡片（40 工序，工步 4、5）

机械加工工序卡片	产品型号	GH1640	零件图号	GH1640—30214A	总 10 页	第 5 页
	产品名称	卧式车床	零件名称	传动轴	共 2 页	第 2 页
	车间	工序号	工序名称	材料牌号		
	金工	40	粗车	45		
	毛坯种类	毛坯外形尺寸	每毛坯可制件数	每台件数		
	下料件	ϕ32mm×190mm	1	1		
	设备名称	设备型号	设备编号	同时加工件数		
	卧式车床	CL6140	027-05	1		
	夹具编号		夹具名称	切削液		
	工位器具编号		工位器具名称	工序工时		
				准终	单件	

$\phi21$　2　5　71　12　$\phi21.5_{-0.21}^{0}$　$\phi26.5_{-0.21}^{0}$　2　Ra 12.5 （√）

工步号	工步内容	工艺设备	主轴转速/(r/min)	切削速度/(m/min)	进给量/(mm/r)	背吃刀量/mm	进给次数	工步工时 机动	工步工时 辅助
4	用自定心卡盘夹住左端 ϕ21.5mm 外圆，台阶面贴实，右端用活动顶尖顶住中心孔 a. 车 ϕ26.5mm 外圆至工序图尺寸，倒角 $C1$ b. 车 ϕ21.5mm 外圆至工序图尺寸，倒角 $C1$	90°车刀	750 750	75.4	0.66 0.4	2.75 3.5/1.75	1 2		
5	车右端两处退刀槽至工序图尺寸	2mm 切槽刀							

描图	描校	底图号	装订号

标记	处数	更改文件号	签字	日期	标记	处数	更改文件号	签字	日期	设计(日期)	审核(日期)	标准化(日期)	会签(日期)

表 4-10 机械加工工序卡片（50 工序，工步 1）

机械加工工序卡片	产品型号	GH1640	零件图号	GH1640—30214A	总 10 页	第 6 页
	产品名称	卧式车床	零件名称	传动轴	共 2 页	第 1 页

车间	工序号	工序名称	材料牌号
金工	50	半精车	45
毛坯种类	毛坯外形尺寸	每毛坯可制件数	每台件数
下料件	ϕ32mm×190mm	1	1
设备名称	设备型号	设备编号	同时加工件数
卧式车床	CL6140	027-05	1
夹具编号	夹具名称	切削液	
工位器具编号	工位器具名称	工序工时 准终	工序工时 单件

$\phi21.5$　3　2×0.5　2×0.5　2　$\phi20.5^{\ 0}_{-0.084}$　$\phi25.5^{\ 0}_{-0.084}$　71　12

$\sqrt{Ra\ 6.3}$ ($\sqrt{}$)

工步号	工步内容	工艺设备	主轴转速/(r/min)	切削速度/(m/min)	进给量/(mm/r)	背吃刀量/mm	进给次数	工步工时 机动	工步工时 辅助
1	ϕ21.5mm 部位，用鸡心夹头装夹，半精车右端各段，留余量 0.5mm a. 车 ϕ25.5mm 外圆至工序图尺寸 b. 车 ϕ20.5mm 外圆至工序图尺寸	90°外圆车刀，活动顶尖，固定顶尖	1120 1120	93.20 75.65	0.56 0.56	0.5 0.5	1 1		

描图
描校
底图号
装订号

										设计(日期)	审核(日期)	标准化(日期)	会签(日期)	
标记	处数	更改文件号	签字	日期	标记	处数	更改文件号	签字	日期					

表 4-11 机械加工工序卡片（50 工序，工步 2）

机械加工工序卡片	产品型号	GH1640	零件图号	GH1640—30214A	总 10 页	第 7 页
	产品名称	卧式车床	零件名称	传动轴	共 2 页	第 2 页

车间	工序号	工序名称	材料牌号
金工	50	半精车	45
毛坯种类	毛坯外形尺寸	每毛坯可制件数	每台件数
下料件	ϕ32mm×190mm	1	1
设备名称	设备型号	设备编号	同时加工件数
卧式车床	CL6140	027-05	1
夹具编号		夹具名称	切削液
工位器具编号		工位器具名称	工序工时
			准终 / 单件

工步号	工步内容	工艺设备	主轴转速/(r/min)	切削速度/(m/min)	进给量/(mm/r)	背吃刀量/mm	进给次数	工步工时 机动	工步工时 辅助
2	ϕ20.5mm 部位，用鸡心夹头装夹，半精车右端各段，留余量 0.5mm	90°外圆车刀							
	a. 车 ϕ25.5mm 外圆至工序图尺寸		1120	93.20	0.56	0.5	1		
	b. 车 ϕ24mm 外圆至工序图尺寸		1120	87.92	0.56	0.5	1		
	c. 车 ϕ20.5mm 外圆至工序图尺寸		1120	75.65	0.56	0.5	1		

描图	描校	底图号	装订号

标记	处数	更改文件号	签字	日期	标记	处数	更改文件号	签字	日期	设计(日期)	审核(日期)	标准化(日期)	会签(日期)

表 4-12　机械加工工序卡片（60 工序）

机械加工工序卡片	产品型号	GH1640	零件图号	GH1640—302 4A	总 10 页	第 8 页
	产品名称	卧式车床	零件名称	传动轴	共 1 页	第 1 页

φ20.5　M24×2-6g　3　2　Ra 6.3 (√)

车间	工序号	工序名称	材料牌号
金工	60	车螺纹	45
毛坯种类	毛坯外形尺寸	每毛坯可制件数	每台件数
下料件	φ32mm×190mm	1	1
设备名称	设备型号	设备编号	同时加工件数
卧式车床	CL6140	027-05	1

夹具编号	夹具名称	切削液	
工位器具编号	工位器具名称	工序工时	
		准终	单件

工步号	工步内容	工艺设备	主轴转速/(r/min)	切削速度/(m/min)	进给量/(mm/r)	背吃刀量/mm	进给次数	工步工时 机动	工步工时 辅助
1	φ20.5mm 部位用鸡心夹头装夹，车 M24×2-6g 螺纹至工序图尺寸	60°螺纹车刀，对刀板，鸡心夹头，M24×2 螺规	125			1.1 0.5 0.1	3		

描图	
描校	
底图号	
装订号	

设计(日期)	审核(日期)	标准化(日期)	会签(日期)	

标记	处数	更改文件号	签字	日期	标记	处数	更改文件号	签字	日期

表 4-13　机械加工工序卡片（70 工序，工步 1）

机械加工工序卡片	产品型号	GH1640	零件图号	GH1640—30214A	总 10 页	第 9 页
	产品名称	卧式车床	零件名称	传动轴	共 2 页	第 1 页

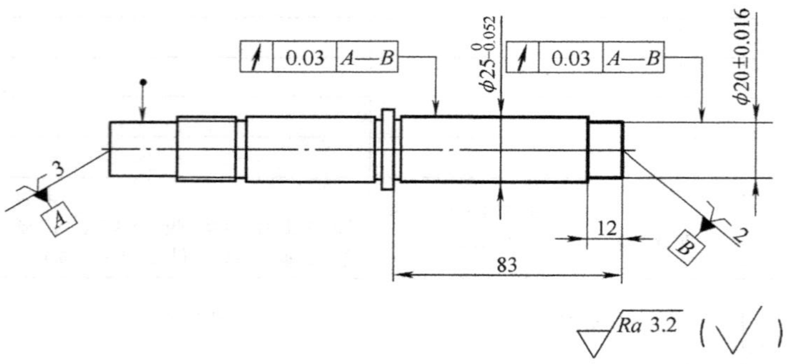

车间	工序号	工序名称	材料牌号
金工	70	精车	45
毛坯种类	毛坯外形尺寸	每毛坯可制件数	每台件数
下料件	ϕ32mm×190mm	1	1
设备名称	设备型号	设备编号	同时加工件数
卧式车床	CL6140	027-05	1
夹具编号		夹具名称	切削液
工位器具编号		工位器具名称	工序工时
			准终 / 单件

工步号	工步内容	工艺设备	主轴转速/(r/min)	切削速度/(m/min)	进给量/(mm/r)	背吃刀量/mm	进给次数	工步工时 机动	工步工时 辅助
1	左端用鸡心夹头装夹，精车右端各段至工序图尺寸	90°外圆车刀，YT15-A313 刀片	1400		0.28	0.25	1		

描图	描校	底图号	装订号

标记	处数	更改文件号	签字	日期	标记	处数	更改文件号	签字	日期	设计（日期）	审核（日期）	标准化（日期）	会签（日期）

表 4-14 机械加工工序卡片（70 工序，工步 2）

机械加工工序卡片	产品型号	GH1640	零件图号	GH1640—30214A	总 10 页	第 10 页
	产品名称	卧式车床	零件名称	传动轴	共 2 页	第 2 页

车间	工序号	工序名称	材料牌号
金工	70	精车	45
毛坯种类	毛坯外形尺寸	每毛坯可制件数	每台件数
下料件	ϕ32mm×190mm	1	1
设备名称	设备型号	设备编号	同时加工件数
卧式车床	CL6140	027-05	1

夹具编号	夹具名称	切削液	
工位器具编号	工位器具名称	工序工时	
		准终	单件

工步号	工步内容	工艺设备	主轴转速/(r/min)	切削速度/(m/min)	进给量/(mm/r)	背吃刀量/mm	进给次数	工步工时 机动	工步工时 辅助
2	左端 ϕ20±0.016mm 部位垫铜皮，并用鸡心夹头装夹，精车各轴段至工序图尺寸	90°外圆车刀，YT15-313 刀片	1400		0.28	0.25	1		

描图　描校　底图号　装订号

										设计(日期)	审核(日期)	标准化(日期)	会签(日期)	
标记	处数	更改文件号	签字	日期	标记	处数	更改文件号	签字	日期					

三、相关知识

加工阶段划分

工序集中和分散

加工顺序安排

（一）机械加工工艺规程的制订

1. 审查零件图

通过零件图的阅读，了解产品的性能、用途和工作条件，明确各零件的相互装配位置和作用，了解零件的主要技术要求，找出关键技术问题。

（1）审查零件图的完整性和正确性　零件图上的尺寸标注是否完整、结构表达是否清楚。

（2）分析技术要求是否合理

1）加工表面的尺寸精度。

2）主要加工表面的形状精度。

3）主要加工表面的相互位置精度。

4）加工表面的表面粗糙度以及表面质量方面的其他要求。

5）热处理要求。

6）其他要求，如平衡、无损检测、气密性试验。

零件上的尺寸公差、几何公差和表面粗糙度的标注，应根据零件的功能经济合理地确定。过高的要求会增加加工难度，过低的要求会影响工作性能，两者都是不允许的。

（3）零件的结构工艺性分析　零件的结构工艺性是指所设计的零件在能满足使用要求的前提下制造的可行性和经济性。它包括零件的各个制造过程中的工艺性，有零件结构的铸造、锻造、冲压、焊接、热处理、切削加工等工艺性。由此可见，零件的结构工艺性涉及面很广，具有综合性，必须全面综合地分析。

在制订机械加工工艺规程时，主要进行零件的切削加工工艺性分析。

其一，机械加工对零件局部结构工艺性的要求：

1）零件图的尺寸标注应适应机械加工工艺和检验的要求。

2）尽可能减少机械加工量，提高生产率。

3）提高生产效率，保证产品质量。

4）减少装夹次数，缩短辅助时间。

5）结构应适应刀具要求。

6）保证装配的方便和可拆性。

其二，机械加工对零件整体结构工艺性的要求。零件是各要素、各尺寸组成的一个整体，所以更应考虑零件整体结构的工艺性，具体有以下几点要求：

1）尽量采用标准件、通用件。

2）在满足产品使用性能的条件下，零件图上标注的尺寸精度等级和表面粗糙度要求应取最经济值。

3）尽量选用切削加工性好的材料。

4）有便于装夹的定位基准和夹紧表面。

5）节省材料，减轻质量。

2. 审查零件材料选用是否适当

材料的选择既要满足产品的使用要求，又要考虑产品成本，尽可能采用常用材料，如

45 钢，少用贵重金属。

3. 选择毛坯

选择毛坯的基本任务是选定毛坯的制造方法及其制造精度。

（1）毛坯的种类

1）铸件（砂型、金属型、离心、压力、精密铸造），适合做形状复杂零件的毛坯。

2）锻件（自由锻和模锻），适合做形状简单零件的毛坯。

3）焊接件，适合做板料、框架类零件的毛坯。

4）型材，适合做轴、平板类零件的毛坯。

5）其他如冲压件、冷挤压件、粉末冶金件。

（2）确定毛坯时应考虑的因素　毛坯选择原则是毛坯的形状和尺寸应尽量接近零件的形状和尺寸，以减少机械加工量。在毛坯选择应考虑的因素有以下几个：

1）生产纲领的大小。对于大批量生产，应选择高精度的毛坯制造方法，以减少机械加工量，节省材料。

2）现有生产条件。要考虑现有的毛坯制造水平和设备能力。

3）对于装配后需要形成同一工作表面的两个相关偶件，为了保证加工质量并使加工方便，常常将这些分离零件先制成一个整体毛坯。

4）对于形状比较规则的小型零件，为了便于安装和提高机械加工的生产率，可将多件合成一个毛坯，加工到一定阶段后再分离成单件。

4. 选择定位基准

基准是指用来确定生产对象上几何要素间的几何关系所依据的那些点、线、面。根据基准作用的不同，可将基准分为设计基准和工艺基准。

（1）设计基准　在零件图上用来标注尺寸和表面相互位置的基准，称为设计基准。

（2）工艺基准　工艺基准是工件在加工或产品装配中确定其他点、线、面位置所依据的基准。

工艺基准按用途可分为定位基准、测量基准、装配基准及工序基准。

1）定位基准。在加工中用来确定工件在机床或夹具上正确位置的基准，称为定位基准。

2）测量基准。测量基准是指工件在检测时，用来检测工件尺寸和位置公差的基准。

3）装配基准。装配基准是指装配时用来确定工件或部件在机器中位置的基准。

4）工序基准。工序基准是指在工序图上，用来确定加工表面位置的基准。它与加工表面有尺寸、位置要求。

定位基准包括粗基准和精基准。

1）粗基准。第一道工序一般以毛坯面作为定位基准，这种以毛坯表面作为定位基准的称为粗基准。一般粗基准只使用一次。

选择粗基准时，应满足各个表面都有足够的加工余量，使加工表面对不加工表面有合适的相互位置。粗基准选择的原则是：

① 采用工件不需加工的表面作粗基准，以保证加工面与不加工面之间的位置误差为最小。

② 如果必须保证工件某重要表面的加工余量均匀，则应选择该表面作为粗基准。

③ 应尽量采用平整的、足够大的毛坯表面作为粗基准。

④ 粗基准不能重复使用，这是因为粗基准的表面精度低，不能使工件在两次安装中保持同样的位置。

⑤ 便于工件的装夹。

2）精基准。采用已加工面作为定位基准的称为精基准。

选择精基准的原则是：

① 基准重合原则。尽可能使用设计基准作为精基准，以免因基准不重合而产生定位误差。

② 基准统一原则。应尽可能使更多的表面用同一个精基准，以减少变换定位基准带来的误差，并使夹具结构统一。

③ 互为基准原则。当工件上两个加工表面之间的位置精度要求较高时，可以采用两个有相互位置精度要求的加工表面互为基准反复加工的方法，称为互为基准原则。

④ 自为基准原则。即以加工表面自身作为定位基准的原则，如浮动镗孔、拉孔，它只能提高加工表面的尺寸精度，不能提高表面间的位置精度。

⑤ 便于安装，并且使夹具结构简单。

⑥ 尽量选择形状简单、尺寸较大的表面作为精基准，以提高安装的稳定性和精确性。

5. 拟定工艺路线

拟订工艺路线是设计工艺规程最为关键的一步，需顺序完成以下几个方面的工作。

（1）表面加工方法的选择

1）各种加工方法的经济加工精度和表面粗糙度。不同的加工方法，如车、磨、刨、铣、钻、镗等，其用途各不相同，所能达到的精度和表面粗糙度也大不一样。即使是同一种加工方法，在不同的加工条件下所得到的精度和表面粗糙度也不一样，这是因为在加工过程中，将有各种因素对精度和表面粗糙度产生影响，如工人的技术水平、切削用量、刀具的刃磨质量、机床的调整质量等。

某种加工方法的经济加工精度，是指在正常的工作条件下（包括完好的机床设备、必要的工艺装备、标准的工人技术等级、标准的耗用时间和生产费用）所能达到的加工精度。

各种加工方法所能达到的经济加工精度、表面粗糙度等可查《金属机械加工工艺人员手册》。

2）加工方案的选择原则。

① 根据加工表面的技术要求，方案必须在保证零件达到图样要求方面是稳定而可靠的，并在生产率和加工成本方面是最经济合理的。

② 考虑被加工材料的性质。如淬火钢可用磨削的方法加工；而非铁金属则磨削困难，一般采用金刚镗或高速精密车削的方法进行精加工。

③ 考虑生产纲领。即考虑生产率和经济性问题，大批大量生产应选用高效率的加工方法，采用专用设备。例如，平面和孔可用拉削加工，轴类零件可采用半自动液压仿型车床加工等。

④ 考虑本厂的现有设备和生产条件。即充分利用本厂现有的设备和工艺装备。

⑤ 考虑其他特殊要求。

具有一定技术要求的加工表面，一般都不是通过一次加工就能达到图样要求的，对于精密零件的主要表面，往往要通过多次加工才能逐步达到。在选择加工方法时，首先根据零件主要表面的技术要求和工厂具体条件，选定最终工序方法，再逐一选定该表面各有关前导工序的加工方法。

（2）机械加工工艺阶段的划分　对于机械加工质量要求较高的零件，为了保证加工质量，便于组织生产，合理安排人力和物力，合理使用设备、合理安排热处理工序，需要将零件机械加工的工艺过程划分成若干阶段。

1）粗加工阶段。粗加工阶段的任务是切除大部分毛坯余量，以提高生产率。

2）半精加工阶段。半精加工阶段的任务是完成零件次要表面的加工，并为主要表面的精加工作准备，目的在于为主要表面的精加工准备好定位基准。

3）精加工阶段。精加工阶段的任务是完成零件主要表面的加工，目的在于保证质量。一般零件的加工过程就到此结束。

4）光整阶段。精密零件的个别表面需要经过光整加工才能达到技术要求。

划分加工阶段应考虑的因素：保证加工质量；合理利用机床设备；合理安排热处理和检验工序；及时发现毛坯缺陷，及时修补或报废；精加工应放在最后，避免损伤已加工表面。

（3）机械加工工序的合成　制订零件机械加工工艺过程时，在划分加工阶段之后，就可以将同一阶段中的各加工表面组合成若干工序，一般有两种组合原则，即工序集中与工序分散。

1）工序集中。按工序集中原则组织工艺过程，就是使每个工序所包括的加工内容尽量多些，将许多工序组成一个集中工序。

最大限度的工序集中，就是在一个工序内完成工件所有表面的加工。

采用数控机床、加工中心按工序集中原则组织工艺过程时，生产适应性好，转产相对容易，虽然设备的一次性投资较高，但由于有足够的柔性，仍然受到越来越多的重视。

工序集中的特点：

① 采用高效专用设备及工装，生产效率高。

② 减少设备数量，相应减少操作工人和生产面积。

③ 减少工序数目，简化生产计划。

④ 减少安装次数，缩短辅助时间，保证位置精度。

⑤ 缩短加工时间，减少运输工作量，缩短生产周期。

⑥ 设备结构复杂，投资大，调整、维修困难，转换产品费时。

2）工序分散。按工序分散原则组织工艺过程，就是使每个工序所包括的加工内容尽量少些。

最大限度的工序分散就是每个工序只包括一个简单工步。

传统的流水线、自动线生产基本是按工序分散原则组织工艺过程的，这种组织方式可以实现高生产率生产，但对产品改型的适应性较差，转产比较困难。

工序分散的特点：

① 设备简单，调整、维修方便。

② 对工人技术要求低，培训时间短。

③ 生产准备量小，易于平衡工序时间。

④ 可采用合理的切削用量，缩短基本时间。

⑤ 易更换产品。

⑥ 设备数量多，操作工人多，占地面积大。

选择工序集中与工序分散时，应根据企业规模、产品类型、现有条件、零件的结构特点和技术要求、工序节拍等进行设备及工艺装备的选择。

(4) 加工工序的安排　复杂工件的机械加工工艺路线通常要经过切削加工、热处理和辅助工序。

1）切削加工工序的安排。

① 基准先行（便于定位）。前道工序必须为后道工序准备好定位基准。

② 先粗后精（防止变形）。粗加工由于切除的余量较大，切削力和切削热所引起的变形也较大，对于零件上具有较高精度要求的表面，在全部粗加工完成后再进行精加工才能保证质量。

③ 先主后次（避免浪费）。零件的主要工作表面、装配基准面等要先加工。螺孔、键槽等次要表面由于加工量较小，又与主要表面有位置精度要求，应安排在主要表面加工结束后进行，或穿插在主要加工表面的加工过程中进行。但在精加工阶段，要求高精度的主要表面应安排在最后，以免受其他加工表面的影响。

④ 先面后孔（保证孔的位置精度）。平面轮廓尺寸较大，且平面定位安装稳定，通常均以平面定位来加工孔。

2）热处理工序的安排。应根据热处理的目的，安排热处理在加工过程中的位置。

去应力处理包括：人工时效，自然时效，退火。

预热处理包括：退火，正火，调质，时效处理。

最终热处理包括：正火，调质，淬火+回火，渗碳淬火，渗氮。

表面处理包括：涂镀、发蓝、发黑。

常用的热处理：

① 退火。即将钢加热到一定的温度，保温一段时间，随后在炉中缓慢冷却的一种热处理工序。其作用是消除内应力，提高强度和韧性，降低硬度，改善切削加工性。

应用：高碳钢采用退火，以降低硬度；放在粗加工前、毛坯制造出来以后。

② 正火。即将钢加热到一定温度，保温一段时间后从炉中取出，在空气中冷却的一种热处理工序。其中加热到的一定温度，与钢的含碳量有关，一般低于固相线 200℃左右。其作用是提高钢的强度和硬度，使工件具有合适的硬度，改善切削加工性。

应用：低碳钢采用正火，以提高硬度；放在粗加工前、毛坯制造出来以后。

③ 回火。即将淬火后的钢加热到一定的温度，保温一段时间，然后置于空气或水中冷却的一种热处理的方法。其作用是稳定组织、消除内应力、降低脆性。

④ 调质处理（淬火后再高温回火）。其作用是获得细致均匀的组织，提高零件的综合力学性能。

应用：安排在粗加工后、半精加工前。常用于中碳钢和合金钢。

⑤ 时效处理。其作用是消除毛坯制造和机械加工中产生的内应力。

应用：一般安排在毛坯制造出来和粗加工后。常用于大而复杂的铸件。

⑥ 淬火。即将钢加热到一定的温度，保温一段时间，然后在冷却介质中迅速冷却，以获得高硬度组织的一种热处理工艺。其作用是提高零件的硬度。

应用：一般安排在磨削前。

⑦ 渗碳处理。其作用是提高工件表面的硬度和耐磨性。

应用：安排在半精加工之前或之后进行。

⑧ 表面处理。即为提高工件表面的耐磨性、耐蚀性安排的热处理工序，以及以装饰为目的而安排的热处理工序。例如镀铬、镀锌、发蓝等，一般都安排在工艺过程的最后阶段进行。

3）辅助工序的安排。零件加工的辅助工序是指检验、去毛刺、倒棱、清洗、防锈、表面强化、退磁、平衡等。

① 检验是主要的辅助工序，一般安排在工件粗加工后、从一个车间转入到另一个车间之前、重要加工工序的前后，以及成品入库之前。目的在于查明次品产生原因，保证获得合格的产品。

除了安排几何尺寸检验工序之外，有的零件还要安排无损检测、密封、称重、平衡等检验工序。

② 在钢件镗孔和铣削之后，一般要安排去毛刺。

③ 在零件成品入库之前，或者组装之前，或者工件精密加工之前，一般要安排清洗工序。

④ 在用磁力夹紧工件的工序之后，要安排去磁工序，不让带有剩磁的工件进入装配线。

（二）机床设备与工艺装备的选择

1. 机床设备的选择

1）所选机床设备的尺寸规格应与工件的形体尺寸相适应。

2）精度等级应与本工序加工要求相适应。

3）电动机功率应与本工序加工所需的功率相适应。

4）机床设备的自动化程度和生产效率应与工件的生产类型相适应。

2. 工艺装备的选择

工艺装备的选择将直接影响工件的加工精度、生产效率和制造成本，应根据不同情况适当选择。

1）在中、小批生产条件下，应首先考虑选用通用工艺装备（包括夹具、刀具、量具和辅具）。

2）在大批大量生产中，可根据加工要求设计制造专用工艺装备。

机床设备和工艺装备的选择不仅要考虑设备投资的当前效益，还要考虑产品改型及转产的可能性，应使其具有足够的柔性。

（三）加工余量的确定

1. 加工余量

为了保证零件的质量（精度和表面粗糙度值），在加工过程中，需要从工件表面上切除的金属层厚度，称为加工余量。

加工余量又有总余量和工序余量之分。

2. 总余量

某一表面的毛坯尺寸与零件设计尺寸之差称为总余量，以 Z_0 表示。

3. 工序余量

该表面加工的相邻两工序尺寸之差称为工序余量 Z_i。

总余量 Z_0 与工序余量 Z_i 的关系可用下式表示

$$Z_0 = \sum_{i=1}^{n} Z_i \tag{4-1}$$

式中 n——某一表面所经历的工序数。

工序余量有单边余量和双边余量之分，如图 4-1 所示。

(1) 单边余量 非对称结构的非对称表面的加工余量，称为单边余量。

$$Z_{a-b} = |a-b| \tag{4-2}$$

式中 Z_{a-b}——本工序的工序余量。

a——上工序的公称尺寸。

b——本工序的公称尺寸。

(2) 双边余量 对称结构的对称表面的加工余量，称为双边余量。

$$2Z_{a-b} = |D(d)_a - D(d)_b| \tag{4-3}$$

式中 Z_{a-b}——本工序的工序余量。

$D(d)_a$——上工序的公称尺寸。

$D(d)_b$——本工序的公称尺寸。

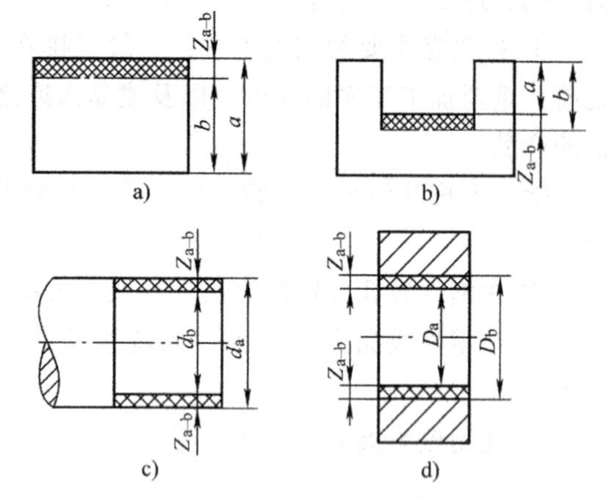

图 4-1 工序余量

a) 被包容面（轴、键等）单边余量
b) 包容面（孔、键槽等）单边余量
c) 被包容面双边余量 d) 包容面双边余量

(3) 公称余量（简称余量）、最大余量 Z_{max}、最小余量 Z_{min} 由于工序尺寸有偏差，故各工序实际切除的余量值是变化的，因此，工序余量有公称余量、最大余量 Z_{max}、最小余量 Z_{min} 之分，如图 4-2 所示。

对于图 4-2 所示被包容面的加工，本工序加工的公称余量 $Z_{a-b} = l_a - l_b$。

公称余量的变动范围

$$T_Z = Z_{max} - Z_{min} = T_b + T_a \tag{4-4}$$

式中 T_b——本工序的工序尺寸公差；

T_a——上工序的工序尺寸公差。

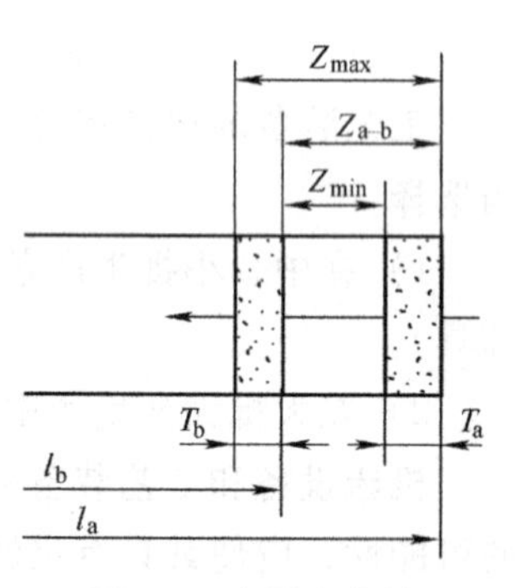

图 4-2 余量变化值

4. 工序尺寸公差的标注原则

工序尺寸公差一般按“入体原则”标注，如图 4-3 所示。

对被包容尺寸（轴径），上极限偏差为 0，其上极限尺寸就是公称尺寸，如图 4-3a 所示。

对包容尺寸（孔径、键槽），下极限偏差为 0，其下极限尺寸就是公称尺寸，如图 4-3b 所示。

而孔距和毛坯的尺寸公差带常取对称公差带。

余量过小，不能纠正加工误差，质量降低；余量过大，则浪费材料，成本增大。所以，在保证质量的前提下，余量应尽可能小。

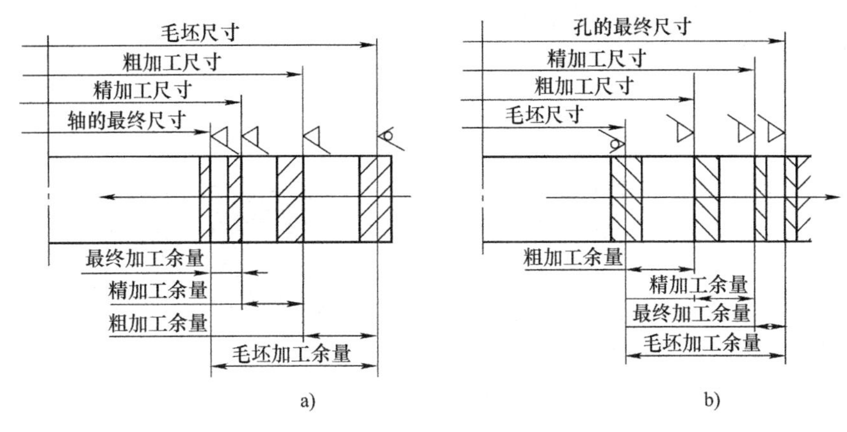

图 4-3　工序尺寸公差标注

a）被包容尺寸（轴径）　b）包容尺寸（孔径、键槽）

5. 影响加工余量的因素

1）上道工序的表面粗糙度值。

2）上道工序的表面缺陷层深度。

3）上道工序各表面相互位置空间偏差。

4）本工序的装夹误差。

5）上工序的尺寸公差 T_a。

6. 加工余量的确定——计算法、查表法和经验估算法

（1）经验估算法　靠经验估算确定，从实际使用情况看，余量选择都偏大；一般用于单件小批量生产。

（2）查表法（各工厂广泛采用查表法）　根据手册中表格的数据确定，应用较多。

（3）计算法（较少使用）　根据实验资料和计算公式综合确定，比较科学，数据较准确；一般用于大批大量生产。

（四）工序尺寸与公差的确定

1. 无需进行尺寸换算时工序尺寸的确定

（1）确定工序尺寸的一般方法

1）确定各工序加工余量。

2）从最终加工工序开始，即从设计尺寸开始，逐次加上（对于被包容面）或减去（对于包容面）每道工序的加工余量，可分别得到各工序的公称尺寸。

3）除最终加工工序取设计尺寸公差外，其余各工序按各自采用的加工方法所对应的经济加工精度确定工序尺寸公差。

4）除最终工序外，其余各工序按入体原则标注工序尺寸公差。

5）毛坯余量通常由毛坯图给出，故第 1 工序余量由计算确定。

（2）工序尺寸公差的标注方法

1）按入体原则标注。按入体原则标注尺寸公差时，被包容面尺寸可标注成上极限偏差为 0、下极限偏差为负值的形式（即$_{-T}^{\ 0}$）；包容面的尺寸可标注成下极限偏差为 0、上极限偏差为正值的形式（即$_{\ 0}^{+T}$）。

2）按双向对称分布标注。对于诸如孔系中心距、相对中心的两平面之间的距离等尺寸，一般按对称分布标注，即可标注成上、下极限偏差绝对值相等、符号相反的形式（即 $\pm T/2$）。

2. 需进行尺寸换算时工序尺寸的确定——工艺尺寸链

（1）尺寸链的定义、特征和组成

1）定义。尺寸链就是在零件加工或机器装配过程中，由相互联系且按一定顺序连接的封闭尺寸组合。工艺尺寸链就是在加工中形成的尺寸链。

尺寸链（1）

尺寸链（2）

尺寸链（3）

2）特征。关联性、封闭性。

3）组成。尺寸链中的尺寸可以是长度或角度。

封闭环——在零件加工或装配过程中间接获得或最后形成的环，记为 A_0。

组成环——尺寸链中对封闭环有影响的全部环称为组成环。组成环又可分为增环和减环。

增环——若某组成环的变动引起封闭环的同向变动，则该环为增环，记为 $\overrightarrow{A}_i$。

减环——若某组成环的变动引起封闭环的反向变动，则该环为减环，记为 $\overleftarrow{A}_i$。

（2）增、减环的判别方法　在尺寸链图中用首尾相接的单向箭头顺序表示各组成环，其中与封闭环箭头方向相反者为增环，与封闭环箭头方向相同者为减环。

（3）尺寸链的建立

1）确定封闭环。关键：加工顺序或装配顺序确定后才能确定封闭环；封闭环的基本属性为“派生”，表现为尺寸间接获得。

要领：设计尺寸往往是封闭环；加工余量往往是封闭环。

2）组成环确定。关键：封闭环确定后才能确定；直接获得（与定位基准相连）；对封闭环有影响。

（4）尺寸链计算的基本公式（极值法）

1）极值法各环公称尺寸之间的关系。封闭环的公称尺寸 A_0 等于增环的公称尺寸之和减去减环的公称尺寸之和，即

$$A_0 = \sum_{i=1}^{m} \overrightarrow{A}_i - \sum_{i=m+1}^{n-1} \overleftarrow{A}_i \tag{4-5}$$

2）各环上、下极限偏差之间的关系。封闭环的上极限偏差 $ES(A_0)$ 等于增环的上极限偏差之和减去减环的下极限偏差之和，即

$$ES(A_0) = \sum_{i=1}^{m} ES(\overrightarrow{A}_i) - \sum_{i=m+1}^{n-1} EI(\overleftarrow{A}_i) \tag{4-6}$$

封闭环的下极限偏差 $EI(A_0)$ 等于增环下极限偏差之和减去减环的上极限偏差之和，即

$$EI(A_0) = \sum_{i=1}^{m} EI(\overrightarrow{A}_i) - \sum_{i=m+1}^{n-1} ES(\overleftarrow{A}_i) \tag{4-7}$$

3）各环公差之间的关系。封闭环的公差 $T(A_0)$ 等于各组成环的公差 $T(A_i)$ 之和，即

$$T(A_0) = \sum_{i=1}^{m} T(\overrightarrow{A}_i) + \sum_{i=m+1}^{n-1} T(\overleftarrow{A}_i) = \sum_{i=1}^{n-1} T(A_i) \tag{4-8}$$

极值法解算尺寸链的特点是简便、可靠，但当封闭环公差较小，组成环数目较多时，分摊到各组成环的公差可能过小，从而造成加工困难，制造成本增加，在此情况下，工业上常采用概率法进行尺寸链的计算。

（5）尺寸链计算的几种情况

1）正计算。已知各组成环，求封闭环。正计算主要用于验算所设计的产品能否满足性能要求及零件加工后能否满足零件的技术要求。

2）反计算。已知封闭环，求各组成环。反计算主要用于产品设计、加工和装配工艺计算等方面，在实际工作中经常碰到。反计算的解不是唯一的。如何将封闭环的公差正确地分配给各组成环，需要考虑优化问题。

3）中间计算。已知封闭环和部分组成环的公称尺寸及公差，求其余的一个或几个组成环公称尺寸及公差（或偏差）。

中间计算可用于设计计算与工艺计算，也可用于验算。

四、思考与练习

什么是精基准？如何选择精基准？

大国工匠——胡双钱

胡双钱是中国商飞上海飞机制造有限公司高级技师、数控机加车间钳工组组长，他先后高精度、高效率地完成了ARJ21新支线飞机首批交付飞机起落架钛合金作动筒接头特制件、C919大型客机首架机壁板长桁对接接头特制件等加工任务。核准，划线，锯割，钻孔，握着锉刀将零件的锐边倒圆、去毛刺、打光……这样的动作，他重复了几十年。这位“航空手艺人”用一丝不苟的工作态度和精益求精的工作作风，创造了“35年没出过一个次品”的奇迹。

胡双钱说，“工匠精神是一种努力将99%提高到99.99%的极致，每个零件都关系着乘客的生命安全，确保质量，是我最大的职责”。

项目五 主轴零件的工艺过程设计

最终目标：能合理设计主轴零件的机械加工工艺过程。

促成目标：

1）会识读主轴零件图。

2）能对主轴零件进行技术要求分析和结构工艺性分析。

3）能合理选择主轴零件的毛坯并绘制毛坯图。

4）会合理设计主轴零件的机械加工工艺过程。

模块一 主轴零件的工艺分析

一、教学目标

最终目标：能对主轴零件进行技术要求分析和结构工艺性分析。

促成目标：

1）会识读主轴零件图。

2）能对主轴零件进行技术要求分析。

3）能对主轴零件进行结构工艺性分析。

二、案例分析

微课视频（1）

微课视频（2）

在正式制订零件的机械加工工艺规程前，先要进行零件的工艺分析。零件的工艺分析主要是从加工制造的角度对零件进行可行性分析，主要包括零件图样分析和零件的结构工艺性分析两方面内容。

从图 0-2 所示 LK32-20207 主轴零件图样看，可以把它的加工表面分成四类。

第一类为最主要的加工表面，它们是影响机床精度最大的表面，如 $\phi(75\pm0.0095)$mm、$\phi(65\pm0.0085)$mm、$\phi(75\pm0.0095)$mm 与 $\phi85_{-0.054}^{\ 0}$mm 之间的台阶面、1∶4 短锥、莫氏 6 号

锥孔，以及 1∶4 短锥与 ϕ135mm 外圆之间的台阶面等。这六个面中，其中支承轴颈 ϕ(75±0.0095)mm、ϕ(65±0.0085)mm，ϕ(75±0.0095)mm 与 $\phi85_{-0.054}^{0}$mm 之间的台阶面用于安装主轴轴承，是主轴部件的装配基准，它们的精度高低直接影响车床的回转精度（径向圆跳动、轴向圆跳动等），尺寸公差等级一般为 IT5～IT6。该主轴两支承轴颈的圆柱度和其公共轴线的同轴度公差均为 0.005mm，表面粗糙度 Ra 值不大于 0.8μm。前支承台阶面对两支承轴颈公共轴线的轴向圆跳动公差为 0.01mm，表面粗糙度 Ra 值不大于 0.8μm。1∶4 短锥、1∶4 短锥与 ϕ135mm 外圆之间的法兰面是安装卡盘或拨盘的定位面，它们的精度影响卡盘或拨盘的定心精度；它们对两支承轴颈公共轴线的斜向圆跳动和轴向圆跳动公差均为 0.008mm，表面粗糙度 Ra 值不大于 0.8μm，锥面接触面积大于 85%。

莫氏 6 号主轴锥孔是主轴的主要工作表面之一，一般有三种用途：第一是在装配机床时，用于调整车床主轴轴线与床身导轨之间的平行度（即上素线与侧素线）；第二用于安装加工夹具，保证工件的重复定位精度；第三用于安装顶尖或工具锥柄，其轴线要与两个支承轴颈的轴线尽量重合，否则将影响机床精度，使工件产生同轴度等误差。因此主轴锥孔对两支承轴颈公共轴线的斜向圆跳动，在近轴端的公差为 0.01mm，距轴端 300mm 处的公差为 0.025mm，表面粗糙度 Ra 值不大于 0.8μm，锥面接触面积大于 85%，距轴端 110mm 范围的硬度要求为 48～52HRC。

第二类为主要的加工表面，它们也影响着机床的精度。如 $\phi72_{-0.03}^{0}$mm、$\phi63_{-0.025}^{0}$mm、M65×1.5－6g、M72×1.5－6g、$\phi72_{-0.03}^{0}$mm 与 ϕ(75±0.0095)mm 之间的台阶面、ϕ(65±0.0085)mm 与 ϕ70mm 之间的台阶面，以及 10N9、6N9 键槽八处加工表面，这些表面主要用来支承和夹紧齿轮等传动部件，它们的加工精度主要影响车床传动的平稳性和噪声。

第三类为后端面 1∶20 锥孔，这是工艺用孔，它本身对机床的精度没有影响，但影响着其他加工表面的加工质量，是主轴加工和修配用的工艺基准。

第四类为其余表面，单从主轴零件本身来说作用不是很大，只是起到连接的作用，但它们影响机床的平稳性。当主轴装在车床上做高速转动时，如果这些加工表面的同轴度不好，就会产生很大的振动，特别是外圆越大，其离心力越大，产生的振动也越大，因此必须对它们进行精度控制。

从上述分析可以看出，主轴的主要加工表面是两个支承轴颈、锥孔、前端短锥面及其端面、安装齿轮的各个轴颈等。而保证支承轴颈本身的尺寸精度、几何形状精度、两个支承轴颈之间的同轴度、支承轴颈与其他表面的相互位置精度和表面粗糙度，则是主轴加工的关键。

一般轴类零件也不外乎这些要求，只不过根据它们在机器中的位置和作用及机器本身的精密程度不同而有所不同罢了。

三、相关知识

（一）轴类零件的功用、分类和结构特点

轴是组成机械的重要零件，也是机械加工中常见的典型零件之一。轴类零件的功用为支承传动零件（齿轮、带轮、凸轮等）、传动转矩、承受载荷，以及保证装在主轴上的工件（或刀具）具有一定的回转精度。

轴类零件按其结构形状的特点，可分为光轴、阶梯轴、空心轴和异形轴（包括曲轴、

凸轮轴和偏心轴等）四类，常见轴的种类如图 5-1 所示。若按轴的长度和直径的比例来分，又可分为刚性轴（$L/d \leqslant 12$）和挠性轴（$L/d>12$）两类。

轴类零件的加工表面主要有内外圆柱面、内外圆锥面、轴肩、螺纹、花键、键槽和沟槽等。

以图 0-2 所示的 LK32 数控车床主轴为例，该轴既是阶梯轴又是空心轴，并且是长径比小于 12 的刚性轴。根据其结构和精度要求，在加工过程中对这种轴的定位基准面选择、深孔加工和热处理变形等方面，应给予足够的重视。

（二）轴类零件的技术要求

轴通常是由支承轴颈支承在机器的机架或箱体上，实现传递运动和动力的功能。支承轴颈表面的精度及其与轴上传动件配合表面的位置精度对轴的工作状态和精度有直接的影响。因此，轴类零件的技术要求通常包含以下几个方面。

1. 尺寸精度

轴类零件的尺寸精度主要指轴的直径尺寸精度和长度尺寸精度。按使用要求，轴类零件的支承轴颈一般与轴承配合，是轴类零件的主要表面，影响轴的回转精度与工作状态，通常对其尺寸公差等级要求较高，为 IT5~IT7；对于装配传动件的配合轴颈，尺寸公差等级要求可低一些，为 IT6~IT9。轴的长度尺寸通常规定为公称尺寸，对于阶梯轴的各台阶长度，按使用要求可相应给定公差。

2. 形状精度

轴类零件的形状精度主要是指支承轴颈的圆度、圆柱度，一般应将其控制在尺寸公差范围内，对精度要求高的轴，应在图样上标注其形状公差。

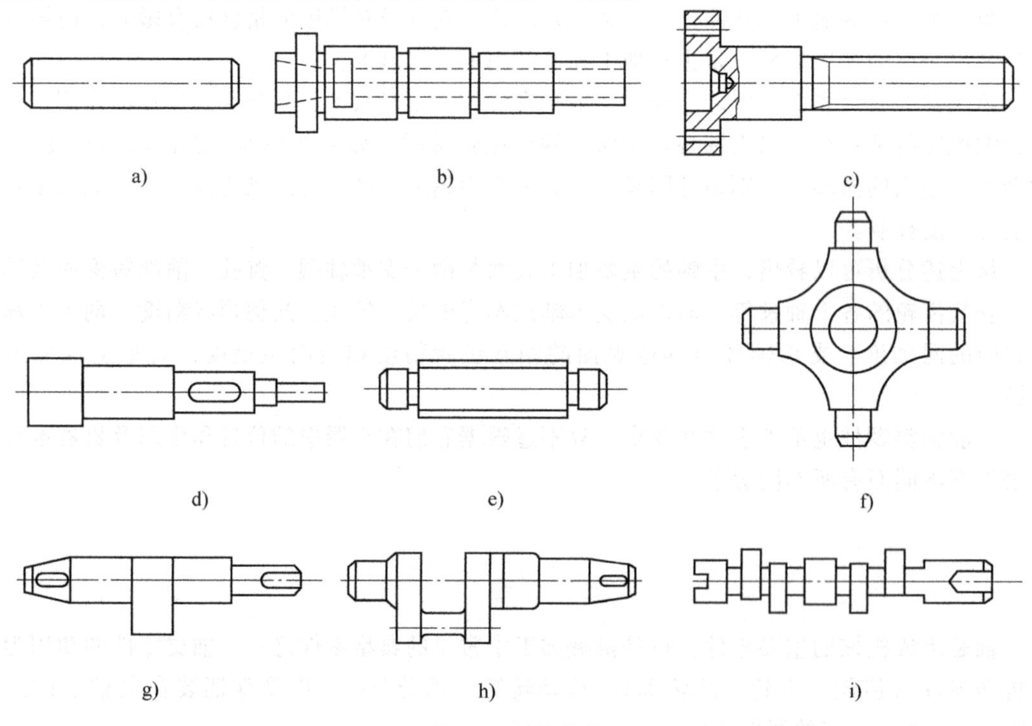

图 5-1　轴的种类

a）光轴　b）空心轴　c）半轴　d）阶梯轴　e）花键轴　f）十字轴　g）偏心轴　h）曲轴　i）凸轮轴

3. 位置精度

保证配合轴颈相对支承轴颈的同轴度或圆跳动，是轴类零件位置精度的普遍要求，它会影响传动件的传动精度。通常普通精度的轴，配合轴颈对支承轴颈的径向圆跳动公差一般为0.01~0.03mm，对于高精度轴，则为0.001~0.005mm。

此外，相互位置精度还有内外圆柱面间的同轴度，轴向定位端面与轴线的垂直度、轴向圆跳动要求等。

4. 表面粗糙度

根据机器的精密程度、运转速度的高低，轴类零件的表面粗糙度要求也不相同。一般配合轴颈的表面粗糙度 Ra 值为3.2~0.8μm，支承轴颈的表面粗糙度 Ra 值为0.8~0.2μm。

（三）轴类零件的结构工艺性

所谓轴类零件的结构工艺性，是指轴类零件的结构应尽量简单，有良好的加工和装配工艺性，以利于减少劳动量、提高劳动生产率及减少应力集中，提高轴类零件的疲劳强度。

1. 设计合理的结构，利于加工和装配

1）为减少加工时的换刀时间及装夹工件的时间，同根轴上的所有圆角半径、倒角尺寸、退刀槽宽度应尽可能统一；当轴上有两个以上键槽时，应置于轴的同一条素线上，以便一次装夹后就能加工。

2）轴上的某轴段需磨削时，应留有砂轮的越程槽；需车削螺纹时，应留有退刀槽。

3）为去掉毛刺，利于装配，轴端应倒角。

4）当采用过盈配合时，配合轴段的零件装入端常加工成导向锥面。若还附加键连接，则键槽的长度应延长到锥面处，以便于轮毂上键槽与键的对中。

5）如果需从轴的一端装入两个过盈配合的零件，则轴上两配合轴段的直径不应相等，否则第一个零件压入后，会把第二个零件配合的表面拉毛，影响配合。

2. 改进轴的结构，减少应力集中

1）轴上相邻轴段的直径不应相差过大；在直径变化处，尽量用圆角过渡，且圆角半径尽可能大。当圆角半径增大受到结构限制时，可将圆弧延伸到轴肩中，称为内切圆角；也可加装过渡肩环，使零件轴向定位。

2）轴上与传动件轮毂孔配合的轴段，会产生应力集中。配合越紧，零件材料越硬，应力集中越大。其原因是，传动件轮毂的刚度比轴大，在横向力作用下，两者变形不协调，相互挤压，导致应力集中。尤其在配合边缘，应力集中更为严重。改善措施：在轴、轮毂上开卸荷槽。

3）选用应力集中小的定位方法。采用紧定螺钉、圆锥销钉、弹性挡圈、圆螺母等定位时，需在轴上加工出凹坑、横孔、环槽、螺纹，易引起较大的应力集中，应尽量不用；用套筒定位则无应力集中。在条件允许时，用渐开线花键代替矩形花键，用盘铣刀加工的键槽代替键槽铣刀加工的键槽，均可减小应力集中。

四、思考与练习

1. 主轴零件图的分析主要包括哪些方面？对零件图进行工艺分析有何作用？
2. 试分析LK32-20207主轴的结构工艺性。

模块二　主轴零件的材料与毛坯选择

一、教学目标

最终目标：能合理选择主轴毛坯，并绘制主轴零件毛坯图。

促成目标：

1）会查阅工艺手册。

2）能确定主轴零件材料。

3）能确定主轴零件毛坯的形状和尺寸。

4）会绘制主轴零件毛坯图。

微课视频（3）

微课视频（4）

二、案例分析

1. 主轴零件的材料选择

主轴零件的材料在没有特殊要求的情况下，通常选用45优质碳素结构钢或者40Cr合金结构钢，主要有以下四方面原因。

1）经调质处理后能获得良好的综合力学性能。

2）可加工性良好。

3）热处理性能良好，在淬火方面虽然存在缺陷（如产生裂纹），但经正火等处理后，缺陷还是可控制的。

4）材料比较普遍，取材容易，价格实惠。

LK32数控车床主轴选用综合性能良好的45钢。

2. 主轴零件的毛坯选择

主轴零件的毛坯主要有两种：一种是型材直接下料；另一种是锻件。

从LK32-20207主轴零件图看，该主轴零件的毛坯选择锻件，主要有以下两方面的原因。

1）因该零件最大直径ϕ135mm（法兰）和最小直径ϕ63mm相差较大，而且最大直径的长度只有22mm，大部分的径向尺寸相对较小，因此采用锻件省时、省料。

2）锻造零件能细化晶粒，使内部组织更致密。

LK32-20207主轴零件每月生产30件，年生产纲领为360件，锻件重量25.44kg，生产类型属于中批生产。考虑到该主轴为阶梯轴，结构较简单，实际生产中采用自由锻件作毛坯。

3. 主轴零件毛坯的加工余量和毛坯公差的确定

根据GB/T 21469—2008《锤上钢质自由锻件机械加工余量与公差　一般要求》、GB/T 21471—2008《锤上钢质自由锻件机械加工余量与公差　轴类》，确定LK32-20207主轴锻件的机械加工余量与公差，锻件精度等级定为F级。

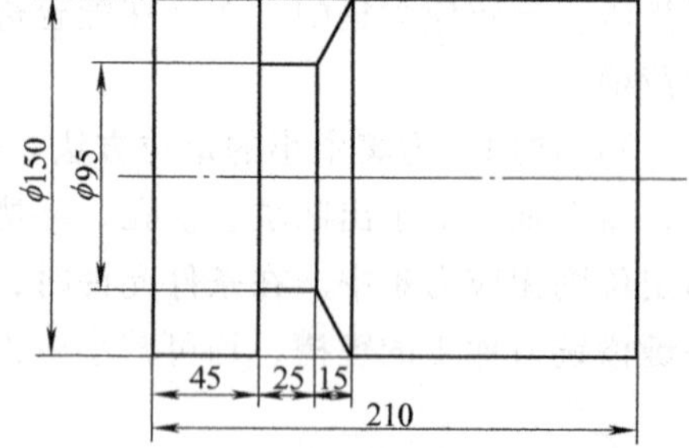

图5-2　LK32-20207主轴锻件坯料图

为了提高锻打生产率，方便操作，将锻件坯料加工成如图5-2所示结构。法兰ϕ135mm毛坯（热轧棒料）直径为ϕ150mm，$\phi 85_{-0.054}^{\ 0}$mm

台阶毛坯直径为 ϕ95mm，此两段台阶轴不锻打，ϕ95mm 段用于锻打时夹持。

查表 5-5，本零件锻打最大直径为 ϕ75mm，零件总长 505mm，得 $a=(10\pm4)$ mm。

各台阶的余量与极限偏差为 $a=(10\pm4)$ mm。

为简化锻件结构，将 $\phi(75\pm0.0095)$ mm、$\phi72_{-0.03}^{\ 0}$mm、M72×1.5、ϕ70mm 合并成 $\phi(75+10\pm4)$ mm $=\phi(85\pm4)$ mm 台阶轴，$\phi(65\pm0.0085)$ mm、M65×1.5、$\phi63_{-0.025}^{\ 0}$mm 合并成 $\phi(65+10\pm4)$ mm $=\phi(75\pm4)$ mm 台阶轴。

考虑到本零件法兰部分为热轧棒料，长度 L 的余量与极限偏差取 $a=(10\pm4)$ mm。

4. 主轴零件毛坯图的绘制

根据以上分析、计算，LK32-20207 主轴的毛坯图如图 5-3 所示。

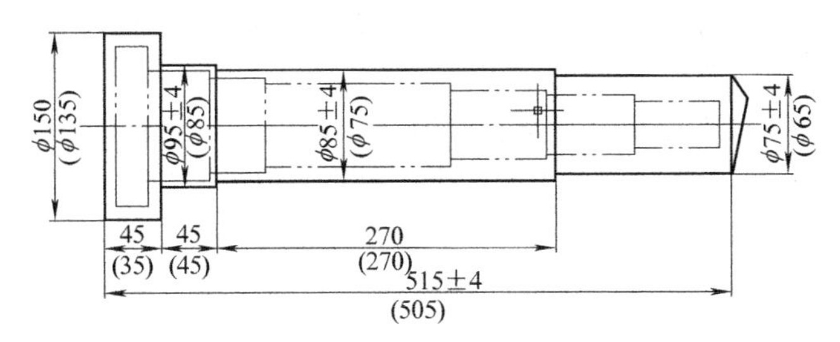

图 5-3　LK32-20207 主轴毛坯图

三、相关知识

（一）轴类零件的材料和毛坯

为了保证轴能够可靠地传递动力，除了正确的结构设计外，还应正确地选择材料、毛坯类型和热处理方法。

1. 轴类零件的材料

轴类零件材料的选取，主要根据轴的强度、韧性、刚度和耐磨性，以及制造工艺性决定，力求经济、合理。

45 钢是一般轴类零件常用的材料，经过调质处理可得到较好的可加工性，而且能获得较高的强度和韧性等综合力学性能。对于受载较小或不太重要的轴，也可用 Q235 等普通碳素钢。对于受力较大，轴向尺寸、重量受限制或者有某些特殊要求的轴，可采用合金钢。如 40Cr 合金结构钢适用于中等精度而转速较高的轴，这类钢经调质和表面淬火处理后，具有较高的综合力学性能。轴承钢 GCr15 和弹簧钢 65Mn 可用于精度较高、工作条件较差的情况，这些材料经调质和表面高频感应淬火后再回火，表面硬度可达 50～58HRC，具有较高的疲劳强度和耐磨性。对于在高转速、重载荷等条件下工作的轴，可选用 20Cr、20CrMnTi、20Mn2B 等低碳合金钢，这些钢经渗碳淬火处理后，一方面能使心部保持良好的韧性，另一方面能获得较高的耐磨性，但其热处理后变形较大；还可采用渗氮钢 38CrMoAl 等，经调质和渗氮后，不仅具有良好的耐磨性和抗疲劳性能，而且其热处理变形也较小。

2. 轴类零件的毛坯

轴类零件常用的毛坯是型材（圆棒料）和锻件，某些大型或结构复杂的轴（如曲轴），在质量允许的情况下可采用铸件。比较重要的轴大都采用锻件。

型材毛坯分热轧或冷拉棒料，均适合于制造光滑轴或直径相差不大的阶梯轴。

锻件毛坯经加热锻打后，金属内部纤维组织沿表面分布，因而有较高的抗拉、抗弯及抗扭强度，一般用于重要的轴。

锻件有自由锻件、模锻件和精密模锻件三种。

（1）自由锻件　是由金属经加热后锻压（用手工锻或用机锤）成形，使毛坯外形与零件的轮廓相近似。由于采用手工操作锻造成形，精度低，加工余量大（毛坯加工余量为1.5~10mm），加之自由锻造生产率不高，所以适用于单件、小批生产中，生产结构简单的锻件。

（2）模锻件　是由毛坯加热后采用锻模锤上锻造出来的锻件。模锻件的精度、表面质量及综合力学性能都比自由锻件高，尺寸公差达0.1~0.2mm，表面粗糙度 Ra 值为12.5μm，毛坯的纤维组织好，强度高，生产率较高；但需要专用锻模及锻锤设备。大批量生产中，中小型零件的毛坯常采用模锻件。

（3）精密模锻件　锻件形状的复杂程度取决于锻模，尺寸精度高，尺寸公差达0.05~0.1mm，锻件变形小，能节省材料和工时，生产率高；但需专门的精锻机或使用两套不同精度的锻模，采用无氧化和少氧化的加热方法，适用于成批及大量生产。

模锻通常按所用的设备分为锤模锻、热模锻压力机模锻、螺旋压力机模锻、水压机模锻、平锻机模锻和电热镦等。

3. 轴类零件的热处理

主轴零件在机加工前、后和过程中一般均需安排一定的热处理工序。在机加工前，对毛坯进行热处理的目的主要是改善材料的切削加工性、消除毛坯制造过程中产生的内应力。如对锻造毛坯通过退火或正火处理可以使钢的晶粒细化，硬度降低，便于切削加工，同时也可消除锻造应力。对于圆棒料毛坯，通过调质处理或正火处理可以有效地改善材料的切削加工性。在机加工过程中的热处理，主要是为了消除各个加工阶段产生的内应力，以利于保证后续加工工序的加工精度。终加工工序前的热处理，目的是使工件能达到要求的表面力学物理性能，同时消除应力。

（二）锤上钢质自由锻件机械加工余量与公差（摘自GB/T 21469—2008~GB/T 21471—2008）

（1）基本概念

1）机械加工余量。为使零件具有一定的加工尺寸和表面粗糙度，在零件表面需要加工的部分，即在锻件上留一层供作机械加工用的金属，称作机械加工余量，如图5-4所示。

2）余块。为简化锻件外形及锻造过程，在锻件的某些地方加添一些大于机械加工余量的金属，这种加添的金属称作余块，如图5-4所示。

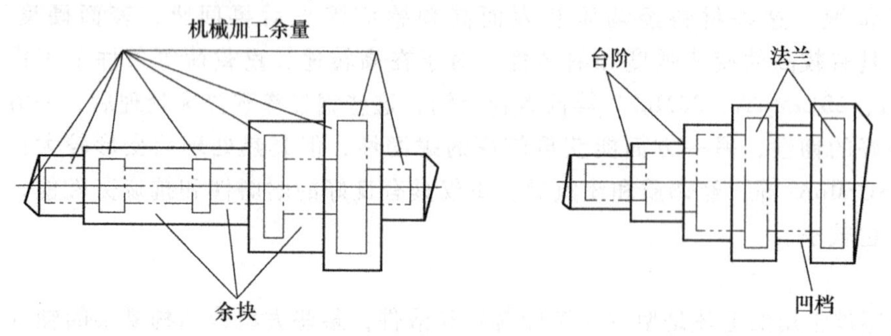

图5-4　锤上钢质自由锻件基本概念示例

3）法兰。在锻件上的台阶，其长度小于本身直径的 0.5 倍，而且其直径比其两端邻接的直径均大于 1.5 倍者，此台阶称作法兰，如图 5-4 所示。

4）凹档。锻件某一部分的直径（或非圆形锻件的截面尺寸）小于其邻接两部分的直径（或截面尺寸），该部分称作凹档，如图 5-4 所示。

（2）一般说明

1）标准规定的机械加工余量与公差分为两个等级，即 E 级和 F 级，其中，F 级用于一般精度的锻件，E 级用于较高精度的锻件。由于 E 级往往需要特殊的工具和增加锻造加工费用，因此用于较大批量的生产。

2）对于轴类零件（包括光轴、台阶轴和曲轴），锻件的长度尺寸可按 2 去 3 入、7 退 8 进的原则，将尾数化整为 0 和 5。

（3）盘、柱类

1）适用范围。国家标准规定了圆形、矩形（$A_1/A_2 \leqslant 2.5$）、六角形的盘、柱类自由锻件的机械加工余量与公差，适用于零件尺寸符合 $0.1D \leqslant H \leqslant D$（或 A，S）盘类、$D \leqslant H \leqslant 2.5D$（或 A，S）柱类的自由锻件。

2）余量与公差。盘、柱类自由锻件的机械加工余量与公差应符合图 5-5 及表 5-1 的规定。

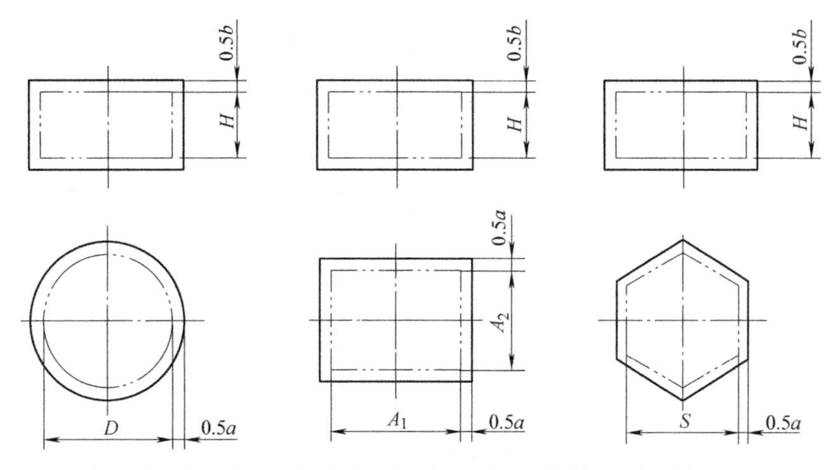

图 5-5　盘、柱类自由锻件的机械加工余量与公差图例

表 5-1　盘、柱类自由锻件的机械加工余量与公差　（单位：mm）

零件尺寸 D(或 A,S)		零件高度 H											
		大于	0	40		63		100		160		200	
		至	40	63		100		160		200		250	
		加工余量 a,b 与极限偏差											
		a	b	a	b	a	b	a	b	a	b	a	b
大于	至	锻件精度等级 F											
63	100	6±2	6±2	6±2	6±2	7±2	7±2	8±3	8±3	9±3	9±3	10±4	10±4
100	160	7±2	6±2	7±2	6±2	8±3	7±2	8±3	8±3	9±3	9±3	10±4	10±4
160	200	8±3	6±2	8±3	7±2	8±3	8±3	9±3	9±3	10±4	10±4	11±4	11±4
200	250	9±3	7±2	9±3	7±2	9±3	8±3	10±4	9±3	11±4	10±4	12±5	12±5

（4）带孔圆盘类

1）适用范围。国家标准规定了带孔圆盘自由锻件的机械加工余量与公差，适用于零件尺寸符合 $0.1D \leqslant H \leqslant 1.5D$、$d \leqslant 0.5D$ 的带孔圆盘类自由锻件。

2）余量与公差。带孔圆盘类自由锻件的机械加工余量与公差应符合图 5-6 及表 5-2 的规定。

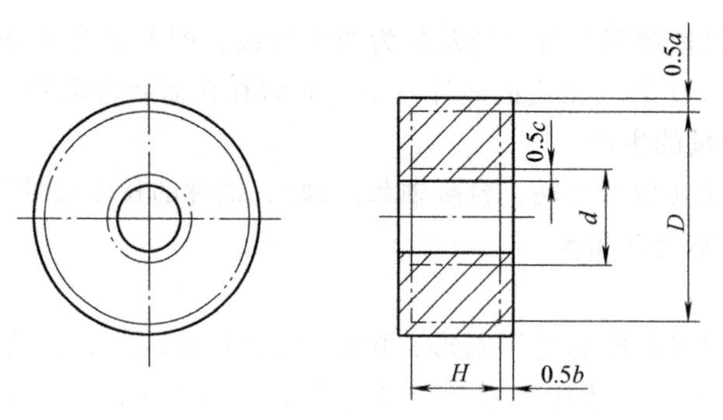

图 5-6　带孔圆盘类自由锻件的机械加工余量与公差图例

表 5-2　带孔圆盘类自由锻件的机械加工余量与公差　（单位：mm）

零件尺寸 D		零件高度 H																	
	大于	0			40			63			100			160			200		
	至	40			63			100			160			200			250		
		加工余量 a,b 与极限偏差																	
		a	b	c	a	b	c	a	b	c	a	b	c	a	b	c	a	b	c
大于	至	锻件精度等级 F																	
63	100	6±2	6±2	9±3	6±2	6±2	9±3	7±2	7±2	11±4	8±3	8±3	12±5						
100	160	7±2	6±2	11±4	7±2	6±2	11±4	8±3	7±2	12±5	8±3	8±3	12±5	9±3	9±3	14±6	11±4	11±4	17±7
160	200	8±3	6±2	12±5	8±3	7±2	12±5	8±3	8±3	12±5	9±3	9±3	14±6	10±4	10±4	15±6	12±5	12±5	18±8
200	250	9±3	7±2	14±6	9±3	7±2	14±6	9±3	8±3	14±6	10±4	9±3	15±6	11±4	10±4	17±7	12±5	12±5	18±8

3）带孔圆盘类自由锻件的最小冲孔直径应符合表 5-3 的规定。

表 5-3　最小冲孔直径

锻锤吨位/t	≤0.15	0.25	0.5	0.75	1	2	3	5
最小冲孔直径 d/mm	30	40	50	60	70	80	90	100

4）锻件的高度与孔径之比大于 3 倍时，孔允许不冲出。

（5）光轴类

1）适用范围。以下引用标准规定了圆形、方形、六角形、八角形、矩形（$B/H \leqslant 5$）截面的光轴类自由锻件的机械加工余量与公差，适用于零件尺寸 $L>2.5D$（或 A、B、S）的光轴类自由锻件。

2）余量与公差。光轴类自由锻件的机械加工余量与公差应符合图 5-7 及表 5-4 的规定。

3）一般说明。矩形截面光轴两边长之比 B/H>2. 5 时，H 的余量 a 增加 20%。

当零件尺寸 L/D（或 L/B）>20 时，余量 a 增加 30%。

矩形截面光轴以较大的一边 B 和长度 L 查表 5-4 得 a，以确定 L 和 B 的余量。H 的余量 a 则以长度 L 和计算值 $H_p=(B+H)/2$ 查表确定。

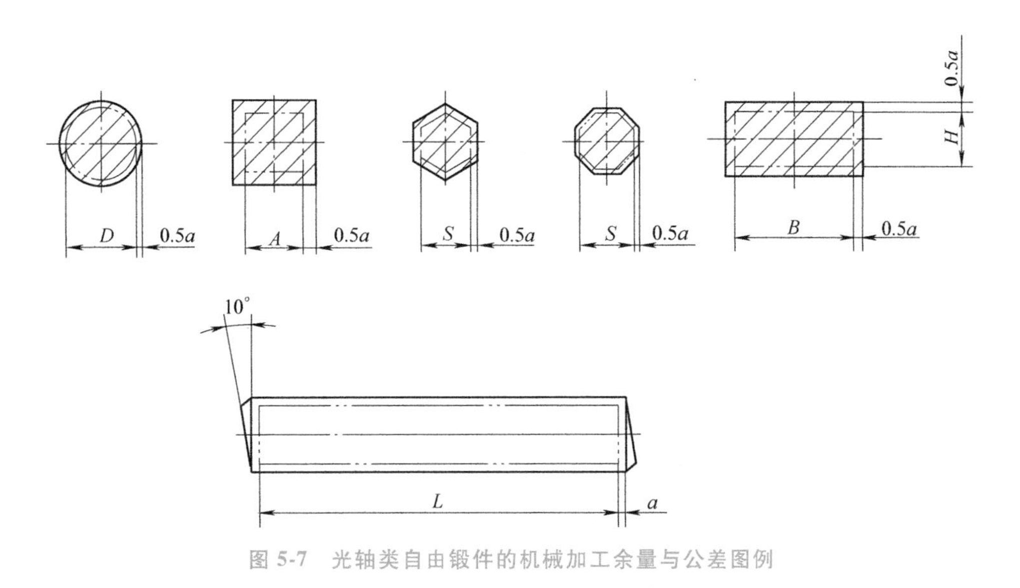

图 5-7　光轴类自由锻件的机械加工余量与公差图例

表 5-4　光轴类自由锻件的机械加工余量与公差　（单位：mm）

零件尺寸 D, A, S, B, H_p[①]		零件长度 L				
		大于 0	315	630	1000	1600
		至 315	630	1000	1600	2500
		余量 a 与极限偏差				
大于	至	锻件精度等级 F				
0	40	7±2	8±3	9±3	12±5	
40	63	8±3	9±3	10±4	12±5	14±6
63	100	9±3	10±4	11±4	13±5	14±6
100	160	10±4	11±4	12±5	14±6	15±6
160	200		12±5	13±5	15±6	16±7
200	250		13±5	14±6	16±7	17±7

① 矩形截面 H 的余量，以 H_p 代替 H 查表，$H_p=(B+H)/2$。

（6）台阶轴类

1）适用范围。圆形截面的台阶轴类自由锻件总长 L 与台阶最大直径 D 之比（L/D）应大于 2. 5。

2）余量与公差。台阶轴类自由锻件的机械加工余量与公差应符合图 5-8 及表 5-5 的规定。

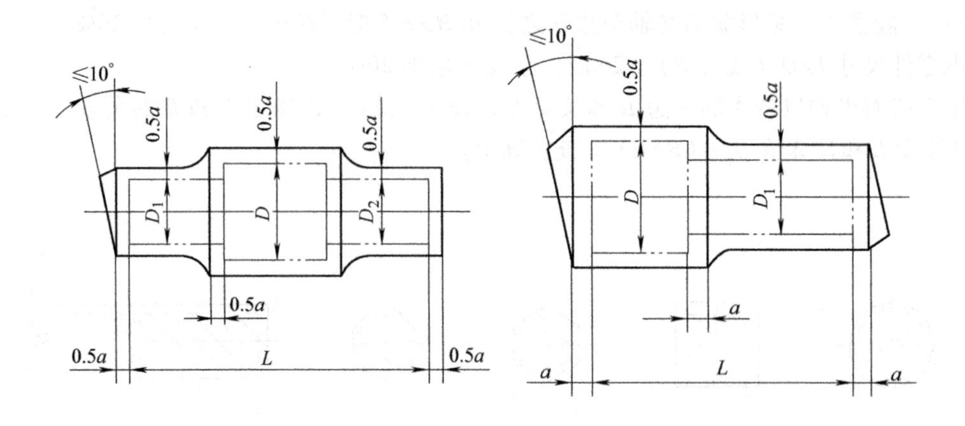

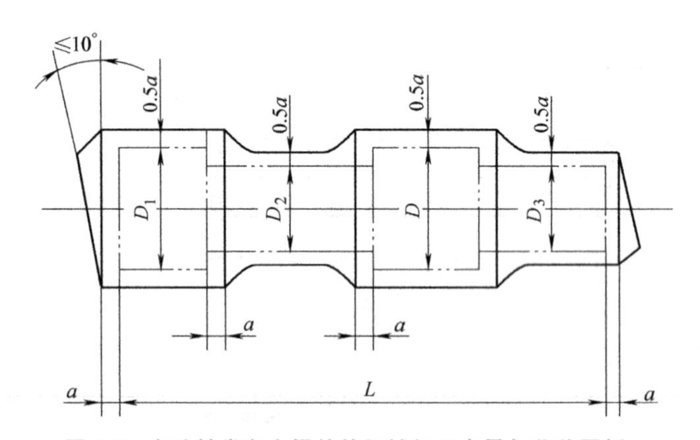

图 5-8　台阶轴类自由锻件的机械加工余量与公差图例

表 5-5　台阶轴类自由锻件的机械加工余量与公差　（单位：mm）

零件最大直径 *D*		零件总长 *L*						
		大于 0	315	630	1000	1600	2500	4000
		至 315	630	1000	1600	2500	4000	6000
		余量 *a* 与极限偏差						
大于	至	锻件精度等级 F						
0	40	7±2	8±3	9±3	10±4			
40	63	8±3	9±3	10±4	12±5	13±5		
63	100	9±3	10±4	11±4	13±5	14±6	16±7	
100	160	10±4	11±4	12±5	14±6	15±6	17±7	19±8
160	200		12±5	13±5	15±6	16±7	18±8	20±8
200	250		13±5	14±6	16±7	17±7	19±8	21±9
250	315			16±7	18±8	19±8	21±9	23±10
315	400			18±8	19±8	20±8	22±9	
400	500				20±8	22±9		

3）一般说明。

① 各台阶直径和长度上的余量按零件最大直径 D 和总长度 L 确定。

② 当零件某部分的总长度 L 与直径 D_i 之比大于 20 时，该直径 D_i 的余量增加 30%。

③ 当零件相邻两直径之比大于 2.5 时，可按节省材料的原则将其中一部分的直径余量增加 20%。

4）台阶和凹档的锻出条件。

① 锻件上台阶或凹档的锻出条件应符合图 5-9 及表 5-6 的规定。

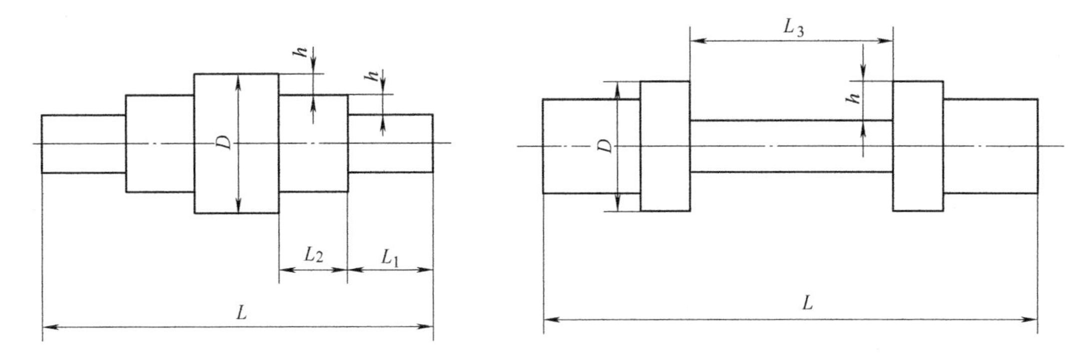

图 5-9　台阶和凹档的锻出条件图例

表 5-6　台阶和凹档的锻出条件　（单位：mm）

台阶高度 h		零件总长度 L		零件相邻台阶的直径 D							
				大于 0	40	63	100	160	200	250	315
				至 40	63	100	160	200	250	315	400
大于	至	大于	至	锻出台阶或凹档最小长度的计算基数 l							
5	8	0	315	100	120	140	160	180			
		315	630	140	160	180	210	240			
		630	1000	180	210	240	270	300			
		1000	1600	240	270	300	330	360			
		1600	2500		330	360	400	440			
		2500	4000			440	480	520			
		4000	6000				560	600			
8	14	0	315	70	80	90	100	110	120	140	
		315	630	90	100	110	120	140	160	180	
		630	1000	110	120	140	160	180	210	240	
		1000	1600	140	160	180	210	240	270	300	
		1600	2500		210	240	270	300	330	360	
		2500	4000			300	330	360	400	440	
		4000	6000				400	440	480	520	

（续）

台阶高度 h		零件总长度 L		零件相邻台阶的直径 D							
				大于 0	40	63	100	160	200	250	315
				至 40	63	100	160	200	250	315	400
大于	至	大于	至	锻出台阶或凹档最小长度的计算基数 l							
14	23	0	315		60	70	80	90	100	110	120
		315	630		80	90	100	110	120	140	160
		630	1000		100	110	120	140	160	180	210
		1000	1600		120	140	160	180	210	240	270
		1600	2500		160	180	210	240	270	300	330
		2500	4000			240	270	300	330	360	400
		4000	6000				330	360	400	440	480

② 端部台阶长度 $L_1 \geqslant l$ 时，应予锻出。

③ 中间台阶长度 $L_2 \geqslant 0.8l$ 时，应予锻出。

④ 凹档长度 $L_3 \geqslant 1.5l$ 时，应予锻出。

5）法兰的最小锻出宽度。锻件上法兰的最小锻出宽度应符合图 5-10 及表 5-7 的规定。

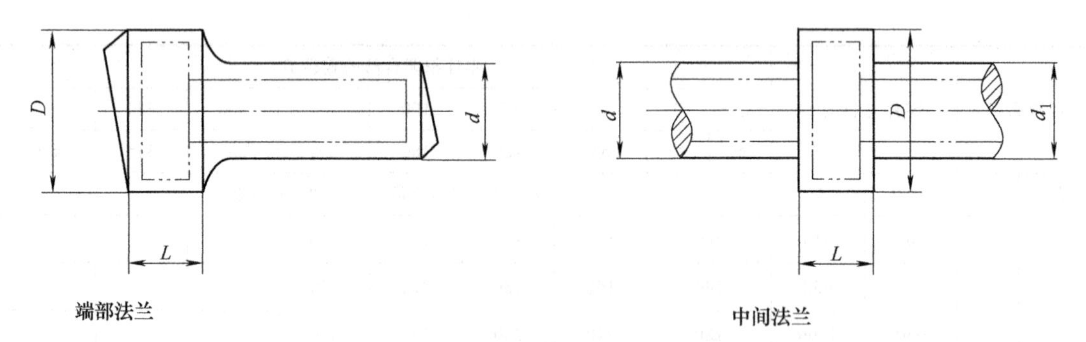

图 5-10 法兰的最小锻出宽度图例

表 5-7 法兰的最小锻出宽度 （单位：mm）

与法兰相邻部分的尺寸 d		法兰直径 D							
		大于 0	40	63	100	160	200	250	315
		至 40	63	100	160	200	250	315	400
大于	至	锻出法兰最小宽度 L							
0	40	$\frac{23}{15}$	$\frac{30}{22}$	$\frac{40}{30}$	$\frac{55}{42}$				
40	50		$\frac{26}{20}$	$\frac{36}{28}$	$\frac{50}{39}$	$\frac{65}{51}$			
50	63		$\frac{23}{18}$	$\frac{32}{25}$	$\frac{45}{36}$	$\frac{60}{48}$	$\frac{85}{65}$		

（续）

与法兰相邻部分的尺寸 d		法兰直径 D							
		大于	0	40	63	100	160	200	250	315
		至	40	63	100	160	200	250	315	400
大于	至	锻出法兰最小宽度 L							
63	80			28/22	40/33	55/45	80/60	110/80	
80	100			23/18	35/33	50/42	75/55	105/75	135/100
100	120				30/26	45/38	65/50	95/70	125/95

注：1. 表中分子数值适用于端部法兰，分母数值适用于中间法兰。

2. 中间法兰按法兰直径 D 与相邻较小直径 d 来确定其最小锻出宽度 L。

3. 法兰按台阶轴类锻件加放余量后，其宽度值如小于表列数值，则可增大至表列数值。

例　求矩形截面光轴的锻件尺寸。设零件尺寸 $B=200\text{mm}$，$H=100\text{mm}$，$L=2000\text{mm}$，要求锻件精度等级为 F 级。

解　以尺寸 B 和 L 查表 5-4 得：$a=(16\pm7)\text{mm}$

长度 L 的余量与极限偏差为 $2a=(32\pm14)\text{mm}$

宽度 B 的余量与极限偏差为 $a=(16\pm7)\text{mm}$

$$H_p=\frac{B+H}{2}=\frac{200+100}{2}\text{mm}=150\text{mm}$$

以 H_p 和 L 查表 5-4 得：$a=(15\pm6)\text{mm}$

求得的锻件尺寸为：

$$B_0=[(200+16)\pm7]\text{mm}=(216\pm7)\text{mm}$$

$$H_0=[(100+15)\pm6]\text{mm}=(115\pm6)\text{mm}$$

$$L_0=[(2000+32)\pm14]\text{mm}=(2032\pm14)\text{mm}$$

根据锻件公度尺寸 2 去 3 入的原则，取 $L_0=(2030\pm14)\text{mm}$

（三）主轴毛坯图的绘制方法

1. 毛坯图的绘制步骤

在确定了毛坯的种类、形状和尺寸之后，还应绘制一张毛坯图，作为毛坯生产单位的产品图样。绘制毛坯图的步骤如下：

1）用双点画线画出经简化了次要细节的零件图的主要视图，将确定的毛坯加工余量叠加在各相应被加工表面上，即得到毛坯轮廓，用粗实线表示。

2）和一般零件图一样，为表达清楚某些内部结构，可画出必要的剖视图、断面图。在实体上加工出来的槽和孔，可不必这样表达。

3）在图上标出毛坯主要尺寸及公差，标出加工余量的名义尺寸。可在毛坯图上注明成品尺寸（公称尺寸），但应加括号。

4）标明材料规格及毛坯技术要求。如材料及规格、毛坯精度、热处理及硬度、圆角尺寸、拔模斜度、内部质量要求（气孔、缩孔、夹砂）等。

由于主轴零件的毛坯种类为锻件，所以下面仅讲述锻件图的绘制方法。

2. 锻件图的设计步骤

阅读零件图样，了解零件材料、结构特点、使用要求；审核零件结构的模锻工艺性、协调基准、工艺凸台等冷、热加工工艺要求；选择锻造方法和分模位置；绘制图形，加放余量，确定拔模斜度、圆角、孔腔形状；校核壁厚。

3. 锻件的技术条件

锻件的主要技术条件如下：

1）锻件热处理及硬度要求，测定硬度的位置。

2）需要取样检查试件的金相组织和力学性能时，应注明取样位置。

3）未注明的拔模斜度、圆角半径、尺寸公差。

4）锻件表面的质量要求，清理氧化皮的方法，表面允许的缺陷深度等。

5）锻件外形允许的偏差，分模面上模、下模允许的错差，允许的残留飞边宽度，锻件允许的弯曲和翘曲量，允许的壁厚差等。

6）锻件的质量。

7）锻件的内在质量要求。

8）锻件检验等级及验收的技术条件。

9）打印零件号和熔批号的位置等。

4. 锻件图的绘制

锻件的外形用粗实线表示，零件的轮廓线用细双点画线表示。锻件的公称尺寸和公差标注在尺寸线上面，零件的尺寸标注在尺寸线下面的括号内（图 5-11）。注意标明锻件的技术条件。

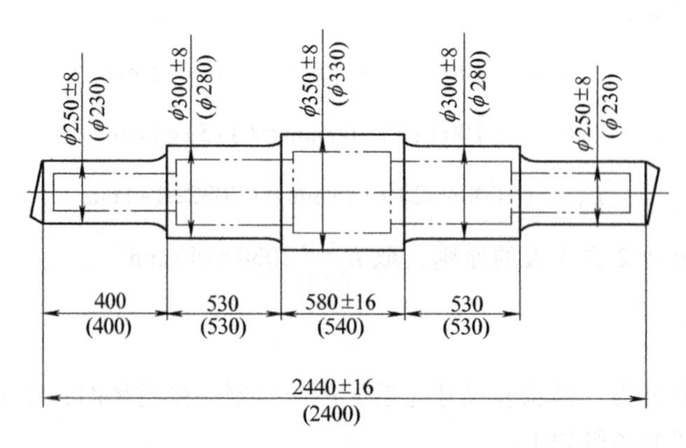

图 5-11 锻件图示例

四、思考与练习

1. 轴类零件的常用材料有哪些？各有什么特点？

2. 轴类零件的常用毛坯种类有哪些？试比较它们的优缺点。

3. 试确定如图 5-12 所示齿轮锻件毛坯的形状、尺寸和公差，并绘制毛坯图（材料：45 钢，生产类型：大批生产）。

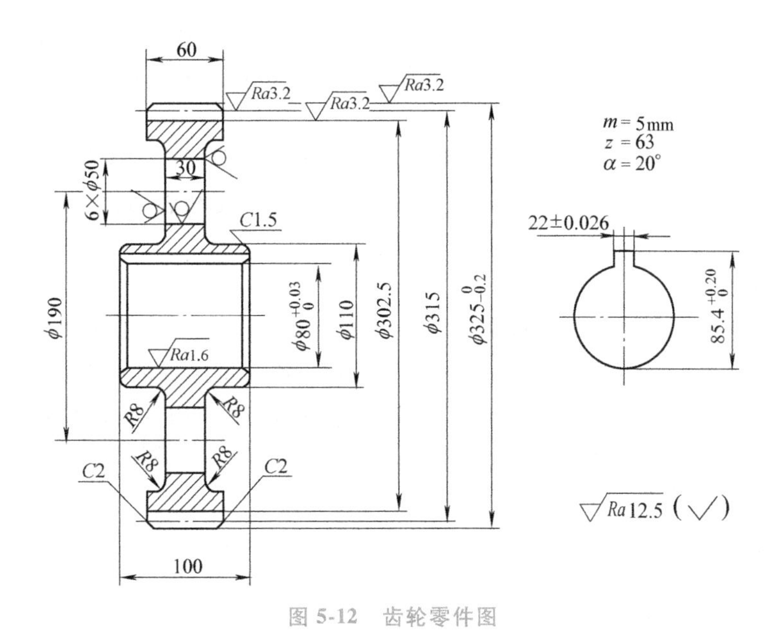

图 5-12　齿轮零件图

模块三　主轴零件的工艺过程制订

一、教学目标

最终目标：会合理制订主轴零件的机械加工工艺过程。

促成目标：

1）会合理制订主轴零件的机械加工工艺过程。

2）会对主轴零件的不同机械加工方案进行分析和比较。

微课视频（5）

微课视频（6）

微课视频（7）

微课视频（8）

二、案例分析

主轴零件的机械加工工艺路线一般为：毛坯及热处理→粗加工→热处理→半精加工→热处理→精加工→时效处理→光整加工→终检→入库。

1. 定位基准的选择

LK32-20207 主轴属于轴类零件，主轴各外圆表面、锥孔、锥面、螺纹表面以及它们之间的同轴度，端面、台阶面对旋转轴线的圆跳动、垂直度，其设计基准都是轴的轴线，因此主轴的主要定位基准为两端中心孔，符合基准重合和基准统一原则。粗车时，切削力大，采用“一夹一顶”。半精车、粗磨、半精磨、精磨锥孔时，以两个圆柱面为定位基准面。锥孔加工后，粗磨、半精磨、精磨外圆表面、短锥、端面、台阶面时，使用锥堵。主轴支承轴颈与内锥面互为基准，交替使用，以保证支承轴颈与主轴内锥面的同轴度要求。

2. 主要表面加工方法的选择

LK32-20207 主轴的主要加工表面是两个支承轴颈、锥孔、前端短锥面及其端面、安装齿轮的各个轴颈等，材料为 45 钢。根据主要表面的加工精度和表面粗糙度要求，参考《机械加工工艺手册》等有关资料，其加工方法选择如下。

1）支承轴颈 $\phi(75\pm0.0095)$mm、$\phi(65\pm0.0085)$mm，以及 $\phi(75\pm0.0095)$mm 与 $\phi85_{-0.054}^{0}$mm 之间的台阶面，1∶4 短锥、1∶4 短锥与 $\phi135$mm 外圆之间的法兰面，配合轴颈 $\phi72_{-0.03}^{0}$mm、$\phi63_{-0.025}^{0}$mm、$\phi72_{-0.03}^{0}$mm 与 $\phi(75\pm0.0095)$mm 之间的台阶面、$\phi(65\pm0.0085)$mm 与 $\phi70$mm 之间的台阶面，外圆表面尺寸公差等级为 IT5～IT7，表面粗糙度 Ra 值不大于 1.6μm，整体调质处理，距短锥面 110mm 的部位淬火处理，需采用粗车—半精车—粗磨—半精磨—精磨的加工方法。

2）对于莫氏 6 号锥孔，其锥面接触面积大于 85%，表面粗糙度 Ra 值为 0.8μm，整体调质处理，需采用粗车—钻深孔—半精车—粗磨—半精磨—精磨的加工方法。

3）对于后端面 1∶20 工艺锥孔，表面粗糙度 Ra 值为 1.6μm，整体调质处理，需采用钻深孔—半精车—粗磨—半精磨的加工方法。

4）M65×1.5-6g、M72×1.5-6g 外螺纹，表面粗糙度 Ra 值为 6.3μm，宜采用粗车—半精车—粗磨—精车的加工方法。

5）对于 $\phi70$mm 外圆，其表面粗糙度 Ra 值为 1.6μm，采用粗车—半精车—粗磨的加工方法。

6）对于 $\phi52$mm 内孔，其轴线对支承轴颈轴线的同轴度公差为 $\phi0.12$mm，其表面粗糙度 Ra 值为 6.3μm，采用钻深孔—车的加工方法。

7）对于 10N9、6N9 键槽，其表面粗糙度 Ra 值为 3.2μm，采用粗车—半精车—粗磨—立铣的加工方法。

3. 加工顺序的安排

轴类零件各表面的加工顺序，在很大程度上与定位基准的转换有关。当零件加工用的粗、精基准选定后，加工顺序就大致可以确定了。因为各阶段开始总是先加工定位基准面，即先行工序必须为后面的工序准备好所用的定位基准。LK32-20207 主轴的工艺过程，一开始就在小端钻 $\phi10$mm×12mm 的孔，孔口倒角 3mm×30°，为粗车和半精车外圆准备定位基准；半精车外圆又为深孔加工、前后锥孔加工准备了定位基准。反过来，前后锥孔装上锥堵后的中心孔，又为此后的精加工外圆准备了定位基准；而最后磨锥孔的定位基准则是上工序精磨好的轴颈表面。

LK32-20207 主轴零件要进行三次热处理：调质、淬火、定性，以不同的热处理工序作为分界线，将主轴零件的机械加工分成粗加工、半精加工、精加工和精密加工四个阶段。一般设计机械加工工艺过程需先了解零件要进行几次热处理，以及每次热处理的工序是什么。

第一种，如调质、正火、退火热处理。这些热处理对零件的加工性影响不大，热处理后常规加工都能进行。但是经调质、正火、退火等热处理后，零件表面会产生氧化皮和变形等现象，因此一般将这种热处理放在粗加工前或粗加工后半精加工前（加工余量大的情况）。

第二种，如进行淬火处理。零件经淬火处理后，零件表面的硬度较高，普通的金属切削加工就比较困难，一般只能采用磨削等少数几种加工方法进行加工（随着刀具材料技术的发展，现在零件硬度达60HRC左右时，车、铣也能加工），而且加工余量比较小，因此将这种热处理放在精加工前进行。

第三种，如进行定性（时效）处理、表面处理、渗氮处理等。这种热处理一般对零件的影响比较小，只有高精度的零件将其放在精密加工前，一般的零件都放在精加工后。

LK32-20207主轴零件的粗加工分为钻中心孔、粗车外圆、深孔钻三道工序。这三道工序也可合并成一道工序放在粗车工序中加工。对于专业机床厂家，每个月的生产数量比较大，集中加工在这道工序上也要安排几台车床，因此可将其细分。钻深孔工序也可直接放在车床上钻。钻孔用的钻头材料一般是高速工具钢，其韧性好，但切削速度低，要钻深孔，在加工过程中没有冷却是不行的，在加工过程中冷却时间要比加工时间多好几倍，甚至几十倍，因而生产效率不高。在普通车床上，对深孔加工的冷却比较困难。如用硬质合金刀具加工，则刀具材料的韧性不好，在加工过程中发生不正常的情况（如停电、材料内部有异常等）时就容易使钻头崩刃，崩碎的切削刃不能取出，则整件主轴材料就报废了，因此在钻深孔时很少用硬质合金材料的钻头，大部分使用高速工具钢材料的钻头。为解决这个难题，可设计一台专用设备来完成深孔加工工序，即采用特殊的深孔钻结构，从钻头外侧高压喷入切削液，再把切屑和切削液从钻头中间冲出，这时切削液同时起冷却作用、润滑作用、排屑和洗涤作用，如图5-13所示。

图5-13　某公司主轴深孔加工现场

LK32-20207主轴零件的半精加工安排两道工序：半精车外圆、钻法兰孔。因为半精加工后还需对头部进行淬火热处理，热处理后的部位硬度将达到50HRC，因此在半精加工中安排半精车，半精车后只留磨削余量。淬火处理后硬度高，加工孔的难度较大，因此在淬火热处理前安排钻法兰面上各孔的工序。

LK32-20207主轴零件的精加工分为粗磨外圆、立铣键槽、精车螺纹、粗磨内孔四道工序。粗磨是为立铣和精车加工的定位基准作准备，因此把它放在精加工的第一位。铣键槽和精车螺纹是为完成各自的表面加工，放在精密加工阶段也可以；这两道工序看似简单，但加工后产生的应力比较大，因此应放在定性处理前进行。立铣和精车两道工序前后互调没有大的问题，可以立铣后精车，也可以精车后立铣，主要看前后加工对零件的装夹及尺寸链的影响。

LK32-20207 主轴零件的精密加工分为半精磨和精磨两道工序。这两道工序可以合在一起定为精磨，分开的目的是让操作者明白主轴精密加工的重要性，相差几十微米误差都不行。

4. 加工方案分析

LK32-20207 数控车床主轴具有内锥孔，对于这类空心轴类零件，在考虑支承轴颈、一般轴颈和内锥孔等主要表面的加工顺序时，可有以下几种加工方案（在讨论定位基准的选择时，已确定深孔应在粗车外圆后就进行加工）。

1）外表面粗加工—钻深孔—外表面精加工—锥孔粗加工—锥孔精加工。

2）外表面粗加工—钻深孔—锥孔粗加工—锥孔精加工—外表面精加工。

3）外表面粗加工—钻深孔—锥孔粗加工—外表面精加工—锥孔精加工。

第一方案：在锥孔粗加工时，由于要用已精加工过的外圆表面作精基准面，会破坏外圆表面的精度和表面粗糙度，所以此方案不宜采用。

第二方案：在精加工外圆表面时，还要再插上锥堵，这样会影响锥孔精度。另外，在加工锥孔时，不可避免地会有加工误差（锥孔的磨削条件比外圆磨削条件差），加上锥堵本身的误差等，就会造成外圆表面和内锥面的不同轴，故此方案也不宜采用。

第三方案：在锥孔精加工时，虽然也要用已精加工过的外圆表面作为精基准面，但由于锥孔精加工的加工余量已很小，磨削力不大；同时锥孔的精加工已处于轴加工的最终阶段，对外圆表面的精度影响不大；同时，这一方案的加工顺序，可以采用外圆表面和锥孔互为基准，交替使用，能逐步提高主轴精度。

经过比较可知，像 LK32-20207 主轴一类的轴类零件的加工顺序，以第三方案为佳。

基于上面的分析，LK32-20207 主轴零件的机械加工工艺过程为：锻造→钻中心孔→粗车→钻深孔→热处理（调质）→半精车→钻孔→热处理淬火→粗磨→立铣→精车→热处理（油炉定性处理）→半精磨→精磨→终检→入库。

三、相关知识

（一）主轴零件定位基准的选择

在轴类零件的加工中，为了保证各主要表面的相互位置精度，选择定位基准时应尽可能使其与装配基准重合和使各工序的基准统一，并且考虑在一次安装中尽可能加工出较多的表面。

（1）以工件的两中心孔作定位基准　由于外圆表面的设计基准为轴的轴线，在加工轴时，若能以轴线作为定位基准就能符合基准重合与基准统一的原则，可以避免误差的产生，所以轴类零件加工都用轴两端的中心孔作为精基准。中心孔的精度越高，加工精度就有可能越高。用中心孔作为定位基准，能在一次安装中加工出各段外圆表面及其端面等，既符合基准统一的原则，又保证了各外圆表面的同轴度，以及各外圆表面与端面的垂直度要求。对于实心轴（锻件或棒料毛坯），在粗车之前，均先钻中心孔，然后粗车外圆。

（2）以外圆和中心孔作定位基准（一夹一顶）　用两中心孔定位虽然定心精度高，但刚度差，尤其是加工较重的工件时不够稳固，切削用量也不能太大。粗加工时，为了提高零件的刚度，可采用轴的外圆表面和一中心孔作为定位基准来加工。这种定位方法能承受较大的切削力，是轴类零件最常见的一种定位方法。

（3）以两外圆表面作定位基准　轴类零件加工的位置精度指标主要是各段外圆的同轴度、径向圆跳动，以及锥孔和外圆的同轴度、斜向圆跳动。主轴的装配基准主要是前后两个支承轴颈面，为了保证 1∶4 短锥面、莫氏 6 号锥孔与支承轴颈面有较高的同轴度，应以加工好的支承轴颈为定位基准来终磨锥孔和短锥面，这符合基准重合的原则。为了避免支承轴颈被拉毛或损伤，并考虑到有些机床主轴的支承轴颈带有锥度，不便于夹具制造等因素，在实际生产中也有不选用支承轴颈作为定位基准，而用和它靠近的圆柱轴颈作为定位基准的。

（4）以两端孔口 60°倒角或者两端锥孔作定位基准　对于内孔不大的空心轴，以外圆定位加工孔并在两端孔口倒角或车两端内锥孔，作为以后加工的基准。

两端锥孔（或两端孔口 60°倒角）的质量好坏，对加工精度影响很大，应尽量做到两端锥孔的轴线相互重合，孔的锥角 60°要准确，它与顶尖的接触面积要大，表面粗糙度值要小，否则装夹于两顶尖间的轴在加工过程中将因接触刚度的变化而出现圆度误差。因此，经常注意两端锥孔的质量，是轴件加工中的关键问题。

（5）以带有中心孔的锥堵作定位基准　大部分机床主轴的毛坯是实心的，但最后要加工成空心轴，从选择定位基准的角度来考虑，希望采用中心孔来定位，而把深孔加工工序安排在最后。但深孔加工是粗加工工序，要切除大量金属，会引起主轴变形而影响加工质量，所以只好在粗车外圆之后就把深孔加工出来。在成批生产中，深孔加工之后，为了还能用中心孔作定位基准，可考虑在轴的通孔两端加工出工艺锥面，插上两个带中心孔的锥堵或锥套心轴（图 5-14）来安装工件。在小批生产中，为了节省辅助设备，常用外圆找正的方法来安装工件。

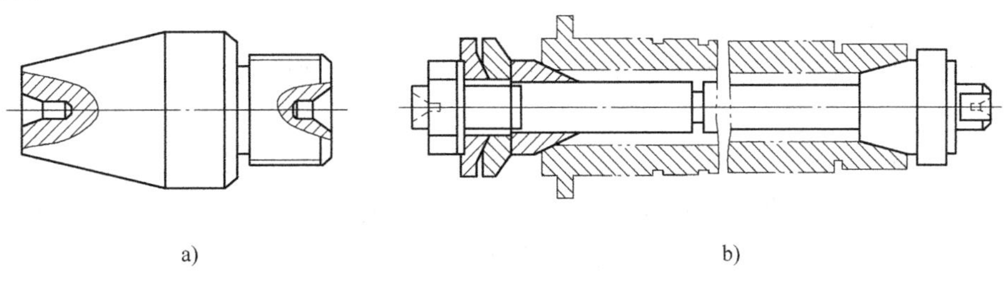

a)　　　　　　b)

图 5-14　锥堵和锥套心轴

a）锥堵　b）锥套心轴

（6）主轴的支承轴颈与内锥面互为基准　为了保证支承轴颈与主轴内锥面的同轴度要求，在选择精基准时，要采取互为基准的原则。例如 LK32-20207 主轴，在车、粗磨小端 1∶20 锥孔和大端莫氏 6 号锥孔时（工序 60、90，参见表 8-12、表 8-13、表 8-17、表 8-18），用的分别是与前、后支承轴颈相邻且用同一基准加工出来的外圆柱面为定位基准（直接用前支承轴颈作为定位基准当然更好，但是会拉毛或损伤支承轴颈）。在工序 130 半精磨各外圆（包括两个支承轴颈）时，即是以上述前后锥孔所配锥堵的中心孔为定位基准，半精磨莫氏 6 号锥孔、1∶20 锥孔时，又以两个圆柱面为定位基准面，这就是符合互为基准原则的基准转换。由于定位基准的精度比上一工序有所提高，故该工序的定位误差有所减小。在工序 140 精磨两个支承轴颈和主要外圆表面时，再次以半精磨的锥孔所配锥堵的中心孔为定位基准，定位基准再次转换，定位精度比前又有所提高，最后精磨莫氏 6 号锥孔时，直接以精磨后的外圆柱面为定位基准，这又再一次转换定位基准，进一步提高了定位精度。这些定位基准转换过程是精度提高的过程，使精加工前有精度较高的精基准，完全符合互为基准的原则。转换次数的多少，要根据加工精度要求而定。

根据上述分析可知，对于实心轴类零件，精基准就是中心孔；而对于像 LK32-20207 主轴的空心轴，精基准除锥堵外还有轴颈等外圆表面，并且两者交替使用，互为基准。只要有可能，实心轴应尽量以中心孔定位进行以后的加工，空心轴则尽量以锥堵或者两端锥孔定位进行以后的加工。

（二）主轴零件加工顺序的安排

1. 加工阶段的划分

由于主轴的精度要求高，并且在加工过程中要切除大量金属，因此，必须将主轴的加工过程划分为几个阶段，将粗加工和精加工分别安排在不同的阶段中。

机床主轴的加工过程大致可分为四个阶段，每个阶段包括的工序多少不等，主要根据精度的要求而定。

根据粗、精加工分开原则来划分阶段极为必要。这是由于加工过程中热处理、切削力、切削热、夹紧力等对工件产生较大的加工误差和应力，为了消除前一道工序的加工误差和应力，需要进行另一次新加工，且新加工所带来的误差和应力总是要比前一次的小。加工次数增多以后，精度便逐渐提高。精度要求越高，加工次数越多。

热处理后出现变形是显而易见的，像正火、调质和淬火等工序往往使工件弯曲或扭曲，而且调质和淬火后，往往伴随着产生内应力，因此，热处理之后，经常需要安排一次机械加工（如车削或磨削），以纠正零件的变形和消除一部分内应力。但机械加工之后，由于工件的内应力重新平衡，又会留下新的变形和新的加工应力，虽其数值比未加工之前大为减少，仍必须用新的机械加工方法加以消除，故在粗磨之后又需进行半精磨、精磨等工序。对于精度要求高的轴件，又需在粗磨或精车之后进行低温时效处理，以提高轴件尺寸精度的稳定性。

粗加工之前，毛坯余量较大，而且余量往往不均（如锻件的外形与加工后的形状相差较大且不均匀），因而在粗加工中需用较大的切削力，并常常因此产生大量切削热，使轴件在加工中产生热变形和受力变形，进而出现形状误差（如鼓形和鞍形等）；由于外圆余量不均又将出现圆度、锥度等误差，同时也出现大的加工应力，故粗加工之后要进行半精加工（如半精车、精车等），这也是锻件毛坯要比棒料毛坯多车一次的原因。此后即使不插入热处理工序，也还需要进行一些精加工，以提高精度。为了改善主轴的力学性能（如增加表面硬度），往往在半精加工（半精车或精车）之后进行淬火处理，因而又需进一步进行一系列的精加工（如磨削等）。后一次加工所带来的切削力和热量，均比前一次的小（因其余量逐渐减小），因而出现的误差和应力也随之减小，这就是进行多次加工能提高精度的原因。

综上所述，粗、精加工不能在同一次安装中完成，而应当把粗、精加工分别作为两个工序或者在不同的机床上进行，最好粗、精加工间隔一些时间（一天或几天），让上道工序加工的内应力逐步消失（自然时效）。另外，粗加工机床要求功率大和刚度好，要能承受大的切削力，而精加工机床则要求精度高。若以精加工机床进行粗加工，易丧失精度和降低机床寿命。从机床保养角度来看，粗、精加工也应分开。精加工所用机床的精度，要与被加工工件所要求的精度相适应，最好略高些，这是选取机械加工经济精度时所要注意的。

2. 机械加工顺序的安排

安排主轴的加工顺序时，应注意以下几点：

(1) 基面先行　工序中的定位基准面要安排在该工序之前加工。例如CA6140主轴，其工艺过程一开始就铣端面、钻中心孔，这是为粗车和半精车外圆准备定位基准；半精车外圆又为深孔加工、前后锥孔加工准备定位基准。反过来，前后锥孔装上锥堵后的中心孔，又为此后的精加工外圆准备了定位基准；而最后磨锥孔的定位基准则又是上工序精磨好的轴颈表面。

(2) 先粗后精　对各表面的加工要粗、精分开，即先粗加工后精加工，多次加工，以逐步提高其精度和表面质量。主要表面的精加工应安排在最后。

(3) 先主后次　优先考虑主要表面的加工顺序，次要表面的加工适当穿插在主要表面加工工序之间。例如CA6140主轴，其主要表面为支承轴颈、装配轴颈、1∶4短锥、莫氏6号锥孔，为了保证其精度，安排粗车、半精车、精车、粗磨、精磨五道工序；为了保证主轴支承轴颈与大头端面及短锥间的相互位置精度，在最后加工时应在一次装夹中磨出这些表面。主轴上的花键、键槽、螺纹、横向小孔等次要表面的加工，则安排在外圆精车、粗磨之后，精磨之前进行。因为如果在精车前就铣出键槽，精车时因断续切削易产生振动，既影响加工质量，又容易损坏刀具，也难以控制键槽的深度。但是这些加工也不宜放在主要表面精磨之后，以免破坏主要表面已获得的精度。主轴上的螺纹和不淬火部位的精密小孔等，最好安排在最终热处理之后，以克服淬火后产生的变形，而且车螺纹使用的定位基准与精磨外圆使用的基准应当相同，否则也达不到较高的同轴度要求。

(4) 周转路线短　为了缩短工件在车间内的运输距离，避免工件的往返流动，加工顺序应考虑车间设备的布置情况，当设备呈机群式布置时，尽可能将同工种的工序相继安排。

(5) 兼顾刚度　确定工序先后顺序时，还要兼顾轴件本身的刚度能承受切削力的程度。对于刚度较大的轴，应先车小端外圆，而且先从小直径依次向大直径处加工，然后调头车大端外圆，这样加工比较方便，生产率略高；对于刚度差的轴则相反，先加工大端外圆，然后加工小端外圆，而且在加工小端外圆时，先从大直径处依次向小直径处加工，这样加工虽不太方便，但可以避免轴的刚度进一步降低。

3. 热处理工序的安排

为了改善金属组织和可加工性而安排的热处理工序，如退火、正火等，一般应安排在机械加工之前。

为了提高零件的力学性能和消除内应力而安排的热处理工序，如调质、时效处理等，一般应安排在粗加工之后、精加工之前。例如表8-2中，LK32-20207主轴在粗加工、深孔加工之后，随即安排了调质处理，其目的是为了获得均匀细致的索氏体组织，以提高零件的综合力学性能和表面质量。又如，在粗磨与半精磨之间安排了定性处理（时效处理），是为了消除内应力和提高尺寸精度的稳定性。

为了提高零件表面的硬度而安排的热处理工序有淬火、渗氮等。淬火一般安排在粗磨之前；渗氮一般安排在粗磨之后、精磨之前。要注意的是，凡是需要在淬硬表面上加工的孔、螺纹孔、键槽等，都应安排在淬火之前加工完毕，因为表面淬硬后不容易加工。经淬火后，会产生一定的变形，所以还需要安排修整加工。在非淬硬表面上的孔、花键、键槽等，尽可能放在淬火后面加工（一般在外圆精车之后、精磨之前进行）。如果在精车之前就已加工出这些表面，一方面在车削时，由于断续切削而产生振动，会影响表面质量，也易损坏车刀；另一方面也难以保证它们的尺寸要求。对于要求较高的表面，甚至在磨削时，尚须用工艺键将键槽暂时堵起来。但也不宜在主要表面的磨削加工之后才安排加工这些表面，否则在加工过程中反复运输，会碰伤已加工的主要表面。主轴的螺纹对支承轴颈有一定的同轴度要求，所以螺纹加工一般安排在最后一次热处理之后的精加工阶段，这样它就不会受半精加工后由于内应力重新分布所引起的变形和热处理变形的影响。

4. 检验工序的安排

检验工序是保证质量、防止废品的重要措施。检验工序一般安排在粗加工全部结束之后，精加工之前、重要工序的前后和花费工时较多的工序前后、送往外车间加工的前后，总检验则放在最后。

除了安排几何尺寸检验工序之外，有的零件还要安排无损检测、密封、称重、平衡等检验工序。

5. 其他工序的安排

1）零件表层或内腔的毛刺对机器的装配质量影响甚大，切削加工之后，应安排去毛刺工序。

2）零件在进入装配之前，一般都应安排清洗工序。工件内孔、箱体内腔易存留切屑；研磨、珩磨等光整加工工序之后，微小磨粒易附着在工件表面上，要注意清洗。

3）在用磁力夹紧工件的工序之后，要安排去磁工序，防止吸附的切屑影响加工质量，避免带有剩磁的工件进入装配线。

（三）轴类零件外圆表面的加工方法

轴类零件外圆表面的加工方法主要有车削加工和磨削加工，加工质量要求特别高的还有光整加工。车削加工的内容已在前面项目中详细叙述，在此主要介绍轴类零件外圆表面的磨削加工和光整加工。

1. 轴类零件外圆表面的磨削

超精加工

（1）磨削精度和工艺范围　磨削加工是轴类零件外圆精加工的主要方法。它既可以加工淬火零件，也可以加工非淬火零件。磨削加工可以达到的经济精度为IT5~IT6，表面粗糙度 *Ra* 值可以达到 0.8~0.2μm，若采用细表面粗糙度磨削方法，*Ra* 值可达到 0.2~0.01μm。磨削加工是一种获得高精度、细表面粗糙度的最有效、最通用、最经济的加工工艺方法。

根据不同的精度和表面质量要求，磨削可分为粗磨、精磨、细磨和镜面磨削。

粗磨：经粗磨后工件可达到IT8~IT9精度，表面粗糙度 *Ra* 值为 12.5~1.6μm。

精磨：加工后工件可达到IT6~IT8精度，表面粗糙度 *Ra* 值为 1.6~0.8μm。

细磨（超精密磨削）：加工后工件可达到IT5~IT6精度，表面粗糙度 *Ra* 值可以达到 0.8~0.2μm。

镜面磨削：加工后工件的精度仍为IT5~IT6，但表面粗糙度 *Ra* 值为 0.01μm。

磨削加工可以有效地提高轴类零件尤其是淬硬件的加工质量，因此，磨削常作为回转类零件的最终加工工序。

（2）磨削方式　磨削可分为中心磨削和无心磨削两大类。

1）中心磨削。中心磨削是普通的外圆磨削，即被磨削的工件由中心孔定位，在外圆磨床和万能外圆磨床上加工。

磨外圆时，常用的方法有纵磨法和横磨法，另外还有综合磨法和深磨法。

① 纵磨法。磨削时，砂轮的高速旋转为主运动，工件低速旋转并随工作台做纵向直线往复的进给运动。在工件往复行程的终点，砂轮再做周期性的径向间歇进给，如图 5-15a 所示。该法可以用同一砂轮磨削不同长度的工件；由于砂轮前部磨削、后部起抛光作用，磨削深度很小（一般为 0.005~0.01mm），磨削力小，散热条件好，且能以光磨的次数来提高工件的磨削精度和表面质量，因而加工质量高，但加工效率较低。一般用于单件、小批量生产中磨削长度与直径之比较大的工件（即细长件）及精磨，在目前的实际生产中应用最广。

② 横磨法（又称径向切入磨法）。砂轮的宽度比工件的磨削宽度大。磨削时，工件无往复直线进给运动，而砂轮以很慢的速度连续或断续地沿工件径向做横向进给运动，直至加工余量全部磨去，如图 5-15b 所示。该法充分发挥了砂轮的切削能力，生产效率高，同时也适用于成形磨削；但在磨削时，工件与砂轮的接触面积大，磨削力大，工件易变形和烧伤（磨削温度高），因此加工质量较差。一般用于成批或大批量生产中刚度好且磨削长度较短的工件、台阶轴及其轴颈、工件的粗磨等。

③ 综合磨法。先用横磨法粗磨（相邻两段的搭接长度为 5~15mm），当工件上的加工余量为 0.01~0.03mm 时，再采用纵磨法精磨，如图 5-15c 所示。它综合了横磨法和纵磨法的优点。

④ 深磨法。磨削时，用较小的纵向进给量（一般为 1~2mm/r）和较大的背吃刀量（一般为 0.3mm 左右），在一次行程中去除全部加工余量，如图 5-15d 所示。该法生产效率很高，但要求加工表面两端有较大的距离，以便砂轮切入和切出。一般只用于成批或大批量生产中刚度好的工件。

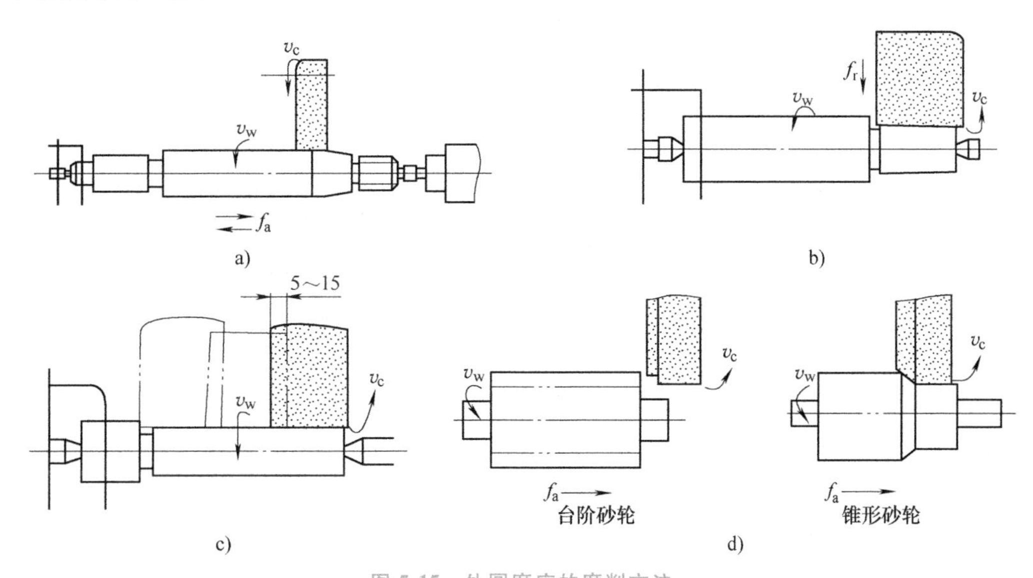

图 5-15　外圆磨床的磨削方法

a）纵磨法　b）横磨法　c）综合磨法　d）深磨法

2）无心磨削。无心磨削是一种高生产率的精加工方法。在无心外圆磨床上磨削工件外圆时，工件不用顶尖来定心和支承，而是直接放在砂轮和导轮之间，由滑板支承，以工件被磨削的外圆本身作为定位基准，如图 5-16 所示。

① 工作原理。从图 5-16a 可以看出，砂轮和导轮的旋转方向相同，但由于磨削砂轮的圆周速度很大（为导轮的 70~80 倍），通过切向磨削力带动工件旋转，而导轮（是用摩擦系数较大的树脂或橡胶作结合剂制成的刚玉砂轮）则依靠摩擦力限制工件旋转（制动），使工件的圆周线速度基本上等于导轮的线速度，从而在磨削砂轮和工件间形成很大的速度差，产生磨削作用。改变导轮的转速，便可调节工件的圆周进给速度。

无心磨削时，工件的轴线必须高于磨削砂轮和导轮的中心连线［高出距离一般等于 (0.15~0.25) d，d 为工件直径］，这样便能使工件与磨削砂轮和导轮间的接触点不对称，工件上某些凸起的表面（即棱圆部分）在多次转动中将逐渐被磨圆。

② 磨削方式。无心外圆磨削有贯穿法（纵磨法）和切入法（横磨法）两种磨削方式。

贯穿磨削时，如图 5-16a、b 所示，将工件从机床前面放到滑板上，推入磨削区。砂轮和工件的轴线总是水平放置的，而导轮的轴线通常在垂直平面内倾斜一个角度 α（$\alpha=1°\sim6°$）。导轮与工件接触处的线速度 $v_{导}$ 可分解为水平和垂直两个方向的分速度 $v_{导水平}$ 和 $v_{导垂直}$，$v_{导垂直}$ 控制工件的圆周进给运动；$v_{导水平}$ 使工件做纵向进给。工件进入磨削区后，既做旋转运动，又做轴向移动。工件穿过磨削区，从机床另一端出去即磨削完毕。为了保证导轮与工件间的线接触，需将导轮的形状修正成回转双曲面。这种方法适用于不带台阶的圆柱形工件的磨削。

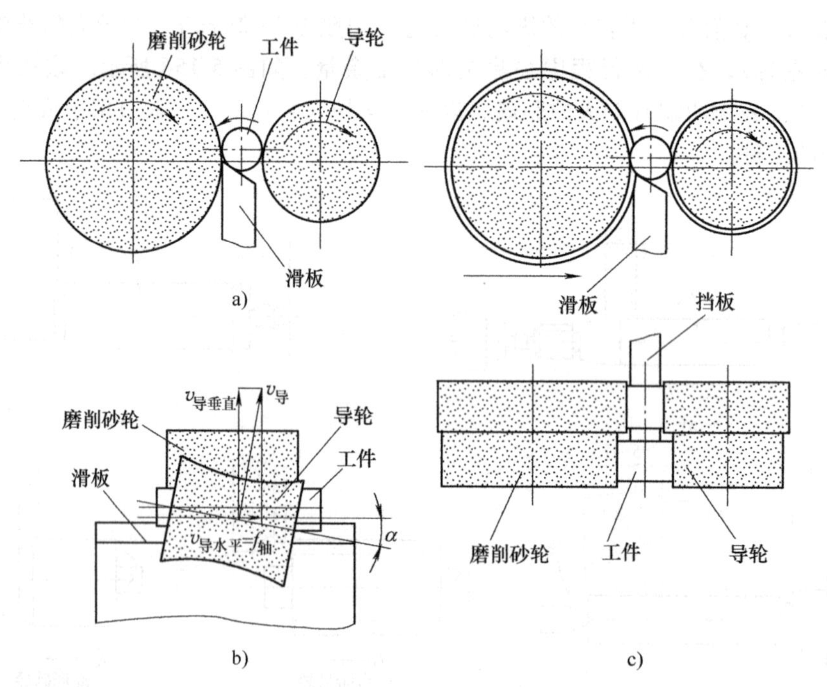

图 5-16 无心外圆磨削的加工示意图

切入磨削时，如图 5-16c 所示，先将工件放在滑板与导轮之间，然后由工件（连同导轮）或砂轮做横向进给来磨削工件表面，这时导轮的轴线仅倾斜很小的角度（约 30′），对工件有微小的轴向力作用，使其顶住定位挡板，得到可靠的轴向定位。此法适用于磨削阶梯或成形回转表面的工件，但磨削表面长度不能大于磨削砂轮宽度。

③ 特点。在无心外圆磨削过程中，工件不需打中心孔，且装夹工件省时、省力，可连续磨削；导轮和滑板沿全长支承工件，支承刚度好，刚度差的工件也可采用较大的切削用量进行磨削，所以生产率较高。

由于工件的定位基准是被磨削的外圆表面，而不是中心孔，所以消除了工件中心孔误差、外圆磨床工作台运动方向与前后顶尖连线的平行度误差，以及顶尖的径向圆跳动误差等的影响，磨削出来的工件尺寸精度及几何精度都比较高。外圆经磨削后公差等级可达 IT5~IT6，圆度、圆柱度公差可达 0.002~0.006mm，表面粗糙度 *Ra* 值可达 0.4~0.1μm。如配备适当的装卸料机构，易实现自动化。

无心磨削调整费时，只适于成批及大量生产；由于不能纠正外圆与内孔的轴线位置误差，工件的同轴度、垂直度等相互位置精度较低；且带有键槽、缺口、纵向平面的轴也不能加工。

2. 轴类零件外圆表面的光整加工

对于超精密零件的表面，往往需要采用特殊的加工方法、在特定的环境下加工才能达到要求，外圆表面的光整加工就是提高零件加工质量的特殊加工方法。

（1）研磨　研磨是一种古老、简便且可靠的表面光整加工方法，属自由磨粒加工。在加工过程中，那些直接参与切除工件材料的磨粒不像砂轮、油石和砂带、砂纸那样总是固结或涂附在磨具上，而是处于自由游离状态。经研磨的表面，尺寸和几何形状精度可达 1~3μm，表面粗糙度 *Ra* 值为 0.16~0.01μm。若研具精度足够高，加工的尺寸和几何形状精度可达 0.3~0.1μm，表面粗糙度值 *Ra* 值小于 0.04~0.01μm。

1）研磨的原理。研磨是通过研具在一定压力下与加工面做复杂的相对运动完成的。研具和工件之间的磨粒与研磨剂在相对运动中分别起机械切削作用和物理、化学作用，使磨粒能从工件表面上切去极薄的一层材料，从而得到极高的尺寸精度和极细的表面粗糙度。

如图 5-17 所示，在研磨塑性材料时，磨粒受到压力的作用，首先使工件加工面产生裂纹；随着磨粒的运动，裂纹扩大、交错，以致形成碎片（即切屑），最后脱离工件。研具与工件的相对运动较复杂，磨粒在工件表面上的运动不重复，可以除去“高点”，这就是机械切削作用。

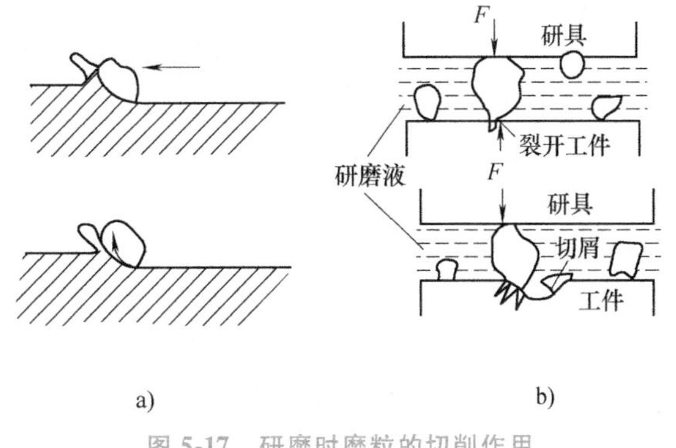

图 5-17　研磨时磨粒的切削作用

a）加工塑性材料　b）加工脆性材料

研磨时，磨粒与工件接触点的局部压力非常大，因而瞬时产生高温，产生挤压作用，以致使工件表面平滑，表面粗糙度 *Ra* 值下降，这是研磨时的物理作用。

由于研磨剂中加入了硬脂酸或油酸，其与覆盖在工件表面的氧化物薄膜间还会产生化学作用，使被研表面软化，从而加速研磨效果。

2）研磨的方法。

① 手工研磨。研磨外圆时，工件夹持在车床卡盘上或用顶尖支承，做低速回转；研具套在工件上，在研具与工件之间加入研磨剂；然后用手推动研具做往复运动。往复运动的速度常选用 20~70m/min。常用的研具如图 5-18 所示。

② 机器研磨。机器研磨的效率高，可以单面研磨，也可以双面研磨。图 5-19 所示为一种行星传动式的双面研磨机。

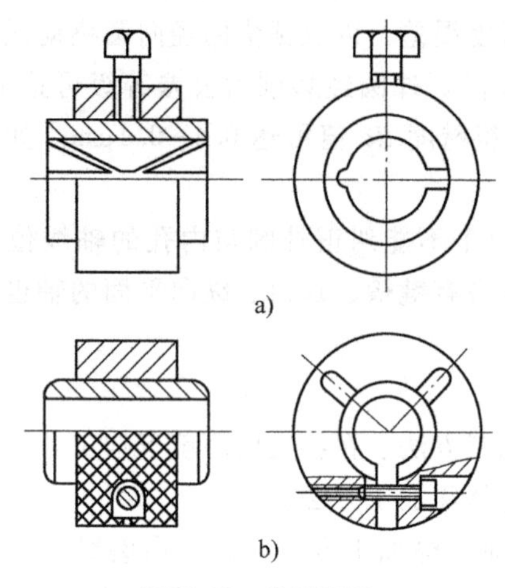

图 5-18 外圆研具

a）粗研套（孔内有油槽，可储存研磨削）

b）精研套（无油槽）

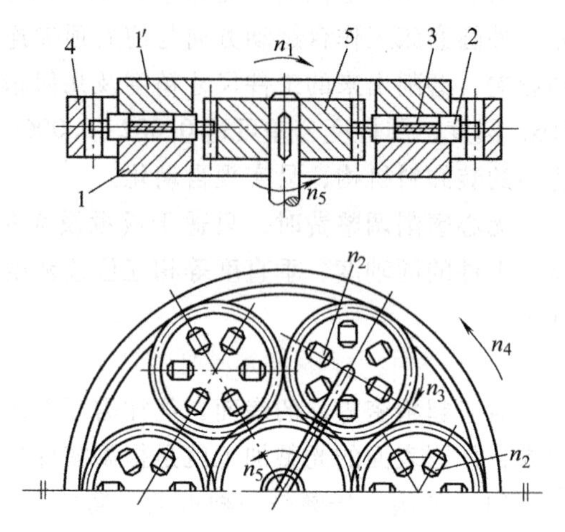

图 5-19 行星齿轮研磨机

1′—上研磨盘 1—下研磨盘 2—工件 3—工件夹盘

4—内齿轮 5—中心传动齿轮

n_1—研磨盘转速 n_2—工件转速 n_3—工件夹盘转速

n_4—内齿圈转速 n_5—中心传动齿轮转速

图 5-19 中的中心传动齿轮 5 带动六个工件 2 和工件夹盘 3。工件夹盘 3 本身在传动中就是一个行星齿轮。这六个行星齿轮的外圆又同时与一个中心内齿轮 4 啮合。行星齿轮除了以 n_3 的转速做自转外，还做公转。研磨盘以 n_1 转速旋转。工件则置于行星齿轮（即工件夹盘）的槽中，并随行星齿轮与研磨盘做相对运动。

机器研磨不仅可以研磨外圆柱面、内圆柱面，还适用于平面、球面、半球面的表面研磨。

③ 嵌砂与无嵌砂研磨。根据磨料是否嵌入研具，研磨又可分为嵌砂和无嵌砂两种。

a. 嵌砂研磨。研具材料比工件软，组织均匀，具有一定弹性，变形小，表面无斑点。常用材料为灰铸铁、铜、铅、软钢等。

加工时，磨料直接加入工作区域内，磨粒受挤压而自动嵌入研具为自由嵌砂法。若在加工前，事先将磨料直接挤压到研具表面中，则称强迫嵌砂。此方法主要用于精密量具的研磨。

b. 无嵌砂研磨。研具材料较硬，而磨料较软（如氧化铬等）。在研磨过程中，磨粒处于自由状态，不嵌入研具表面。研具材料常选用淬硬过的钢、镜面玻璃等。

3）研磨剂和研具。

① 研磨剂。研磨剂包含磨料、研磨液和辅助材料。

磨料：应具有高硬度、高耐磨性；磨粒要有适当的锐利性，在加工中破碎后仍能保持一定的锋刃；磨粒的尺寸要大致相近，使加工中尽可能有均一的工作磨粒。常见的研磨磨料见表 5-8。

表 5-8 研磨常用磨料

种类	主要成分	显微硬度/HV	适用材料
刚玉	Al_2O_3	2000~2300	各种碳钢、合金钢、不锈钢
碳化硅	SiC	2800~3400	铸铁、其他非铁金属及其合金（青铜、铝合金）、玻璃陶瓷、石材
碳化硼	B_4C	4400~5400	高硬钢、镀铬表面、硬质合金
碳硅硼	硼酸、石英砂、石墨	5700~6200	硬质合金、半导体材料、宝石、陶瓷
金刚石	C	10000	硬质合金、陶瓷、玻璃、水晶、半导体材料、宝石
氧化铬	Cr_2O_3		淬硬钢及一般金属的精细研磨和抛光

研磨液：研磨液使磨粒在研具表面上均匀散布，承受一部分研磨压力，以减少磨粒破碎，并兼有冷却、润滑作用。常用的研磨液是煤油、汽油、机油、动物油脂等。

辅助材料：辅助材料能使工件表面的氧化物薄膜破坏，增加研磨效率。

② 研具。研磨工具简称研具，其作用是使研磨剂赖以暂时固着或获得一定的研磨运动，并将自身的几何形状按一定的方式传递到工件上。因此，制造研具的材料对磨料要有适当的嵌入性，且研具的自身几何形状应有长久的保持性。

铸铁是目前使用最广泛的研具材料，此外，铜、铅、软钢、淬硬钢也在不同的场合用作研具材料。

4）研磨的特点。研磨能获得其他机械加工较难达到的稳定的高精度表面，即经研磨的表面，其表面粗糙度细，耐磨性、耐蚀性能良好；同时，操作技术、使用设备和工具简单；被加工材料适用范围广，无论钢、铸铁，还是非铁金属，均可用研磨方法精加工，尤其对脆性材料更显特色。

研磨适用于多品种、小批量的产品零件加工，只要改变研具形状就能方便地加工出各种形状的表面。但必须注意的是，研磨质量在很大程度上取决于前道工序的加工质量。

（2）超精加工　超精加工实际上是摩擦抛光的过程，是降低表面粗糙度值的一种有效的光整加工方法。它具有设备简单、操作方便、效果显著、经济性好等优点。

1）超精加工的工作原理。超精加工使用细粒度磨条（油石）以较低的压力和切削速度对工件表面进行精密加工，如图 5-20 所示。

超精加工中有三种运动，即工件的回转运动；磨头轴向进给运动；磨条的高速往复振动。这三种运动使磨粒在工件表面形成的轨迹是正弦曲线。

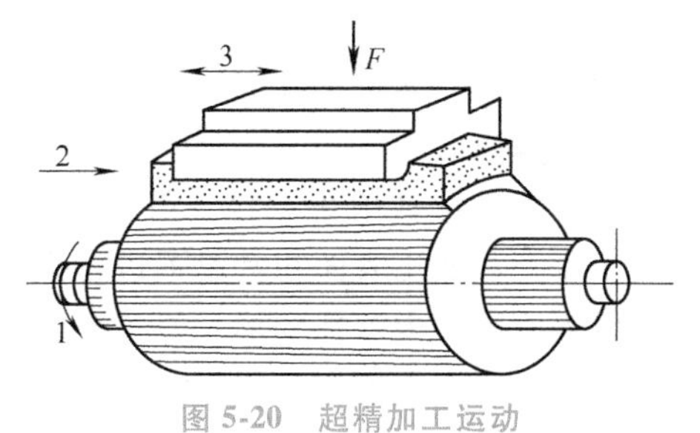

图 5-20 超精加工运动

1—工件回转运动 2—轴向进给运动 3—往复振动

超精加工的切削过程与磨削、研磨不同，只能切去工件表面的凸峰，当工件表面磨平后，切削作用能自动停止。超精加工大致可分为以下四个阶段：

① 强力切削阶段。油石磨粒细，压力小，工件与磨条之间易形成油膜，单位面积上的压力大，故切削作用强烈。

② 正常切削阶段。当少数凸峰磨平后，接触面积上的压力降低，切削磨条自锐性作用减弱，进入正常切削阶段。

③ 微弱切削阶段。随着切削面积的增大，单位面积上的压力更低，切削作用微弱，且细小的切屑形成氧化物而嵌入油石空隙中，使油石产生光滑表面，具有摩擦抛光作用，从而降低工件表面的表面粗糙度值。

④ 自动停止阶段。工件磨平后，单位面积上压力极低，工件与磨条之间又形成了油膜，不再接触，切削作用自动停止。

2）超精加工的特点。

① 超精加工时，磨粒的运动轨迹复杂，能由切削过程过渡到抛光过程，表面粗糙度 *Ra* 值达 0.04~0.01μm。

② 超精加工磨条的粒度极细，只能切削工件凸峰，所以加工余量很小，一般为 0.005~0.0025mm。

③ 磨条进行高速往复振动，磨条的微刃进行两面切削，磨屑易于清除，不会在工件表面形成划痕。

④ 切削速度低，磨条压力小，工件表面不易发热，不会烧伤表面，也不易使工件表面变形。

⑤ 超精加工的表面层的耐磨性好。

（3）双轮珩磨　双轮珩磨也是一种高效率的光整加工方法。珩磨时，工件在两顶尖上以转速 n_w 旋转（图 5-21a），两个珩轮修整成双曲线，其轴线反向倾斜，与工件轴线成 α 角（图 5-21b），安装在工件两边，用弹簧 3 压向工件 1。工件靠摩擦力带动珩轮 2 旋转，同时沿工件轴向做往复运动。珩轮和工件的相对滑动速度 v 使其产生切削作用。

双轮珩磨出来的工件表面呈黑色镜面，其表面粗糙度 *Ra* 值达 0.025~0.0012μm。此外，由于珩轮本身回转，磨损均匀，因此寿命较长。采用这种加工方法的最大特点是：对前道工序的表面粗糙度要求不高，即使是车削表面，也可直接进行珩磨。但采用这种方法不能纠正前道工序的圆度误差。

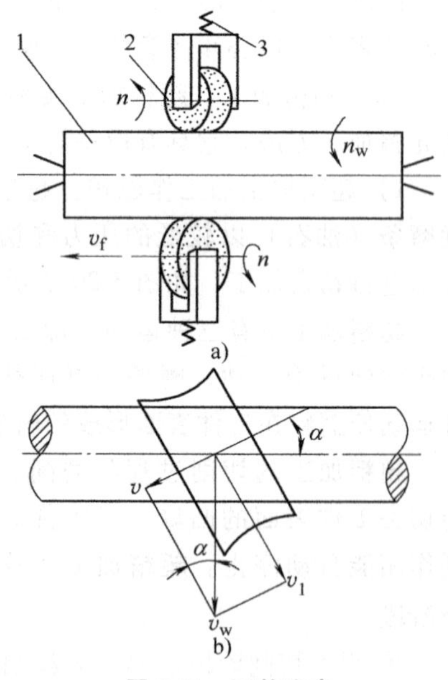

图 5-21　双轮珩磨

1—工件　2—珩轮　3—弹簧

（4）滚压　滚压是冷压加工方法之一，属无屑加工。滚压加工是利用金属产生塑性变形从而达到改变工件的表面性能、获得工件形状尺寸的目的。

外圆表面的滚压加工一般可用各种相应的滚压工具，例如滚压轮（图 5-22a）、滚珠（图 5-22b）等，在卧式车床上对加工表面在常温下进行强行滚压，使工件的金属表面层产生塑性变形，修正金属表面的微观几何形状，减小加工表面粗糙度值，提高工件的耐磨性、耐蚀性和疲劳强度。经滚压后的外圆表面粗糙度 *Ra* 值可达 0.4~0.25μm，硬化层深度为 0.05~0.2μm，硬度可提高 5%~20%。

滚压加工的特点如下：

1）前道工序的表面粗糙度 *Ra* 值不大于 5μm，压前表面要洁净，直径方向的余量为 0.02~0.03mm。

2）滚压后工件的形状精度及相互位置精度主要取决于前道工序的形状位置精度。如果前道工序的表面圆柱度、圆度较差，则还会出现表面粗糙度不均匀的现象。

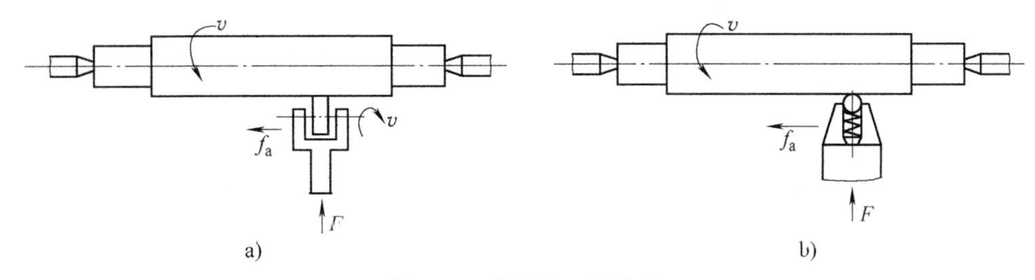

图 5-22　滚压加工示意图

a）滚轮式　b）滚珠式

3）滚压的对象一般为塑性材料，并要求材料的组织均匀。滚压后，工件表面的耐磨性、耐蚀性显著提高。

4）滚压加工的生产率高、工艺范围广，不仅可以加工外圆表面，还可加工内孔、端面。

3. 轴类零件外圆表面加工方法的选择

1）最终工序为车削的加工方案，适用于除淬火钢以外的各种金属。

2）最终工序为磨削的加工方案，适用于淬火钢、未淬火钢和铸铁，不适用于非铁金属。非铁金属的韧性大，磨削时易堵塞砂轮。

3）最终工序为精细车或金刚车的加工方案，适用于要求较高的非铁金属的精加工。

4）最终工序为光整加工，如研磨、超精磨及超精加工等，为提高生产效率和加工质量，一般在光整加工前进行精磨。

5）对表面粗糙度要求高而尺寸精度要求不高的外圆，可采用滚压或抛光。

（四）轴类零件加工的工艺过程分析

前面介绍了轴类零件外圆表面加工常用的几种方法，仅用一种方法加工时，零件表面的精度要求难以达到，通常需要不同加工方法的有序组合。加工方案的选择通常采用倒推法，即先由加工表面的技术要求确定最终加工方法，然后根据此种加工方法的特点确定前道工序的加工方法，依此类推。

1. 基本加工路线

外圆加工的方法很多，基本加工路线可归纳为以下四种。

（1）粗车—半精车—精车　对于一般常用材料，这是外圆表面加工采用的最主要的加工路线。

（2）粗车—半精车—粗磨—精磨　对于钢铁材料，精度要求高和表面粗糙度值要求小、零件需要淬硬时，其后续工序常用磨削。

（3）粗车—半精车—精车—金刚石车　对于非铁金属，用磨削加工通常不易得到所要求的表面粗糙度，因为有色金属一般比较软，容易堵塞砂粒间的空隙，因此其最终工序多用精车和金刚石车。

（4）粗车—半精车—粗磨—精磨—光整加工　对于钢铁材料的淬硬零件，精度要求高和表面粗糙度值要求很小时，常采用此加工路线。

2. 典型加工工艺路线

主轴零件的主要加工表面是外圆表面，一般还有锥孔及常见的特形表面，针对各种精度等级和表面粗糙度要求，应按经济精度选择加工方法。

对于加工质量要求高的主轴零件，其完整的典型工艺路线如下：

毛坯及热处理→粗加工→热处理（调质）→半精加工→热处理（淬火）→精加工→时效处理→光整加工→终检→入库。

3. 大批生产和小批生产工艺过程的比较

不同的生产类型具有不同的工艺特征。生产类型不同，各工作地的专业化程度、采用的工艺方法、机床设备、工艺装备均不同。

1）大批生产时，主轴的工艺过程基本体现了基准重合、基准统一与互为基准原则，而单件小批生产时，按具体情况有较多变化。同样一种类型主轴的加工，当生产规模不同时，定位基准的选择也会不一样，表 5-9 可供参考。

表 5-9　不同生产类型的主轴定位基准的选择

工序名称	定位基准	
	大批生产	小批生产
加工中心孔	毛坯外圆	划线
粗车外圆	夹一端，顶另一端	夹一端，顶另一端
钻深孔	粗车后的支承轴颈	夹一端，托另一端
半精车和精车	两端锥堵的中心孔	夹一端，顶另一端
粗、精磨外锥	两端锥堵的中心孔	两端锥堵的中心孔
粗、精磨外圆	两端锥堵的中心孔	两端锥堵的中心孔
粗、精磨锥孔	两支承轴颈外表面或靠近两支承轴颈的外圆表面	夹小端，托大端

2）对于轴端两中心孔的加工，在单件小批生产时，多在车床或钻床上通过划线找正中心，并经两次安装才加工出来，不但生产率低，精度也低。在大批生产时，可在中心孔钻床上一次安装加工出两个端面上的中心孔，生产率高，加工精度也高。若专用机床（如双面铣钻床）能在同一工序中铣出两端面并打好中心孔，则更适用于大批量生产。

3）外圆车削是粗加工和半精加工外圆表面应用最广泛的加工方法。单件小批生产时，多在卧式车床、数控车床上进行；而大批生产时，则广泛采用高生产率的多刀半自动车床或液压仿形车床等设备，但加工精度则取决于调整精度（指多刀半自动车床加工）或机床本身的精度（如用液压仿形车床时，主要取决于液压仿形系统的精度及靠模的精度）。大批量的生产通常都需组成专用生产线（用专用机床或组合机床组成流水线或自动线）。

4）磨削是外圆表面的精加工方法。主轴外圆的磨削通常均采用中心磨法，在外圆磨床或万能外圆磨床上进行，前、后两个顶尖均使用精度很高的固定顶尖，且工件上两中心孔都经过研磨，从而具有很好的接触刚度。单件小批生产时，往往粗磨和精磨在一台磨床上完成，仅在精磨前对磨削用量做适当调整，并对砂轮进行精细的修正。大批量生产时，粗磨和精磨则应在不同的磨床上进行，并常采用组合磨削、成形砂轮磨削等高效磨削方法。

5）对于深孔加工，单件小批生产时，通常在车床上用麻花钻进行加工，当钻头长度不够时，可用焊接的办法把钻头柄接长。为了减少引偏（钻歪），可以用几个不同长度的钻头分几次钻，先用短的，后用长的。有时也可以从轴的两端分别钻孔，以减小钻孔深度，但在孔的接合部会产生台肩。大批量生产时，可采用锻造的无缝钢管作为毛坯，从根本上免去了深孔加工工序；若采用实心毛坯，可用深孔钻头在深孔钻床上进行加工；如果孔径较大，还可采用套料的先进工艺，不仅生产率高，还能节约大量的金属材料。

6）对于花键轴加工，单件小批生产时，常在卧式铣床上用分度头分度并以圆盘铣刀铣削；而大批生产（甚至小批生产）都广泛采用花键滚刀在专用花键轴铣床上加工。

（五）主轴零件加工中的几个工艺问题

1. 锥堵和锥套心轴的使用

对于空心的轴类零件，在深孔加工后，为了尽可能使各工序的定位基准统一，一般都采用锥堵（俗称闷头）或锥套心轴的中心孔（图 5-14）作为定位基准。

当主轴锥孔的锥度比较小时，如 LK32-20207、CA6140 型车床主轴的锥孔锥度分别为 1∶20 和莫氏 6 号，常用锥堵。当锥度较大时，如 X62W 主轴的锥孔锥度是 7∶24，常用带锥堵的锥套心轴。

使用锥堵或锥套心轴时应注意以下几点：

1）一般不允许中途更换锥堵或锥套心轴，也不要将同一锥堵或锥套心轴卸下后再重新装上，以减少重复安装误差。不管锥堵或锥套心轴的制造精度怎样高，其锥面和中心孔也会有程度不等的同轴度误差，因此，必然会引起加工后的主轴外圆表面与锥孔之间的同轴度误差。如果中途更换或卸下后再装上，就会在上述误差的基础上又增加新的同轴度误差，使加工精度降低，特别是在精加工时，这种影响更为明显。若外圆和锥孔需反复多次，互为基准进行加工，则在重新安装锥堵时，需按外圆找正和修磨锥堵上的中心孔。

2）用锥套心轴时，两个锥堵的锥面要求同轴，否则拧紧螺母后会使工件变形。图 5-14b 所示的锥套心轴结构比较合理，其特点是右端锥堵与拉杆心轴是一体的，其锥面与中心孔的同轴度较好，而左端有个球面垫圈，拧紧螺母时，能保证左端锥堵与锥孔配合良好，使锥堵的锥面、工件的锥孔及拉杆心轴上的中心孔三者有较好的同轴度。

3）装配锥堵或锥套心轴时，不能用力过大，特别是对壁厚较薄的轴类零件，如果用力过大，会引起轴件变形，使加工后出现圆度等误差。为防止零件变形，可使用塑料或尼龙制的锥套心轴。

4）因锥堵与莫氏 6 号或 1∶20 锥面接合比较紧密（自锁），因此要考虑便于拆卸的装置；同时，工件两端都用锥堵或锥套心轴堵上，锥孔内空气流通不畅，还要考虑使空气流通的装置。

2. 中心孔的修研

（1）中心孔对加工精度的影响　中心孔是主轴零件常用的定位基准，其质量对加工精度有直接的影响。

① 中心孔的深度。中心孔的深度不同，将影响零件在机床上定位的轴向位置，造成零件的轴向加工余量分布不均。对于批量生产，应当控制中心孔的深浅，使之一致。

② 两中心孔的同轴度误差。两中心孔不同轴，将造成顶尖与中心孔接触不良，加工时出现圆度及位置误差。

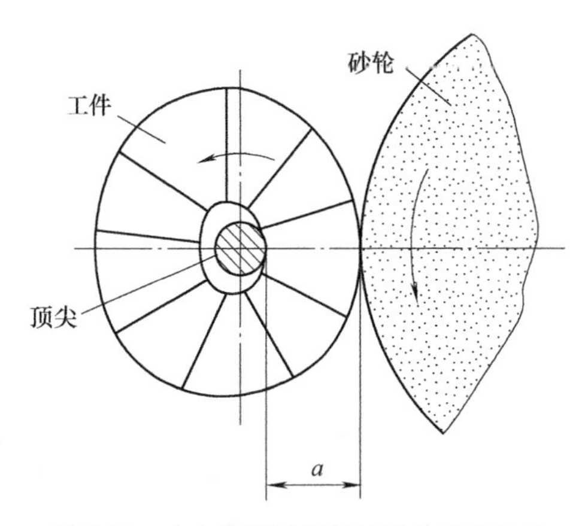

图 5-23　中心孔不圆引起外圆的圆度误差

③ 中心孔的圆度。中心孔不圆将直接影响磨

削后的工件外圆。如图 5-23 所示，若中心孔不圆，磨削时的磨削力将工件推向一方，砂轮与顶尖保持不变的距离为 a，因此工件外圆的形状就取决于中心孔的形状，中心孔的圆度误差将被直接复映到工件的外圆上。

④ 中心孔的表面粗糙度。中心孔的表面粗糙度值大，或有碰伤、毛刺等缺陷，将影响顶尖与中心孔的接触精度，使工件出现圆度及位置误差。

（2）中心孔的修研方法　要提高外圆的加工质量，修研中心孔是主要手段之一。此外，对于实心轴或锥堵上的中心孔，因为要承受工件的重量和切削力的作用，常会磨损、拉毛；并且工件在热处理时，中心孔还会氧化及变形。因此，在热处理工序之后和磨削加工之前，对中心孔要进行修研，以消除误差。修研中心孔的方法，常用的有以下几种：

① 用铸铁顶尖修研。即以铸铁顶尖作为研磨工具，在车床或钻床上对工件顶尖孔进行研磨。在铸铁顶尖与被研磨的中心孔之间应加适量的研磨剂（用 F500~F1000 氧化铝粉和全损耗系统用油调和而成）。研磨转速以 200~400r/min 为宜。用这种方法研磨出来的顶尖孔，其精度比较高，但研磨所费的时间较长，效率很低，除了在个别情况下用来修正尺寸较大或精度要求特别高的中心孔外，一般很少采用。

② 用油石或橡胶砂轮修研。研磨时，先将圆柱形油石或橡胶砂轮装夹在车床的卡盘上，用装在刀架上的金刚钻将其前端修整成顶尖形状（60°圆锥体），接着将工件顶在油石或橡胶砂轮顶尖和车床后顶尖之间（图 5-24），再加上少量润滑油（柴油或轻机油），然后开动车床使油石（或橡胶砂轮）转动，进行研磨。研磨过程中，用手把持工件并使其连续而缓慢地转动。用这种方法研磨出来的中心孔能达到高的精度和表面质量，且研磨的时间比较短，是目前常用的方法。其缺点是油石或橡胶砂轮易磨损，要不断地用金刚石笔修正，因此油石与橡胶砂轮消耗量大。

③ 用硬质合金顶尖修研。把硬质合金顶尖的 60°圆锥体修磨成角锥的形状，使圆锥面只留下六条（或四条）均匀分布的极狭的棱带（图 5-25）。刮研中心孔时，可在专用中心孔研磨机上进行，也可在车床或钻床上进行。这种刮研工具留下六条 f=0.2~0.5mm（四棱的 f=0.1~0.2mm）的刃带，这些刃带具有微小的切削性能，可对中心孔的几何形状做微量的修正，又可起挤光的作用。用这种方法刮研出的中心孔的精度较高，表面粗糙度细。经试验，用这种工具刮研出的中心孔来定位，加工出的工件精度能达到圆度公差为 0.001mm，径向圆跳动公差为 0.004mm。多用于普通主轴零件中心孔的修研或作为精密主轴中心孔的粗研。

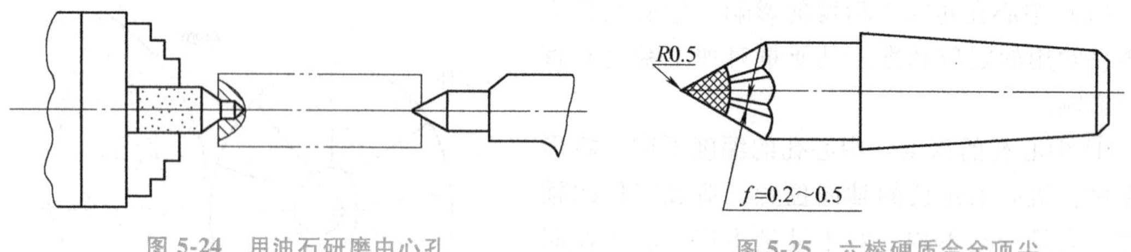

图 5-24　用油石研磨中心孔　　图 5-25　六棱硬质合金顶尖

④ 用中心孔磨床磨削。某厂设计制造的中心孔磨床，其磨头结构原理如图 5-26 所示。磨头机构要求砂轮主轴具有三种运动：一是主切削运动（由主电动机带动砂轮主轴 9 绕自身轴线旋转）；二是行星运动（砂轮主轴 9 的轴线与斜导轨套轴 7 的轴线之间有偏心距 e，当另一电动机带动斜导轨套轴 7 旋转时，由于外斜导轨 6 与斜导轨套轴 7 连成一体，在外斜

导轨 6 的带动下，砂轮主轴 9 连同主轴套 3 围绕斜导轨套轴 7 的轴线旋转，形成行星运动)；三是往复运动（凸轮轴 8 的外圆附有平凸轮 11，当其旋转时，平凸轮推动杠杆 4（杠杆支点座固定于外斜导轨 6 上)，使和内斜导轨 5 固定在一起的砂轮主轴沿 30°斜导轨的方向移动，凸轮轴转一圈，做一次往复运动)。工件 1 可以是静止状态，也可处在旋转状态。磨头体壳固定于床身立柱上，沿着立柱导轨能上下升降，并可做微量进给（每格 0.01mm)。

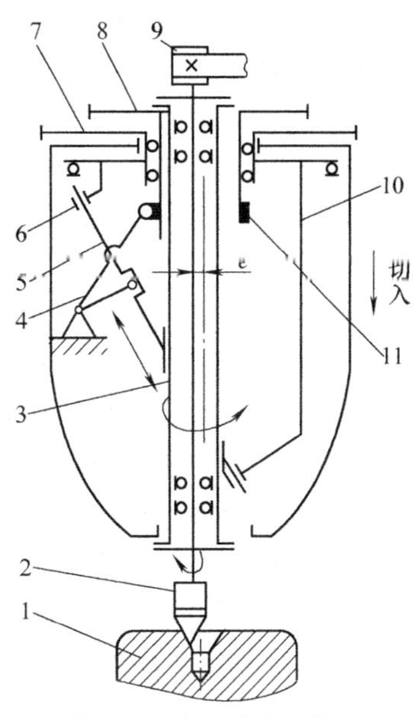

图 5-26　中心孔磨头简图

1—工件　2—砂轮　3—主轴套　4—杠杆　5—内斜导轨　6—外斜导轨　7—斜导轨套轴　8—凸轮轴　9—砂轮主轴　10—内壳体　11—平凸轮

砂轮磨料采用白刚玉或铬刚玉；硬度中软；粒度则要依中心孔的表面粗糙度和生产率来选择，常用的有 F60、F80、F100、F240 四种；砂轮直径一般为 20～60mm；砂轮转速根据砂轮大小确定，通常为 10000～40000r/min，小直径砂轮采用该范围内较高转速，大直径砂轮采用该范围内较低转速。这种机床在磨轮修整成 60°锥面后，能磨出精密轴类零件两端的中心孔。试验证明，中心孔的表面粗糙度 Ra 值能达到 0.1μm，而以中心孔定位磨削主轴外圆，其外圆圆度公差可减少到 0.8μm，并且有较高的生产率，适用于批量生产。

在没有专用的中心孔磨床的情况下，上述前三种研磨中心孔的方法可以联合应用。例如，对精度和表面粗糙度要求高的中心孔，可以先用硬质合金顶尖刮研，然后再选用油石或橡胶砂轮顶尖研磨。又如，对于高精度的顶尖孔，也可先把研磨用的铸铁顶尖和磨床顶尖在磨床的一次调整中加工出来，然后用铸铁顶尖安装在磨床的锥孔内以研磨工件（或锥堵）的中心孔，这样研磨出来的中心孔，可以保证其角度与磨床顶尖的角度一致。实践证明，中心孔经研磨后，加工出的外圆表面的圆度、同轴度等误差可减小到 0.001～0.002mm。

3. 深孔加工

一般孔的深度与孔径之比 $L/d>5$，就属于深孔。各种枪孔、炮孔是典型的深孔。LK32-20207、CA6140 主轴内孔的 L/d 分别约为 10、18，属深孔加工。深孔加工要比一般的孔加工困难和复杂，因为孔的深度增大以后，刀杆较长，刀具刚度变差，容易引起振动和钻偏孔；其次是切削刃在工件深处进行切削，切削液不易注入切削区，散热条件差，使刀具很快磨损；同时切屑难于排出，容易堵塞而无法连续加工。为了保证精度和提高生产率，必须根据这些工艺特点合理地选择深孔加工的方式，并解决刀具的引导、切屑排出和钻头的冷却润滑等问题。

（1）加工方式　加工深孔时，工件和刀具的相对运动方式有以下三种：

① 工件不动，刀具转动并送进。这时如果刀具的回转轴线对工件的轴线有偏移或倾斜，则加工出的孔的轴线必然是偏移或倾斜的。因此，除笨重或外形复杂而不便于转动的大型工件外，一般不采用。

② 工件转动，刀具做轴向送进运动。这种方式钻出的孔的轴线与工件的回转轴线能达到一致。如果钻头偏斜，则钻出的孔有锥度；如果钻头轴线与工件回转轴线在空间斜交，则钻出的孔的轴向截面是双曲线。但无论如何，孔的轴线与工件的回转轴线仍是一致的，故轴

的深孔加工多采用这种方式。

③ 工件转动，同时刀具转动并送进。由于工件与刀具的回转方向相反，所以相对切削速度大，生产率高，加工出来的孔的精度也较高。但对机床和刀杆的刚度要求较高，机床的结构也较复杂，因此应用不很广泛。

(2) 深孔加工的冷却与排屑　在单件、小批生产中，加工深孔时，常用接长的麻花钻头，以普通的冷却润滑方式，在改装过的卧式车床上进行加工。为了排屑，每加工一定长度之后，须将钻头退出。这种加工方法不需要特殊的设备和工具。由于钻头有横刃，轴向力较大，两边切削刃又不容易磨得对称，因此加工时钻头容易偏斜；且此法的生产率很低。

在批量生产中，深孔加工常采用专门的深孔钻床和专用刀具，以保证质量和生产率。直径在 50mm 以下的孔大都采用深孔钻。现在使用的深孔钻有单刃的和双刃的两种。双刃深孔钻的效率较高，但制造和刃磨都比较困难，如果双刃制造和刃磨得不对称，则会造成切削力不平衡，使钻出的孔在轴向截面内有较大的形状误差；单刃深孔钻制造较容易，应用较广。这些刀具的冷却和切屑的排出，在很大程度上取决于刀具的结构特点和切削液的输入方法。目前应用的冷却与排屑的方法有以下两种：

1) 内冷却外排屑法。加工时，切削液从钻头的内部输入，从钻头外部排出。高压切削液直接喷射到切削区，对钻头起冷却润滑作用，并且带着切屑从刀杆和孔壁之间的凹槽排出，如图 5-27 所示。

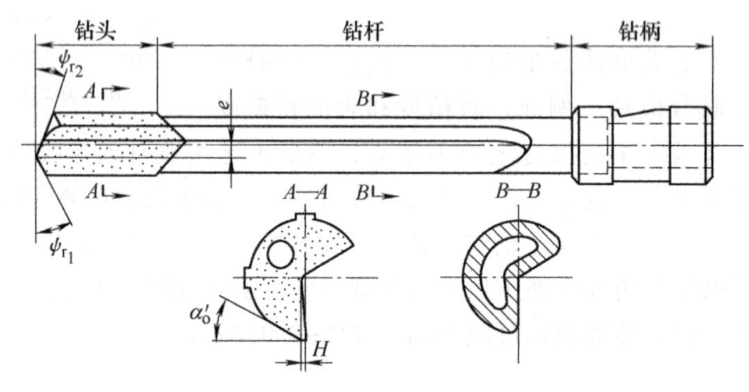

图 5-27　单刃内冷却外排屑小深孔钻

2) 外冷却内排屑法。如图 5-28 所示，切削液从钻头外部输入，从钻头内部排出。有一定压力的切削液沿箭头指示方向经刀杆与孔壁之间的通道进入切削区，起到冷却润滑作用，然后经钻头和刀杆的内孔带着大量切屑排出。

以上两种冷却与排屑的方法，均要求切削液具有足够的压力和流量，以保证切屑能顺利地排出并保持钻头良好的冷却和润滑。在加工直径为 40～60mm 的孔时，一般保持切削液压力 2～4MPa，流量 200～400L/min 较为合适。但随着孔径、孔深以及加工用量的不同而有差异，最好通过试验确定。

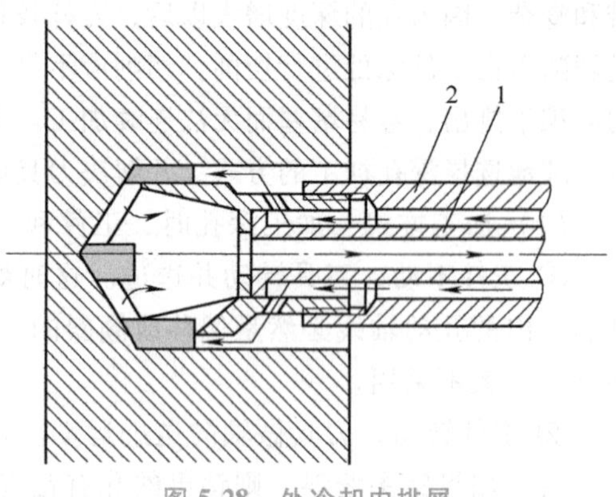

图 5-28　外冷却内排屑
1—内钻管　2—外钻管

深孔加工时，对直径稍大的孔都采用外冷

却内排屑的方法，因为，切屑不与已加工的孔壁接触，使切屑排出通畅，已加工的孔壁也不会被切屑划伤，此外，还能增大刀杆的外径，提高其刚度，故应用广泛。加工较小孔径（一般指 ϕ15mm 以下）的深孔时，由于钻头部分内孔窄小，排屑不良，因而采用内冷却外排屑法。

四、思考与练习

1. 轴类零件加工时定位基准的选择原则有哪些？一般采用的方法有哪几种？各有何特点？

2. 影响主轴加工方法和加工方案选择的主要因素通常有哪些？

3. 试述主轴加工过程中安排热处理的目的及其安排顺序。

4. 安排主轴零件机械加工顺序应遵循哪些原则？

5. 为什么磨削加工能获得高的尺寸精度和小的表面粗糙度值？

6. 无心磨和中心磨有什么不同？各适用于哪些加工范围？

7. 研磨和超精加工有什么不同？光整加工有哪些共同的特点？

8. 轴类零件的外圆加工的基本路线有哪几种？各适用于什么范围？

9. 试对图 5-29 所示输出轴进行工艺过程分析，选择定位基准，并确定加工方案（材料为 45 钢，生产类型为中批生产）。

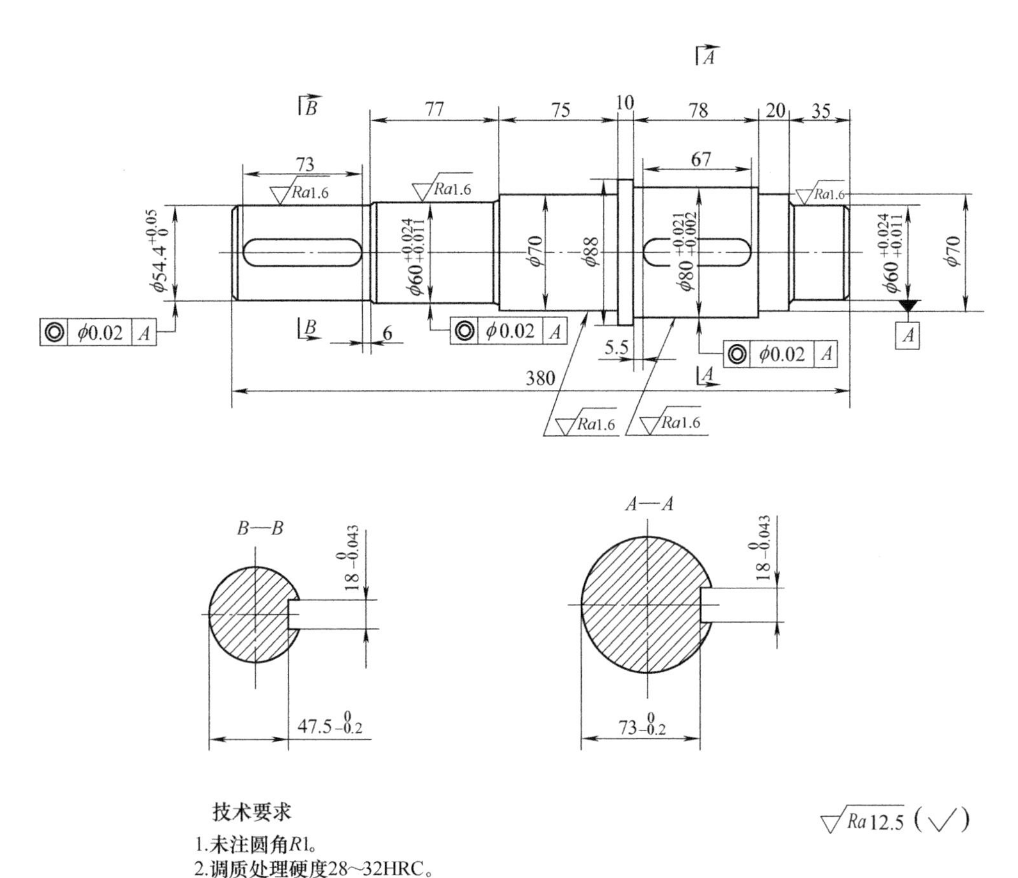

图 5-29　输出轴

大国工匠——张德勇

张德勇是中国嘉陵工业股份有限公司（集团）的钳工高级技师。他19岁入行，20岁开始独立承担项目，27岁拿到技师资格，32岁成为高级技师。“车、锉、刨、磨、攻……钳工就是手上功夫，实践性强，所以工作时间越长、经验越多，解决问题的办法就越丰富。”张德勇把钳工比作“万金油”，那些机器不适宜或不能解决的加工，都可以由钳工来解决。2005年，中核集团一个检测核反应堆里核燃料组件的高精密检测专用设备改造项目颇为棘手。张德勇主动承接了这项任务。通过查找大量资料，认真分析技术要点，仅用了半个月，张德勇就独立完成了500余个零部件的安装。最终，设备各项技术指标完全符合技术验收标准。

“人的价值不在于赚多少钱，而在于能在岗位上创造多少价值。”这是张德勇作为一个大国工匠的初心。

项目六 主轴零件精加工设备的选择

最终目标：能正确选择主轴零件的精加工设备。

促成目标：

1）能正确选择数控车床。

2）能正确选择外圆磨床。

模块一　数控车床的选择

一、教学目标

最终目标：会正确选用数控车床。

促成目标：

1）了解数控机床的组成、分类、加工特点及应用等基本知识。

2）掌握数控车床的工艺范围、组成、分类、布局、结构特点和加工特点。

3）熟悉数控车床的主要组成部件、传动系统与机械结构。

二、案例分析

微课视频（1）

微课视频（2）

数控车床

对于回转体零件的外圆、孔加工，首选是车削加工。本例中 LK32-20207 主轴的主要加工面为内外圆柱面、圆锥面、圆锥孔、螺纹等，因此可在车床上加工。根据项目五模块三“主轴零件的工艺过程制订”的分析，半精车、精车加工的表面较多，精度较高，宜采用数控车床加工，而粗车选用 CW6163 型卧式车床即可（也可选用 CA6140 型卧式车床）。粗车的加工余量大，车削力大，发热量也大，精度要求不高，没必要在高精度的数控车床上加工。由于半精车、精车后还有半精磨、精磨工序，因此对半精车、精车的精度要求不是很高，可选用 LK40 型卧式经济型数控车床。

数控车床的选择主要考虑以下三个方面：

1）切削参数要满足零件的加工需要，主要参数有加工长度、工件回转直径、主轴转速等。LK40 型数控车床的技术参数见表 6-1。

表 6-1　LK40 型数控车床的技术参数

项　　目		LK40
床身上最大回转直径/mm		400
床鞍上最大工件回转直径/mm		200
最大工件长度/mm		750
主轴转速范围/(r/min)		200~1200(200、270、300、400、600、800、900、1200)
主轴孔径/mm		52
主电动机功率/kW		5.5
刀具容量/把		4
纵向滑板移动距离(*Z* 向)/mm		680
横向刀架移动距离(*X* 向)/mm		200
最小设定单位	*X*(直径上)/mm	0.001
	Z/mm	0.001
快速移动速度	*X*(直径上)/(m/min)	3
	Z/(m/min)	3

LK32-20207 主轴的最大加工长度为 520mm，最大加工直径为 150mm，因此选用 LK40 型数控车床能满足加工要求。

2）精度要满足零件的加工需要，主要精度有机床的几何精度、传动精度、动态精度。LK32-20207 主轴半精车、精车的尺寸公差、几何公差最小为 0.05mm，而 LK40 型数控车床的加工精度可达 0.005mm，能满足使用要求。

数控机床目前使用的伺服驱动系统主要有步进式、混合式、伺服式三种。步进式伺服驱动系统在数控系统应用的初级阶段使用较多，现在逐步淘汰，具体选择什么系统，主要看零件的加工精度。步进式驱动系统的一般最小进给量为 0.01mm，混合式的为 0.005mm，伺服式的为 0.001mm，它们的最小进给单元不一样，决定着它们的加工精度也不一样。LK40 型数控车床的进给电动机采用混合式或伺服电动机驱动。

3）生产率与工件的生产类型相适应。数控车床柔性好，加工适应性强，适用于中、小批生产。LK32-20207 主轴为中批生产，外圆面阶梯较多，又有锥面、锥孔、螺纹加工，形状较复杂。选用卧式车床工序较多，装夹次数较多，辅助时间增加，影响生产效率。LK40 型数控车床采用工序集中方式加工，既提高了加工精度，又保证了生产的高效率。由于是自动化加工，排除了人为错误的干扰，可确保加工质量的稳定性。

三、相关知识

（一）数控机床基础知识

1. 数控机床的定义

数控机床又称 CNC 机床，是由电子计算机或专用电子计算装置对数字化的信息进行处理而实现自动控制的机床。国际信息处理联盟（IFIP）第五技术委员会对数控机床作了如下定义：数控机床是一个装有数控系统的机床，该系统能够逻辑地处理具有使用号码或其他符号编码指令规定的程序。数控机床是近代发展起来的、具有广阔发展前景的、新型自动化机床，是高度机电一体化的产品，是体现现代机床水平的重要标志。数控机床解决了形状复杂、高精密、生产批量不大且生产周期短及产品更换频繁的多品种、小批量产品的制造问题，是一种灵活的、高效能的自动化机床，是构成柔性制造系统、计算机集成制造系统的基础单元。常见的数控机床有数控车床、数控钻床、数控镗床、数控铣床、数控磨床、数控加工中心等。

采用数控机床工作时，首先要将被加工零件图上的几何信息和工艺信息数字化，并按规定的代码和格式编成加工程序；然后把加工程序输入机床的数控装置，数控系统对程序进行译码、运算后向机床的各个坐标的伺服装置和辅助控制装置发出指令，驱动机床的运动部件，并控制所需要的辅助动作，完成零件的加工。

2. 数控机床的组成

数控机床的基本组成包括信息载体、数控装置、伺服系统、测量反馈装置和主机五部分，如图 6-1 所示。

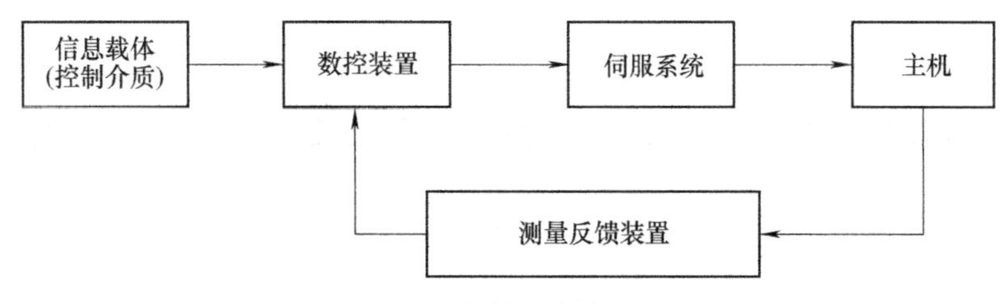

图 6-1　数控机床的组成

（1）信息载体　信息载体又称控制介质，用于记录各种加工指令，以控制机床的运动，实现零件的自动加工。

（2）数控装置　数控装置是数控机床的核心，用于接收读入装置输入的加工信息，经过译码处理与运算，发出相应的指令脉冲给伺服系统，控制机床各执行件按指令要求协调动作，完成零件加工。它由输入装置、运算器、输出装置和控制器四部分组成。目前随计算机技术发展，数控功能可根据用户需要进行任意组合和扩展，可实现几台数控机床之间的数据通信，并可以直接对几台数控机床进行控制。

数控装置的基本工作过程如下：

1）译码。将程序段中的各种信息，按一定语法规则翻译成数控装置能识别的语言，并以一定的格式存放在指定的内存专用区间。

2）刀具补偿。刀具补偿包括刀具长度补偿和刀具半径补偿。

3）进给速度处理。编程所给定的刀具移动速度是加工轨迹切线方向的速度，速度处理就是将其分解成各运动坐标方向的分速度。

4）插补。一般数控装置能对直线、圆弧进行插补运算。一些专用或较高档的 CNC 装置还可以完成椭圆、抛物线、正弦曲线和一些专用曲线的插补运算。

5）位置控制。在闭环 CNC 装置中，位置控制的作用是在每个采样周期内，把插补计算得到的理论位置与实际反馈位置相比较，用其差值去控制进给电动机。

（3）伺服系统　伺服系统是数控系统的执行部分，是以控制移动部件的位置和速度作为控制量的自动控制系统，它由速度控制装置、位置控制装置、驱动伺服电动机和相应的机械传动装置组成。其功能是接收数控装置输出的脉冲信号指令，使机床上的移动部件做相应的移动。每一个脉冲信号指令使机床移动部件产生的位移量称为脉冲当量，常用的脉冲当量为0.01mm/脉冲或0.001mm/脉冲。

伺服系统应满足的要求是：进给速度范围要大（如0.1mm/min低速趋近，24m/min快速移动），位移精度要高，工作速度响应要快，以及工作稳定性要好。现在普遍采用的是交流数字伺服系统。

（4）测量反馈装置　测量反馈装置是将位移的实际值检测出来，并反馈给数控装置，它的检测精度决定了数控机床的加工精度。测量反馈装置普遍应用高分辨率的脉冲编码器。

（5）主机　主机是数控机床的机械部分，包括床身、主轴箱、工作台、进给机构、辅助装置（如刀库液压气动装置、冷却系统和排屑装置等）。与传统的普通机床相比，数控机床在整体布局、外部造型、主传动系统、进给传动系统、刀具系统、支承系统和排屑系统等方面有很大的差异。这些差异能更好地满足数控技术的要求，并充分适应数控加工的特点。通常对数控机床的精度、静刚度、动刚度和热刚度等均提出了更高的要求，而传动链则要求尽可能简单。

数控机床的主体结构有以下特点：

1）由于采用了高性能的主轴及伺服传动系统，数控机床的机械传动结构大为简化，传动链较短。

2）为适应连续地自动化加工，数控机床的机械结构一般要求具有较高的动态刚度和阻尼，具有较高的耐磨性，而且热变形要小。

3）为了减少摩擦，提高传动精度，数控机床更多地采用了高效传动部件，如滚珠丝杠副和直线滚动导轨等。

3. 数控机床的分类

数控机床一般按以下几种方法分类：

（1）按加工方式分类

1）普通数控机床。可分为数控车床（图6-2）、数控铣床（图6-3）、数控钻床、数控镗床、数控齿轮加工机床、数控磨床等。这类数控机床的工艺性能和普通机床相似，但生产率

图6-2　数控车床

和自动化程度比普通机床高，都适合加工单件、小批量、多品种和复杂形状的工件。

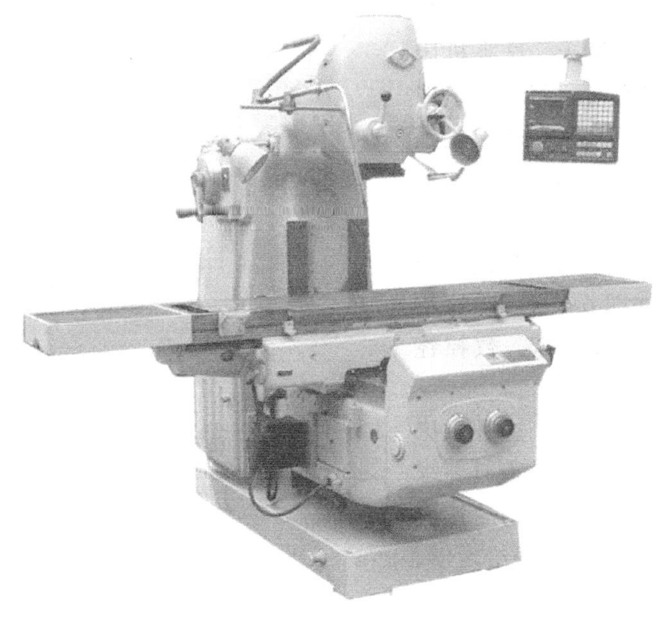

图 6-3　数控铣床

2）数控加工中心机床。数控加工中心是带有刀库和自动换刀装置的数控机床，又称多工序数控机床，简称加工中心，常见的有数控车削中心、数控镗铣加工中心（图 6-4）。加工中心在一次装夹后，可进行多种工序加工，能有效避免由于多次安装造成的定位误差，并提高加工生产率。

图 6-4　数控镗铣加工中心

3）数控特种加工机床。此类数控机床有数控电火花成形加工机床（图 6-5）、数控电火花线切割机床、数控激光切割机床等。

4）其他类型的数控机床。如数控三坐标测量仪、金属塑性成形类数控机床（数控折弯机、数控弯管机）等。

（2）按运动轨迹分类

1）点位控制数控机床。这类机床的数控装置只对点的位置进行控制，即机床的运动部件只能实现从一个位置到另一个位置的精确位移，移动过程中不进行任何加工。数控系统只需要控制行程起点和终点的坐标值，而不控制运动部件的运动轨迹，如图 6-6 所示。这类控制系统主要用于数控钻床、数控镗床、测量仪等。

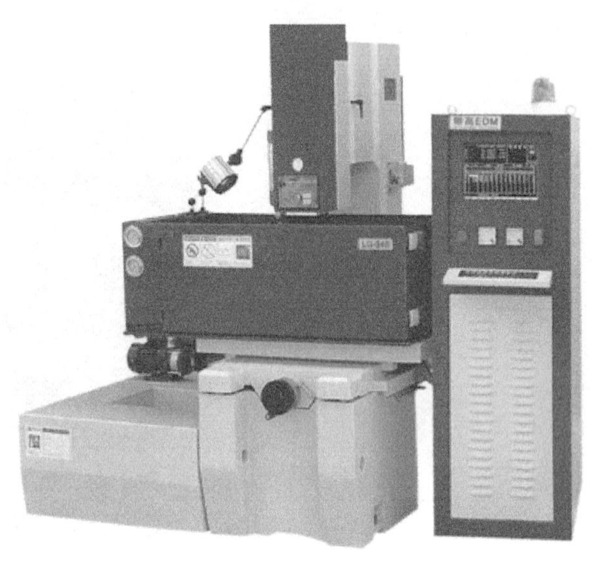

图 6-5　数控电火花成形加工机床

2）直线控制数控机床。这种机床不仅要求控制点的准确位置，而且要求控制刀具（或工作台）以一定的速度沿与坐标轴平行的方向实现进给运动，或者控制两个坐标轴实现斜线的进给运动，如图 6-7 所示。这种控制常应用于简易数控车床、数控镗铣床等，现已较少使用。

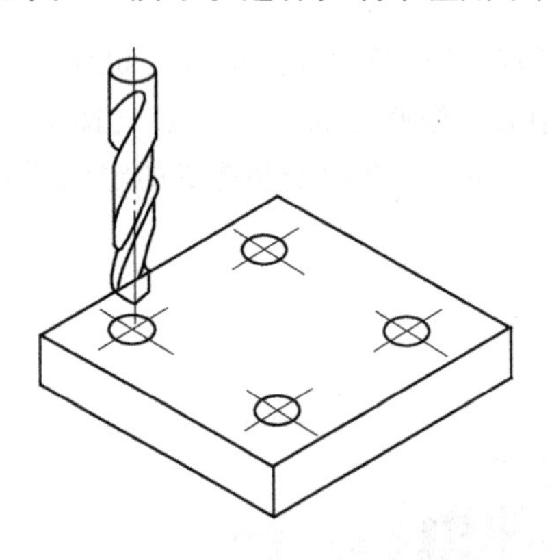

图 6-6　点位控制

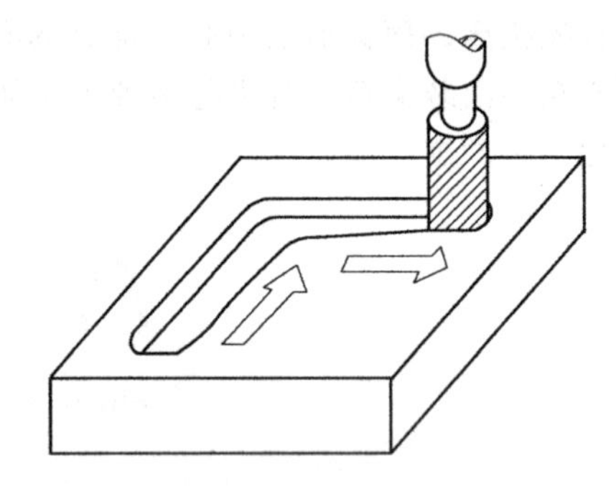

图 6-7　直线控制

3）轮廓控制数控机床。这种机床能同时对两个或两个以上的坐标轴实现连续控制。它不仅能够控制移动部件的起点和终点，而且能够控制整个加工过程中每点的位置与速度。也就是说，能连续控制加工轨迹，使之满足零件轮廓形状的要求，如图 6-8 所示。这种控制常应用于数控铣床、数控磨床、加工中心等。

（3）按同时控制轴数分类

1）二坐标机床。如数控车床，可加工曲面回转体；某些数控镗床，二轴联动可镗铣斜面。

2）三坐标数控机床。如一般的数控铣床、加工中心，三轴联动可加工曲面零件。

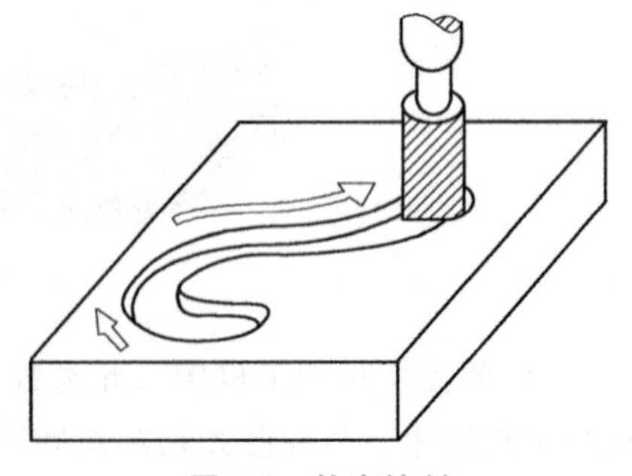

图 6-8　轮廓控制

3）$2\frac{1}{2}$坐标数控机床。此类数控机床又称二轴半，实为二轴联动，第三轴做周期性等距运动。

4）多坐标数控机床。四轴及四轴以上联动称为多轴联动。例如，五轴联动铣床，工作台除 X、Y、Z 三个方向可直线进给外，还可绕 Z 轴做旋转进给（C 轴），刀具主轴可绕 Y 轴做摆动进给（B 轴）。

（4）按伺服系统分类　根据有无检测反馈元件及其检测装置，机床的伺服系统可分为开环伺服系统、闭环伺服系统、半闭环伺服系统。

1）开环伺服数控机床。在开环伺服系统中，机床没有检测反馈装置，如图 6-9 所示，即控制装置发出的信号流程是单向的。工作台的移动速度和位移量是由输入脉冲的频率和脉冲数决定的，改变脉冲的数目和频率，即可控制工作台的位移量和速度。

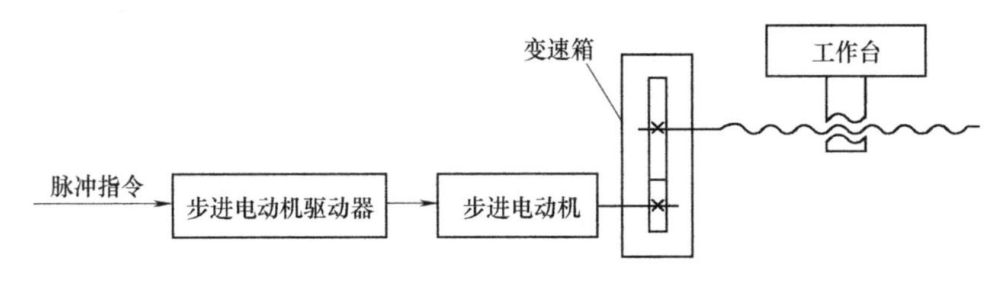

图 6-9　开环伺服数控机床

由于开环伺服系统对移动部件的实际位移无检测反馈，故不能补偿位移误差，因此，伺服电动机的误差以及齿轮与滚珠丝杠的传动误差，都将影响被加工零件的精度，其精度主要取决于伺服系统的精度。但开环伺服系统的结构简单，成本低，调整维修方便，工作可靠，适用于精度、速度要求不高的场合。目前，开环伺服系统多用于经济型数控机床。

2）闭环伺服数控机床。闭环伺服系统是在机床移动部件上安装直线位置检测装置，当数控装置发出的位移脉冲信号指令，经过伺服电动机、机械传动装置驱动运动部件移动时，直线位置检测装置将检测所得的实际位移量反馈到数控装置，如图 6-10 所示，并与输入指令要求的位置进行比较，用差值进行控制，直到差值消除为止，最终实现移动部件的高位置精度。

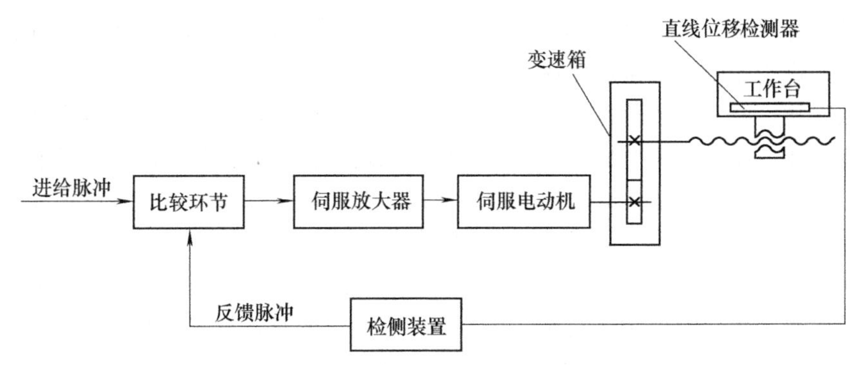

图 6-10　闭环伺服数控机床

闭环伺服系统的特点是加工精度高，移动速度快。但是，机械传动装置的刚度、摩擦阻尼特性、反向间隙等非线性因素对系统的稳定性有很大影响，造成闭环伺服系统安装调试比较复杂；且直线位移检测装置造价高，因此闭环伺服系统多用于高精度数控机床和大型数控机床。

3）半闭环伺服数控机床。半闭环伺服系统对移动部件的实际位置不进行检测，而是通过检测伺服电动机的转角间接地检测移动部件的实际位移量，检测装置将检测所得的实际位移量反馈到数控装置的比较器，并与输入指令要求的位置进行比较，用差值进行控制，直到差值消除为止，如图 6-11 所示。

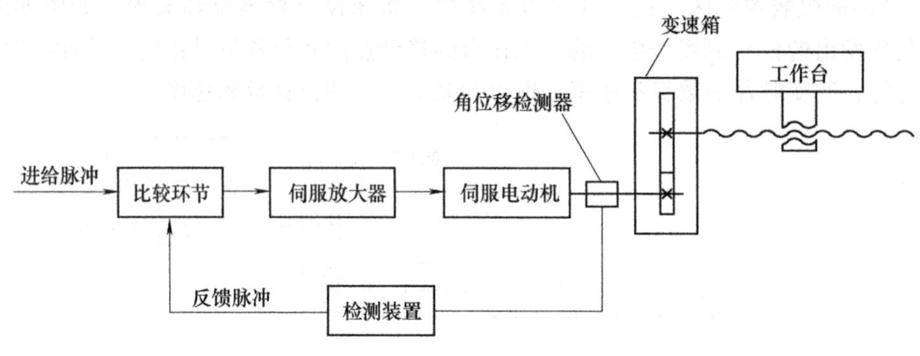

图 6-11　半闭环伺服数控机床

由于半闭环控制的运动部件的机械传动链不包括在闭环之内，机械传动链的误差无法得到校正或消除；但是，由于广泛采用的滚珠丝杠副具有良好的精度和精度保持性，且采用了可靠的消除反向运动间隙的结构，因此，其控制精度介于开环系统与闭环系统之间。对于半闭环伺服系统，其角位移检测装置结构简单，安装方便，而且惯性大的移动部件不包括在闭环内，所以系统调试方便，并有很好的稳定性。目前，大多数数控机床都采用这种控制方法。

4. 数控机床的加工特点

数控机床作为一种高自动化的机械加工设备，具有以下的特点：

（1）加工精度高，尺寸一致性好　一般数控机床的定位精度为±0.01mm，重复定位精度为±0.005mm；在加工过程中操作者不参与操作，工件的加工精度全部由机床保证，消除了操作者人为造成的误差。因此，加工出来的工件精度高，尺寸一致性好，质量稳定。

（2）生产效率高　由于数控机床在结构设计上采用了有针对性的设计，因此数控机床的主轴转速、进给速度和快速定位速度都比较高，可以合理地选择高的切削参数，充分发挥刀具的切削性能，减少切削时间，还可以自动地完成一些辅助动作；不需要在加工过程中进行中间测量，能连续完成整个加工过程，减少了辅助动作时间和停机时间，即有效地减少了零件的加工时间，因此，数控机床的生产效率高。与一般机床相比，数控机床能将生产率提高 3~5 倍，加工中心则可将生产率提高 5~10 倍。

（3）具有高度柔性　数控机床的刀具运动轨迹是由加工程序决定的，因此只要能编制出程序，无论多么复杂的型面都能加工。当加工工件改变时，只需要改变加工程序就可以完成工件的加工。因此，数控机床既适合于零件频繁更换的场合，也适合单件、小批量生产及产品的开发，可缩短生产准备周期，有利于机械产品的更新换代。

（4）减轻劳动强度，且可实现一人多机操作　一般数控机床加工出第一件合格工件后，操作者只需要进行工件的装夹和起动机床，即加工过程不需要人的干预，从而大大减轻了操作者的劳动强度。现在的数控机床可靠性高，保护功能齐全，并且数控系统有自诊断和自停机功能；当一个工件的加工时间比工件的装夹时间长时，就能实现一人多机操作。

（5）经济效益明显　虽然数控机床的一次投资及日常维护保养费用较普通机床高很多，但是如能充分地发挥数控机床的加工能力，将会带来良好的经济效益。这些效益不仅表现在生产效率高，加工质量好，废品少，而且还可减少工装和量刃具，缩短生产周期，减少在制品数量，缩短新产品试制周期等，从而为企业带来良好的经济效益。

（6）利于生产管理现代化　在数控机床上，加工所需要的时间是可以预计的，并且每件是不变的，因而工时和工时费用可以估计得更精确。这有利于精确编制生产进度表，有利于均衡生产和取得更高的预计产量，因此，有利于生产管理现代化，有利于机械加工综合自动化的发展。

与普通机床相比，数控机床价格昂贵，养护与维修费用较高，如果使用和管理不善，容易造成浪费并直接影响经济效益。因此，要求设备操作者和管理者有较高的素质，严格遵守操作规程和履行管理制度，以降低生产成本，提高企业的经济效益和市场竞争力。

5. 数控机床的应用

根据数控机床加工的特点可以看出，最适合于数控加工的零件有以下几种：

1）批量小而又多次生产的零件。

2）几何形状复杂，加工精度高，用普通机床无法加工，或虽然能加工但很难保证加工质量的零件。

3）在加工过程中必须进行多种加工，即在一次安装中要完成铣、镗、锪、铰或攻螺纹等多道工序的零件。

4）用数学模型描述的复杂曲线或曲面轮廓的零件。

5）切削余量大的零件。

6）必须严格控制公差的零件。

7）需要频繁改型的零件。

8）加工过程中如果发生错误将会造成严重浪费的贵重零件。

9）需全部检验的零件。

（二）数控车床概述

1. 数控车床的工艺范围

数控车床，即用计算机数字控制的车床。数控车床与卧式车床一样，主要用于加工各种轴类、套筒类和盘类零件上的回转表面，例如内、外圆柱面，圆锥面，成形回转表面及螺纹面等。使用数控车床时，先将零件的数控加工程序输入到数控系统中，由数控系统通过车床 X、Z 坐标轴的伺服电动机控制车床进给运动部件的动作顺序、移动量和进给速度，再配以主轴的转速和转向，便能加工出各种形状不同的轴类或盘类等回转体零件，还可加工高精度的曲面与端面螺纹。使用的刀具主要有车刀、钻头、铰刀、镗刀及螺纹刀具等。数控车床加工零件的尺寸公差等级可达 IT5～IT6，表面粗糙度 Ra 值可达 1.6μm 以下。数控车床是目前使用十分广泛的一种数控机床，而且其种类很多。

2. 数控车床的组成

卧式数控车床由以下几部分组成（图 6-12）。

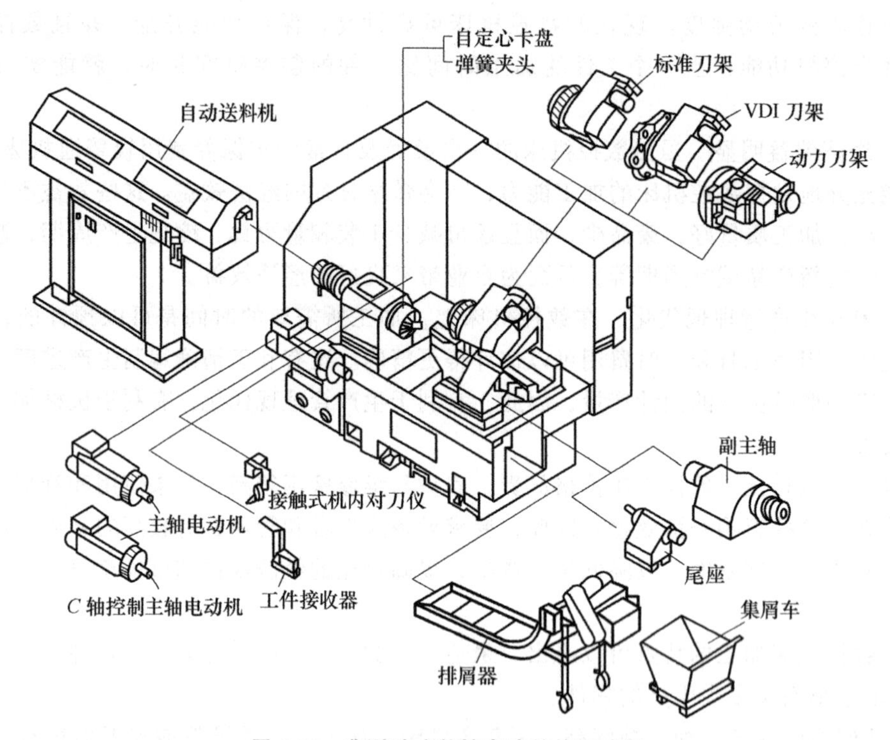

图 6-12　典型卧式数控车床结构组成图

(1) 主机　主机是数控车床的机械部件，包括床身、主轴箱、刀架、尾座、进给机构等。

(2) 数控装置　数控装置作为控制部分是数控车床的控制核心，其主体是一台计算机。

(3) 伺服驱动系统　伺服驱动系统是数控车床切削工件的动力部分，主要实现主运动和进给运动。它由伺服驱动电路和驱动装置组成，驱动装置主要有主轴电动机、进给系统的步进电动机或交、直流伺服电动机等。

(4) 辅助装置　辅助装置是指数控车床的一些配套部件，包括液压、气动装置及冷却系统、润滑系统和排屑装置等。

3. 数控车床的分类

随着数控车床制造技术的不断发展，形成了产品繁多、规格不一的局面。因而也出现了几种不同的分类方法。

(1) 按数控系统的功能分

1) 经济型数控车床。经济型数控车床如图 6-13 所示，一般是在卧式车床基础上进行改进设计的，采用步进电动机驱动的开环伺服系统，其控制部分采用单板机或

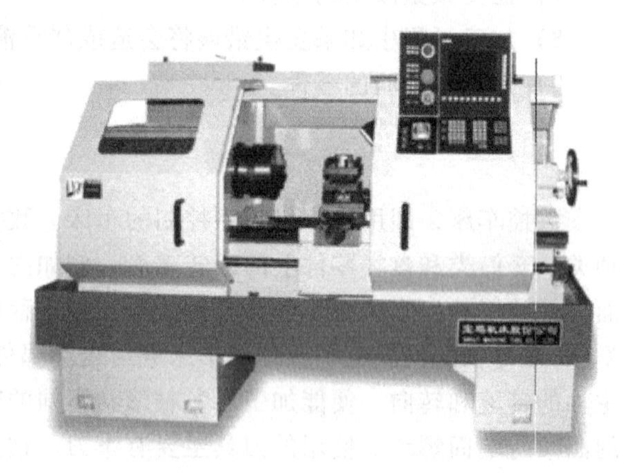

图 6-13　经济型数控车床

单片机实现。此类车床结构简单，价格低廉，但无刀尖圆弧半径补偿和恒线速切削等功能。

2）全功能型数控车床。全功能型数控车床如图 6-14 所示，一般采用闭环控制系统或半闭环控制系统，具有高刚度、高精度和高效率等特点。

3）车削中心。车削中心如图 6-15 所示，是以全功能型数控车床为主体，并配置刀库、换刀装置、分度装置、铣削动力头和机械手等，实现多工序的复合加工的机床。在工件一次装夹后，它可完成回转类零件的车、铣、钻、铰、攻螺纹等多种加工工序。车削中心的功能全面，但价格较高。

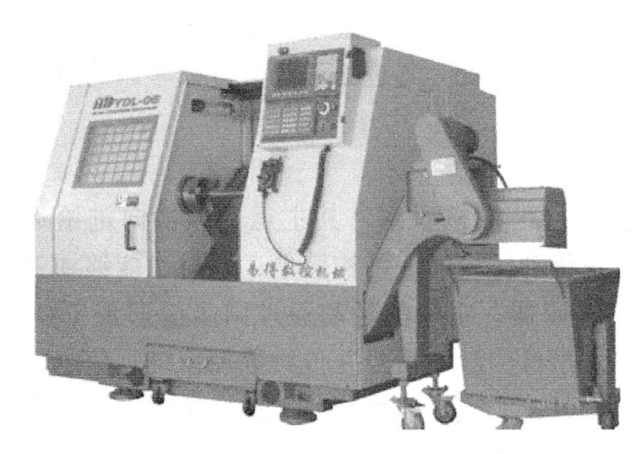

图 6-14　全功能型数控车床

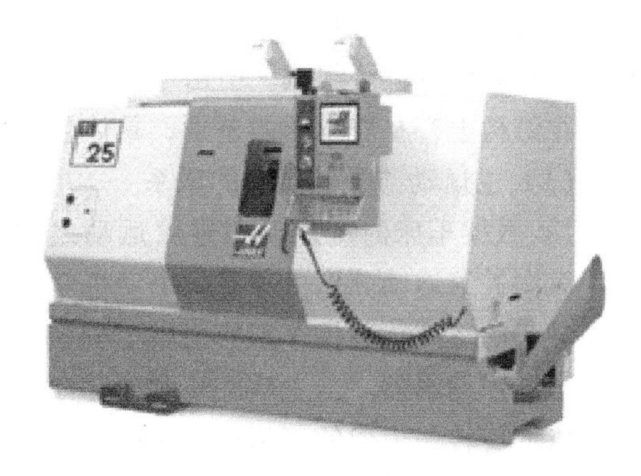

图 6-15　车削中心

4）FMC 车床。FMC（Flexible Manufacturing Cell）车床实际上是一个由数控车床、机器人等构成的柔性加工单元。它能实现工件搬运、装卸的自动化和加工调整准备的自动化，如图 6-16 所示。

（2）按主轴的配置形式分类

1）卧式数控车床。卧式数控车床是指主轴轴线处于水平位置的数控车床，如图 6-12、图 6-13 所示。

2）立式数控车床。立式数控车床是指主轴轴线处于垂直位置的数控车床，如图 6-17 所示。

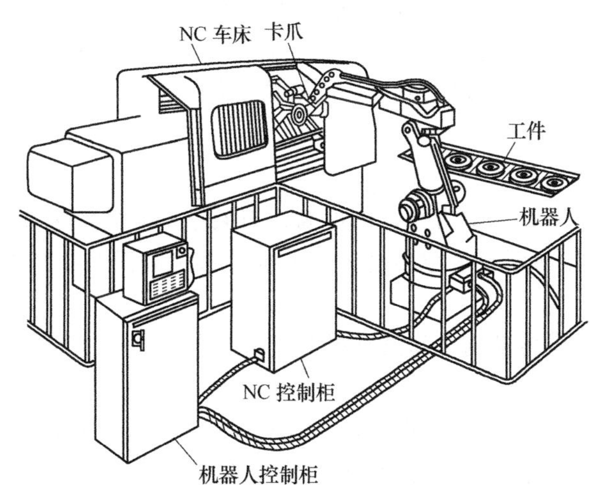

图 6-16　FMC 车床

图 6-17　立式数控车床

还有具有两根主轴的车床，称为双轴卧式数控车床或双轴立式数控车床。

（3）按数控系统控制的轴数分类

1）两轴控制的数控车床。机床上只有一个回转刀架，可实现二轴联动控制。

2）四轴控制的数控车床。机床上有两个独立的回转刀架，可实现四轴联动控制。

对于车削中心或柔性加工单元，还要增加其他的附加坐标轴来满足机床的功能。目前我国使用较多的是中小规格的两坐标轴连续控制的数控车床。

4. 数控车床与卧式车床的结构比较

从总体上看，数控车床在结构上仍然由床身，主轴箱，刀架，进给传动系统，液压、冷却、润滑系统等部分组成。但由于数控车床采用了数控系统，其进给系统与卧式车床的进给系统在结构上存在着本质的差别，具体包括以下几方面：

（1）主运动与进给运动的联系

1）数控车床的主运动和进给运动之间没有直接的机械联系，其主运动、横向进给运动、纵向进给运动分别由独立的电动机驱动，每条传动链较短，结构简单；同时也能够加工各种导程的螺纹。数控车床的主轴上安装有脉冲编码器，主轴的运动通过同步齿形带 1∶1 地传到脉冲编码器。当主轴旋转时，脉冲编码器发出检测脉冲信号并传给数控系统，使主轴电动机的旋转与刀架的切削进给保持同步关系，就可以实现螺纹加工时主轴旋转一周，刀架 Z 向移动一个导程的运动关系，从而加工出所要求的螺纹。

2）卧式车床的主运动和进给运动由一台电动机驱动，它们之间存在直接的机械联系，传动链长，结构复杂，变速时需要人工调整；加工米制、模数制、寸制等各种导程的螺纹时，主要通过交换齿轮、基本组、增倍组的配合得到，并要通过查表、计算的方式确定交换齿轮、基本组、增倍组的齿轮副参数，比较复杂。

（2）驱动、变速方式

1）数控车床的主轴运动有三种驱动方式，分别是分段无级变速、带传动变速及电动机直接驱动变速；进给运动常采用步进电动机、交流或直流电动机通过有限级的传动副传给进给运动机构，实现工作台的直线运动或回转运动。主运动和进给运动均采用无级变速方式，驱动装置后串联变速箱主要是为了使驱动电动机与工作轴的功率-转矩特性相匹配。

2）卧式车床的主运动（如 CA6140）由电动机经过带传动、离合器及滑移齿轮变速使得主轴获得正、反方向的多级转速；机床纵、横向运动的实现由主轴通过交换齿轮架、进给箱、溜板箱传到刀架，而纵、横向不同进给量的实现主要通过进给箱中基本组、增倍组的不同组合来实现。

（3）典型部件的结构特点

1）数控车床的进给运动采用滚珠丝杠副，摩擦力小，刚度高；刀架移动导轨常采用贴塑导轨或滚动导轨块，快速响应能力好。传动副有消隙措施，加上数控系统对误差的修正，有效地保证了反向运动精度。

2）卧式车床采用普通丝杠副，一般来说传动副之间没有误差消除措施。

5. 数控车床的布局

数控车床的主轴、尾座等部件相对于床身的布局形式与卧式车床基本一致，而刀架和导轨的布局形式有很大变化，并且布局形式直接影响数控车床的使用性能及机床的结构和外观。

根据生产率要求的不同，卧式数控车床的布局可以产生单主轴单刀架、单主轴双刀架、双主轴双刀架等不同的结构变化，如图 6-18 所示。

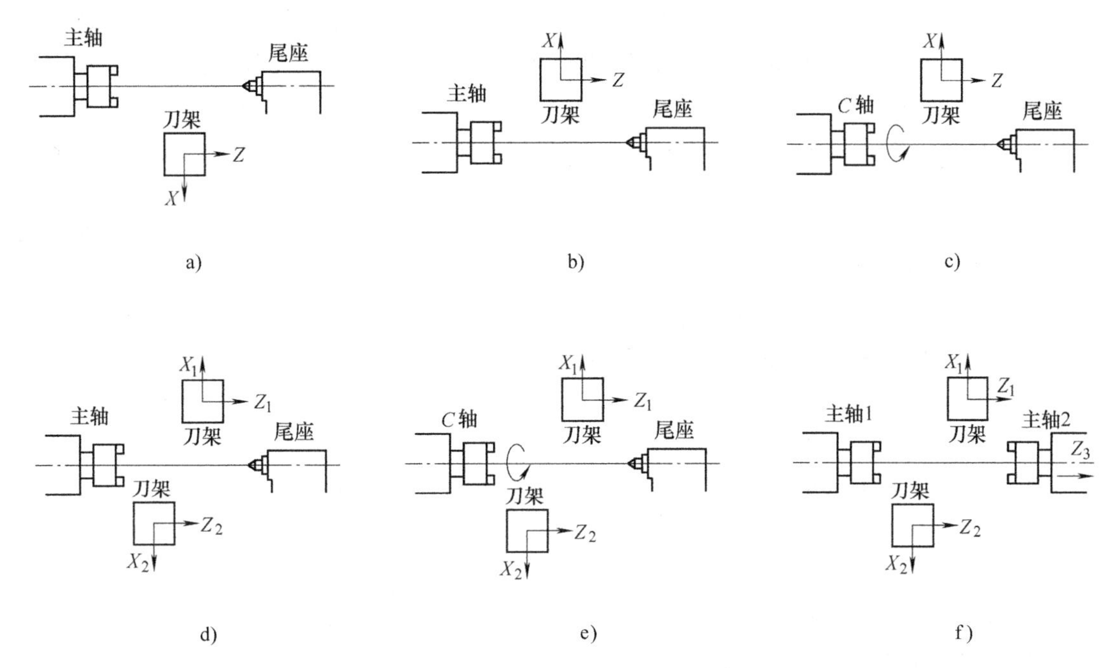

图 6-18　典型卧式数控车床布局示意图

a）NC 二轴，前置刀架　b）NC 二轴，后置刀架　c）NC 三轴，车削中心
d）NC 四轴，双刀架　e）、f）NC 五轴，双刀架

下面介绍卧式数控车床的床身导轨和刀架布局。

（1）床身导轨的布局　床身是机床的主要承载部件，是机床的主体。卧式数控车床床身导轨与水平面的相对位置有 5 种形式，如图 6-19 所示。

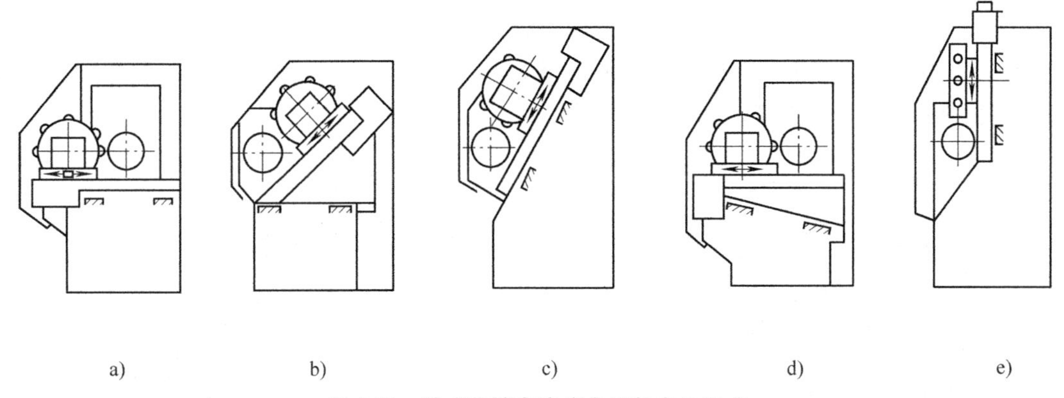

图 6-19　卧式数控车床床身导轨布局形式

a）平床身，平滑板　b）平床身，斜滑板　c）后斜床身，斜滑板　d）前斜床身，平滑板　e）直立床身，直立滑板

1）平床身。平床身的工艺性好，便于导轨面的加工。平床身配上水平放置的刀架可提高刀架的运动精度，一般可用于大型数控车床或小型精密数控车床的布局。但是平床身下部空间小，排屑困难。由于刀架水平放置，使得滑板横向尺寸较长，从而加大了机床宽度方向

的结构尺寸。

平床身配上倾斜放置的滑板，并配置倾斜式导轨防护罩，这种布局形式一方面具有平床身工艺性好的特点；另一方面机床宽度方向的尺寸较水平配置滑板的要小，且排屑方便。

2）斜床身。斜床身导轨的倾斜角有 30°、45°、60°、75°和 90°几种。倾斜角度小，则排屑不便；倾斜角度大，则导轨的导向性及受力情况差。导轨倾斜角度的大小不仅影响机床的刚度、排屑，也影响占地面积、宜人性、外形尺寸高度的比例，以及刀架质量作用于导轨面垂直分力的大小等。选用时，应结合机床的规格、精度等选择合适的倾斜角。一般来说，小型数控车床多采用 30°、45°的倾斜角；中等规格的数控车床多采用 60°的倾斜角；大型数控车床多采用 75°的倾斜角。

3）立床身。立床身配置 90°的滑板，即导轨倾斜角度为 90°的滑板结构称为立床身。

斜床身和平床身、斜滑板布局形式因为具备以下优点，故在数控车床中被广泛采用。

① 容易实现机电一体化。

② 机床外形整齐、美观，占地面积小。

③ 从工件上切下的炽热切屑不至于堆积在导轨上而影响导轨精度。

④ 容易排屑和安装自动排屑器。

⑤ 容易设置封闭式防护装置。

⑥ 宜人性好，便于操作。

⑦ 便于安装机械手，易实现单机自动化。

（2）刀架的布局　刀架是数控车床的重要部件，可安装各种切削加工工具，其结构和布局形式对机床的整体布局及工作性能影响很大。

数控车床的刀架分为回转式和排刀式刀架两大类。回转式刀架是普遍采用的刀架形式，它通过回转头的旋转、分度、定位来实现机床的自动换刀。回转式刀架在机床上有两种布局形式：一种是主要用于加工盘类零件的回转刀架，其回转轴垂直于主轴；另一种是主要用于加工轴类和盘类零件的回转刀架，其回转轴平行于主轴。目前二轴联动数控车床多采用 12 工位回转刀架，如图 6-20 所示。除此之外，也有采用 6 工位、8 工位和 10 工位回转刀架的；4 工位方刀架主要应用于经济型前置刀架数控车床。排刀式刀架主要用于小型数控车床，适用于短轴或套类零件的加工，如图 6-21 所示。

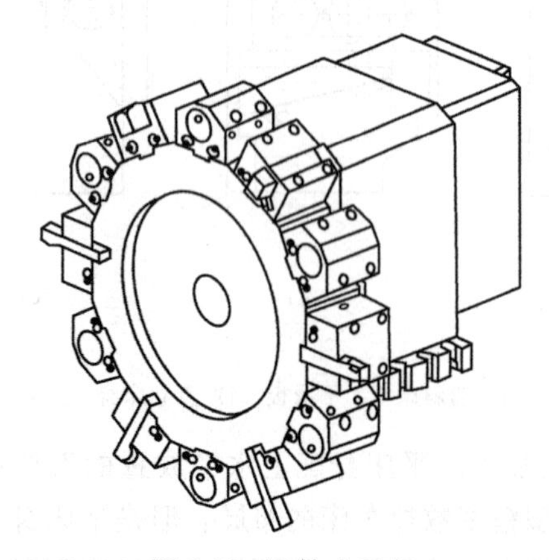

图 6-20　回转式刀架

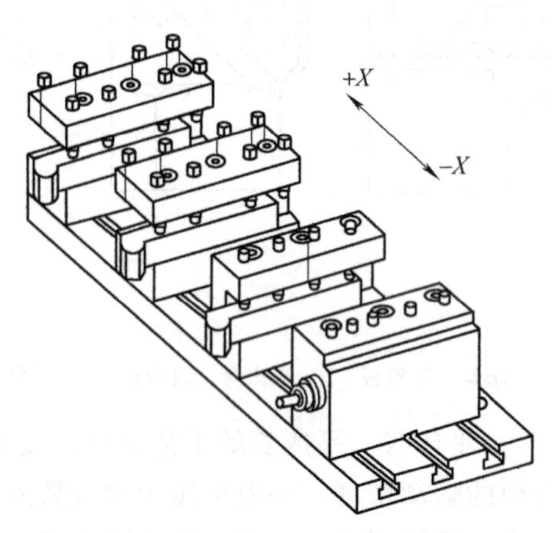

图 6-21　排刀式刀架

根据机床精度的不同，数控车床的布局要考虑到切削力、切削热和切削振动的影响。要使这些因素对精度影响最小，机床在布局上就要考虑到各部件的刚度、抗振性和在受热时使热变形的影响在不敏感的方向。如卧式车床主轴箱热变形时，随着刀架位置的不同，对尺寸的影响也不同，如图 6-22 所示。

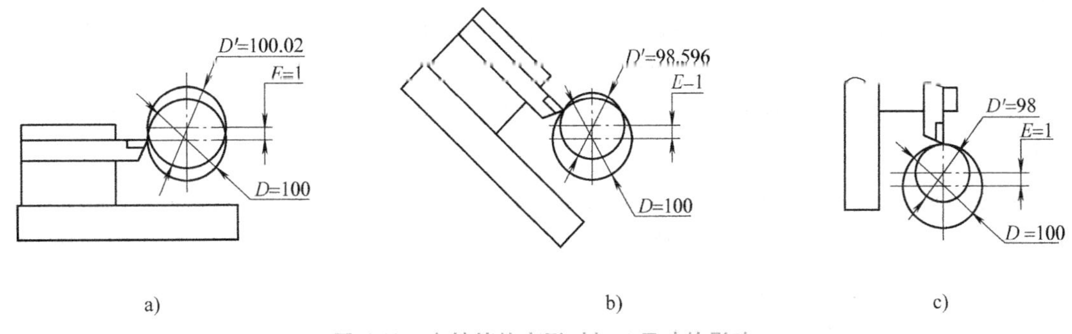

图 6-22　主轴箱热变形对加工尺寸的影响

a）平刀架　b）斜刀架　c）直立刀架

（三）数控车床的传动系统与机械结构

在数控车床上有三种运动传动系统，即数控车床的主运动传动系统、进给运动传动系统和辅助运动传动系统，每种传动系统的组成和特点各不相同。下面以 MJ-50 型数控车床为例，介绍数控车床的传动系统与主要机械结构。

1. 机床的用途和主要组成部件

MJ-50 型数控车床是由济南第一机床厂生产的产品。该机床主要用于加工圆柱形、圆锥形和各种成形回转表面，车削各种螺纹，以及对盘形零件进行钻孔、扩孔、铰孔和镗孔等加工，还可以完成车端面、切槽、倒角等加工。它具有加工精度高、稳定性好、生产效率高、工作可靠等优点，适用于回转体零件的中小批量生产。

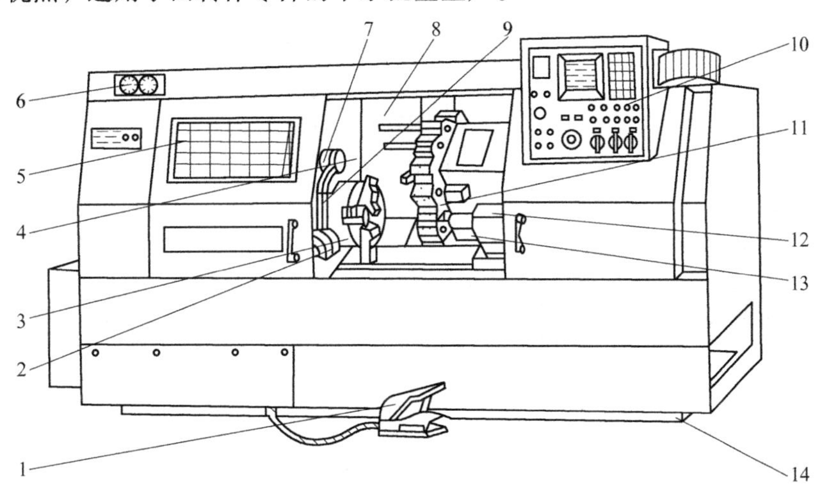

图 6-23　MJ-50 型数控车床外形图

1—主轴卡盘夹紧与松开的脚踏开关　2—对刀仪　3—主轴卡盘　4—主轴箱　5—机床防护门　6—压力表　7—对刀仪防护罩　8—导轨防护罩　9—对刀仪转臂　10—操作面板　11—回转刀架　12—尾座　13—床鞍　14—床身

MJ-50 型数控车床是二轴连续控制的卧式车床，其外形如图 6-23 所示。床身 14 为平床身，床身导轨面上支承 30°倾斜布置的床鞍 13，排屑较方便。导轨横截面为矩形，支承刚度好。导轨上配置有导轨防护罩 8。主轴箱 4 安装在床身的左上方，主轴由交流伺服电动机驱动，不需变速传动装置，因此使得主轴箱的结构大大简化。为了快速并且省力地装夹工件，主轴卡盘 3 的夹紧与松开由主轴尾端的液压缸来控制。

床身右上方是尾座 12。该机床配置两种尾座，一种是标准尾座，另一种是选择配置的尾座。

床鞍的倾斜导轨上安装有 10 个工位的回转刀架 11，床鞍上分别安装有 X 轴和 Z 轴的进给传动装置。

根据用户的要求，主轴箱前端面可以安装对刀仪 2，用于机床的机内对刀。检测刀具时，对刀仪转臂 9 摆出，其上部的接触式传感器测头对所有刀具进行检测。检测完成后，对刀仪的转臂摆回图中所示的位置，且测头被锁在对刀仪防护罩 7 中。

件 10 是操作面板；件 5 是机床防护门，可以配置手动防护门，也可以配置气动防护门。件 6 为液压系统的压力表；件 1 是主轴卡盘夹紧与松开的脚踏开关。

该车床配有日本 FANUC-OTE、德国 SIEMENS 或中国台湾地区 HUST-11T 三种数控系统。

该车床的主运动为主轴的旋转运动，转速范围为 35~3500r/min。可实现 X 轴和 Z 轴两个方向的进给。

2. 机床的传动系统

(1) 主运动传动系统　MJ-50 型数控车床的传动系统如图 6-24 所示。其中主运动的传

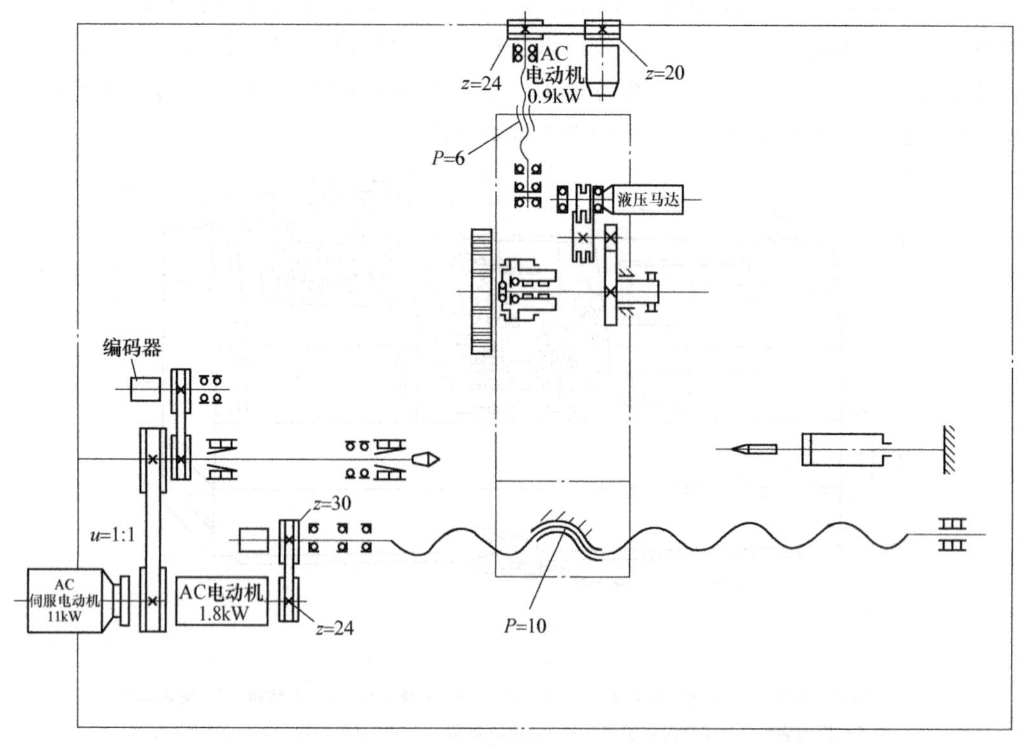

图 6-24　MJ-50 型数控车床的传动系统

动系统是由功率为11/15kW（连续/30min超载）的交流伺服电动机驱动，经一级1：1的带传动带动主轴旋转，由电气系统实现无级变速。由于传动链中没有齿轮变速机构，所以提高了主轴精度，噪声很小，而且维修方便。图6-25所示为主轴功率-转矩特性，其中曲线M为转矩与转速的关系曲线，曲线N表示功率与转速的关系。当机床处在连续运转状态下、主轴的转速在437~3500r/min范围内时，主轴应能传递电动机的全部功率11kW，这是主轴的恒功率区Ⅱ。在这个区域内，主轴的最大输出转矩（245N·m）将随着转速的增高而变小。主轴转速在35~437r/min范围内的各级转速并不需要传递全部功率，但主轴的输出转矩不变，称为主轴的恒转矩区Ⅰ。在这个区域内，主轴所能传递的功率随着转速的降低而降低。图中虚线所示为电动机超载（允许超载30min）时的功率-转矩特性曲线，电动机的超载功率为15kW，超载的最大输出转矩为334N·m。

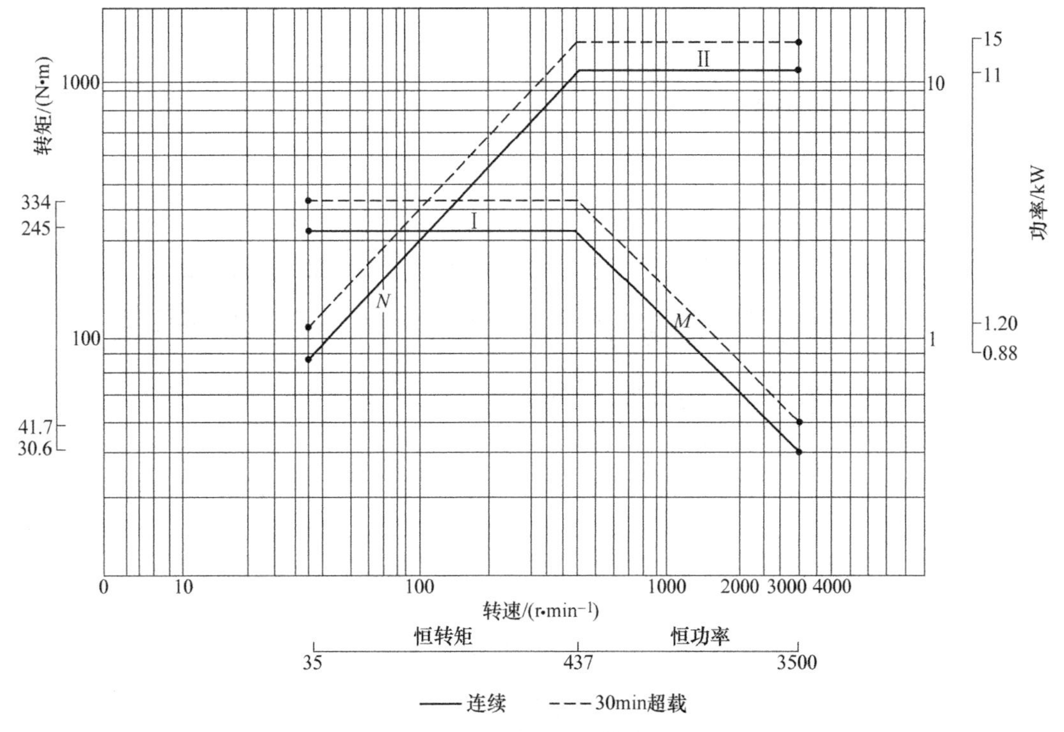

图6-25　MJ-50型数控车床的主轴功率-转矩特性图

（2）进给传动系统　如图6-24所示，MJ-50型数控车床的进给传动系统分为X轴进给传动和Z轴进给传动。X轴进给由功率为0.9kW的交流伺服电动机驱动，经20/24的同步齿形带轮传动到滚珠丝杠上，丝杠螺母带动回转刀架移动，滚珠丝杠的螺距为6mm。

Z轴也由交流伺服电动机驱动，电动机功率为1.8kW，经24/30的同步齿形带轮传动到滚珠丝杠上，丝杠螺母带动滑板移动。该滚珠丝杠的螺距为10mm。

刀架的快速移动和进给运动为同一传动路线。

数控车床的进给传动系统是控制X、Z坐标轴的伺服系统的主要组成部分。它将伺服电动机的旋转运动转化为刀架、滑板的直线运动，而且对移动精度要求很高，X轴的最小位移量为0.005mm（直径编程），Z轴的最小位移量为0.001mm。采用滚珠丝杠副，可以有效地提高进给系统的灵敏度、定位精度，防止爬行。

3. 机床的机械结构

（1）主轴箱结构　MJ-50 型数控车床的主轴箱结构如图 6-26 所示。主轴交流电动机通过带轮 15 把运动传给主轴 7。主轴有前、后两个支承，前端支承由一个圆锥孔双列圆柱滚子轴承 11 和一对角接触球轴承 10 组成。轴承 11 用来承受径向载荷，两个角接触球轴承一个大口朝外（朝向主轴前端），另一个大口朝里（朝向主轴后端），形成背靠背的组合形式，用来承受双向的轴向载荷和径向载荷。前支承轴承的间隙用螺母 8 来调整。螺钉 12 用来防止螺母 8 回松。主轴后支承为圆锥孔双列圆柱滚子轴承 14，轴承间隙由螺母 1 和 6 来调整。螺钉 17 和 13 用来防止螺母 1 和 6 回松。主轴的支承形式为前端定位，主轴受热膨胀向后伸长。前、后支承所用的圆锥孔双列圆柱滚子轴承的支承刚度好，允许的极限转速高；前支承中所用的角接触球轴承能承受较大的轴向载荷，且允许的极限转速高。这种主轴支承结构满足了高速且大载荷的需要。

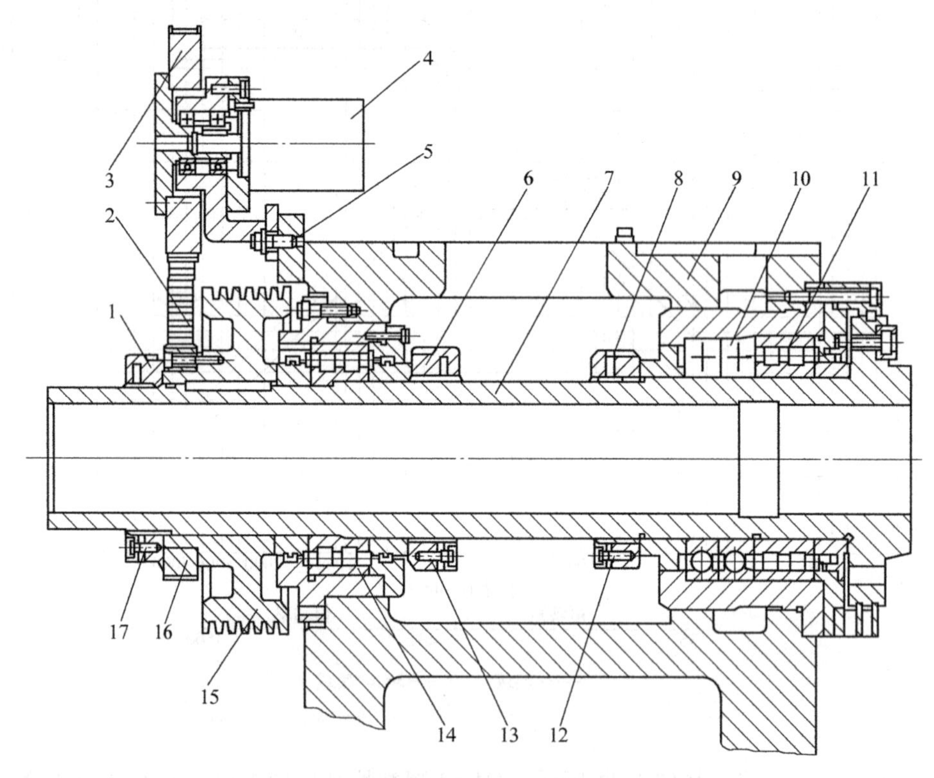

图 6-26　MJ-50 型数控车床的主轴箱结构简图

1、6、8—螺母　2—同步带　3、16—同步带轮　4—主轴脉冲编码器　5、12、13、17—螺钉
7—主轴　9—主轴箱体　10—角接触球轴承　11、14—双列圆柱滚子轴承　15—带轮

主轴脉冲编码器 4 由主轴通过一对同步带轮 16、3 和同步带 2 带动，和主轴同步运转。脉冲编码器用螺钉 5 固定在主轴箱体 9 上。

在机床主轴上安有液压夹紧卡盘。

（2）进给传动装置

1）*X* 轴进给传动装置。图 6-27 所示为 MJ-50 型数控车床 *X* 轴进给传动装置的结构图。交流伺服电动机 15 的运动经同步带轮 14 和 10、以及同步齿形带 12 传动到滚珠丝杠 6；由

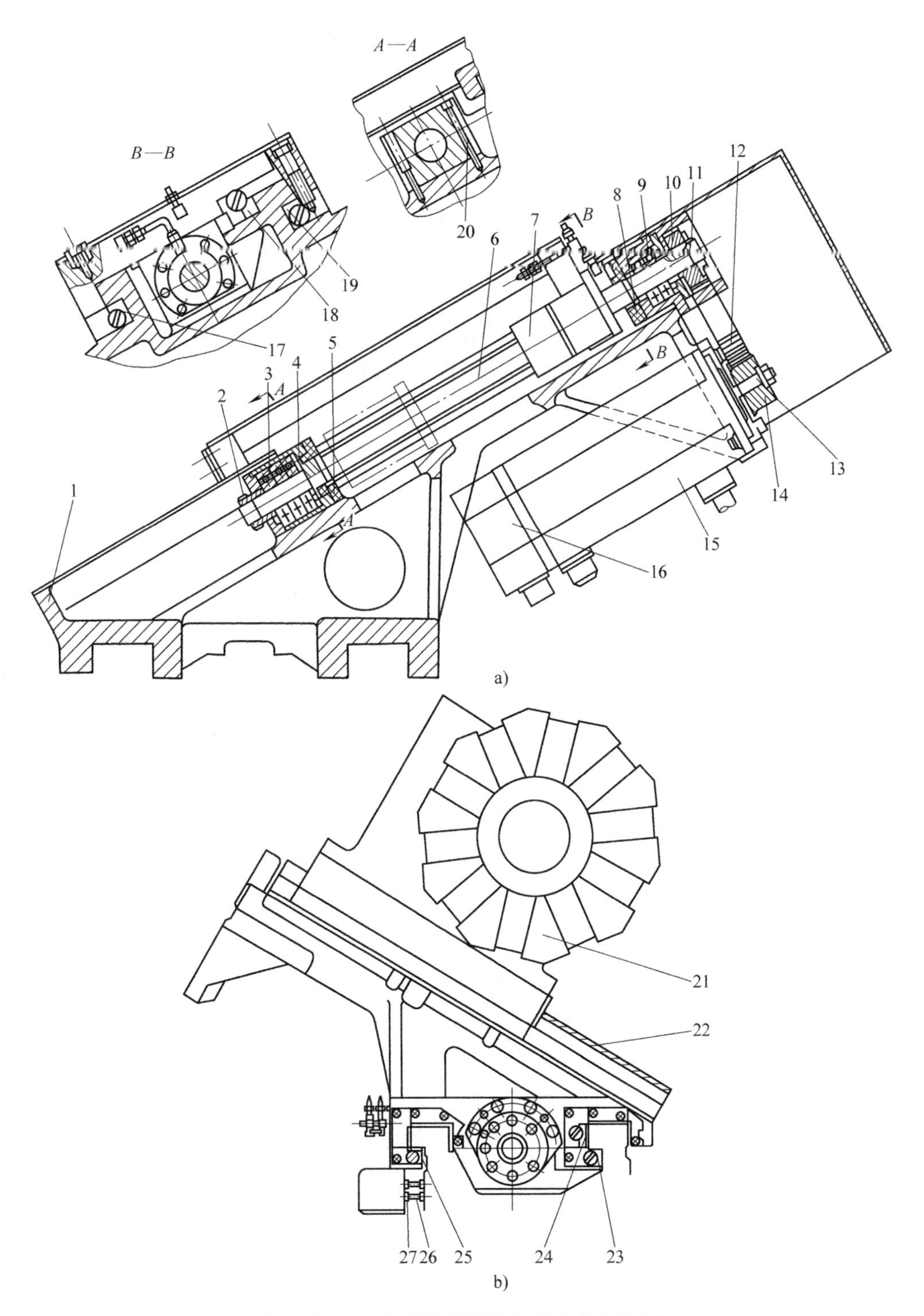

图 6-27　MJ-50 型数控车床 X 轴进给传动装置

1—床鞍　2、11—螺母　3、9—角接触球轴承　4—轴承座　5、8—缓冲块
6—滚珠丝杠　7—丝杠螺母　10、14—同步带轮　12—同步齿形带　13—键
15—交流伺服电动机　16—脉冲编码器　17、18、19、23、24、25—镶条
20—螺钉　21—刀架　22—导轨护板　26—限位开关　27—撞块

丝杠螺母 7 带动刀架 21 沿床鞍 1 的导轨移动，实现 X 轴的进给运动。电动机轴与同步带轮 14 之间用键 13 连接。滚珠丝杠有前、后两个支承。前支承由三个角接触球轴承组成，其中的一个轴承大口朝前，另两个大口向后，分别承受双向的轴向载荷。这几个轴承由螺母 2 进行预紧。后支承为一对角接触球轴承，主要用于承受径向载荷，同时承受一定的双向的轴向载荷。轴承大口相背放置，由螺母 11 进行预紧。丝杠采用两端固定的支承形式，因而结构和工艺都较复杂，但是可以保证和提高丝杠的轴向刚度。脉冲编码器 16 安装在伺服电动机尾部。缓冲块 5 和 8 在出现意外碰撞时起保护作用。

A—*A* 剖面图表示滚珠丝杠前支承的轴承座 4 用螺钉 20 固定在床鞍上。床鞍导轨如 *B*—*B* 剖面图所示为矩形导轨，这种截面导轨制造、维修方便，承载能力大；新导轨导向精度高，但磨损后不能自动补偿，需用镶条调节。图中镶条 17、18、19 用来调整刀架与床鞍导轨的间隙。

图 6-27b 中的件 22 为导轨护板，件 26、27 为机床参考点的限位开关和撞块。镶条 23、24、25 用于调整床鞍与床身导轨之间的间隙。

因为床鞍顶面导轨与水平面倾斜 30°，回转刀架在自重作用下会下滑，而滚珠丝杠和螺母不能自锁和阻止其下滑，所以机床依靠交流伺服电动机的电磁制动来实现自锁。

2）Z 轴进给传动装置。图 6-28 所示为 MJ-50 型数控车床 Z 轴进给传动装置的结构图。交流伺服电动机 14 的运动经同步带轮 12 和 2、以及同步齿形带 11 传动到滚珠丝杠 5，由丝杠螺母 4 带动床鞍连同刀架沿床身 13 的矩形导轨移动，实现 Z 轴的进给运动。如图 6-28b 所示，电动机轴与同步带轮 12 之间用锥环无键连接，局部放大视图中的件 19 和 20 是内、外锥环，当拧紧螺钉 17 时，法兰 18 的端面压迫外锥环 20，由于相配合的锥面的作用，使外锥环 20 的外径膨胀，内锥环 19 的内孔收缩，从而靠摩擦力使电动机轴与同步带轮连接在一起。根据所传递转矩的大小，选择锥环的对数。这种连接方式无需在连接件上开键槽，且连接件之间的相对角度可任意调节，配合无间隙，故对中性好。

如图 6-28b 所示，滚珠丝杠的左端支承由三个角接触球轴承 15 组成，其中右边两个轴承与左边一个轴承的大口相对布置，可承受双向轴向载荷，由螺母 16 进行预紧。滚珠丝杠的右端支承为圆柱滚子轴承 7，只承受径向载荷；轴承间隙由螺母 8 来调整。支承形式为左端固定，右端浮动，丝杠受热后有膨胀伸长的余地。件 3、6 为缓冲挡块，起超程保护作用。*B* 向视图表示滚珠丝杠的右端支承轴承座 9 由螺钉 10 固定在床身 13 上。

滚珠丝杠螺母的轴向间隙可通过施加预紧力的方法消除。预紧载荷能有效地减小弹性变形所带来的轴向位移。但过大的预紧力将增加摩擦阻力，降低传动效率，并使寿命大为缩短。一般要经过几次仔细调整才能保证机床在最大的轴向载荷下，既消除间隙，又能灵活运转。

为了消除同步齿形带传动误差对精度的影响，把反馈元件脉冲编码器 1 与滚珠丝杠 5 相连接，直接检测丝杠的回转角度，有利于提高系统对 Z 向进给精度的控制。

（3）自动回转刀架　MJ-50 型数控车床的自动回转刀架刀盘上有 10 个工位，最多可安装 10 把刀具。图 6-29 所示为自动回转刀架结构图。

该数控车床的自动回转刀架的工作循环步骤为：接收数控装置的换刀指令—刀盘松开—刀盘转到指令要求的位置—刀盘夹紧—发出转位结束信号。

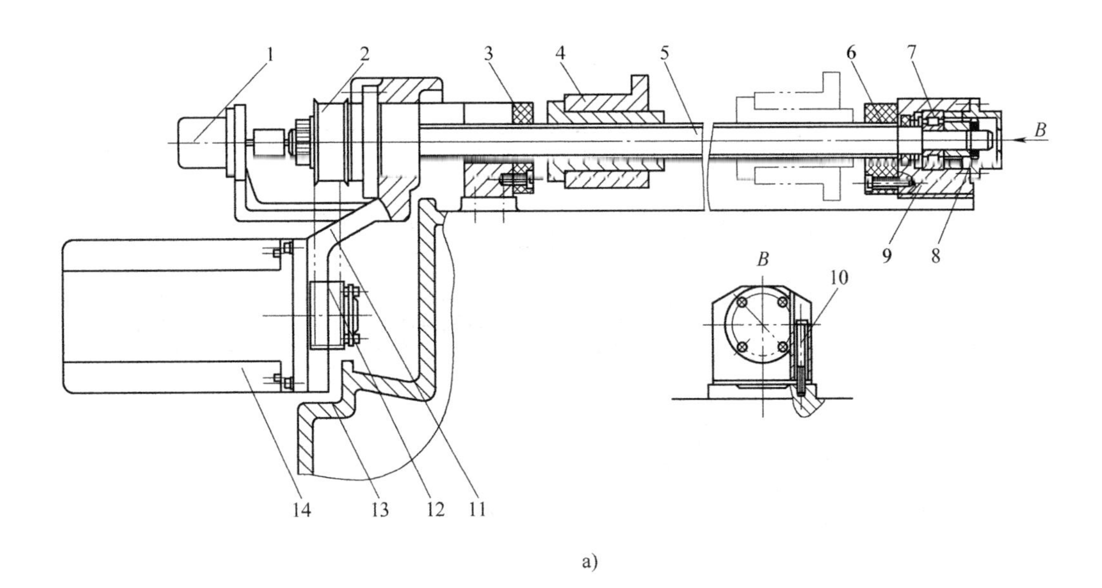

a)

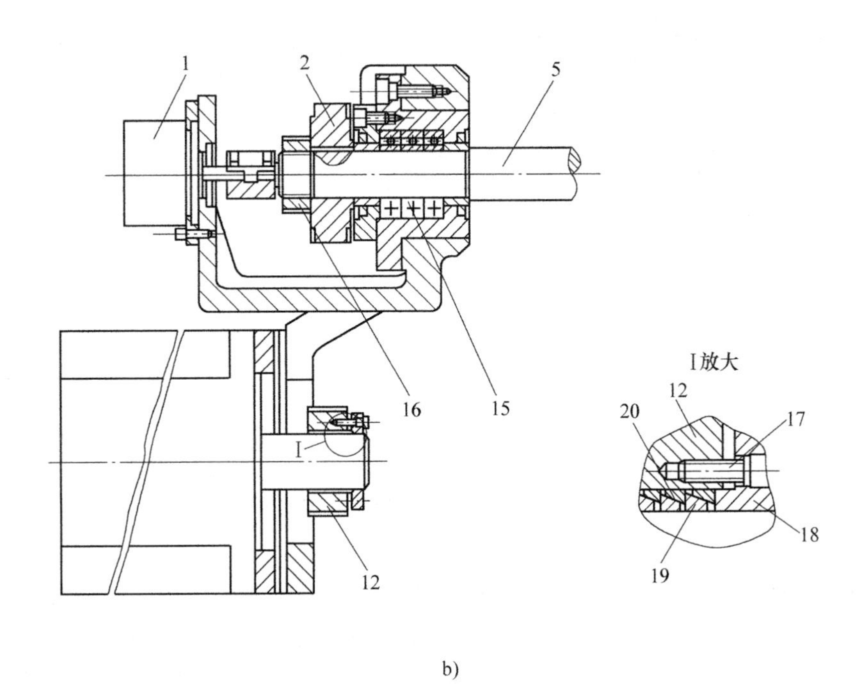

b)

图 6-28　MJ-50 型数控车床 Z 轴进给传动装置

1—脉冲编码器　2、12—同步带轮　3、6—缓冲挡块　4—丝杠螺母　5—滚珠丝杠
7—圆柱滚子轴承　8、16—螺母　9—轴承座　10、17—螺钉　11—同步齿形带
13—床身　14—交流伺服电动机　15—角接触球轴承　18—法兰　19、20—内、外锥环

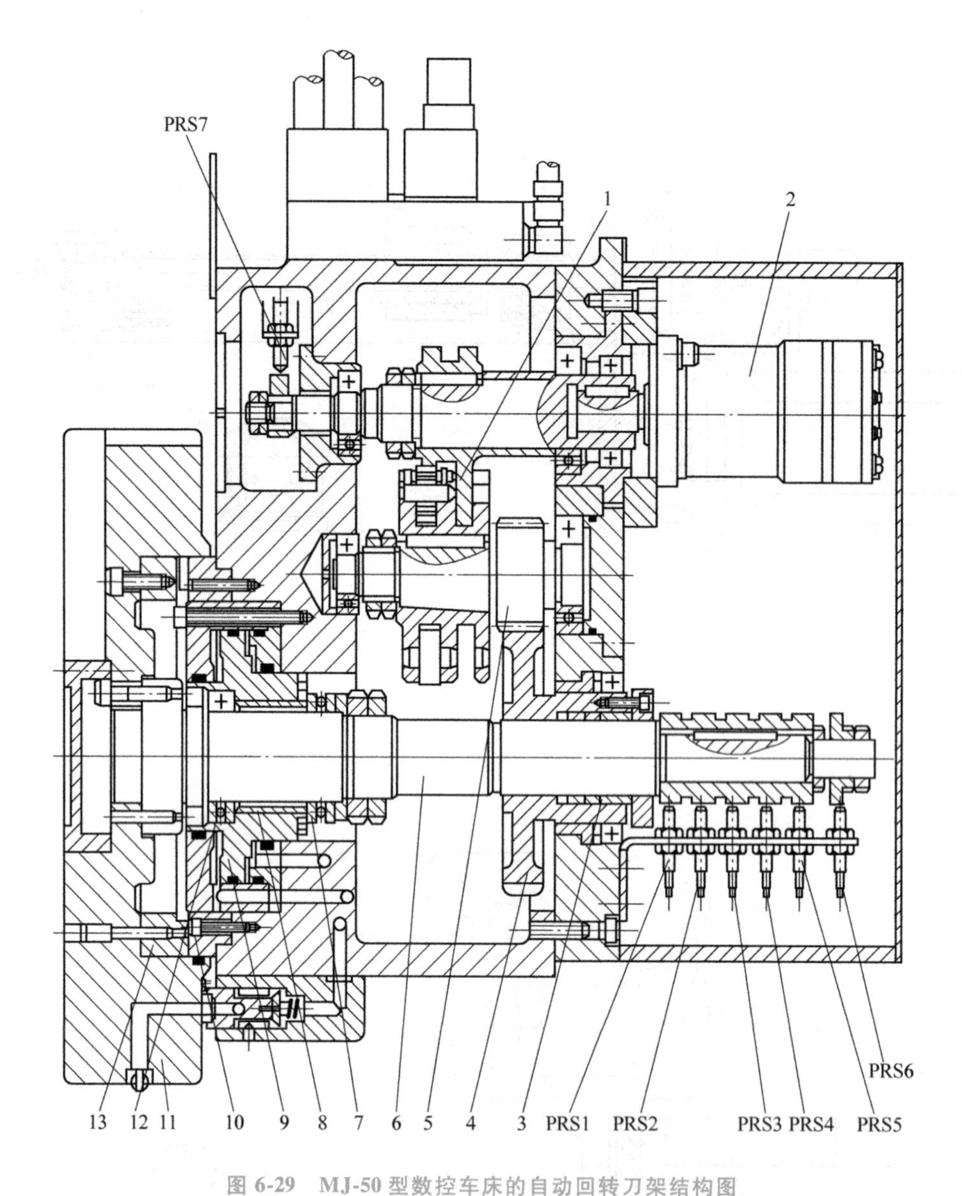

图 6-29　MJ-50 型数控车床的自动回转刀架结构图

1—分度凸轮　2—液压马达　3—衬套　4、5—齿轮　6—刀架轴　7、12—推力球轴承

8—双列滚针轴承　9—活塞　10、13—鼠牙盘　11—刀盘　PRS1~PRS5—刀位开关

PRS6—刀盘夹紧开关　PRS7—刀盘定位开关

该回转刀架的夹紧与松开、刀盘的转位均由液压系统驱动、PLC 顺序控制来实现。刀盘 11 安装在刀架轴 6 上。刀盘上的活动鼠牙盘 13 和固定在刀架体上的鼠牙盘 10 在机床正常工作时是互相啮合的，故刀架轴 6 不能回转。活塞 9 支承在一对推力球轴承 7、12 及双列滚针轴承 8 上，它可以通过推力轴承带动刀架轴 6 移动。接到换刀指令时，活塞 9 右腔进油，活塞推动轴承 12 及刀架轴 6 向左移动，使鼠牙盘 13 与 10 脱开，刀盘解除定位、夹紧；进而液压马达 2 起动，带动平板共轭分度凸轮 1 转动，经过齿轮 5 和齿轮 4 带动刀架轴 6 及刀盘旋转；刀盘旋转的准确位置通过开关 PRS1、PRS2、PRS3、PRS4 和 PRS5 的通断组合

来检测确认。当刀盘旋转到指定的刀位后，开关 PRS7 通电，向数控装置发出信号，指令液压马达停转，这时压力油推动活塞 9 向右移动，使鼠牙盘 10 和 13 重新啮合，刀盘被定位、夹紧。接通开关 PRS6 用来确认夹紧，并向数控装置发出信号，这时刀架的工作循环就完成了。

在机床自动工作的状态下，当指定换刀的刀号后，数控系统能够通过内部的运算、判断实现刀盘就近转位换刀，即刀盘可以正转也可以反转。但手动操作机床时，从刀盘方向观察，只允许刀盘顺时针方向转动换刀。

(4) 卡盘与尾座

1) 卡盘。数控车床一般用液压卡盘来夹持工件。图 6-30 所示为 MJ-50 型数控车床液压自定心卡盘简图。卡盘 3 用螺钉固定在主轴 8 前端，回转液压缸 5 固定在主轴后端，改变液压缸左右腔的通油状态，活塞杆 4 就可带动卡盘内的驱动爪 1 驱动卡爪 2 移动，从而夹紧或松开工件，并通过行程开关 6、7 发出相应的信号。

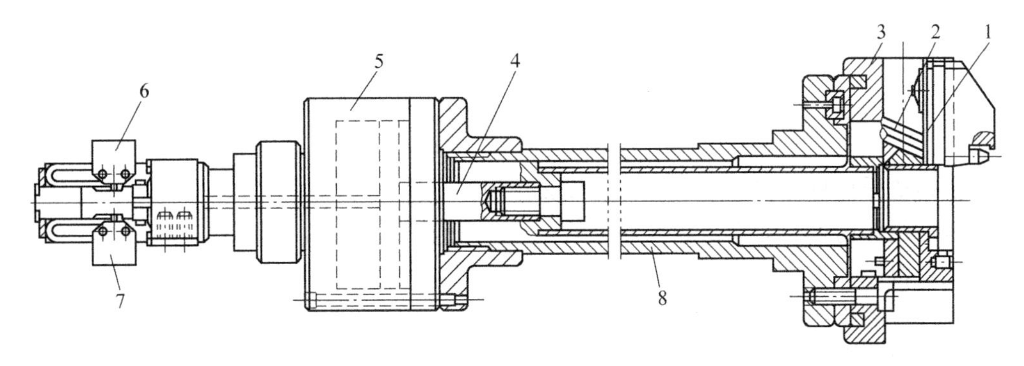

图 6-30　MJ-50 型数控车床液压自定心卡盘简图

1—驱动爪　2—卡爪　3—卡盘　4—活塞杆　5—液压缸　6、7—行程开关　8—主轴

2) 尾座。尾座安装在床身导轨上，它可以根据工件的长短调节纵向位置。尾座的作用是利用套筒安装顶尖，用来支承较长工件的一端；也可以安装钻头、铰刀等刀具进行孔加工。MJ-50 型数控车床出厂时一般配置标准尾座。

图 6-31 所示为尾座的结构简图。尾座体的移动由滑板带动，当移动到所需位置时，由手动控制的液压缸将其锁紧在床身上。在调整机床时，可以手动控制尾座套筒的移动。

顶尖 1 与尾座套筒 2 通过锥孔连接，尾座套筒可以带动顶尖一起运动。在机床的自动工作循环中，可通过加工程序由数控系统控制尾座套筒的移动。当数控系统发出尾座套筒伸出的指令后，液压电磁阀动作，液压油通过活塞杆 4 的内孔进入套筒液压缸的左腔，推动尾座套筒伸出。当数控系统指令其退回时，液压油进入套筒液压缸的右腔，从而使尾座套筒退回。

尾座套筒移动的行程，通过移动连接在套筒外部的行程杆 10 上面的移动挡块 6 进行调整。图 6-31 中移动挡块 6 位于右端极限位置，套筒的行程最大。当套筒伸出到位时，挡块 6 压下行程开关 9，向数控系统发出尾座套筒伸出到位信号。当套筒退回时，行程杆上的固定挡块 7 压下行程开关 8，向数控系统发出套筒退回的确认信号，从而停止套筒的运动。

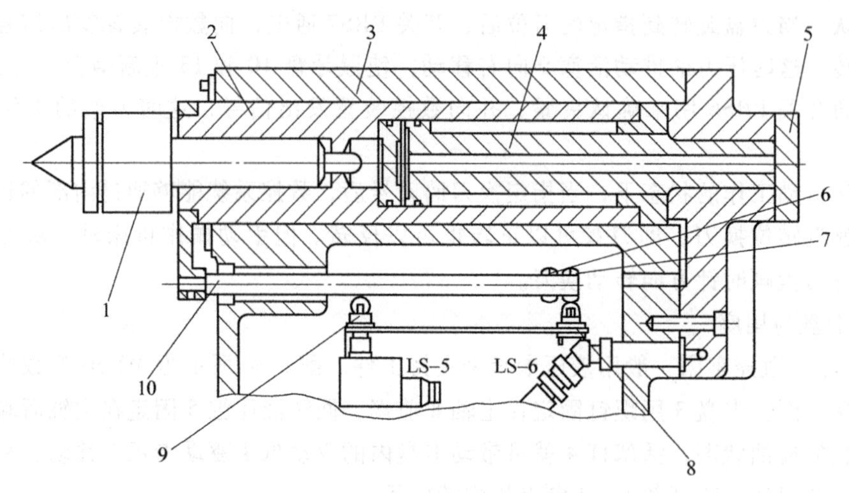

图 6-31　MJ-50 型数控车床尾座结构简图

1—顶尖　2—尾座套筒　3—尾座体　4—活塞杆　5—端盖
6—移动挡块　7—固定挡块　8、9—行程开关　10—行程杆

四、思考与练习

1. 数控机床由哪几部分组成？各有什么作用？
2. 数控机床的种类通常是如何划分的？
3. 数控机床加工有什么特点？
4. 简述数控机床的应用范围。
5. 简述数控车床的分类。
6. 数控车床由哪几部分组成？
7. 试对数控车床与卧式车床的结构进行比较。
8. 数控车床床身与导轨的布局为什么做成斜置的？
9. 数控车床的主传动比卧式车床简单得多，但它的转速范围反而更大了，为什么？

模块二　外圆磨床的选择

一、教学目标

最终目标：会正确选用外圆磨床。

促成目标：

1）了解磨床的分类以及用途。

2）熟悉 M1432B 型万能外圆磨床的主要组成部件、技术性能、机械传动系统与机械结构。

微课视频（3）

微课视频（4）

二、案例分析

根据项目五模块三“主轴零件的工艺过程制订”的分析，

LK32-20207 主轴精加工、精密加工工艺为粗磨、半精磨、精磨，主要加工面为内外圆柱面、圆锥面、圆锥孔等，工艺设备可选用万能外圆磨床。

LK32-20207 主轴粗磨的最小尺寸公差为 0.04mm、最小几何公差为 0.01mm，加工公差等级为 IT7~IT8，表面粗糙度要求 Ra 值为 1.6μm。M1432B 型万能外圆磨床磨削加工的公差等级可达 IT6~IT7，表面粗糙度 Ra 值为 1.25~0.08μm，因此，选用 M1432B 型万能外圆磨床能满足粗磨工序的要求。该主轴半精磨、精磨的最小尺寸公差为 0.017mm、最小几何公差为 0.005mm，加工公差等级为 IT5~IT6，表面粗糙度要求 Ra 值为 0.8μm 以下。因此，需选用高精度的 MG1432 型万能外圆磨床，以满足精密加工的需要。

三、相关知识

（一）磨床概述

用磨料磨具（砂轮、砂带、油石和研磨料）作为工具对工件进行磨削加工的机床统称磨床。随着现代机械对零件质量要求的不断提高，各种高硬度材料的应用日益增多，精度较高的毛坯可不经粗加工而直接由磨削加工至成品。因此，磨床在金属切削加工机床中的比重不断上升。

磨床可加工各种表面，如内外圆柱面和圆锥面、平面、齿轮轮齿面、螺旋面，以及各种成形面，还可以刃磨刀具和进行切断等，工艺范围十分广泛。

所有磨床的主运动都是砂轮的高速旋转运动；进给运动则取决于加工工件表面的形状以及所采用的磨削方法，既可以由工件或砂轮来完成，也可以由两者共同来完成。

磨床的种类很多，按用途和采用的工艺方法不同，大致可分为以下几类：

（1）外圆磨床　主要用于磨削回转表面，包括万能外圆磨床（图 6-32）、普通外圆磨床及无心外圆磨床（图 6-33）等。

（2）内圆磨床　主要用于磨削内回转表面，包括普通内圆磨床（图 6-34）、无心内圆磨床及行星内圆磨床等。

（3）平面磨床　用于磨削各种平面，包括卧轴矩台平面磨床（图 6-35）、立轴矩台平面磨床、卧轴圆台平面磨床及立轴圆台平面磨床等。

（4）工具磨床　用于磨削各种工具，如样板、卡板等，包括工具曲线磨床、钻头沟槽磨床、卡板磨床及丝锥沟槽磨床等。

图 6-32　万能外圆磨床

（5）刀具刃具磨床　用于刃磨各种切削刀具，包括万能工具磨床（图 6-36）、车刀刃磨床、钻头刃磨床、拉刀刃磨床及滚刀刃磨床等。

（6）专门化磨床　专门用于磨削一类零件上的一种表面，包括曲轴磨床、凸轮轴磨床、花键轴磨床、活塞环磨床、球轴承套圈沟磨床及滚子轴承套圈滚道磨床等。

（7）其他磨床　包括研磨机、珩磨机、抛光机、超精加工机床及砂轮机等。

图 6-33　无心外圆磨床

图 6-34　内圆磨床

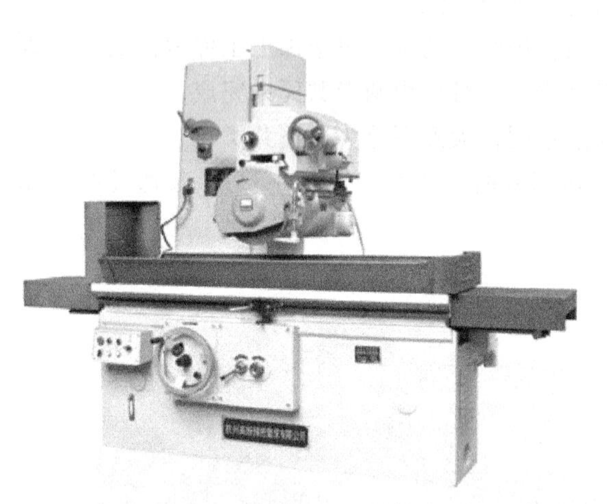

图 6-35　卧轴矩台平面磨床

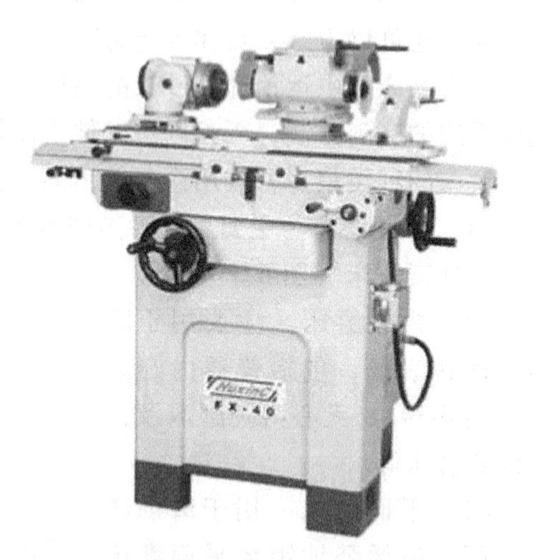

图 6-36　万能工具磨床

主轴零件应用最多的是外圆磨床。下面以 M1432B 型万能外圆磨床为例介绍。

（二）M1432B 型万能外圆磨床

M1432B 型万能外圆磨床是普通精度级万能外圆磨床，主要用于磨削内外圆柱面、内外圆锥面、阶梯轴轴肩、端面和简单的成形回转体表面等。磨削加工公差等级可达 IT6～IT7，表面粗糙度 *Ra* 值为 1.6～0.1μm。这种磨床万能性强，但磨削效率不高，自动化程度较低，适用于工具车间、维修车间和中小批量生产类型。其最大磨削直径为 320mm。

1. 机床的组成部件及技术性能

（1）机床的主要组成部件　图 6-37 所示是 M1432B 型万能外圆磨床的外形图，它由下列主要部件组成：

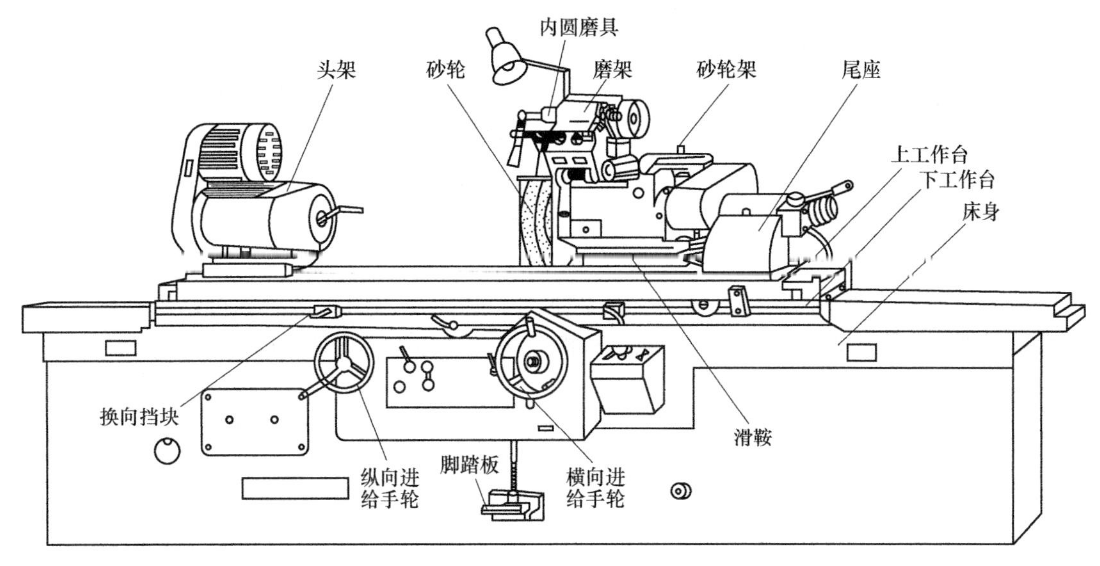

图 6-37　M1432B 型万能外圆磨床的外形

1）床身。它是磨床的基础支承件，用以支承机床的各部件。床身的内部用作液压油的油池。

2）头架。它用于装夹工件并带动工件转动。当头架体座逆时针方向回转 0°~90°时，可磨削锥度大的短圆锥面。

3）砂轮架。它用以支承并传动砂轮主轴的高速旋转。砂轮架装在滑鞍上，回转角度为 ±30°。当需要磨削短圆锥面时，砂轮架可调至一定的角度位置。

4）内圆磨具。它用于支承磨内孔的砂轮主轴。内圆磨具的主轴由单独的内圆砂轮电动机驱动。

5）尾座。尾座上的后顶尖和头架前顶尖一起，用于支承工件。

6）工作台。它由上工作台和下工作台两部分组成，上工作台可绕下工作台的心轴在水平面内调至某一角度位置（±8°），用以磨削锥度较小的长圆锥面。工作台台面上装有头架和尾座，这些部件随着工作台一起，沿床身纵向导轨做纵向往复运动。

7）滑鞍及横向进给机构。转动横向进给手轮，通过横向进给机构带动滑鞍及砂轮架做横向移动；也可利用液压装置，使滑鞍及砂轮架做快速进退或周期性自动切入进给。

（2）机床的主要技术性能

外圆磨削直径	8~320mm
外圆最大磨削长度（共三种规格）	1000mm；1500mm；2000mm
内孔磨削直径	30~100mm
内孔最大磨削长度	125mm
磨削工件最大质量	150kg
砂轮尺寸和转速	ϕ400mm×50mm×ϕ203mm，1670r/min
头架主轴转速	6 级：25r/min、50r/min、80r/min、112r/min、160r/min、224r/min
内圆砂轮转速	10000r/min；15000r/min

工作台纵向移动速度（液压无级调速）	0.05～4m/min
机床外形尺寸（三种规格）	
长度	3200mm；4200mm；5200mm
宽度	1800～1500mm
高度	1420mm
机床质量（三种规格）	3200kg；4500kg；5800kg

2. 磨床的基本应用与磨削运动

图6-38所示为M1432B型万能外圆磨床的典型加工示意图。该磨床可以磨削内、外圆柱面和圆锥面。其基本磨削方法有纵磨法和横磨法（又称为径向切入磨法）。

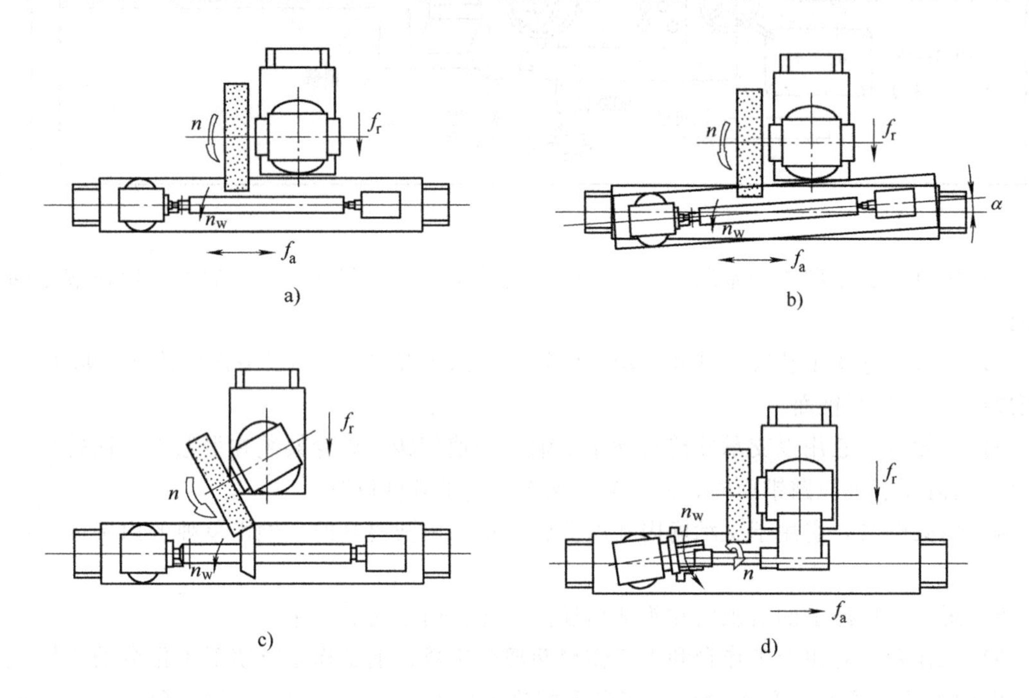

图6-38　M1432B型万能外圆磨床典型加工示意图

a）纵磨法磨外圆柱面　b）扳转工作台，用纵磨法磨长圆锥面　c）扳转砂轮架，用横磨法磨短圆锥面　d）扳转头架，用纵磨法磨内圆锥面

（1）磨外圆（图6-38a）　外圆磨削所需的运动有以下几项：

1）砂轮旋转运动 n。它是磨削外圆的主运动。

2）工件旋转运动 n_w。它是工件的圆周进给运动。

3）工件纵向往复运动 f_a。它是磨削工件全长所必需的纵向进给运动。

4）砂轮横向进给运动 f_r。它是间歇的切入运动。

（2）磨长圆锥面（图6-38b）　所需的运动和磨外圆时一样，所不同的是需将工作台调至一定的角度位置。这时工件的回转轴线与工作台的纵向进给方向不平行，所以磨削出来的表面是圆锥面。

（3）横磨法磨外圆锥面（图6-38c）　将砂轮调整至一定的角度位置，工件不做往复运动，砂轮做连续的横向切入进给运动。这种方法仅适合磨削短的圆锥面。

（4）磨内圆锥面（图 6-38d）　将工件装夹在卡盘上，并调整至一定的角度位置。这时磨外圆的砂轮不转，磨削内孔的内圆砂轮做高速旋转运动 n，其他运动与磨外圆时类似。

从上述四种典型表面加工的分析中可知，机床应具有下列运动：

主运动——①磨外圆砂轮的旋转运动 n；②磨内孔砂轮的旋转运动 n。主运动由两个电动机分别驱动，并设有互锁装置。

进给运动——①工件旋转运动 n_w；②工件纵向往复运动 f_a；③砂轮横向进给运动 f_r。往复纵磨时，横向进给运动是周期性间歇进给；切入式磨削时，横向进给运动是连续进给运动。

辅助运动——包括砂轮架快速进退（液压），工作台手动移动及尾座套筒的退回（手动或液压）等。

3. 磨床的机械传动系统

M1432B 型万能外圆磨床的运动，是由机械和液压联合传动的。在该机床中，除了工作台的纵向往复运动、砂轮架的快速进退和周期自动切入进给、尾座顶尖套筒的退回是液压传动外，其他运动都是机械传动。图 6-39 所示为 M1432B 型万能外圆磨床的机械传动系统。

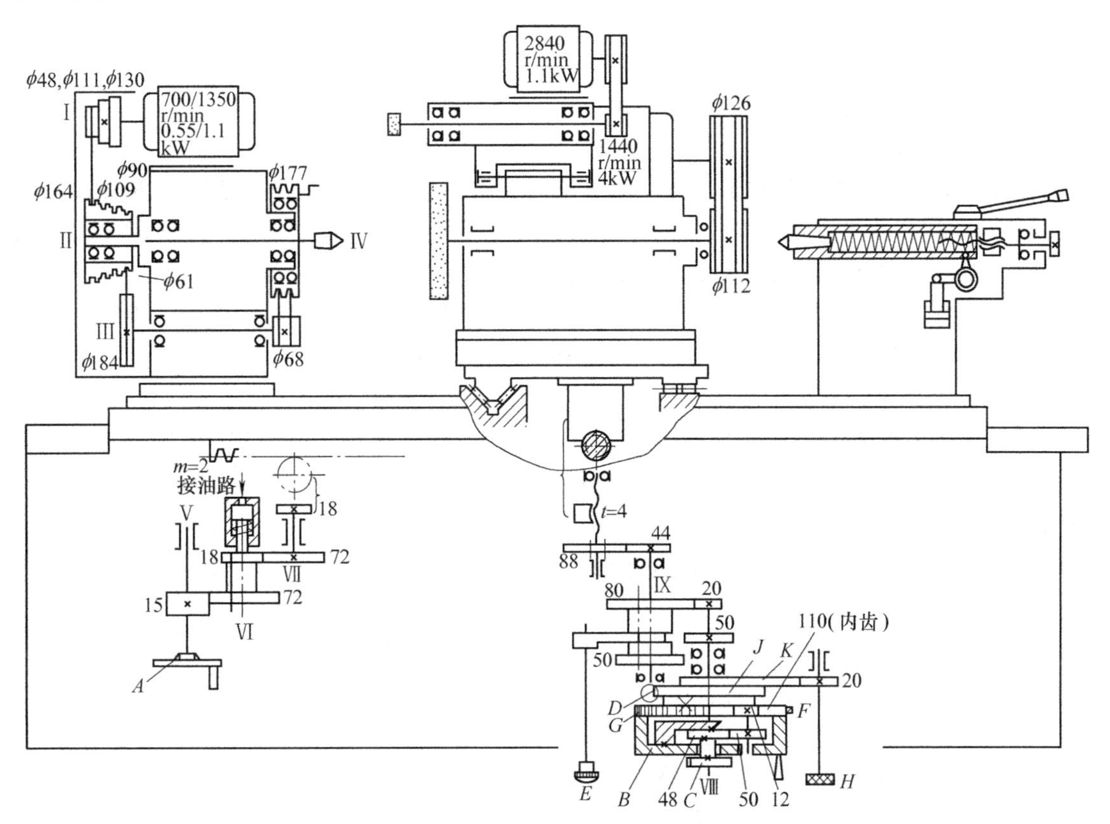

图 6-39　M1432B 型万能外圆磨床机械传动系统图

（1）外圆磨削砂轮的传动链　砂轮主轴的运动是由砂轮架电动机（1440r/min，4kW）经 4 根 V 带直接传动的。砂轮主轴的转速可达 1670r/min。

（2）头架拨盘（带动工件）的传动链　拨盘的运动是由双速电动机（700/1350r/min，0.55/1.1kW）驱动，经 V 带塔轮及两级 V 带传动，使头架的拨盘或卡盘带动工件，实现圆周运动。

(3) 内圆磨具的传动链　内圆磨削砂轮的主轴由内圆砂轮电动机（2840r/min，1.1kW）经平带直接传动。更换平带轮可使内圆砂轮主轴得到两种转速。

内圆磨具装在支架上，为了保证工作安全，内圆砂轮电动机的起动与内圆磨具支架的位置有联锁作用；只有当支架翻到工作位置时，电动机才能起动。这时，（外圆）砂轮架快速进退手柄在原位上自动锁住，不能快速移动。

(4) 工作台的手动驱动　调整机床及磨削阶梯轴的台阶时，工作台还可由手轮 A 驱动。

为了避免工作台纵向运动时带动手轮 A 快速转动碰伤操作者，采用了互锁液压缸。轴Ⅵ的互锁液压缸和液压系统相通，工作台运动时液压油推动轴Ⅵ上的双联齿轮移动，使齿轮 $z18$ 与 $z72$ 脱开。因此，液压驱动工作台纵向运动时手轮 A 并不转动。当工作台不用液压传动时，互锁液压缸上腔通油池，在液压缸内的弹簧作用下，使齿轮副 18/72 重新啮合传动，这时转动手轮 A，便可实现工作台手动纵向直线移动。

(5) 滑鞍及砂轮架的横向进给运动　横向进给运动可通过摇动手轮 B 来实现，也可由进给液压缸的柱塞 G 驱动，实现周期性的自动进给。传动路线表达式为

$$\left|\begin{array}{l}\text{手轮 } B \\ \text{(手动进给)} \\ \text{进给液压缸柱塞 } G \\ \text{(自动进给)}\end{array}\right| -\text{Ⅷ}- \left|\begin{array}{c}\frac{50}{50} \\ \frac{20}{80}\end{array}\right| -\text{Ⅸ}- \frac{44}{88} -\text{横向进给丝杠}\ (t=4\text{mm})$$

横向手动进给分粗进给和细进给。粗进给时，将手柄 E 向前推，转动手轮 B 经齿轮副 50/50 和 44/88、丝杠使砂轮架做横向粗进给运动。手轮 B 转 1 周，砂轮架横向移动 2mm，手轮 B 的刻度盘 D 上分为 200 格，则每格的进给量为 0.01mm。细进给时，将手柄 E 拉到图 6-39 所示位置，经齿轮副 20/80 和 44/88 啮合传动，则砂轮架做横向细进给，手轮 B 转 1 周，砂轮架横向移动 0.5mm，刻度盘上每格进给量为 0.0025mm。

如图 6-40 所示，磨削一批工件时，为了简化操作及节省时间，通常在试磨第一个工件达到要求的直径后，调整刻度盘上挡块 F 的位置，使它在横进给磨削至所需直径时，正好与固定在床身前罩上的定位块相碰。磨削后续工件时，只需摇动横向进给手轮（或开动液压自动进给），当挡块 F 碰在定位块 E 上时，停止进给（或液压自动停止进给），就可达到所需的磨削直径，上述过程称为定程磨削。利用定程磨削可减少测量工件直径尺寸的次数，提高生产效率。

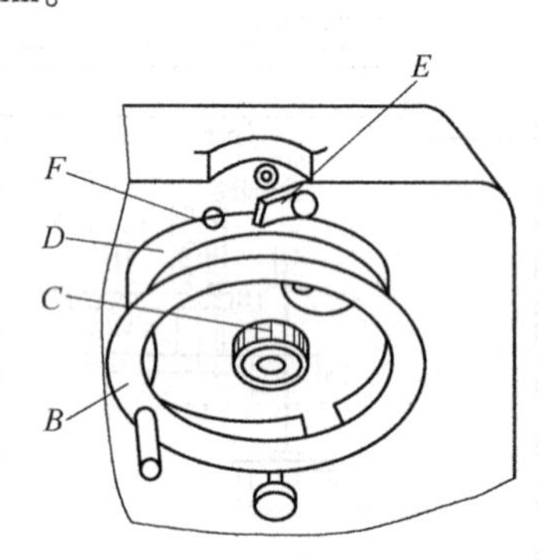

图 6-40　手动刻度的调整
B—手轮　C—旋钮　D—刻度盘
E—定位块　F—挡块

当砂轮磨损或修正后，由于挡块 F 控制的工件直径变大了。这时，必须调整砂轮架的行程终点位置，也就是调整刻度盘 D 上挡块 F 的位置。如图 6-40 所示，调整的方法为：拔出旋钮 C，使它与手轮 B 上的销子脱开，顺时针方向转动旋钮 C，经齿轮副 48/50 带动齿轮 z_{12} 旋转，z_{12} 与刻度盘 D 的内齿轮 z_{110} 相啮合，于是使刻度盘 D 逆时针方向转动。刻度盘 D 应转过的格数，根据砂轮直径减小所引起的工件尺寸变化量确定。调整妥当后，将旋钮 C 的销孔推入手轮 B 的销子上，使旋钮 C 和手轮 B 成一整体。

由于旋钮 C 上周向均布 21 个销孔，而手轮 B 每转一周的横向进给量为 2mm 或 0.5mm，因此，旋钮每转过一个孔距，砂轮架的附加横向进给量为 0.01mm 或 0.0025mm。

4. 磨床主要部件的结构

（1）头架　图 6-41 所示为头架结构，头架主轴和前顶尖根据不同的工作需要，可以转动或固定不动。

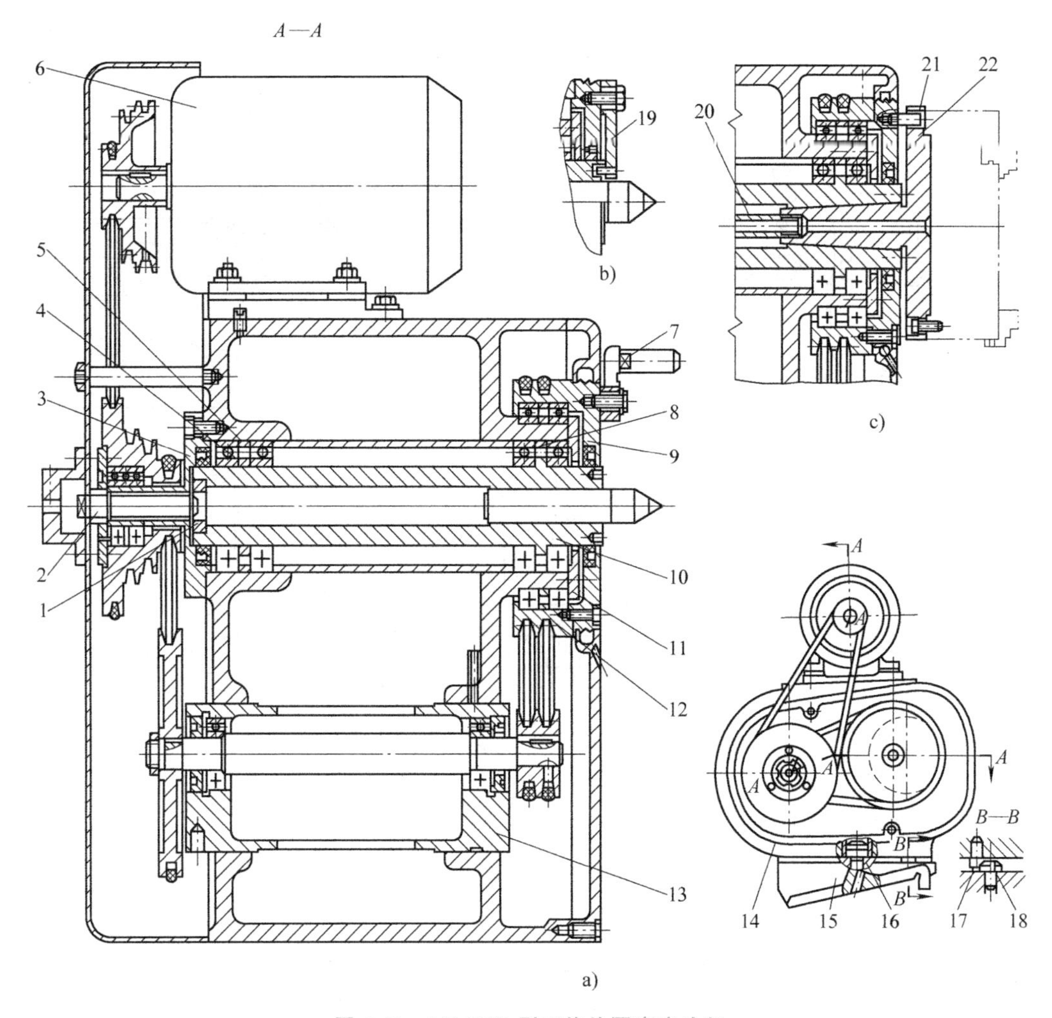

图 6-41　M1432B 型万能外圆磨床头架

1—摩擦环　2—螺杆　3、11—轴承盖　4、5、8—隔套　6—电动机　7—拨杆　9—拨盘　10—头架主轴　12—带轮　13—偏心套　14—壳体　15—底座　16—轴销　17—销子　18—固定销　19—拨块　20—拉杆　21—拨销　22—法兰盘

1）工件支承在前、后顶尖上，拨盘 9 的拨杆 7 拨动工件夹头，使工件旋转。这时头架主轴和前顶尖固定不动。固定主轴的方法是拧螺杆 2，使摩擦环 1 顶紧主轴后端，则主轴及前顶尖固定不动，避免了主轴回转精度误差对加工精度的影响。

2）用自定心卡盘或单动卡盘装夹工件。这时，在头架主轴前端安装卡盘，卡盘固定在法兰盘 22 上，法兰盘 22 装在主轴的锥孔中，并用拉杆拉紧。运动由拨盘 9 经拨销 21 带动法兰盘 22 及卡盘旋转。此时，头架主轴由法兰盘 22 带动，也随着一起旋转。

3）自磨主轴顶尖。此时将主轴放松，把主轴顶尖装入主轴锥孔，同时用拨块 19 将拨盘 9 和头架主轴 10 相连（图 6-41b），使拨盘 9 直接带动主轴和顶尖旋转，依靠机床自身修磨顶尖，以提高工件的定位精度。

头架壳体 14 可绕底座 15 上的轴销 16 转动，调整头架角度位置的范围为逆时针方向 0°~90°。

（2）砂轮架　如图 6-42 所示，主轴的两端以锥体定位，前端通过压盘 1 安装砂轮，末

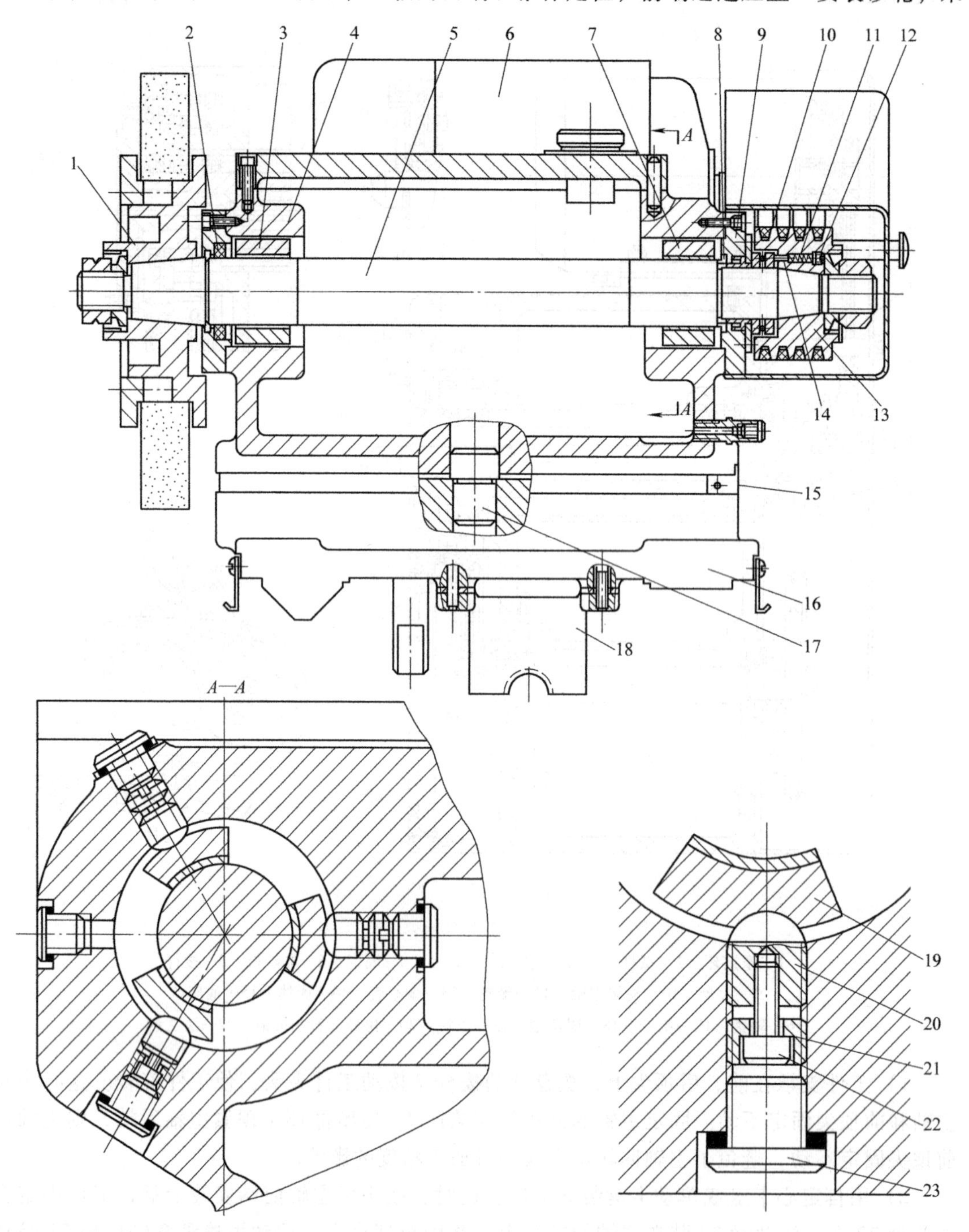

图 6-42　M1432B 型万能外圆磨床砂轮架结构图

1—压盘　2、9—轴承盖　3、7—动压滑动轴承　4—壳体　5—砂轮主轴　6—主电动机　8—止推环　10—推力球轴承　11—弹簧　12—调节螺钉　13—带轮　14—销子　15—刻度盘　16—滑鞍　17—定位轴销　18—半螺母　19—扇形轴瓦　20—球头螺钉　21—螺套　22—锁紧螺钉　23—封口螺钉

端通过锥体安装 V 带轮 13，并用轴端的螺母压紧。主轴由两个短三瓦调位动压滑动轴承来支承，每个轴承各由三块均布在主轴轴颈周围、包角约为 60°的扇形轴瓦 19 组成。每块轴瓦上都由可调节的球头螺钉 20 支承。而球头螺钉的球面与轴瓦的球面经过配研，能保证有良好的接触刚度，并使轴瓦能灵活地绕球头螺钉自由摆动。螺钉的球头（支承点）位置在轴向处于轴瓦的正中，而在周向则偏离中间一些距离。当主轴旋转时，三块轴瓦各自在螺钉的球头上自由摆动到一定平衡位置，其内表面与主轴轴颈间形成楔形缝隙，于是在轴颈周围产生三个独立的压力油膜，使主轴悬浮在三块轴瓦的中间，形成液体摩擦作用，以保证主轴有高的精度保持性。当砂轮主轴受磨削载荷而向某一轴瓦偏移时，这一轴瓦的楔缝变小，油膜压力升高；而在另一方向的轴瓦的楔缝便变大，油膜压力减小，砂轮主轴就能自动调节到原中心位置，保持主轴有高的旋转精度。轴承间隙用球头螺钉 20 进行调整，调整时，先卸下封口螺钉 23、锁紧螺钉 22 和螺套 21，然后转动球头螺钉 20，使轴瓦与轴颈间的间隙合适为止（一般情况下，其间隙为 0.01～0.02mm）。一般只调整最下面的一块轴瓦即可。调整好后，必须重新用螺套 21、锁紧螺钉 22 将球头螺钉 20 锁紧在壳体 4 的螺孔中，以保证支承刚度。

主轴由止推环 8 和推力球轴承 10 做轴向定位，并承受左右两个方向的轴向力。推力球轴承的间隙由装在带轮内的六根弹簧 11 通过销子 14 自动消除。由于自动消除间隙的弹簧 11 的力量不可能很大，所以推力球轴承只能承受较小的向左的轴向力。因此，机床只宜用砂轮的左端面磨削工件的台肩端面。

砂轮的壳体 4 固定在滑鞍 16 上，利用滑鞍下面的导轨与床身顶面后部的横导轨配合，并通过横向进给机构和半螺母 18，使砂轮做横向进给运动或快速向前或向后移动。壳体 4 可绕定位轴销 17 回转一定角度，以磨削锥度大的短锥体。

（3）内圆磨具及其支架　图 6-43 所示为内圆磨具装配图，图 6-44 所示为内圆磨具装在支架中的情况。

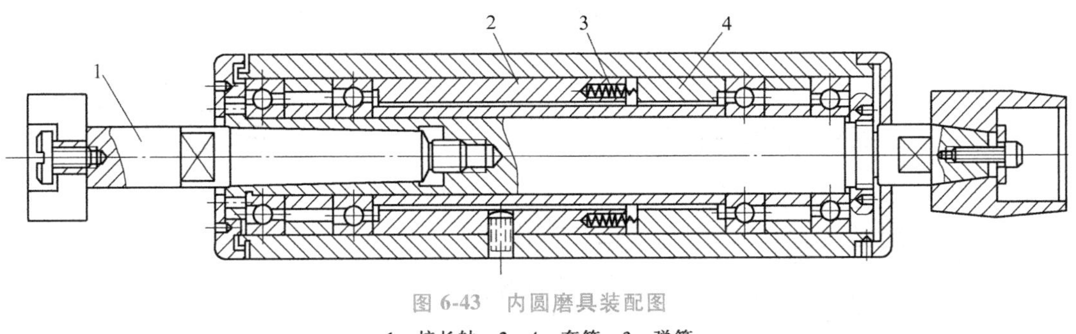

图 6-43　内圆磨具装配图

1—接长轴　2、4—套筒　3—弹簧

由于磨削内圆时砂轮直径较小，所以内圆磨具主轴应具有很高的转速，内圆磨具应保证在高转速下运动平稳，同时主轴轴承应具有足够的刚度和寿命。内圆磨具主轴由平带传动。主轴前、后支承各用两个 D 级精度的角接触球轴承，均匀分布的 8 个弹簧 3 的作用力通过套筒 2、4 顶紧轴承外圈。当轴承磨损产生间隙或主轴受热膨胀时，由弹簧自动补偿调整，从而保证了主轴轴承的刚度和稳定的预紧力。

主轴的前端有一莫氏锥孔，可根据磨削孔深度的不同安装不同的内磨接长轴 1；主轴的后端有一外锥体，以安装平带轮。

内磨装置以铰链连接的方式安装在砂轮架前上方。内圆磨具装在支架的孔中，图 6-44 所示为工作时的位置。如果不磨削内圆，内圆磨具支架 2 翻向上方。

内圆磨具主轴的轴承用锂基润滑脂润滑。

（4）尾座　如图 6-45 所示，尾座顶尖通过弹簧 2 顶紧工件。这样可使顶紧力在磨削期间保持稳定，不会因工件受热伸长等因素而改变力的大小，有利于提高工件精度。顶紧力大小由手把 9 调整。

尾座套筒 1 可以用手动或液动退回。手动顺时针方向转动手柄 13，通过轴 7 及上拨杆 12 可使尾座套筒 1 后退。或者，当砂轮架处在后退位置时，脚踩“脚踏板”（图 6-37），液压油就进入液压缸 4 的左腔，推动活塞 5，通过下拨杆 6、上拨杆 12，使尾座套筒 1 后退。

磨削时，尾座用 T 形螺钉 14 紧固在工作台上。

尾座前端的密封盖上装有修整砂轮用金刚笔孔。金刚笔用螺钉 3 固定。

（5）横向进给机构　横向进给机构如图 6-46 所示，它用于实现砂轮架横向工作进给，调整位移和快速进退，以确定砂轮和工件的相对位置，控制工件尺寸等。调整位移为手动；快速进退的距离是固定的，用液压传动。

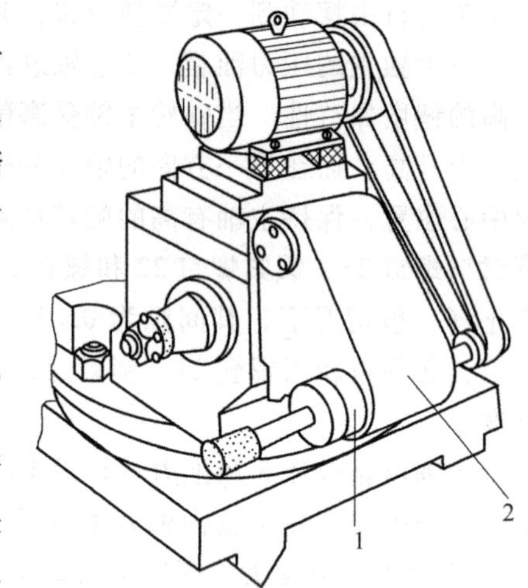

图 6-44　内磨装置

1—内圆磨具　2—支架

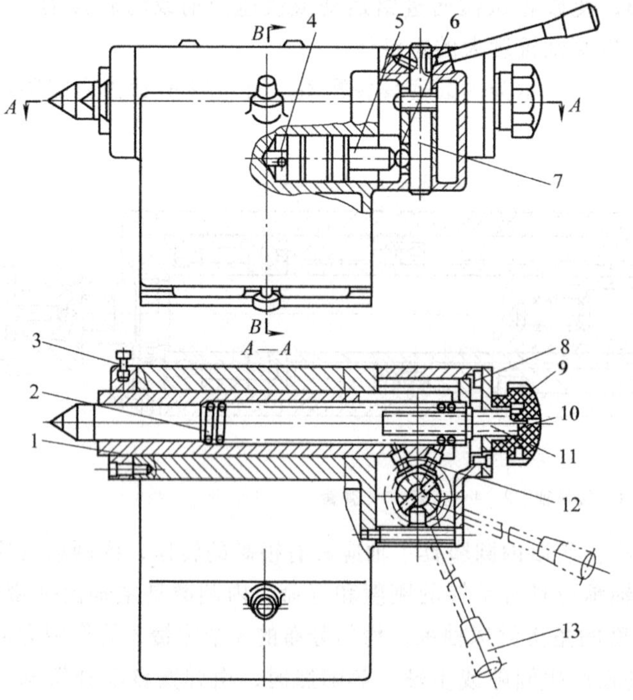

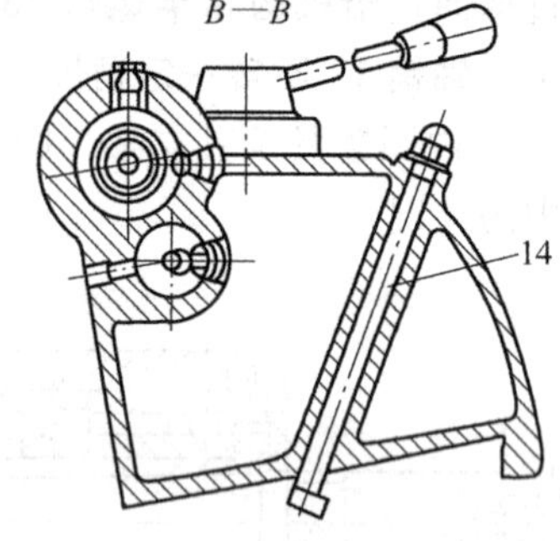

图 6-45　M1432B 型万能外圆磨床尾座

1—尾座套筒　2—弹簧　3—螺钉　4—液压缸　5—活塞　6—下拨杆　7—轴　8—销　9—手把　10—螺母　11—丝杠　12—上拨杆　13—手柄　14—T 形螺钉

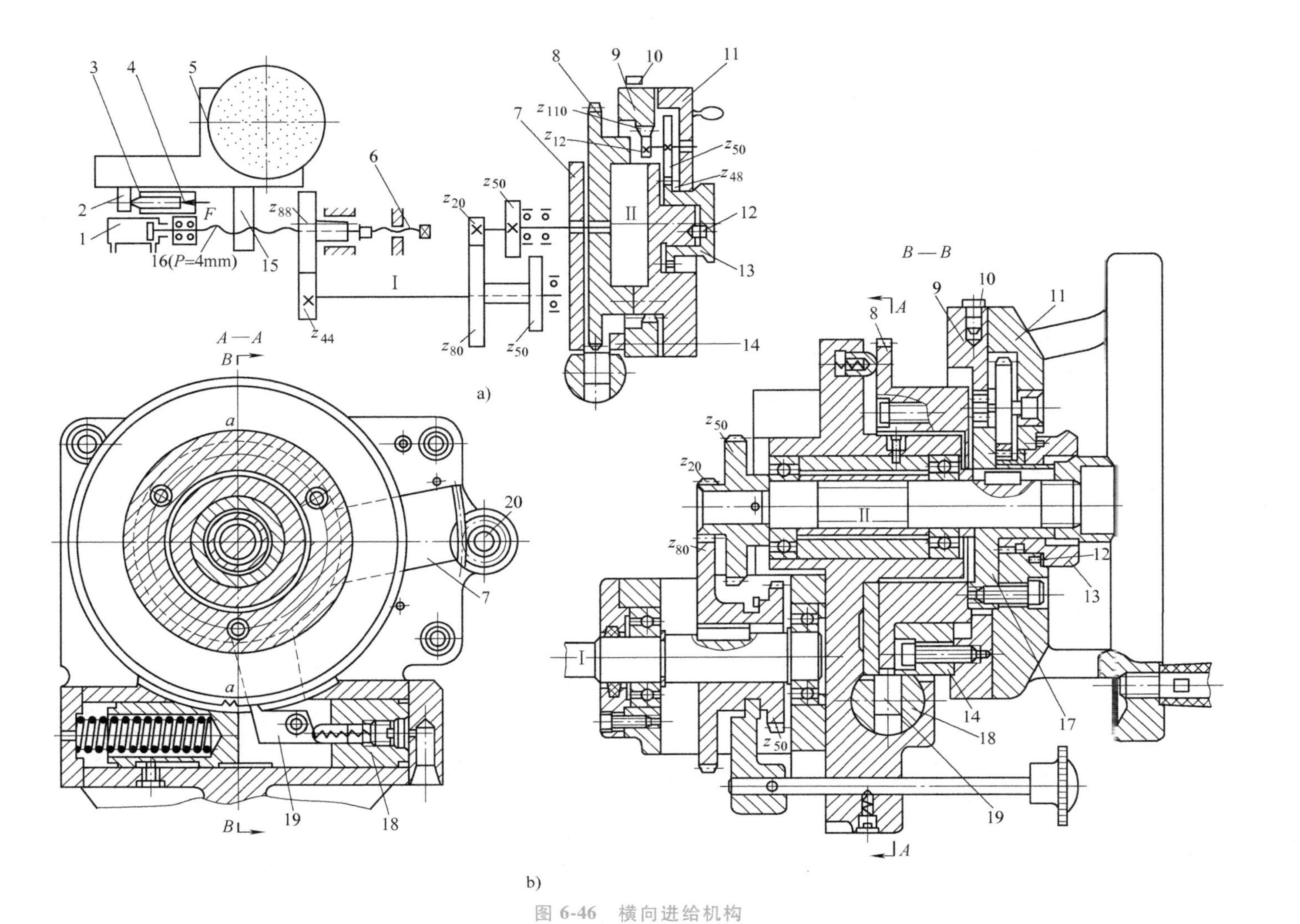

图 6-46　横向进给机构

1—液压缸　2—挡块　3、18—柱塞　4—闸缸　5—砂轮架　6—定位螺钉　7—遮板　8—棘轮　9—刻度盘　10—挡销　11—手轮　12—销钉　13—旋钮　14—撞块　15—半螺母　16—丝杠　17—中间体　19—棘爪　20—齿轮

如图 6-46 所示，砂轮架的快速进退由液压缸 1 实现，液压缸的活塞杆右端用角接触球轴承与丝杠 16 连接，它们之间可以相对转动，但不能做相对轴向移动。丝杠 16 右端用花键与 z_{88} 齿轮连接，并能在齿轮花键孔中滑移。当液压缸 1 的左腔或右腔通压力油时，活塞带动丝杠 16 经半螺母 15 带动砂轮架快速向前趋近工件或快速向后退离工件。砂轮架快进至终点位置时，丝杠 16 端头顶在刚性定位螺钉 6 上而实现准确定位。

为减少摩擦阻力，防止爬行和提高进给精度，砂轮架滑鞍与床身的横向导轨采用滚动导轨。为消除丝杠 16 与半螺母 15 之间的间隙，提高进给精度和重复定位精度，其上设置有闸缸 4。机床工作时，闸缸 4 便通上液压油，经柱塞 3、挡块 2 使砂轮受到一个向后的作用力，此力与径向磨削分力同向，因此，半螺母 15 与丝杠 16 始终紧靠在螺纹的一侧工作。

周期自动进给是由进给液压缸的柱塞 18 驱动的。当工作台换向时，进给液压缸右腔接通液压油，推动柱塞 18 向左移动，这时用销轴连接在柱塞 18 槽内的棘爪 19 推动固定在中间体 17 上的棘轮 8 转过一个角度，实现自动进给一次（此时手轮 11 也被带动旋转）。进给完毕后，进给液压缸右腔与回油路接通，于是柱塞 18 在左端弹簧的作用下复位。转动齿轮 20（通过齿轮 20 轴上的手把操纵，调整好后由钢球定位，图中未表示），使遮板 7 转动一个位置（其短臂的外圆与棘轮外圆大小相同），可以改变棘爪 19 所能推动的棘轮齿数，从而改变每次进给的进给量大小。当横向自动进给至所需尺寸时，装在刻度盘上的撞块 14 正好处于正下方，由于撞块的外圆与棘轮外圆大小相同，因此将棘爪 19 压下，使其无法与棘轮相啮合，于是横向进给便自动停止。

（三）普通外圆磨床概述

普通外圆磨床与万能外圆磨床在构造上的差别是：普通外圆磨床的头架和砂轮架都不能绕竖直轴调整角度；头架主轴固定不动；没有内圆磨具。普通外圆磨床只能用于磨削外圆柱面和锥度较小的圆锥面。

普通外圆磨床的万能性不如万能外圆磨床，但是，其部件的层次减少了，使机床的结构得到简化，刚度稍有增加。尤其是头架主轴是固定不动的，工件支承在固定顶尖上，提高了头架主轴组件的刚度和工件旋转精度。

四、思考与练习

1. 万能外圆磨床由哪几部分组成？各有什么作用？

2. 从传动和结构特点方面简要说明 M1432B 型万能外圆磨床为保证加工质量（尺寸精度、形状精度和表面粗糙度），采取了哪些措施？

3. 万能外圆磨床磨削圆锥面有哪几种方法？各适用于什么场合？

4. 在 M1432B 型万能外圆磨床上磨削外圆时，问：

（1）若用两顶尖支承工件进行磨削，为什么工件头架的主轴不转动？另外，工件是怎样获得旋转（圆周进给）运动的？

（2）若工件头架和尾座的锥孔中心在垂直平面内不等高，磨削的工件将产生什么误差？如何解决？若二者在水平平面内不同轴，磨削的工件又将产生什么误差？如何解决？

（3）采用定程磨削一批零件后，发现工件直径尺寸大了 0.07mm，应如何进行补偿调整？说明其调整步骤。

（4）当磨削了若干工件后，发现砂轮磨钝，经修正后砂轮直径小了 0.05mm，应如何调整？

5. 在 M1432B 型万能外圆磨床上磨削工件，装夹方法有哪几种？

6. 在万能外圆磨床上用顶尖支承工件磨削外圆和用卡盘夹持工件磨削外圆，哪一种情况的加工精度高？为什么？

大国工匠——刘云清

刘云清本是一名中专毕业的钳工，却因为掌握了多门本领，被人称作“维修神医”“智能设备制造专家”。中车集团有一台 22000t 一次锻压成形机，专门为高铁“复兴号”生产锻钢制动盘。作为厂里唯一全面掌握这台机器维修技术的专家，刘云清维修技术之高，远近闻名。为了不求人，原本只懂机械维修的刘云清，苦学电气、液压、软件等知识。渐渐地，他会的东西越来越多，也不再满足于维修工作，逐渐把目光移向了设备研发。高铁“复兴号”齿轮箱体内部结构复杂，原本装配前都需要进行人工清洗，但清洗后依旧残留的铁锈渣直接影响着齿轮的寿命。为了解决这个问题，刘云清先后拿出十多个论证方案，用了整整两年的时间，成功打造出了世界首台高铁齿轮箱全密封清洗机。

如今，中专学历的刘云清，手下却带着一批硕士、博士，他带队自主研发的设备直接创造经济效益超过 1.5 亿元。而这些，在刘云清看来，只能算是自己梦想途中的小小一步。

项目七 主轴零件主要工装的选择与设计

【教学目标】

最终目标：能正确选用数控车刀、砂轮、夹具；会设计主轴零件的专用夹具。

促成目标：

1）能正确选用数控车刀。

2）能正确选用砂轮。

3）能正确选用主轴零件数控车夹具、外圆磨夹具。

4）会设计主轴零件的专用车、磨夹具。

模块一　数控车刀的选用

一、教学目标

最终目标：能正确选用数控车刀。

促成目标：

1）能正确选用可转位车刀刀片。

2）能正确选用可转位车刀。

3）能合理使用可转位车刀。

微课视频（1）

微课视频（2）

二、案例分析

1. 车刀的选用

数控车刀的选用与普通车刀的选用大致相同，只有以下四个方面不同。

1）数控加工费用高，对刀具要求较高，应尽量选用可转位硬质合金刀片，或选用涂层刀片以提高耐磨性。目前切削用刀片的精度等级、质量差异很大，刀片的价格相差也很大，有的要相差十几倍，甚至几十倍，应综合考虑性价比而定。

2）数控车刀选择强度大、通用性强的刀杆。现在有些刀具生产企业生产的刀杆只满足自家企业生产的刀片，不能通用。

3）刀杆与刀片装配后的重复定位精度要高。

4）刀尖具有固定的圆弧半径。

工序30（参见项目八表8-2～表8-5）粗车外圆选用90°外圆焊接车刀，粗车端面选用90°端面焊接车刀，刀片材料选用（P30）（YT5），刀片形状为A3或A4。

工序60半精车ϕ135mm外圆及端面选用95°可转位外圆车刀；半精车1：20锥孔、莫氏6号锥孔加工选用95°可转位内孔车刀；半精车其余各外圆选用90°可转位外圆车刀，刀片材料为（P20）（YT14）。

工序110精车M65、M72螺纹选用60°可转位螺纹车刀，精车ϕ52mm内孔选用95°可转位内孔车刀，刀片材料为（P10）（YT15）。

2. 数控加工刀具卡

将工序60数控车削选定的各工步所用车刀的刀具型号、刀片型号、刀片牌号及刀尖圆弧半径等填入数控加工刀具卡片中，见表7-1。

表7-1　数控加工刀具卡片（工序60）

产品名称或代号	数控车床	零件名称	主　轴	零件图号	LK32-20207	程序号	备注
工步号	刀具号	刀具名称	刀具型号	刀　片		刀尖圆弧半径/mm	
				型号	牌号		
1	01	95°外圆端面车刀	PCLNR2020K09	CNMG090308-PM	P20	0.8	
2	02	95°端面车刀	PCLNR2020K09	CNMG090308-PM	P20	0.8	
3	03	90°外圆车刀	PTGNR2020K12	TNMG120308-PM	P20	0.8	
4	04	外圆割槽刀		2mm	P20		自制
5	05	95°内孔镗刀	S32R-PCLNR12	CNMG120408-PM	P20	0.8	
6	06	95°内孔镗刀	S32R-PCLNR12	CNMG120408-PM	P20	0.8	
7	07	90°外圆车刀	PTGNR2020K12	TNMG120308-PM	P20	0.8	
8	08	端面切槽刀			P20		自制
编　制		审　核		批　　准		共　页	第　页

三、相关知识

（一）对数控刀具的特殊要求

数控刀具通常是指数控机床用刀具，特指与加工中心、数控车床、数控镗铣床、数控钻床等先进高效的数控机床相配套使用的整体合金刀具、超硬刀具、可转位刀片、工具系统、可转位刀具等。数控刀具在国外发展很快，品种很多，已形成系列。在我国，由于对数控刀具的研究开发起步较晚，数控刀具成了工具行业中最薄弱的一个环节。数控刀具的落后已经成为影响我国国产和进口数控机床充分发挥作用的主要障碍。数控机床除数控磨床和数控电加工机床之外，其他的数控机床都必须采用数控刀具。

数控刀具应适应加工零件品种多、批量小的要求，除应具备普通机床用刀具应有的性能外，还应满足下列特殊要求：

1）刀具的切削性能和寿命稳定、可靠。刀具质量的稳定，包括刀具材料的质量、刀具制造工艺，特别是热处理和刃磨工艺；可靠性指刀具在规定的切削条件下和在规定的切削时间内，完成规定的切削工作的能力。用数控机床加工时，对刀具实行强迫换刀或由控制系统对刀具寿命进行管理，数控刀具不但切削性能要好，而且应性能稳定。同一批刀具的切削性能和寿命不得有较大差异，以免频繁停机或工件大量报废。

2）刀具寿命长。应选用切削性能好、耐磨性高的涂层刀具，同时合理地选择切削用量。

3）断屑、卷屑和排屑可靠。不产生紊乱的带状切屑，以免缠绕在刀具、工件上；长切屑应顺利卷曲和排出；避免形成细碎的切屑；精加工时，切屑不应划伤已加工表面；切屑流出时，不妨碍切削液浇注。

4）能快速地转位或更换刀片，快速换刀或自动换刀。数控机床加工时，一般都使用可转位刀具，刀具磨损后，只需将刀片转位或更换新刀片就可继续切削。换刀精度取决于刀片精度和定位精度。中等精度刀片适用于粗加工，精密级刀片适用于半精加工，精加工时则仍需尺寸调整。为了减少因换刀而造成的停机时间，必须实现快速换刀。一般采用机外调整刀具，即在预调室内将刀具的相对尺寸调整好，然后再装到机床上，使之能与机床快速、准确地接合和脱开，并能适应机械手或机器人的操作。同时，还可采用寿命计数器，按规定寿命定时更换刀具，即自动换刀。连接刀具的刀柄、刀杆、接杆和装夹刀头的刀夹，已发展成各种适应数控加工要求的结构，并形成了包括刀具在内的所谓工具系统。

5）能迅速、精确地调整刀具尺寸。刀具的磨损量有时虽未达到磨钝标准，但却已造成了工件尺寸的变化，即超过了刀具的尺寸寿命。这时，为了保证工件尺寸在预定的公差范围内，必须及时对刀具进行调整。为了减少调整时间，这种调整应当是简便迅速的。

6）标准化、系列化和通用化（“三化”）。为了有利于编排加工程序和管理刀具，数控刀具应特别注意“三化”问题。

7）建立完整的数据库及其管理系统。数控刀具的种类多，管理较复杂。既要对所有刀具进行自动识别，记忆其规格尺寸、存放位置、已切削时间和剩余时间等；又要对刀具的更换、运送、刀具切削尺寸预调等进行管理。

8）有完善的刀具组装、预调、编码标识与识别系统。

9）有刀具磨损和破损在线监测系统。

（二）数控车刀的类型

数控车削是数控加工中应用最多的加工方法之一，而数控车刀是数控车床上应用的各种刀具的统称，广泛采用可转位式，用于加工外圆、内孔、端面、螺纹、切槽等。

数控车刀按切削刃形状可分为尖形车刀、圆弧形车刀和成形车刀三类。

1. 尖形车刀

尖形车刀是以直线形切削刃为特征的车刀。这类车刀的刀尖（同时也为其刀位点）由直线形的主、副切削刃构成，如90°内、外圆车刀，左右端面车刀，切断（切槽）车刀，以及切削刃倒棱很小的各种外圆和内孔车刀。

用尖形车刀加工零件时，其零件的轮廓形状主要由一个独立的刀尖或一条直线形主切削刃位移后得到，它与另两类车刀加工得到零件轮廓形状的原理是截然不同的。

尖形车刀几何参数（主要是几何角度）的选择方法与普通车削时基本相同，但应根据数控加工的特点（如加工路线、加工干涉等）进行全面考虑，并应兼顾刀尖本身的强度。

2. 圆弧形车刀

圆弧形车刀是以一圆度误差或线轮廓误差很小的圆弧形切削刃为特征的车刀（图 7-1）。该车刀圆弧刃上的每一点都是圆弧形车刀的刀尖，因此，刀位点不在圆弧上，而在该圆弧的圆心上。

当某些尖形车刀或成形车刀（如螺纹车刀）的刀尖具有一定的圆弧形状时，也可作为圆弧形车刀使用。

圆弧形车刀可以用于车削内、外表面，特别适合于车削各种光滑连接（凹形）的成形面。选择车刀圆弧半径时，应考虑两点：一是车刀切削刃的圆弧半径应小于或等于零件凹形轮廓上的最小曲率半径，以免发生加工干涉；二是该半径不宜选择太小，否则不但制造困难，还会因刀具强度太弱或刀体散热能力差而导致车刀损坏。

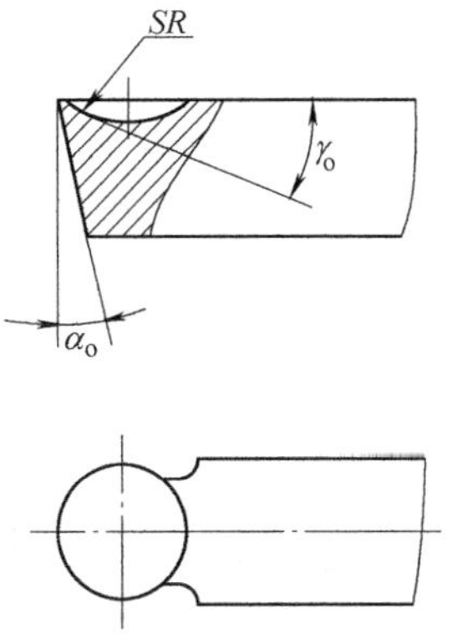

图 7-1　圆弧形车刀

3. 成形车刀

成形车刀俗称样板车刀，其加工零件的轮廓形状完全由车刀切削刃的形状和尺寸决定。数控车削加工中，常见的成形车刀有小半径圆弧车刀、非矩形槽车刀和螺纹车刀等。在数控加工中，应尽量少用或不用成形车刀，当确有必要选用时，则应在工艺准备文件或加工程序单上进行详细说明。

（三）可转位车刀

1. 可转位车刀的组成

可转位车刀是用机械夹固的方法，将可转位刀片夹紧在刀杆上的车刀。图 7-2 所示为可转位车刀的组成。刀片 2、刀垫 3 套装在夹紧元件 4 上，并由夹紧元件 4 将刀片压向支承面而夹紧。车刀的前、后角是靠刀片在刀槽中安装后得到的。当一条切削刃用钝后，可迅速转位为另一条切削刃，即可继续工作，直到刀片上所有的切削刃都用钝后，刀片才报废回收；更换新刀片后，车刀又可以继续工作。

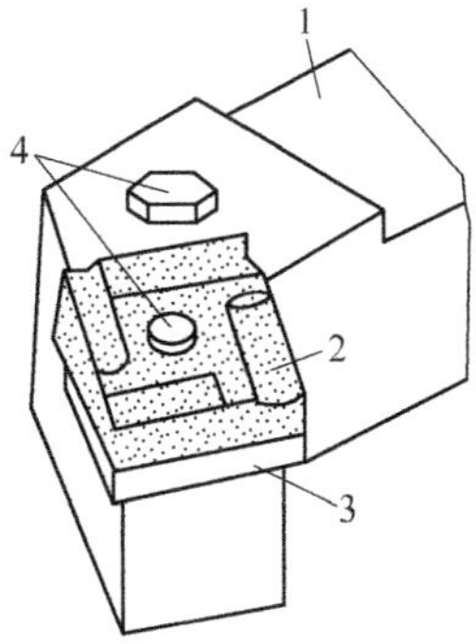

图 7-2　可转位车刀的组成
1—刀杆　2—刀片
3—刀垫　4—夹紧元件

2. 可转位车刀的优点

与焊接、整体式车刀相比，可转位车刀具有以下优点：

（1）刀具寿命高　由于刀片避免了由焊接和刃磨高温引起的缺陷，刀具的几何参数完全由刀片和刀槽保证，切削性能稳定，从而提高了刀具寿命。

（2）生产效率高　由于机床操作工人不需磨刀，可大大减少停机换刀等辅助时间。

（3）有利于推广新技术、新工艺　可转位车刀有利于推广使用涂层、陶瓷等新型刀具材料。

（4）有利于降低刀具成本　刀杆使用寿命长，同时大大减少了刀杆的消耗和库存量，简化了刀具的管理工作，降低了刀具成本。

可转位车刀的应用与日俱增，但由于刃形和几何参数受到刀具结构与工艺的限制，尚不能完全取代焊接刀具和整体式刀具。

3. 可转位车刀刀片的标记与选择

可转位刀片是可转位刀具的切削部分，也是可转位刀具最关键的零件。如果型号中不加前缀，即指装有硬质合金可转位刀片的可转位刀具，其他材料的则必须加前缀，如陶瓷可转位车刀。国家标准 GB/T 2076—2021《切削刀具用可转位刀片　型号表示规则》对可转位刀片的形状、尺寸、精度、结构等作了详细规定，用 9 个代号表示，可选择性添加制造商代号，见表 7-2。

表 7-2　可转位车刀刀片代号

（尺寸单位：mm）

代号	①	②	③	④	⑤	⑥	⑦	⑧	⑨	⑩
表达特性	刀片形状	刀片法后角	允许偏差等级	夹固形式及有无断屑槽	刀片长度	刀片厚度	刀尖角形状	切削刃截面形状	切削方向	制造商代号
举例	T	N	U	M	16	04	08	E	R	A_2

① 刀片形状

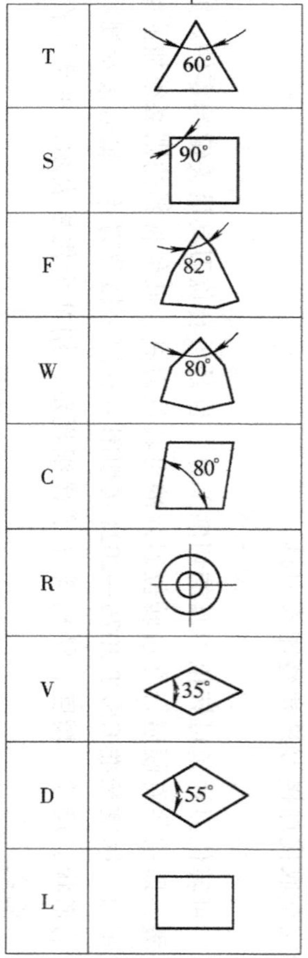

代号	形状
T	60°
S	90°
F	82°
W	80°
C	80°
R	
V	35°
D	55°
L	

② 刀片法后角

A	B	C	D	E	F	G	N	P	O
3°	5°	7°	15°	20°	25°	30°	0°	11°	其他

③ 允许偏差等级

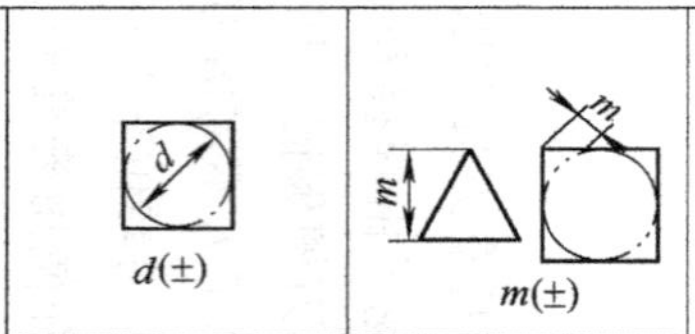

内切圆直径 d	$d(\pm)$ G	$d(\pm)$ M	$d(\pm)$ U	$m(\pm)$ G	$m(\pm)$ M	$m(\pm)$ U	刀片厚度 $S(\pm)$ GMU
6.35	0.025	0.05	0.08	0.025	0.08	0.13	0.13
9.525		0.05	0.08		0.08	0.13	
12.70		0.08	0.13		0.13	0.20	
15.875		0.10	0.18		0.15	0.27	
19.05		0.10	0.18		0.15	0.27	
25.40		0.13	0.25		0.18	0.38	

④ 夹固形式及有无断屑槽

A	N	R
M	G	T

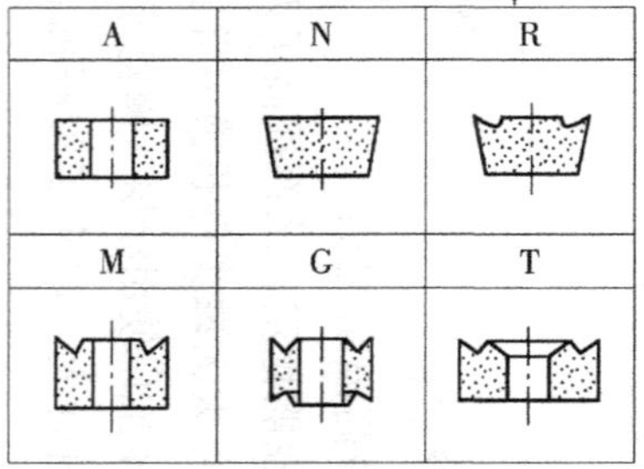

⑤ 刀片长度：以主切削刃尺寸整数表示，一位数前加一个 0

尺寸	代号
9.525	09
12.70	12
15.875	15
16.74	16
19.05	19

⑥ 刀片厚度：以刀片厚度尺寸整数表示，个位数前加一个 0

尺寸	代号
3.18	03
3.97	T3
4.76	04
5.56	05
6.35	06
7.94	07

⑦ 刀尖角形状

代号	说明
M0	圆刀片
00	尖刀片
02	0.2
04	0.4
05	0.5
08	0.8

⑧ 切削刃截面形状

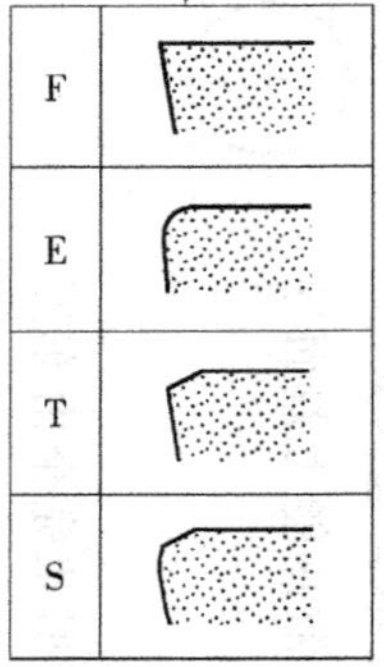

F
E
T
S

⑨ 切削方向

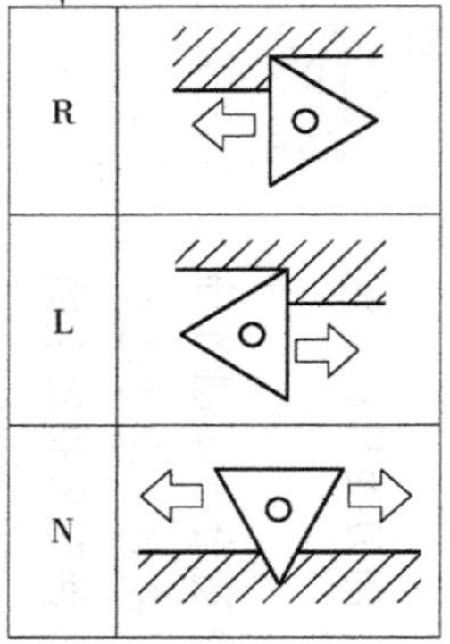

R
L
N

⑩ 制造商代号

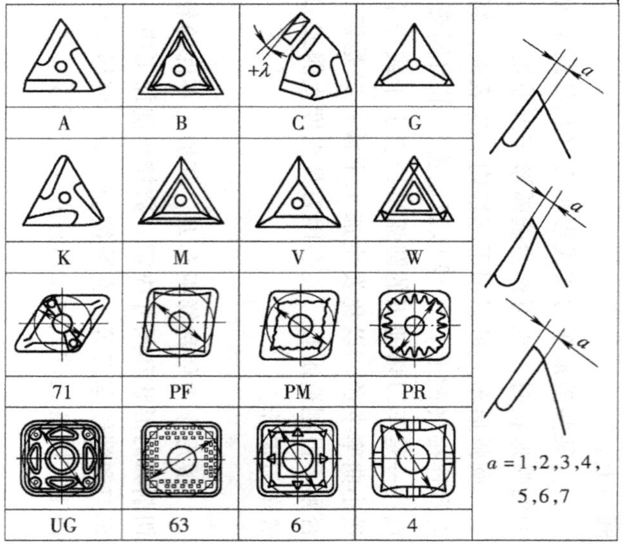

A	B	C	G	$a=1,2,3,4,5,6,7$
K	M	V	W	
71	PF	PM	PR	
UG	63	6	4	

代号①（字母）表示刀片形状，如S表示正方形，D表示55°菱形。刀片形状主要根据加工工件的廓形与刀具寿命来选择。边数多的刀片，其刀尖角大，耐冲击，并且切削刃多，因而寿命高，但其切削刃短，车削时径向力较大，易引起振动。在机床、工件刚度足够的情况下，粗加工时应尽量采用刀尖角较大的刀片；反之，选择刀尖角较小的刀片。

常用的几种刀片中，正三角形（T）刀片可用于90°台阶外圆车削、端面车削、内孔车削和60°螺纹车削。不等边不等角六边形（F）和等边不等角六边形（W）刀片，其刀尖角增大至82°和80°，提高了刀具寿命，并且减小了已加工表面的表面粗糙度，应用甚广。正方形（S）刀片适用于主偏角为45°、60°、75°的外圆、端面及内孔车刀。菱形（如V、D）刀片的刀尖强度较低，主要用于仿形加工。圆形（R）刀片用于加工成形曲面或精车刀具，加工时径向力大。

代号②（字母）表示刀片的法后角。通常刀具的后角靠刀片倾斜安装形成。N型刀片的法后角为0°，一般用于粗、半精车和大尺寸孔加工；B（5°）、C（7°）、P（11°）型刀片一般用于半精车、精车、仿形加工和孔加工；加工铸铁、硬钢可用N型刀片；加工不锈钢可用C、P型刀片；加工铝合金可用P、E型刀片等；加工弹性恢复性好的材料可选用较大一些的后角。

如果所有的切削刃都用来作主切削刃，不管法后角是否不同，用较长一段切削刃的法后角来选择法后角表示代号，这段较长的切削刃即作为主切削刃，表示切削刃长度（见号位5）。

代号③（字母）表示刀片主要尺寸的允许偏差等级，共有12种精度等级（A、F、C、H、E、G、J、K、L、M、N、U），A最高，U最低。普通车床粗、半精车时采用U级；对刀尖位置要求较高或数控车床用的刀片选M级；要求更高时，选G级。

代号④（字母）表示夹固形式及有无断屑槽，如N为无固定孔、无断屑槽平面型；A表示刀片中间有圆形固定孔、无断屑槽；M表示刀片中间有圆形固定孔，并单面带有断屑槽；G表示刀片中间有圆形固定孔，并双面带有断屑槽；T表示刀片单面有40°~60°固定沉孔，并单面带有断屑槽。

刀片夹固形式的选择实际上就是对车刀刀片夹紧结构的选择。

代号⑤（数字）表示刀片长度。采用米制单位时，用舍去小数部分的刀片主切削刃或较长的边的长度值表示。如果舍去小数部分后，只剩下一位数字，则必须在数字前加“0”。如切削刃长度为9.525mm的正方形刀片，用09表示。刀片廓形的基本参数以内切圆直径d表示，切削刃的长度可由内切圆直径及刀尖角计算得出。粗车时，可取刀片长度$L=(1.5\sim2)b_D$；精车时，可取$L=(3\sim4)b_D$（b_D为切削宽度）。

代号⑥（数字）表示刀片厚度。刀片厚度是指刀尖切削面与对应的刀片支承面之间的距离。采用米制单位时，用舍去小数部分的刀片厚度值表示。如果舍去小数部分后，只剩下一位数字，则必须在数字前加“0”。如刀片厚度为3.18mm，表示代号为03。当刀片厚度整数值相同，而小数值部分不同时，则将小数部分大的刀片代号用“T”代替0，以示区别。如刀片厚度为3.97mm，表示代号为T3。刀片厚度的选择主要应考虑刀片强度。在满足强度和切削顺利进行的前提下，尽量取小厚度的刀片。

代号⑦（字母或数字）表示刀尖角形状。①若刀尖角为圆角，采用米制单位时，用按0.1mm为单位测量得到的圆弧半径值表示，如果数值小于10，则在数字前加“0”。如刀尖圆弧半径为0.8mm，表示代号为08；如果刀尖角不是圆角时，则表示代号为00。②若刀片具有修光刃（图7-3），用下列字母表示主偏角 κ_r 的大小：A（45°），D（60°），E（75°），F（85°），P（90°），Z（其他角度）；用下列字母表示修光刃法后角 α_n'的大小：A（3°），B（5°），C（7°），D（15°），E（20°），F（25°），G（30°），N（0°），P（11°），Z（其他角度）。③对于圆形刀片，采用米制单位时，用“M0”表示。刀尖形状应根据加工表面的表面粗糙度和工艺系统刚度来选择，表面粗糙度小、工艺系统刚度较好时，可选择较大的刀尖圆弧半径。

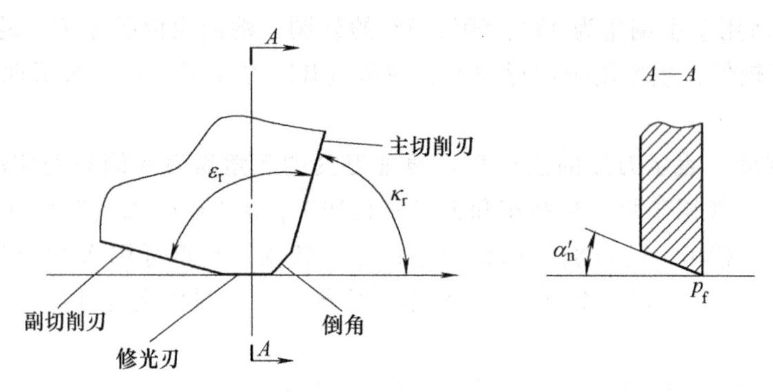

图7-3　刀片具有修光刃示意图

代号⑧（字母）表示切削刃截面形状，有F（尖锐切削刃）、E（倒圆切削刃）、T（倒棱切削刃）、S（既倒棱又倒圆切削刃）、Q（双倒棱切削刃）、P（既双倒棱又倒圆切削刃）6种。车削用的刀片基本上是倒圆切削刃（E型），其倒圆半径 $r_n=0.03\sim0.08$mm，涂层刀片倒圆半径 $r_n\leqslant0.05$mm。精车时选小值，粗车时选较大值。

代号⑨（字母）表示切削方向。R表示右切，L表示左切，N表示双向。

标准规定，任何一个型号的刀片都必须用前7个代号，后2个代号在需要时添加。

除标准代号之外，制造商可以用补充代号⑩表示一个或两个刀片特征，以更好地描述其产品。通常用一个字母和一个数字表示刀片断屑槽的形式和宽度（如C2），或者用两个字母分别表示断屑槽的形式和加工性质（如CF表示C型断屑槽、精加工用；CR表示C型断屑槽、粗加工用；CM表示C型断屑槽、半精加工用）。断屑槽的形式和尺寸是可转位刀片诸参数中最活跃的因素。该代号应用短横线“-”与标准代号隔开，并不得使用⑧、⑨位已用过的代号（F、E、T、S、Q、P、R、L、N）。当第⑧、⑨位只使用其中一位时，则写在第⑧位上，且中间不需空格。

可转位刀片标记示例：SNUM150408ER-A2代表正方形、0°法后角、允许偏差等级为U级、带孔单面断屑槽，刀片长度为15.875mm，刀片厚度为4.76mm，刀尖圆弧半径为0.8mm，倒圆切削刃，右切，A型断屑槽宽2mm。

4. 可转位车刀刀片的夹紧方式

（1）可转位车刀刀片夹紧时应满足下列要求

① 定位精度高。刀片转位或更换新刀片后，刀尖位置的变化应在工件精度允许的范围内。

② 刀片夹紧可靠。夹紧元件应将刀片推向定位面，应保证刀片、刀垫、刀杆接触面紧密贴合，经得起冲击和振动，但夹紧力也不宜过大，应力分布应均匀，以免压碎刀片。

③ 排屑通畅。刀片前面上最好无障碍，保证切屑排出流畅，并容易观察。特别对于车孔刀，最好不用上压式，防止因切屑缠绕而划伤已加工表面。

④ 使用方便。转换切削刃和更换新刀片应方便、迅速；小尺寸刀具的结构要紧凑；在满足以上要求时，尽可能结构简单，制造和使用方便。

（2）可转位刀片的夹紧结构及特点 GB/T 5343.1—2007《可转位车刀及刀夹 第1部分 型号表示规则》将夹紧结构归结为4种方式：孔夹紧式（有孔刀片）（P）、顶面和孔夹紧式（有孔刀片）（M）、顶面夹紧式（无孔刀片）（C）、螺钉通孔夹紧式（有孔刀片）（S），如图7-4所示。具体刀片的夹紧结构很多，典型的夹紧结构有以下几种。

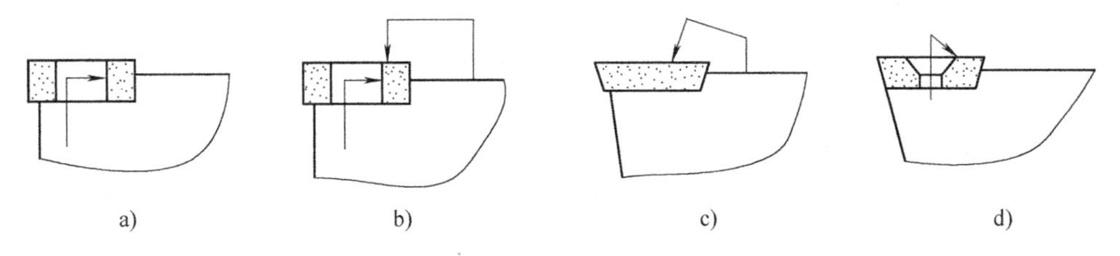

图7-4 刀片夹紧方式

a）孔夹紧式（P） b）顶面和孔夹紧式（M） c）顶面夹紧式（C） d）螺钉通孔夹紧式（S）

① 孔夹紧式。孔夹紧式夹紧结构有直杆式和曲杆式两种结构形式。图7-5a所示为直杆式结构。当旋进螺钉6时，顶压杠销4的下端，杠销以中部鼓形柱面为支点而倾斜，借上端

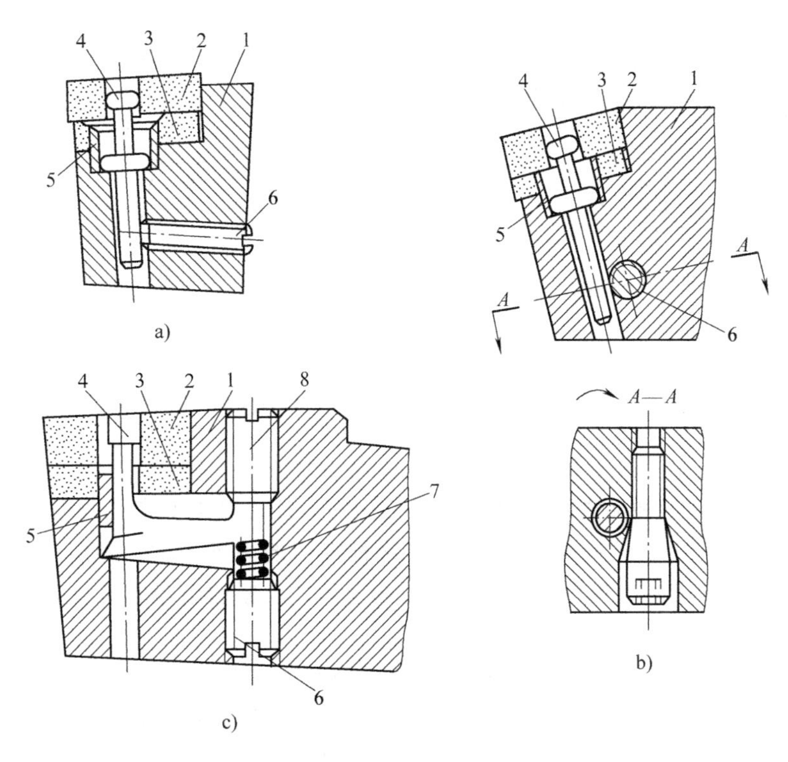

图7-5 孔夹紧式夹紧结构

a)、b）直杆式 c）曲杆式

1—刀杆 2—刀片 3—刀垫 4—杠销（曲杆） 5—弹簧套 6、8—螺钉 7—弹簧

的鼓形柱面将刀片压向刀槽两定位侧面并紧固。刀垫3用弹簧套5定位。松开刀片时，刀垫借弹簧套的张力保持原来位置而不会松脱。图7-5b也是直杆式结构，所不同的是靠螺钉锥体部分推压杠销下端。图7-5c所示为曲杆式结构。刀片2由曲杆4通过螺钉8夹紧，曲杆以其拐角凸部为支点摆动；弹簧7在松开螺钉8后反弹曲杆，起松开刀片的作用；弹簧套5制成半圆柱形，刀垫3靠弹簧套的张力定位在刀槽中。弹簧套的内壁与曲杆之间有较大间隙，便于曲杆在其中摆动。这种曲杆式夹紧结构是靠刀片两个侧面定位的，所以定位精度较高，刀片受力方向较为合理，夹紧可靠，且刀头尺寸小，刀片装卸灵活，使用方便，是一种较好的夹紧形式。缺点是结构复杂，制造较困难。

② 楔销式。如图7-6所示，刀片由销轴在孔中定位，楔块下压时把刀片推压在圆柱销上。松开螺钉时，弹簧垫圈自动抬起楔块。这种结构夹紧力大，简单方便。但定位精度较低，且夹紧时刀片受力不均。

③ 偏心销式。图7-7所示为偏心销式夹紧结构，它以螺钉作为转轴，螺钉上端为偏心圆柱销，偏心量为e。当转动螺钉时，偏心销就可以夹紧或松开刀片；也可以用圆柱形转轴代替螺钉。偏心螺钉销利用螺纹的自锁性能，增加了防松能力。这种夹紧结构简单，使用方便。其主要缺点是很难保证双边的夹紧力均衡，当要求利用刀槽两个侧面定位夹固刀片时，要求转轴的转角公差极小，这在一般制造精度下是很难达到的。实际上，往往是单边夹紧，在冲击和振动下刀片容易松动，因此这种结构适用于连续平稳的切削。

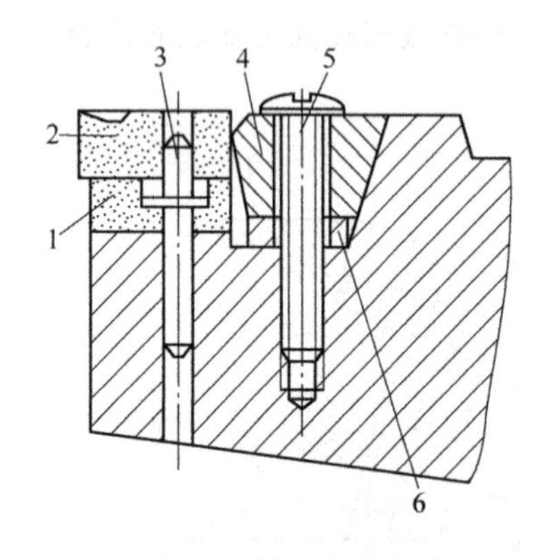

图7-6 楔销式夹紧结构

1—刀垫 2—刀片 3—销轴 4—楔块 5—螺钉 6—弹簧垫圈

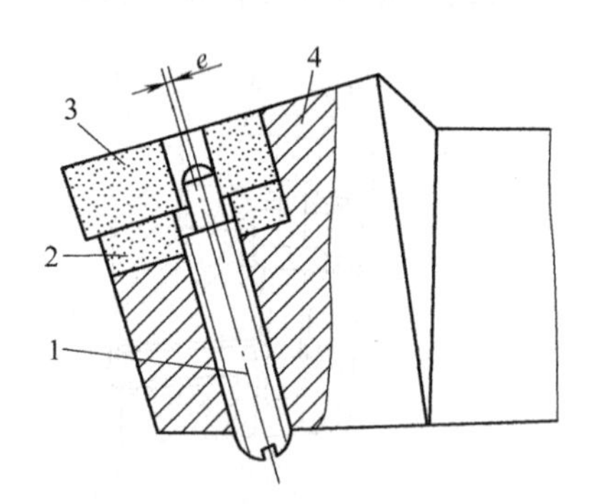

图7-7 偏心销式夹紧结构

1—偏心销 2—刀垫 3—刀片 4—刀杆

④ 上压式。上述三种夹紧结构仅适用于带孔的刀片，对于不带孔的刀片，特别是带后角的刀片，则需采用上压式结构（图7-8）。这种结构的夹紧力大，稳定可靠，装夹方便，制造容易。对于带孔刀片，也可采用销轴定位和上压式夹紧的组合方式。上压式的主要缺点是刀头尺寸较大。

⑤ 拉垫式。如图7-9所示，拉垫式夹紧的原理是通过圆锥头螺钉，在拉垫锥孔斜面上产生一个分力，迫使拉垫带动刀片压向两侧定位面。拉垫既是夹紧元件，又是刀垫，一件双用。拉垫式的结构简单紧凑，夹紧牢固，定位精度高，调节范围大，排屑无障碍。缺点是拉垫移动槽不宜过长，一般为3~5mm，否则将使定位侧面的强度和刚度下降；另外，刀头的刚度较弱，不宜用于粗加工。

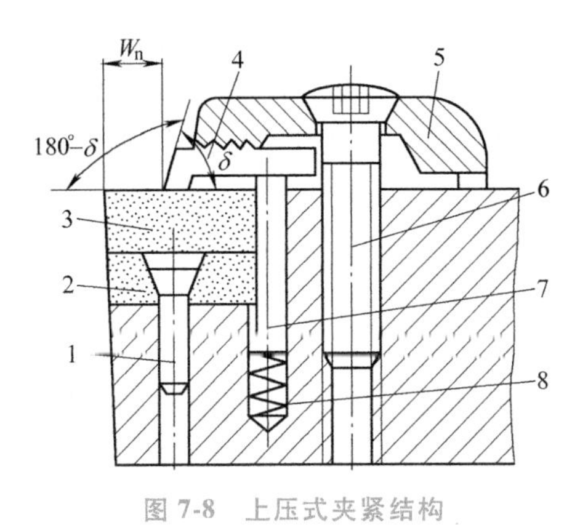

图 7-8　上压式夹紧结构

1—销轴　2—刀垫　3—刀片　4—压板
5—锥孔压板　6—螺钉　7—支钉　8—弹簧

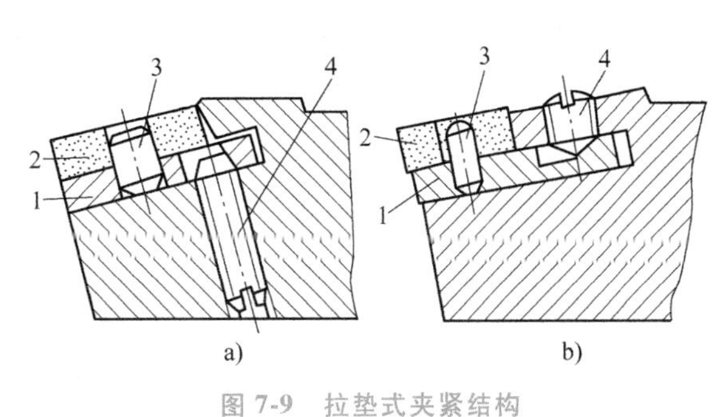

图 7-9　拉垫式夹紧结构

1—拉垫　2—刀片　3—销轴　4—锥端螺钉

⑥ 压孔式。如图 7-10 所示，用沉头螺钉直接紧固刀片，此结构紧凑，制造工艺简单，夹紧可靠。刀头尺寸可做得较小，其定位精度由刀杆的定位面保证，适合于对容屑空间及刀具头部尺寸有要求的场合，如车孔刀常采用此种结构。

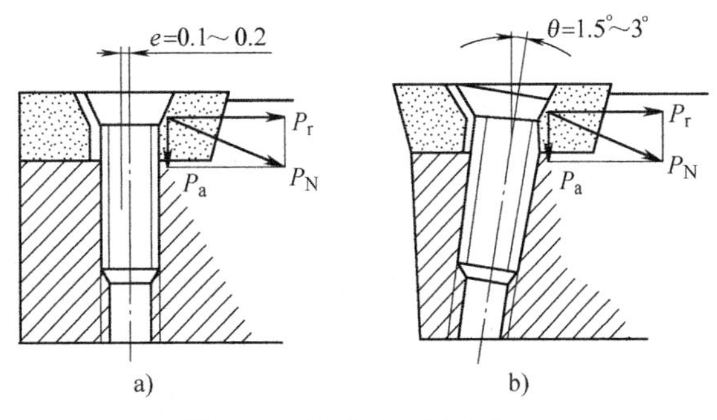

图 7-10　压孔式夹紧结构

5. 可转位车刀几何角度的确定

可转位车刀的几何角度是由刀片角度与刀槽角度综合形成的，如图 7-11 所示。

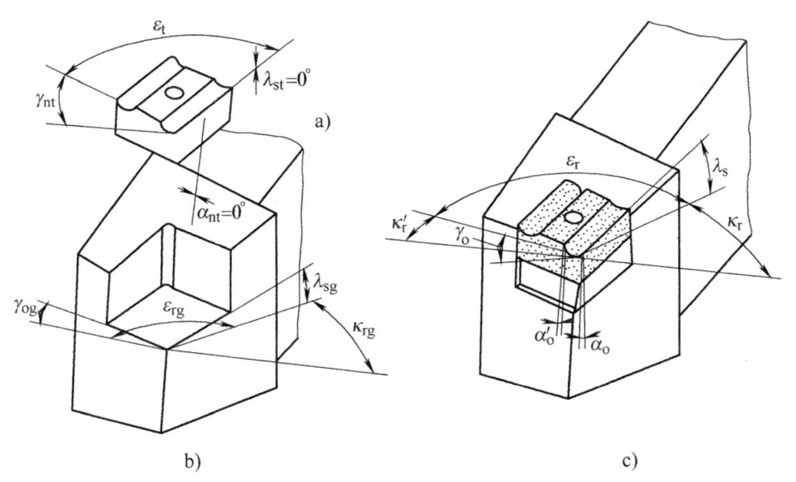

图 7-11　可转位车刀几何角度的形成

a）刀片角度　b）刀槽角度　c）车刀角度

刀片角度是以刀片底面为基准度量的，安装到车刀上相当于法平面参考系角度。刀片的独立角度有：刀片法前角 γ_{nt}、刀片法后角 α_{nt}、刀片刃倾角 λ_{st}、刀片刀尖角 ε_t。常用的刀片 $\alpha_{nt}=0°$、$\lambda_{st}=0°$。

刀槽角度以刀杆底面为基面度量，相当于正交平面参考系角度。刀槽的独立角度有刀槽

前角 γ_{og}、刀槽刃倾角 λ_{sg}、刀槽主偏角 κ_{rg}、刀槽刀尖角 ε_{rg}。通常设计刀杆时，$\varepsilon_{rg}=\varepsilon_r$，$\kappa_{rg}=\kappa_r$。

选用可转位车刀时，需按选定的刀片角度及刀槽角度来验算刀具几何参数的合理性。验算公式为

$$\gamma_o \approx \gamma_{og} + \gamma_{nt} \tag{7-1}$$

$$\alpha_o \approx \alpha_{nt} - \gamma_{og} \tag{7-2}$$

$$\kappa_r \approx \kappa_{rg} \tag{7-3}$$

$$\lambda_s \approx \lambda_{sg} \tag{7-4}$$

$$\kappa_r' \approx 180° - \kappa_r - \varepsilon_r \tag{7-5}$$

$$\tan\alpha_o' \approx \tan\gamma_{og}\cos\varepsilon_r - \tan\lambda_{sg}\sin\varepsilon_r \tag{7-6}$$

例如选用的刀片参数为：$\alpha_{nt}=0°$、$\lambda_{st}=0°$、$\gamma_{nt}=20°$、$\varepsilon_t=60°$。

选用的刀槽参数为：$\gamma_{og}=-6°$、$\lambda_{sg}=0°$、$\kappa_{rg}=90°$、$\varepsilon_{rg}=60°$。

则刀具的几何角度为：$\kappa_r=90°$、$\lambda_s=0°$、$\gamma_o\approx14°$、$\alpha_o\approx6°$、$\kappa_r'=30°$、$\alpha_o'\approx2°12'$。

6. 可转位车刀的标记及选择

可转位车刀的品种规格已标准化了，国家标准对外圆、端面车刀和内孔车刀的结构、参数及选配刀片等作出了规定，如图 7-12、图 7-13 所示。其他如可转位式螺纹车刀、可转位式切断（槽）刀的结构、参数及选配刀片等可参照有关制造企业的标准。选用者可按其用途选择可转位车刀的结构、品种，按机床中心高或刀架尺寸选择相应的尺寸规格。

需要特别指出的是：选择可转位外圆车刀的形式与主、副偏角时，除了要遵循刀具主、副偏角的选择原则外，还要考虑工件轮廓的形状。很多情况下，刀具的主、副偏角取决于工件轮廓的形状。例如车阶梯轴时，$\kappa_r \geqslant 90°$；车削轮廓时，要确保后刀面和副后刀面不与工件轮廓发生干涉，否则无法得到所需要的工件轮廓。

螺钉通孔夹紧式内孔车刀的结构简单，配件少，切屑流动比较通畅。为防止后刀面与内孔表面产生摩擦、挤压，一般应采用带一定后角的刀片。

7. 数控车削加工中的装刀与对刀技术

装刀与对刀是数控机床加工中极其重要并十分棘手的一项基本工作。对刀精度的高低，将直接影响到零件加工后的尺寸精度。通过对刀或刀具预调，还可同时测定各号刀的刀位偏差，有利于设定刀具补偿量。

（1）车刀的安装　把车刀放在刀架装刀面上，车刀伸出刀架部分的长度不超过刀柄高度的 1.5 倍。将车刀刀尖对准工件中心，可用尾座顶尖对中心、测量刀尖至导轨的距离，或采用加工端面等方法调整。车刀刀杆中心线应与进给方向垂直或平行。若通过刀座过渡将车刀安装在数控车床刀架上，进行刀具预调后，应将刀具连同刀座一起安装在刀架的刀位上。刀座的结构应根据刀具的形状、刀架的外形及刀架对主轴的配置形式来决定。

（2）刀位点　刀位点是指在加工程序编制中，用以表示刀具特征的点，也是对刀和加工的基准点。各类车刀的刀位点如图 7-14 所示。

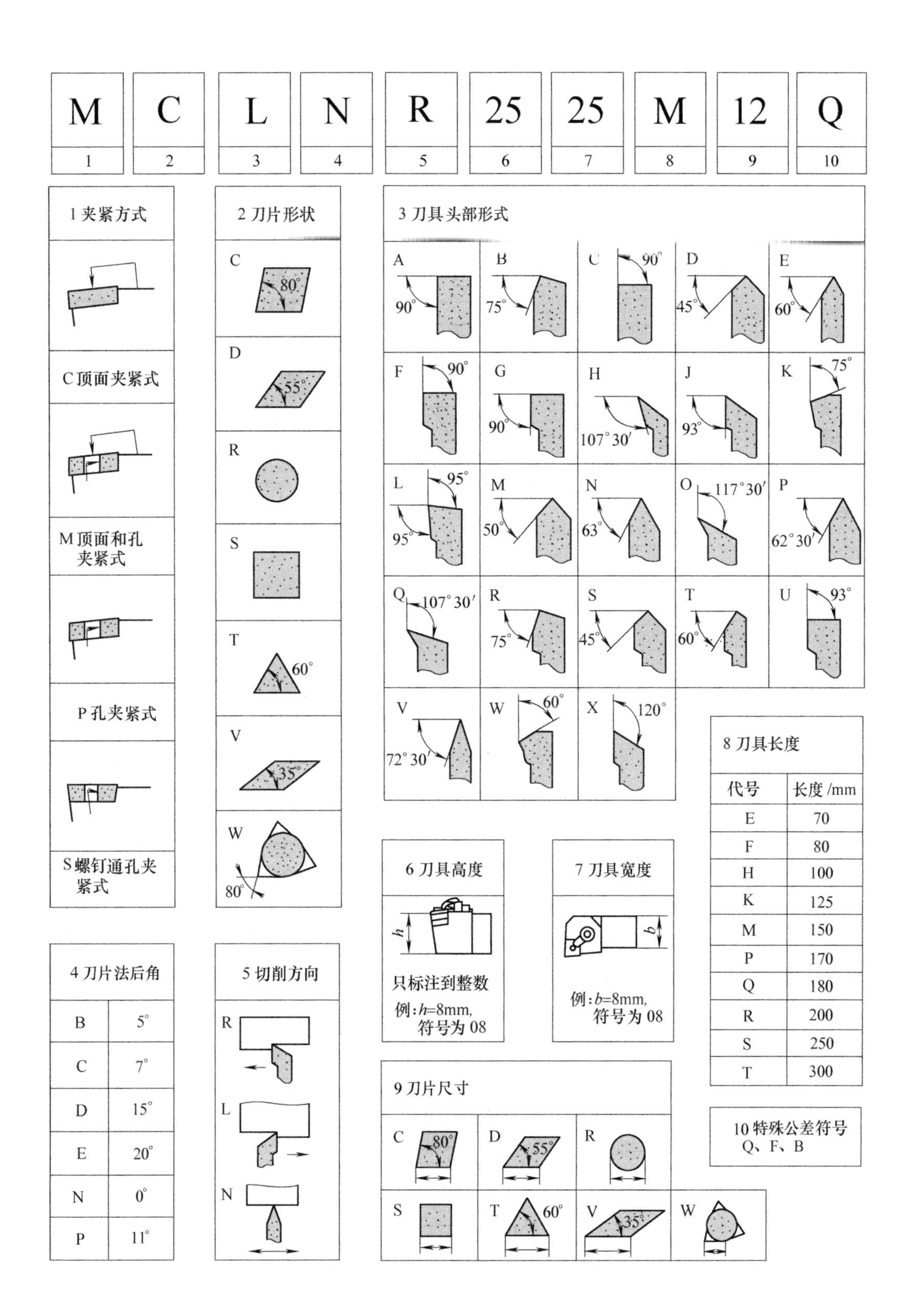

图 7-12　可转位式外圆、端面车刀的型号表示规则

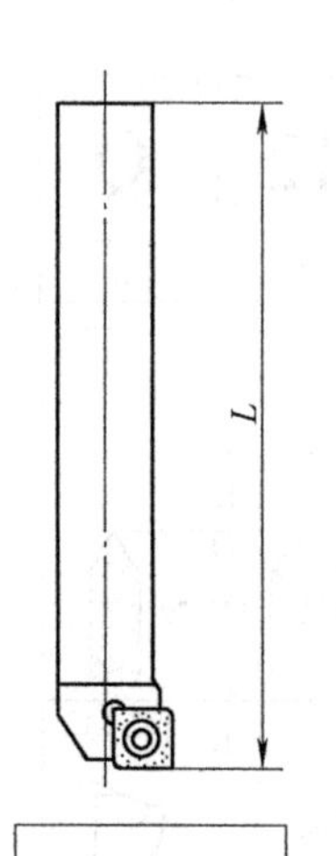

1 刀杆形式

S 实心铁
A 重金属刀具

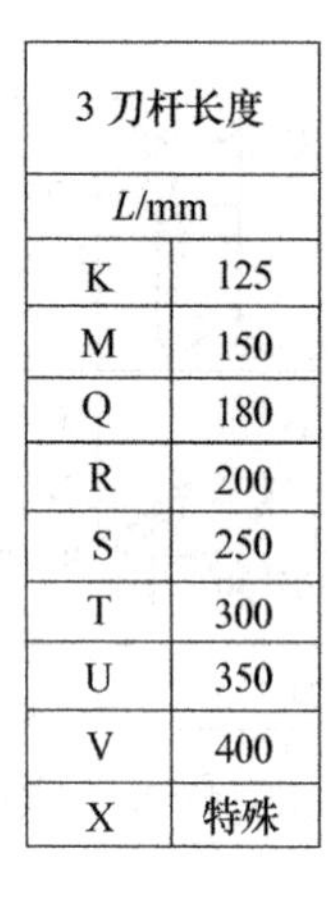

3 刀杆长度

L/mm	
K	125
M	150
Q	180
R	200
S	250
T	300
U	350
V	400
X	特殊

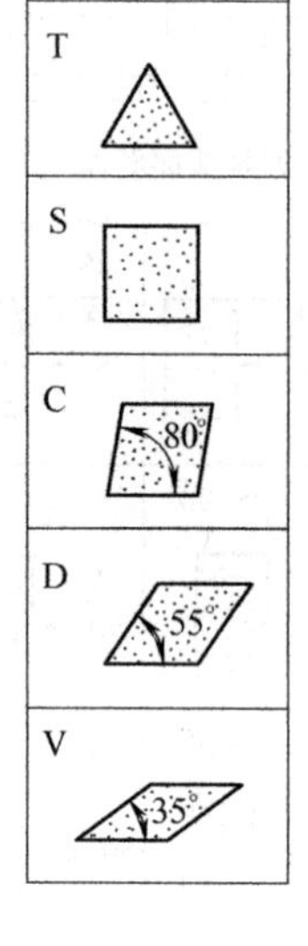

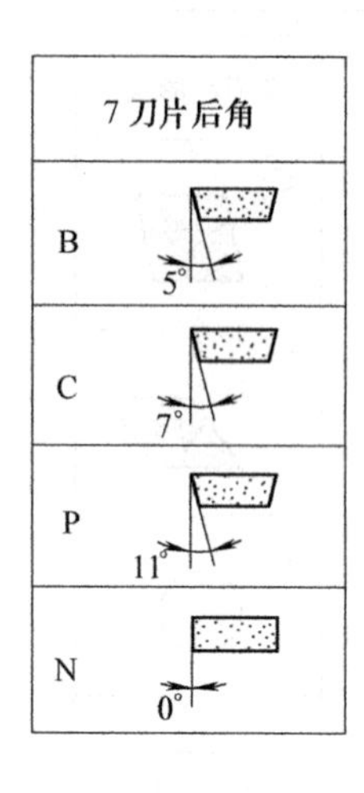

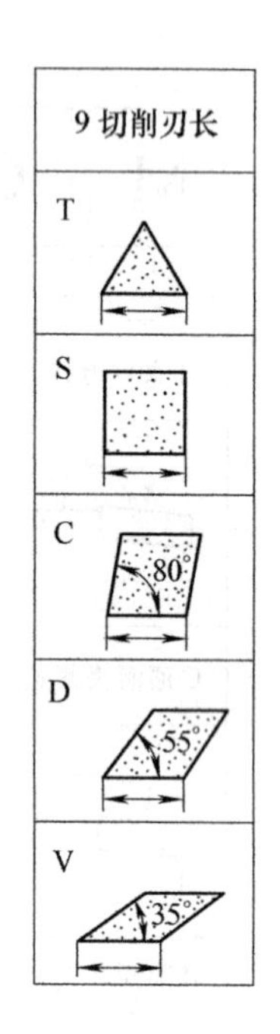

S	32	U	–	S	T	F	C	R	16	–	D
1	2	3		4	5	6	7	8	9		10

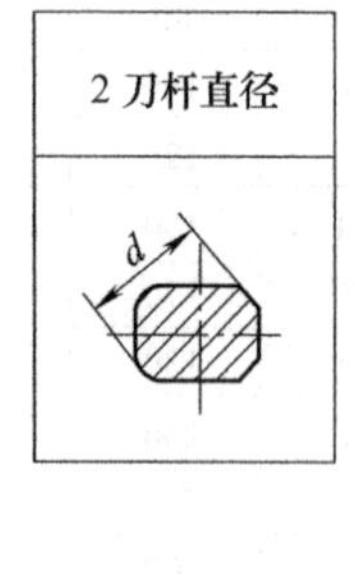

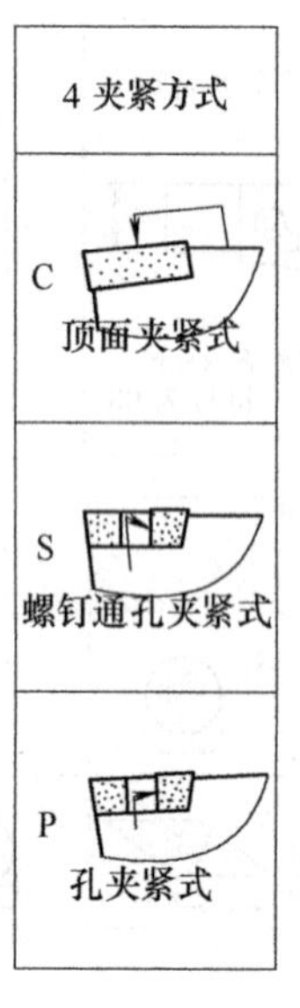

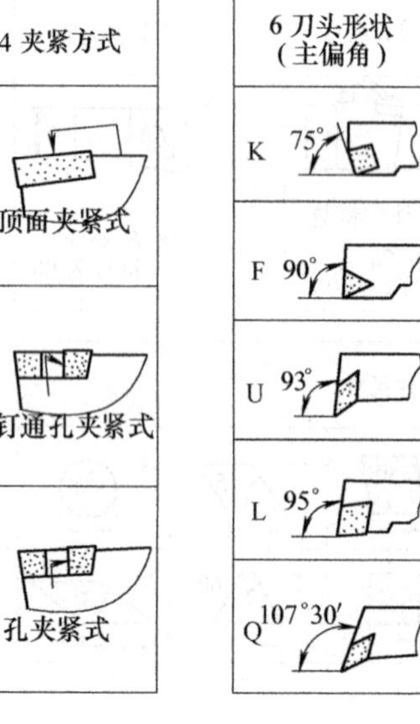

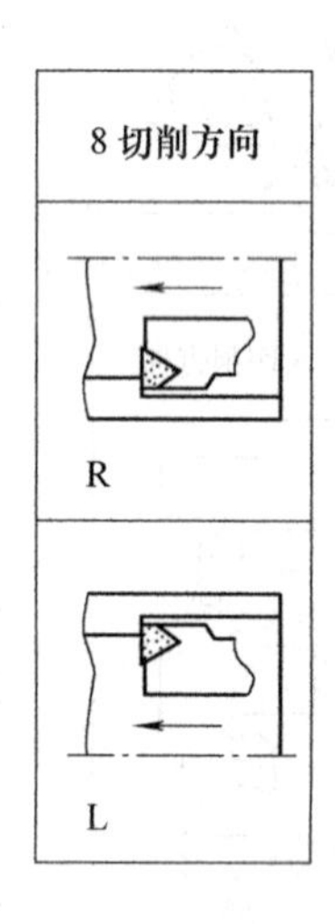

10 制造商选择代码

D：加大偏置 f+1.0mm
E：加大偏置 f+2.0mm
X：背镗

图 7-13　可转位式内孔车刀的型号表示规则

（3）对刀　数控车削加工前应对工艺系统作准备性的调整，其中完成对刀过程并输入刀具补偿是关键的环节。在数控车削过程中，应首先确定零件的加工原点，以建立工件坐标系；同时，还要考虑刀具的不同尺寸对加工的影响，并输入相应的刀具补偿值。这些都需要通过对刀来完成。

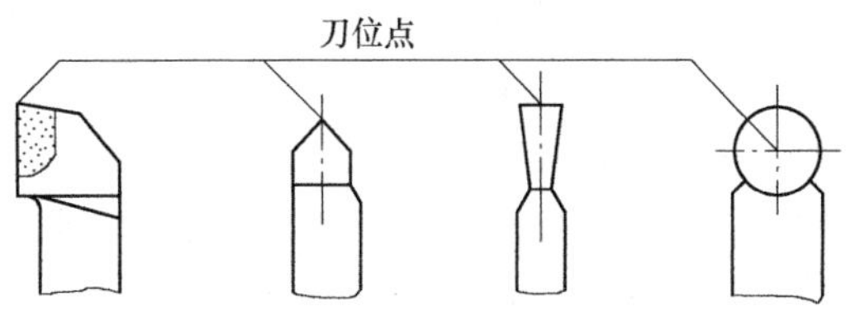

图 7-14　车刀的刀位点

在加工程序执行前，调整每把刀的刀位点，使其尽量重合于某一理想基准点，这一过程称为对刀。理想基准点可以设在基准刀的刀尖上，也可以设定在对刀仪的定位中心（如光学对刀镜内的十字刻线交点）上。对刀操作的目的是通过确定刀具起始点建立工件坐标系及设置刀偏量（刀具偏置量或位置补偿量）。对刀点往往设在零件的加工原点，其选择原则如下：

1）所选的对刀点应使程序编制简单。

2）对刀点应选容易找正，便于确定零件的加工原点的位置。

3）对刀点的位置应在加工时检查方便、可靠。

4）有利于提高加工精度。

对刀一般分为手动对刀和自动对刀两大类。目前，绝大多数的数控机床（特别是车床）采用手动对刀，其基本方法有定位对刀法、光学对刀法、ATC 对刀法和试切对刀法。前三种手动对刀方法，均可能受到手动和目测等多种误差的影响，对刀精度十分有限。通过试切对刀，可以得到更加准确和可靠的结果。数控车床常用的试切对刀方法如图 7-15 所示。

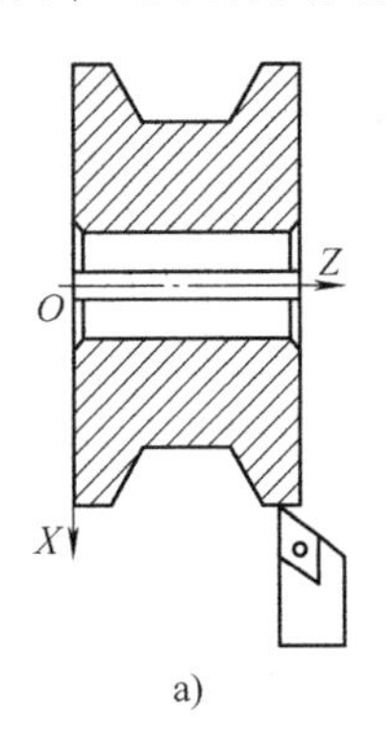

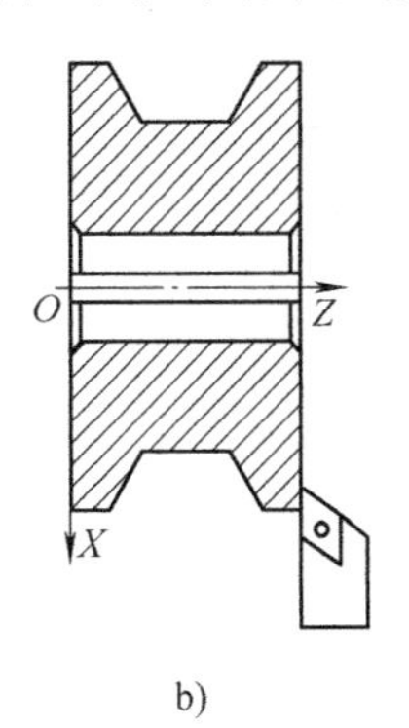

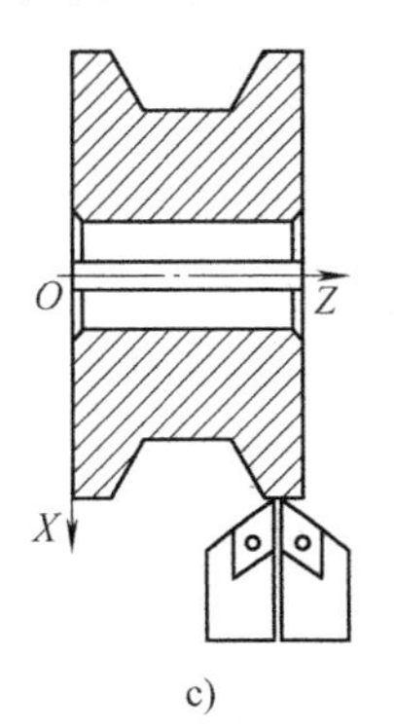

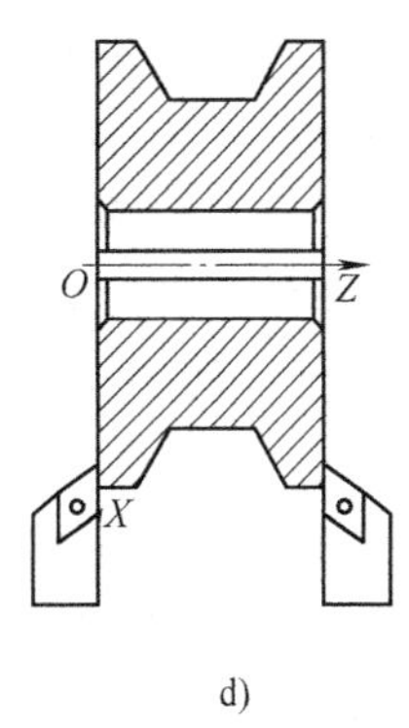

图 7-15　试切对刀方法

a）90°右手车刀 X 方向对刀　b）93°右手车刀 Z 方向对刀　c）左、右手车刀 X 方向对刀　d）左、右手车刀 Z 方向对刀

（4）换刀点位置的确定　换刀点是指在编制加工中心、数控车床等多刀加工的各种数控机床所需加工程序时，相对于机床固定原点而设置的一个自动换刀或换工作台的位置。换刀的位置可设定在程序原点、机床固定原点或浮动原点上，其具体的位置应根据工序内容而定。

为了防止在换（转）刀时碰撞到被加工零件或夹具，除特殊情况外，其换刀点一般都设置在被加工零件的外面，并留有一定的安全区。

8. 可转位车刀的合理使用

国内外实践已充分证明，可转位刀具是一种先进刀具。但是，只有掌握它的性能，正确合理地使用，才能扬长避短，取得好的效益。推广可转位刀具，一方面，是提高刀具的设计制造质量，扩大品种；另一方面，正确合理地使用也是非常重要的。

（1）切削力夹紧和刀片的机械夹固　可转位刀片用夹紧元件紧固在刀槽内，其目的是将刀片压向各定位面——侧面和底面。要保证准确的刀尖位置精度，并不是完全依靠夹紧元件来承受切削力。正确而良好的设计应保证在切削过程中，总切削反力始终将刀片压在定位面上。

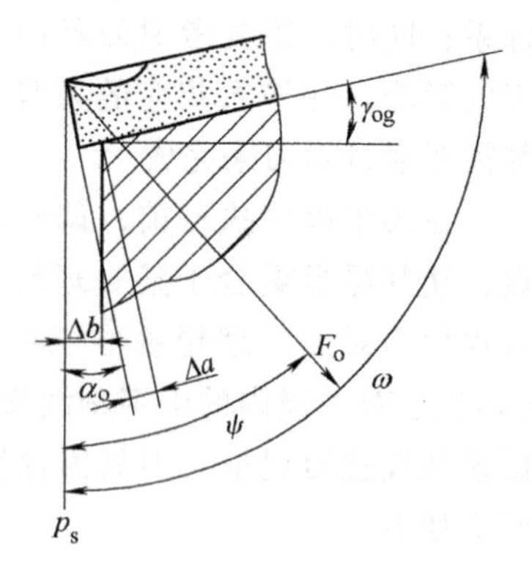

图 7-16　刀片在正交平面内受力情况

图 7-16 所示为正交平面内刀片的受力情况。F_o 为总切削反力在正交平面内的分力，它与切削平面 p_s 的夹角为 ψ，刀片底面与 p_s 间的夹角为 ω，当刀片没有悬伸量 Δa 时，刀片受 F_o 力作用而不翻转脱离底面的条件（切削力夹紧条件）是

$$\alpha_o < \psi < \omega$$

在一般情况下，$\psi = 20°$，因此上述切削力夹紧条件是容易满足的。一般可转位刀具刀片都要伸出刀体一段距离值 Δa（一般为 0.5mm 左右），设计时 Δa 值需视具体情况确定，以使切削刃距刀体距离 Δb 不要太大为宜（Δb 为 1.4mm 左右）。

图 7-17 为刀片在基面内的受力情况，切削层尺寸平面内的推力 F_D 与进给平面间的夹角 θ 由下式确定

$$\tan\theta = F_p / F_f$$

角 θ 与主偏角 κ_r 关系最大，κ_r 越大，θ 越小；此外，影响较大的还有刀尖圆弧半径、副偏角和刃倾角。实际角 θ 总比正交平面 p_o 与 p_f 间的夹角要大，当 $\kappa_r = 90°$ 时，角 θ 最小，但一般也在 12°以上，而且压力中心并不在刀尖上，而是在距刀尖 $a_p/2$ 的 M 点处。因此，图 7-17 所示的两种常用的典型结构，在基面内的切削分力仍然有助于刀片的夹紧。

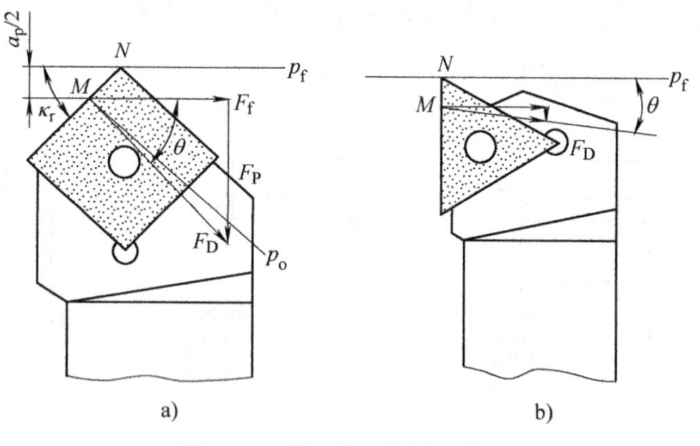

图 7-17　基面内刀片受力情况

明确了切削力夹紧的概念，使用中需注意两点：第一，夹紧元件主要是将刀片固定在定位面上，因此紧定时不要用力过大，以免损坏刀片和夹紧元件；第二，紧固时，应切实保证刀片与各定位面贴紧，不得有缝隙、切屑等杂物。使用过程中，由于振动等原因，夹紧元件可能会松动，应注意及时检查。

（2）刀尖圆弧半径 r_ε 的选择与刀尖修磨　由于可转位车刀几何角度的特点，一般副偏角较大，因而刀尖圆弧半径的大小对进给量和已加工表面的表面粗糙度都有重要的影响。为使已加工表面的表面粗糙度值不致太大，进给量 f 的最大值应小于刀尖圆弧半径 r_ε 的 3/4。可转位车刀的 r_ε 宜取较大值，一方面可选取大的进给量提高生产率；另一方面进给量可在

较大范围内变动，从而得到较好的断屑效果。如果 r_ε 值小，进给量 f 的允许值也就小，特别在加工韧性较好的工件材料时难以断屑。

刀尖圆弧半径对断屑槽的断屑区域还有重大影响。根据有关资料介绍，同一把车刀在几何参数、断屑槽参数、切削用量和工件材料相同时，仅刀尖圆弧半径 r_ε 有少量变化，其断屑区域就有较大的变化。图 7-18 为瑞典 Sandvik 的 TCMM61 型刀片的实验结果，显示出刀尖圆弧半径对断屑区域的影响，当 r_ε 从 0.4mm 增至 0.8mm 时，其断屑范围有很大扩展。

根据实际加工情况选择或者自行修磨出合理的刀尖圆弧半径，是正确使用可转位刀具的一项重要技术。一般原则仍然是粗加工取大些，$r_\varepsilon = 0.5 \sim 2$mm，精加工取小些，$r_\varepsilon = 0.2 \sim 0.5$mm。此外，在焊接车刀上成功试用的过渡刃、修光刃等各项刀尖修磨技术都可以运用到可转位车刀上。这些并不影响刀片的定位夹紧，且修磨刀尖是可行的、允许的，使用者应在刀尖的修磨上下功夫。

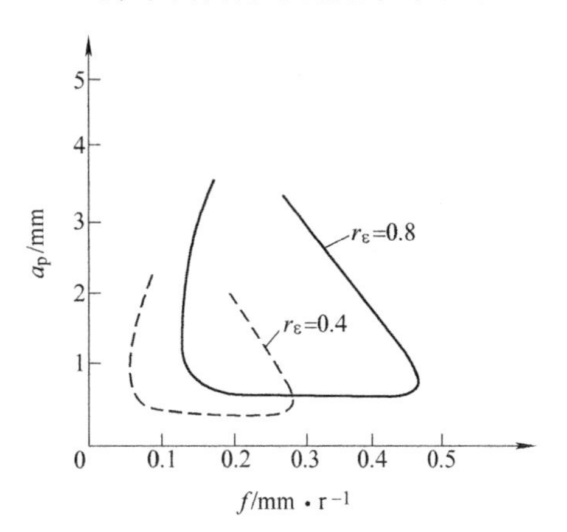

图 7-18　刀尖圆弧半径对断屑区域的影响

(3) 刃区的修磨　合理选择刀具的刃区剖面形式、参数与正确选用刀具材料一样重要。刀具刃区剖面的形式、参数因刀具材料、工件材料和实际加工条件件而异，目前市场上销售的刀片并没有进行很好的钝化处理，因此根据实际加工条件对刃区进行修磨也是可转位刀具推广应用中的又一项重要技术。

在刀具的几何参数选择中曾列举了常用的刃区剖面形式，并介绍了有关参数的选择，可供参考。当用显微镜观察刃口时，往往发现有微小的裂纹，这种微裂纹将成为硬质合金等脆性刀具材料崩刃和破裂的起始点，将其仔细加以修研钝化，消除裂纹，可大幅度提高刀具寿命。修研的基本原则是刀具材料越硬、越脆或工件材料的硬度、强度越高时，刀具的修磨参数（$b_{\gamma 1}$、γ_{o1}、r_n）越大。此外，进给量越大，修磨参数也应越大。有的情况取倒棱宽度 $b_{\gamma 1} = (1 \sim 2)f$ 也取得了好效果。在切削过程中，刃区剖面参数将因磨损而改变，因此在使用过程中注意修磨和研刀是非常必要的。

(4) 可转位刀具的磨钝标准 VB　可转位刀具的磨钝标准可参考普通刀具推荐值选取。若刀片用钝后需重磨再用，一般取 $VB = 0.3$mm 为宜，这样可使刀片的寿命最长；若刀片一次使用不重磨，则 VB 值可取大些或取 $VB \leqslant \Delta h$（图 7-19），Δh 是刀片相对刀槽的高出量。因为后刀面是刀片的侧定位面，与刀槽侧面并非是面接触，而是线接触（或称线附近的小面积接触），当 $VB > \Delta h$ 时，会影响转位后刀片在刀槽中的准确定位和夹紧。目前，一般设计都取 $\Delta h = 0.5$mm，对于较大尺寸的可转位车刀，Δh 应取大些，从而 VB 值也可取大些。

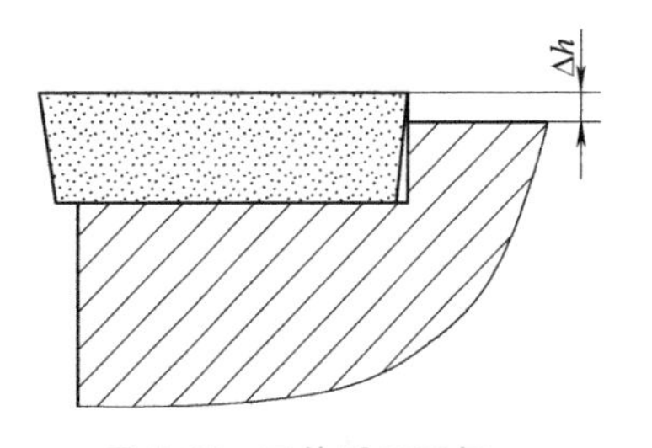

图 7-19　刀片后刀面与刀槽侧面的接触

可转位刀片的合理利用是推广可转位刀具的一个重要问题。其一是制订合理的磨钝标准和寿命，适时转位，过早或过迟转位都是不经济的。其二是可转位刀片的重磨利用问题，根据我国的情况，用钝的刀片重磨利用在经济上是合算的。这就需要解决：①刀片的回收管理问题；②重磨技术及设备；

③刀杆系列化，以适应大刀片改小刀片后的利用。

（5）可转位车刀的切削用量和断屑　可转位车刀的进给量f的最大值不宜超过刀尖圆弧半径r_ε的3/4，同时，f还应大于切削刃钝圆半径r_n的3倍和负倒棱宽度$b_{\gamma 1}$的0.3倍。背吃刀量a_p的选择应使主切削刃的有效切削长度不大于刀片切削刃长度的2/3。由于可转位刀具的换刀等辅助时间比焊接车刀的时间短，且耐磨性能又略好于焊接车刀，因此可转位刀具的切削速度v_c应略高于焊接刀具（一般高10%左右）为宜，这对于提高生产率和降低成本都是有利的。

与焊接刀具不同的是：可转位车刀的断屑槽是预先加工好的。而一定的断屑槽形和参数，对于加工某种具体工件材料时，其断屑范围是一定的，如图7-20所示。可根据工件材料和加工的具体情况选用合适的断屑槽形式和参数。当断屑槽形式和参数选定后，主要靠改变进给量控制断屑。当v_c提高，a_p增大时，合理断屑范围对应的进给量也越大。

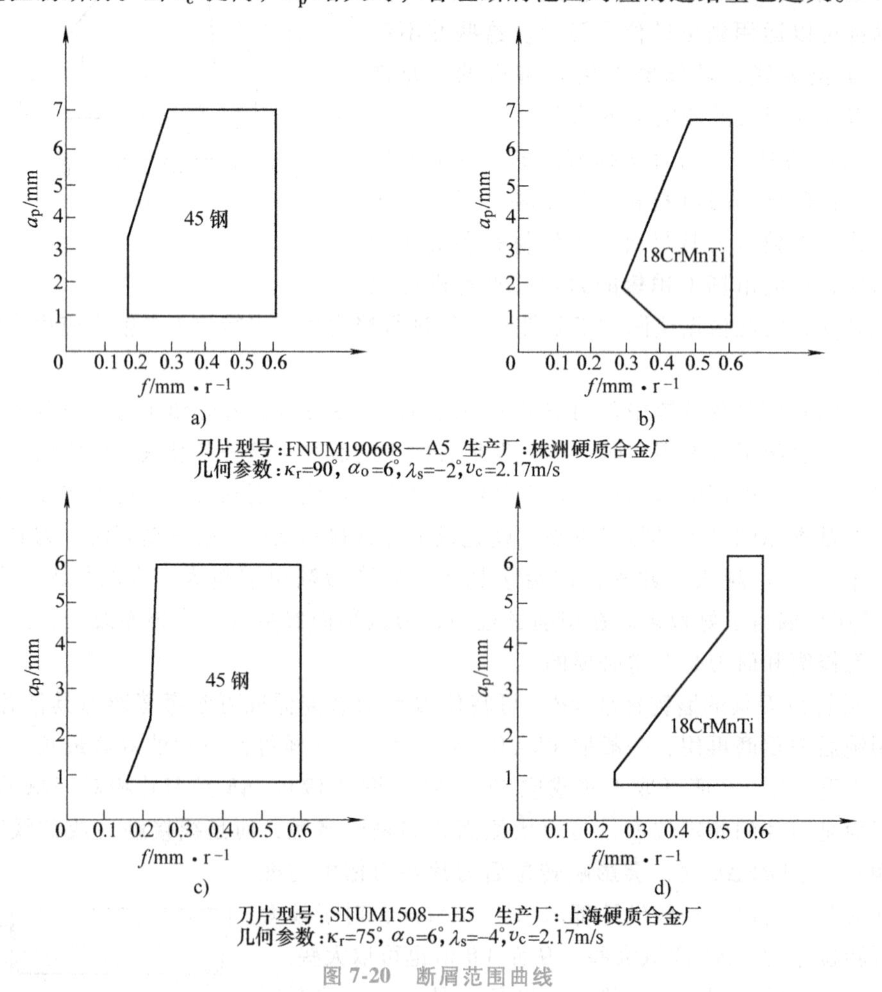

图7-20　断屑范围曲线

四、思考与练习

1. 对数控刀具有哪些特殊要求？
2. 试从刀具材料、用途、结构、切削刃形状方面说出数控车刀的类型。

3. 数控车床上所使用的可转位车刀与卧式车床上使用的焊接车刀有什么区别？

4. 可转位车刀刀片、外圆车刀、内孔车刀的代号如何标记？用规定的标记方法表示一两种常用的可转位车刀刀片、外圆车刀、内孔车刀。

5. 可转位车刀的几何角度如何获得？验算车刀角度时，计算的步骤是什么？

模块二　砂轮的选用

一、教学目标

最终目标：能正确选用砂轮。

二、案例分析

微课视频（3）

微课视频（4）

砂轮的选用主要从三个方面考虑。

1） 磨料的选择。

2） 磨料粒度大小的选择。

3） 粘接剂的选择。

磨削 LK32-20207 主轴的砂轮主要分为粗磨用砂轮和精磨用砂轮，粗磨与精磨选择的磨料都是白刚玉，白刚玉适用于钢件的磨削。磨料的粒度在粗磨和半精磨时采用 F46 的，而在精磨时采用 F60 的；粗磨时采用较软的砂轮而精磨时采用较硬的砂轮。因此，粗磨、半精磨外圆、短锥时，选用平形砂轮 GB/T 4127 1-400×50×203. 2-WA/F46K5V-35m/s，精磨外圆、短锥时，选用平形砂轮 GB/T 4127 1-400×50×203. 2-WA/F60L5V-35m/s；粗磨、半精磨锥孔时，选用平形砂轮 GB/T 4127 1-40×10×13-WAF46K5V-35m/s，精磨锥孔时，选用平形砂轮 GB/T 4127 1-40×10×13-WAF60L5V-35m/s。

三、相关知识

（一）磨削运动

不同种类的磨削加工，运动的数目和形式也有所不同。图 7-21 所示为外圆磨削、内圆磨削和平面磨削的切削运动。

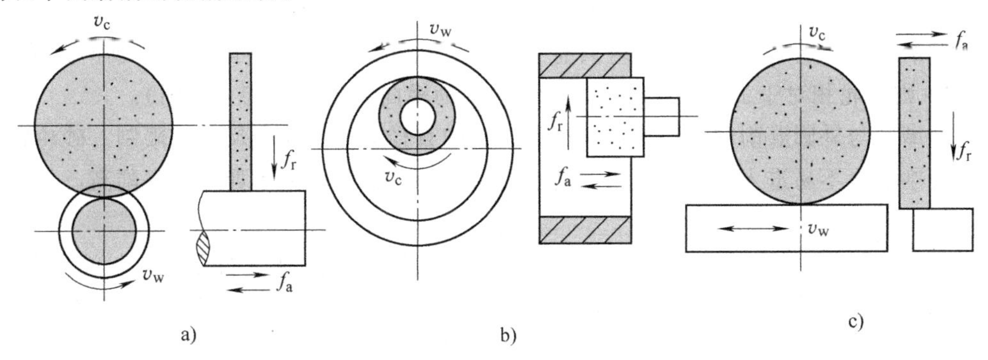

图 7-21　磨削的切削运动

a）外圆磨削　b）内圆磨削　c）平面磨削

1. 主运动

砂轮的旋转运动称为主运动。砂轮的圆周线速度称为磨削速度，用 v_c 表示，单位为 m/s。氧化铝或碳化硅砂轮的圆周线速度为 25~50m/s；CBN 砂轮或人造金刚石砂轮的圆周线速度为 80~150m/s。

$$v_c = \frac{\pi d n}{1000 \times 60}$$

式中 d——砂轮直径（mm）；

n——砂轮转速（r/min）。

2. 径向进给运动

砂轮相对于工件径向的运动称为径向进给运动，其大小用径向进给量 f_r 表示。做间歇进给时，f_r 指工作台每单行程或双行程内工件相对于砂轮径向移动的距离，单位为 mm/单行程或 mm/双行程。粗磨时为 0.015~0.05mm/单行程或 0.015~0.05mm/双行程；精磨时为 0.005~0.01mm/单行程或 0.005~0.01mm/双行程。做连续进给时，用径向进给速度 v_r 表示，单位为 mm/s。径向进给量 f_r 也称磨削深度（相当于车削时的背吃刀量 a_p）。

3. 轴向进给运动

工件相对于砂轮沿轴向的运动，称为轴向进给运动。轴向进给量用 f_a 表示，指工件每一转或工作台每一次行程，工件相对砂轮轴向移动的距离。一般情况下，粗磨时 $f_a=(0.3\sim0.7)B$，精磨时 $f_a=(0.3\sim0.4)B$，B 为砂轮宽度，单位为 mm。f_a 的单位：外圆或内圆磨时为 mm/r，平磨时为 mm/st。外圆或内圆磨削有时还用轴向进给速度 v_f 表示，单位为 mm/min。$v_f=n_w f_a$（其中 n_w 为工件的转速，单位为 r/min）。

4. 工件的圆周进给运动

内、外圆磨削时，工件的回转运动称为工件的圆周进给运动。工件回转的外圆线速度为圆周进给速度，用 v_w 表示，单位为 m/min，可用下式计算

$$v_w = \pi d_w n_w / 1000$$

式中 d_w——工件直径（mm）；

n_w——工件转速（r/min）。

对于圆周进给速度的大小，粗磨时为 20~30m/min；精磨时为 20~60m/min。

外圆磨削时，若 v_c、v_w、f_a 同时具有且连续运动，则为纵向磨削；若无轴向进给运动，即 $f_a=0$，则砂轮相对于工件做连续径向进给，称为横向磨削（或切入磨削）。

内圆磨削与外圆磨削的运动相同，但因砂轮的直径受工件孔径尺寸的限制，砂轮轴刚度较差，切削液也不易进入磨削区，因而磨削用量较小，磨削效率不如外圆磨削高。

（二）砂轮

砂轮是磨削加工使用的切削工具，是由磨料加粘结剂通过烧结的方法而制成的多孔体。磨料起切削作用，粘结剂把磨料结合起来，使之具有一定的形状、硬度和强度。粘结剂没有填满磨料之间的全部空间，因而有气孔存在。如图 7-22 所示，砂轮由磨料、粘结剂和气孔三部分组成。

磨料的种类和颗粒大小、粘结剂的种类、砂轮的硬度及组成是决定砂轮特性的基本参

数。磨料、粘结剂及制造工艺等的不同，使砂轮的特性有很大差别，对磨削的加工质量、生产效率和经济性有着重要影响。

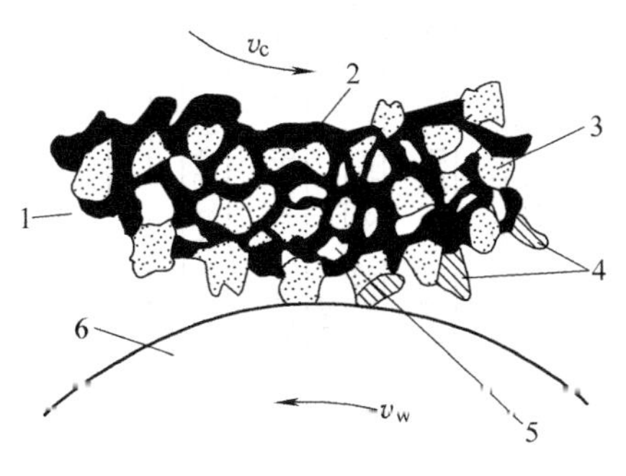

图 7-22 砂轮的构造
1—砂轮 2—粘结剂 3—磨料
4—磨屑 5—气孔 6—工件

1. 砂轮的组成要素

砂轮的组成要素、代号、性能和适用范围如图 7-23 所示。

（1）磨料 磨料分为天然磨料和人造磨料两大类。一般天然磨料含杂质多，质地不匀；天然金刚石虽好，但价格昂贵。目前主要采用人造磨料。常用人造磨料可分为氧化物系、碳化物系和超硬磨料系三大类。氧化物系的主要成分为 Al_2O_3。碳化物系主要以碳化硅、碳化硼为基体，根据其纯度或添加的金属元素不同又可分为不同品种。超硬磨料系主要有人造金刚石和立方氮化硼。

（2）粒度 粒度是指磨料颗粒的大小。GB/T 2481.1—1998《固结磨具用磨料 粒度组成的检测和标记 第 1 部分：粗磨粒 F4～F220》、GB/T 2481.2—2009《固结磨具用磨料 粒度组成的检测和标记 第 2 部分：微粉》规定，粒度号以每英寸（25.4mm）筛网长度上筛孔的数目来表示，粒度号越大，表示颗粒越细。一般磨粒（F4～F220，制砂轮用）用筛分法来确定粒度号；微粉（F230～F2000）用沉降法区别，主要用光电沉降仪区分，多用于研磨等精密加工和超精密加工。

粒度对磨削生产率和加工表面的表面粗糙度影响很大。一般来说，粗磨用粗粒度，精磨用细粒度。当工件材料软、塑性和磨削面积大时，为避免堵塞砂轮，应采用粗粒度。

（3）粘结剂 把磨粒固结成磨具的材料称为粘结剂。粘结剂的性能决定了磨具的强度、耐冲击性、耐磨性和耐热性，此外，对磨削温度和磨削表面质量也有一定的影响。

（4）硬度 磨粒在磨削力作用下从磨具表面脱落的难易程度称为硬度。砂轮的硬度主要由粘结剂的强度决定，反映了粘结剂固结磨粒的牢固程度，与磨粒本身的硬度无关。同一种磨料可以制成不同硬度的砂轮。砂轮硬就是磨粒固结得牢，不易脱落；砂轮软，就是磨粒固结得不太牢，容易脱落。砂轮的硬度对磨削生产率和磨削的表面质量都有很大的影响。如果砂轮太硬，磨粒磨钝后仍不能脱落，则磨削效率很低，工件表面粗糙并可能被烧伤。如果砂轮太软，磨粒未磨钝已从砂轮上脱落，砂轮损耗大，形状不易保持，影响工件质量。砂轮的硬度合适，磨粒磨钝后因磨削力增大而自行脱落，使新的锋利的磨粒露出，具有自锐性。砂轮自锐性好，则磨削效率高，工件表面质量好，砂轮的损耗也小。

砂轮硬度选择的原则，主要是根据加工工件材料的性质和具体的磨削条件。一般来说，工件材料较硬、砂轮与工件的磨削接触面较大、磨削薄壁零件及导热性差的工件（如不锈钢、硬质合金）、砂轮气孔率较低时，需选用较软的砂轮。内圆磨削和端面平磨与外圆磨削相比，半精磨与粗磨相比，树脂与陶瓷相比，选用的砂轮硬度要低些。加工软材料时，因易于磨削，磨粒不易磨钝，砂轮应选硬一些，但对于非铁金属等特别软而韧的材料，由于切屑容易堵塞砂轮，砂轮的硬度应选得较软一些。精磨和成形磨削时，应选用硬一些的砂轮，以保持砂轮必要的形状精度。

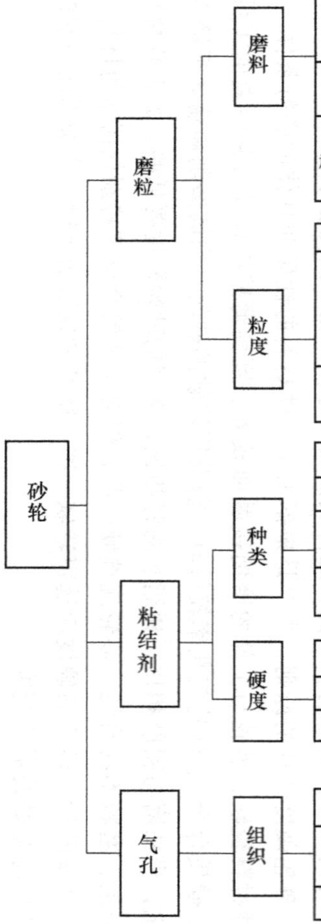

砂轮
- 磨粒：磨料、粒度
- 粘结剂：种类、硬度
- 气孔：组织

磨料

系别	名称	代号	性能	适用范围
刚玉	棕刚玉	A	棕褐色，硬度较低，韧性较好	磨削碳素钢、合金钢、可锻铸铁与青铜
	白刚玉	WA	白色，较A硬度高，磨粒锋利，韧性差	磨削淬硬的高碳钢、合金钢、高速钢；磨削薄壁零件，成形零件
	铬刚玉	PA	玫瑰红色，韧性比WA好	磨削高速钢、不锈钢，成形磨削，刃磨刀具，高表面质量磨削
碳化物	黑碳化硅	C	黑色带光泽，比刚玉类硬度高，导热性好，但韧性差	磨削铸铁、黄铜、耐火材料及其他非金属材料
	绿碳化硅	GC	绿色带光泽，较C硬度高，导热性好，韧性较差	磨削硬质合金、宝石、光学玻璃
超硬磨料	人造金刚石	MBD,RVD,SCD和M-SD等	白色、淡绿、黑色，硬度最高，耐热性较差	磨削硬质合金、光学玻璃、花岗石、大理石、宝石、陶瓷等高硬度材料
	立方氮化硼	CBN,M-CBN等	棕黑色，硬度仅次于MBD，韧性较MBD等好	磨削高性能高速钢、不锈钢、耐热钢及其他难加工材料

粒度

类别		粒度号	适用范围
磨粒	粗粒	F4,F5,F6,F8,F10,F12,F14,F16,F20,F22,F24	荒磨
	中粒	F30,F36,F40,F46	一般磨削，加工表面粗糙度 Ra 可达 0.8μm
	细粒	F54,F60,F70,F80,F90,F100	半精磨、精磨和成形磨削，加工表面粗糙度 Ra 可达 0.8～0.1μm
	微粒	F120,F150,F180,F220	精磨、精密磨、超精磨、成形磨，刃磨刀具，珩磨
微粉		F230,F240,F280,F320,F360,F400,F500,F600,F800,F1000,F1200,F1500,F2000	精磨、精密磨、超精磨、珩磨、螺纹磨、超精密磨、镜面磨、精研，加工表面粗糙度 Ra 可达 0.05～0.01μm

种类

名称	代号	特性	适用范围
陶瓷	V	耐热、耐油、耐酸、耐碱，强度较高，但性较脆	除薄片砂轮外，能制成各种砂轮
树脂	B	强度高，富有弹性，具有一定抛光作用，耐热性差，不耐酸碱	荒磨砂轮，磨窄槽，切断用砂轮，高速砂轮，镜面磨砂轮
橡胶	R	强度高，弹性更好，抛光作用好，耐热性差，不耐油和酸，易堵塞	磨削轴承沟道砂轮，无心磨导轮，切割薄片砂轮，抛光砂轮

硬度

等级	超软			软			中软		中		中硬			硬		超硬
代号	D	E	F	G	H	J	K	L	M	N	P	Q	R	S	T	Y
选择	磨淬硬钢选用L～N，磨淬火合金钢选用H～K，高表面质量磨削时选用K～L，刃磨硬质合金刀具选用H～J															

组织

组织号	0	1	2	3	4	5	6	7	8	9	10	11	12	13	14
磨料率(%)	62	60	58	56	54	52	50	48	46	44	42	40	38	36	34
用途	成形磨削，精密磨削				磨削淬火钢，刃磨刀具				磨削硬度不高的韧性材料					磨削热敏性高的材料	

图 7-23 砂轮的组成要素、代号、性能和适用范围

(5) 组织　组织表示砂轮中磨料、粘结剂和气孔三者体积的比例关系，也表示砂轮结构的紧密或疏松程度。磨粒在砂轮体积中所占比例越大，砂轮的组织越紧密，气孔越小；反之，组织越疏松。根据磨粒在砂轮中占有的体积分数（磨料率），砂轮的组织可分为紧密、中等、疏松三大类，如图 7-24 所示，组织号细分为 0~14，其中 0~3 号属紧密类；4~7 号属中等类；8~14 号属疏松类。

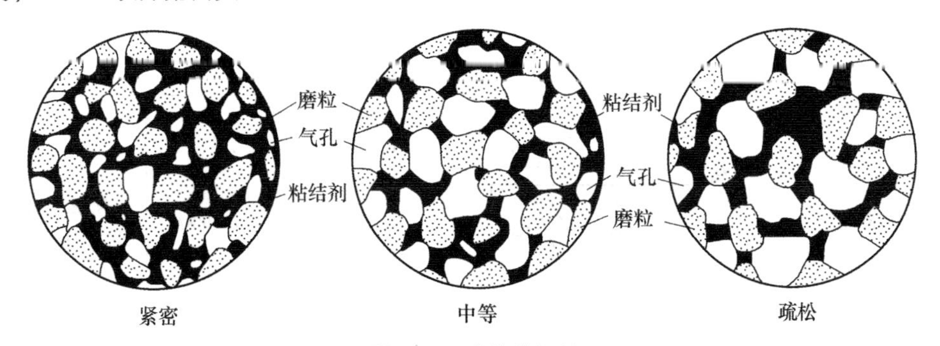

图 7-24　砂轮的组织

紧密类砂轮的气孔率小，使砂轮变硬，容屑空间小，容易被磨屑堵塞，磨削效率较低；但可承受较大的磨削压力，砂轮廓形保持较久，故适用于在重压力下磨削（如手工磨削以及精磨、成形磨削等）。中等组织的砂轮适用于一般磨削。疏松类砂轮的磨粒所占的比例越小，气孔越大，砂轮越不易被切屑堵塞，切削液和空气也易进入磨削区，使磨削区温度降低，则工件因发热而引起的变形和烧伤减小；但疏松类砂轮易失去正确廓形，降低成形表面的磨削精度，增大表面粗糙度，故适用于粗磨、平面磨、内圆磨等磨削接触面积较大的工件，以及磨削热敏感性较强的材料、软金属和薄壁工件。砂轮常用的组织号为 5。

2. 砂轮的形状、尺寸与标志

为了适应在不同类型的磨床上磨削各种不同形状和尺寸工件的需要，砂轮需制成不同的形状和尺寸。GB/T 2484—2023《固结磨具　形状类型、标记和标志》对砂轮的名称、代号、形状、尺寸标记等作了规定，表 7-3 列出了常用砂轮的名称、代号、形状和主要用途。

表 7-3　常用砂轮的名称、代号、形状和主要用途

代号	名称	断面形状	形状尺寸标记	主要用途
1	平形砂轮	D, T, H	1 型-$D \times T \times H$	磨外圆、内孔、平面，无心磨及刃磨刀具
2	筒形砂轮	D, $W \leqslant 0.17D$, W, T	2 型-$D \times T \times W$	端磨平面
4	双斜边砂轮	D, T, U, H	4 型-$D \times T/U \times H$	磨齿轮及螺纹

（续）

代号	名称	断面形状	形状尺寸标记	主要用途
6	杯形砂轮	D　E>W　W　T　E　H	6 型-D×T×H-W×E	端磨平面，刃磨刀具后刀面
11	碗形砂轮	D　E>W　W　K　T　E　H　J	11 型-D/J×T×H-W×E	端磨平面，刃磨刀具后刀面
12a	碟形一号砂轮	K　R≤3　W　U　T　H　E　J　D	12a 型-D/J×T/U×H-W×E	刃磨刀具前刀面
41	平形切割砂轮	D　T　H	41 型-D×T×H	切断及磨槽

注：↓所指表示固结装具磨削面。

在生产中，为便于对砂轮进行管理和选用，需对砂轮进行标记。GB/T 2485—2016《固结磨具　技术条件》规定：外径大于 90mm 的砂轮应标志在产品表面或缓冲纸垫上；外径不大于 90mm 的砂轮应标示在产品表面或最小包装单元上（粘贴标签）。砂轮标记的顺序为形状代号、尺寸、磨料、粒度号、硬度和组织、粘结剂和最高工作速度。例如，砂轮 GB/T 4127 1-300×50×76. 2-WA/F46L5V-48m/s 即代表该砂轮是平形砂轮，外径为 300mm，厚度为 50mm，内径为 75mm，白刚玉磨料，46 号粒度，中软，5 号组织，陶瓷粘结剂，最高工作速度为 48m/s。

（三）磨削过程

1. 砂轮形貌

磨削也是一种切削加工。砂轮表面上分布着为数甚多的磨粒，每个磨粒相当于多刃铣刀的一个刀齿，因此磨削过程可以看作是众多刀齿铣刀的一种超高速铣削。

砂轮上的磨粒是一颗形状很不规则的多面体，如图 7-25a 所示。图 7-25b 所示为刚玉和碳化硅的 F36~F80 磨粒，平均尖角 β 为 104°~108°，平均尖端圆角半径 r_β 为 7. 4~35μm。

砂轮表面的磨粒不但形状各异，而且排列也很不规则，其间距和方向、高低随机分布。砂轮的形貌除取决于磨料的种类、粒度号、组织号外，还取决于砂轮的修整状况。据测量，刚修正后的刚玉砂轮，γ_o 平均为-65°~-80°（图 7-26），磨削一段时间后则增大到-85°。在

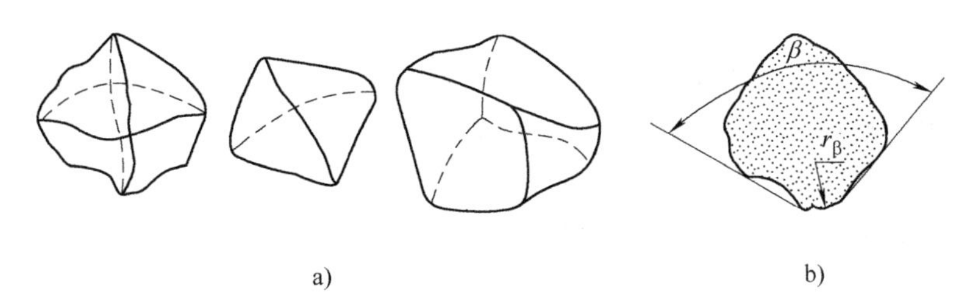

图 7-25　砂轮磨粒的形状

a）外形　b）典型磨粒断面

磨削过程中，磨粒的形状还将不断地变化。由此可见，磨削时是负前角切削，且负前角远远大于一般刀具切削的负前角。

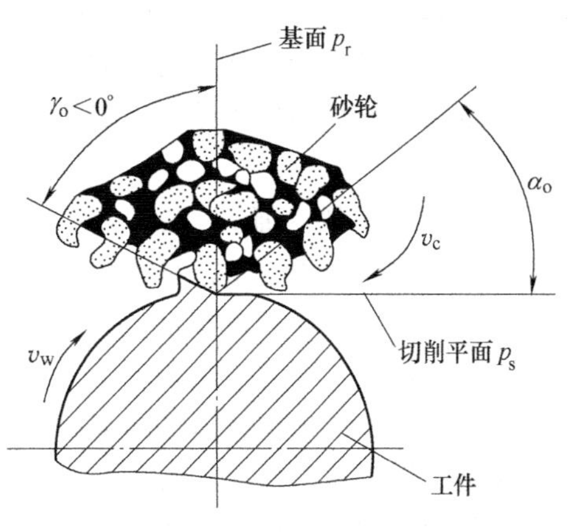

图 7-26　砂轮磨粒切削时的前、后角

2. 磨削过程分析

与铣削相比，磨削的磨粒刃口钝，形状不规则，分布不均匀。其中一些凸出和比较锋利的磨粒切入工件较深，切削厚度较大，起切削作用，如图 7-27a 所示。由于切屑非常细微，磨削温度很高，磨屑飞出时氧化形成火花。不太凸出或磨钝的磨粒切不下切屑，只起刻划作用，如图 7-27b 所示，它们在工件表面上刻划出很小的沟痕，工件材料则被挤向磨粒两旁，在沟痕两边形成隆起。更钝的、比较凹下的磨粒，既不切削也不刻划工件，只是从工件表面滑擦而过，起抛光作用，如图 7-27c 所示。另外，即使参加切削的磨粒，在刚进入磨削区时，也先经过滑擦和刻划阶段，然后进行切削，如图 7-28 所示。所以磨削过程是包括切削、刻划和抛光作用的综合过程。

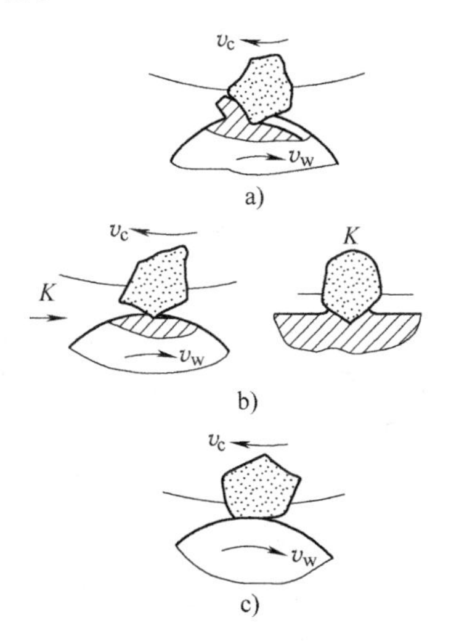

图 7-27　磨粒的切削作用

a）切削作用　b）刻划作用　c）抛光作用

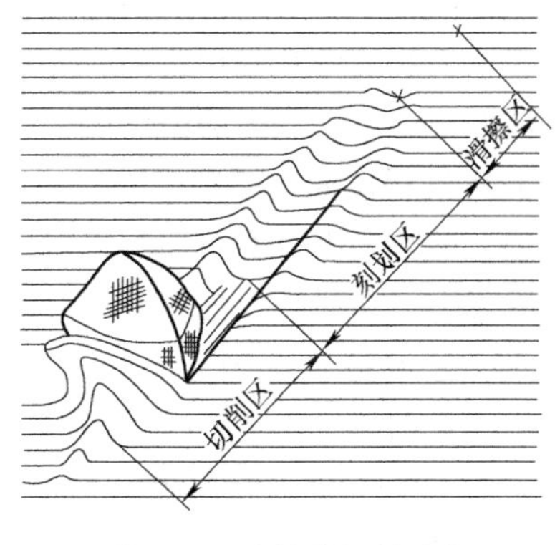

图 7-28　磨粒的切削过程

3. 磨削阶段

磨削时，由于背向磨削力 F_p 很大，引起工件、夹具、砂轮和磨床系统产生弹性变形，使实际磨削深度与磨床刻度盘上所显示的数值有差别。普通磨削的实际磨削过程可分为三个阶段，如图 7-29 所示。图中虚线为磨床刻度盘所显示的磨削深度。

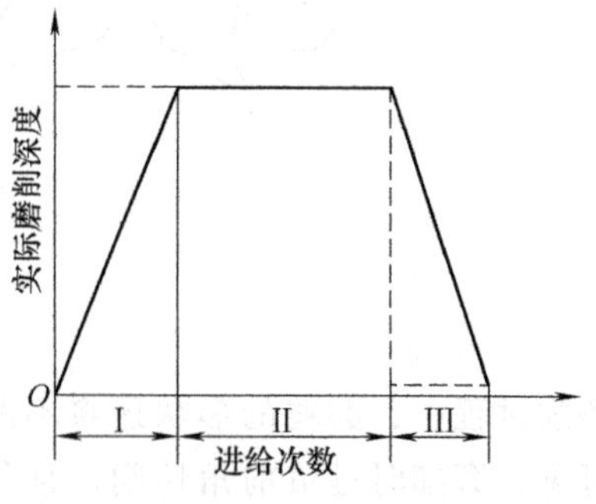

图 7-29　磨削阶段

（1）初磨阶段（Ⅰ）　当砂轮开始接触工件时，由于工艺系统的弹性变形，实际磨削深度比磨床刻度盘所显示的径向进给量小。磨床、工件、夹具、砂轮的工艺系统刚度越差，此阶段的磨削时间越长。

（2）稳定阶段（Ⅱ）　当工艺系统的弹性变形达到一定程度后，继续径向进给时，其实际磨削深度基本上等于径向进给量。

（3）清磨阶段（Ⅲ）　在磨去主要加工余量后，可以减少径向进给量或完全不进给再磨一段时间。这时，由于工艺系统的弹性变形逐渐恢复，实际磨削深度大于零。随着工件被磨去一层又一层，实际磨削深度逐渐趋于零，磨削火花逐渐消失。清磨阶段可以提高磨削精度，减小表面粗糙度值。从图 7-29 可知，要提高生产率，应缩短初磨阶段和稳定阶段。要提高表面质量，必须保持适当的清磨进给次数和清磨时间。

掌握了以上三个阶段的规律，在开始磨削时，可采用较大的径向进给量以提高生产率；最后阶段应采用无径向进给磨削以提高工件的加工质量。

4. 磨削过程的特点

磨削过程与刀具的切削过程一样，也要产生切削力、切削热、表面硬化和残余应力等物理现象。由于磨削是以很大的负前角切削，所以磨削过程又有自身的特点。

（1）背向磨削力 F_p 大　磨削时，砂轮作用在工件的力为总磨削力 F，F 可分解为三个相互垂直方向的分力，即磨削力 F_c、背向磨削力 F_p 和进给磨削力 F_f。磨削时，由于背吃刀量很小，所以磨削力 F_c 较小，进给磨削力 F_f 则更小，一般可忽略不计。但由于磨粒切削刃具有极大的负前角和较大的刃口钝圆半径，砂轮与工件的接触宽度较大，致使背向磨削力 F_p 远大于磨削力 F_c［一般情况下，$F_p=(1.6\sim3.2)F_c$］，加剧了工艺系统的变形，造成实际的磨削深度常小于名义的磨削深度，影响加工精度和磨削过程的稳定性。随着进给次数的增加，工艺系统的弹性变形达到一定程度，此时磨削深度将基本等于名义磨削深度。故在最后几次清磨中，可以减少磨削深度，直至火花消失为止。

（2）磨削温度高　磨削时的切削速度为一般切削加工的 10~20 倍。在这样高的切削速度下，加上磨粒多为负前角切削，挤压和摩擦较严重，消耗功率大，产生的切削热多。在高速磨削状态下，切屑和工件的分离时间短，砂轮导热性又很差，切削热不能较多地通过砂轮（10%~15%）和磨屑（10%以下）传出，一般有 80%的切削热传入工件（刀具切削时则低于 20%，车削时为 3%~9%），而且瞬时聚集在工件表层，形成很大的温度梯度。工件表层温度可高达 1000℃以上，而表层 1mm 以下则接近室温。由于局部温度很高，表层金属发生金相组织变化，强度和硬度降低，产生残余应力，甚至出现显微裂纹，这种现象称为磨削烧伤。磨削烧伤有三种形式：回火烧伤、淬火烧伤、退火烧伤。

1）回火烧伤。磨削时，如果工件表面层的温度未超过相变温度，只是超过原来的回火温度，则表层原来的回火马氏体组织将产生回火现象而转变为硬度较低的回火索氏体或托氏体，这种现象称为回火烧伤。

2）淬火烧伤。磨削时，若工件表面层的温度超过相变临界温度，则马氏体转变为奥氏体。在切削液作用下，工件最外层金属会出现二次淬火马氏体组织，其硬度比原来的回火马氏体高，但很薄（脆硬），其下为硬度较低的回火索氏体和托氏体。由于二次淬火层极薄，表面层总的硬度是降低的，这种现象称为淬火烧伤。

3）退火烧伤。干磨时，当工件表面层的温度超过相变临界温度，则马氏体转变为奥氏体。由于无切削液，表层金属空冷冷却比较缓慢而形成退火组织，硬度和强度均大幅度下降，这种现象称为退火烧伤。

磨削烧伤时，表面会出现黄、褐、紫、青等烧伤色，这是工件表面在瞬时高温下产生的氧化膜颜色，不同的烧伤色表明烧伤程度不同。严重的烧伤，其烧伤颜色肉眼可分辨；轻微的烧伤则须经酸洗后才能显现。较深的烧伤层，虽然在加工后期采用无进给磨削可除掉烧伤色，但烧伤层却未除掉，成为将来使用中的隐患。

磨削温度主要与砂轮的磨削深度（径向进给量）f_r，磨削速度 v_c 和工件的进给速度 v_w 有关。f_r 增加，磨削面积增大，磨削厚度增大；v_c 增加，则挤压与摩擦速度增大，都使磨削热增加，磨削温度提高。其中 f_r 的影响更大。v_w 增加，虽然磨削厚度增加，磨削热增加，但由于工件与砂轮的接触时间短，传入工件表层的热量少了，磨削温度反而降低。

减小和防止烧伤的主要措施是：减小磨削过程中热量的产生和加速热量的散发。具体做法是：正确地选择砂轮，并保持砂轮良好的切削性能；选择合适的磨削方法；选择合理的磨削用量；采用大量的切削液及正确的润滑方法等。

（3）表面残余应力严重　磨削后的表面往往有残余拉应力和残余压应力。残余压应力可提高零件的疲劳强度和耐磨性，而残余拉应力却使零件表面翘曲，强度降低。当残余应力超过材料的强度极限时，就会使零件产生裂纹。表面裂纹会严重地影响零件表面的质量。在交变载荷作用下，微小的裂纹将会迅速扩展而导致零件损坏。

零件磨削后，表面存在残余应力的原因主要有下列三个方面：

1）金属组织相变引起的体积变化。切削时产生的高温会引起表面层金属的金相组织的变化。由于不同的金相组织有不同的比容，表面层金相组织变化将造成体积变化。例如磨削淬硬的轴承钢，磨削温度使表层组织中的残留奥氏体转变成回火马氏体，体积膨胀，于是里层产生残余拉应力，表层产生残余压应力。这种由相变引起的残余应力称为相变应力。

2）不均匀热胀冷缩。例如磨削导热性较差的材料，表层与里层的温度相差较多。表层温度迅速升高又被切削液急速冷却，表层的收缩受到里层的牵制，结果里层产生残余压应力，表层产生残余拉应力。这种由热胀冷缩不均匀引起的残余应力称为热应力。

3）残留的塑性变形。如图 7-30 所示，磨粒在切削、刻划表面后，在磨削速度方向，工件表面上存在着残余拉应力；在垂直于磨削速度方向，由于磨粒挤压金属所引起的变形受两侧材料的约束，工件表面上存在着残余压应力。这种由于塑性变形而产生的残余应力称为塑变应力。

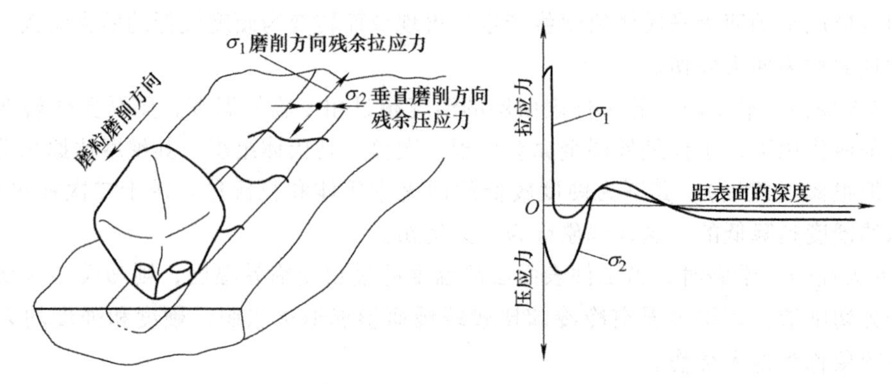

图 7-30　磨削表面塑性变形而产生的残余应力

磨削后工件表层的残余应力是由相变应力、热应力和塑变应力合成的。

减小残余应力的措施是：降低磨削温度和工件表面的温度梯度；控制恰当的进给量；适当增加清磨次数；及时用金刚石工具修整砂轮。其中最主要的控制方法是：使用切削液。有效的润滑能够减少工件与砂轮接触区的热输入，并减小对加工表面的热干扰。

（四）砂轮的安装、平衡与修整

1. 砂轮的安装

磨削时，砂轮高速旋转，由于制造误差，其重心与安装的法兰盘轴线不重合，从而产生不平衡的离心力，加速砂轮轴承的磨损。如果砂轮安装不当，不但会降低磨削工件的质量，还会因砂轮突然碎裂造成较严重的事故。安装砂轮应注意以下几个方面：

1）砂轮安装前，必须校对其安全速度。标志不清或无标志的砂轮，必须重新经过回转试验。

2）安装前，要用木锤轻敲砂轮。如发现有哑声，说明砂轮内可能有裂纹，不能使用。

3）安装时，要求砂轮不松不紧地套在砂轮主轴上；夹在砂轮两边的法兰盘，其形状、大小必须相同。法兰盘直径约为砂轮直径的一半，内侧要求有凹槽。在砂轮端面和法兰盘之间，要垫上一块厚度为 1~2mm 的弹性纸板或皮革、耐油橡胶垫片，垫片直径略大于法兰盘的外径。

4）应依次对称地拧紧法兰盘螺钉，使夹紧力分布均匀。用力不宜过大，以免压裂砂轮。注意紧固螺纹的旋向，应与砂轮的旋向相反，即当砂轮逆时针方向旋转时，用右旋螺纹，这样砂轮在磨削力作用下，将带动螺母越旋越紧。

5）砂轮安装好后，至少须经过一次静平衡才能安装到磨床上。

2. 砂轮的平衡

一般直径大于 125mm 的砂轮都要进行平衡，使砂轮的重心与其旋转轴线重合。不平衡的砂轮在高速旋转时会产生振动，影响加工质量和机床精度，严重时还会造成机床损坏和砂轮碎裂。引起不平衡的原因主要是砂轮各部分密度不均匀，几何形状不对称以及安装偏心等。砂轮的平衡有静平衡和动平衡两种，一般情况下只需做静平衡，但在高速磨削（速度大于 50m/s）时，必须进行动平衡。图 7-31 所示为砂轮的静平衡装置。平衡时，将砂轮装在平衡心轴上，然后把装好心轴的砂轮平放到平衡架的平衡导轨上，砂轮会做来回摆动，直至摆动停止。平衡的砂轮可以在任意位置静止不动。如果砂轮不平衡，则其较重部分总是转到下面，这时可移动平衡块的位置，使其达到平衡。

平衡砂轮的方法：在砂轮法兰盘的环形槽内装入几块平衡块，通过调整平衡块的位置使砂轮重心与其回转轴线重合。

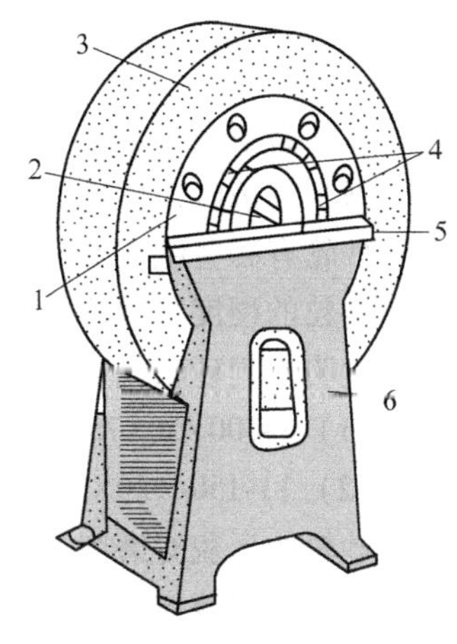

图 7-31　砂轮的静平衡

1—法兰盘　2—心轴　3—砂轮　4—平衡块　5—平衡轨道　6—平衡架

3. 砂轮的修整

砂轮工作一段时间后，磨粒逐渐变钝，工作表面的空隙被堵塞，正确的几何形状被改变，因此砂轮必须进行修整，以恢复其切削能力和精度。砂轮本身虽有自锐性，但是，由于切屑和碎磨粒会把砂轮堵塞，使它失去切削能力，而且磨粒随机脱落的不均匀性，还会使砂轮失去外形精度，所以，为了恢复砂轮的切削能力和外形精度，在磨削一定时间后，仍需对砂轮进行修整。

修整砂轮常用的工具有大颗粒金刚石笔（图 7-32a）、多粒细碎金刚石笔（图 7-32b）和金刚石滚轮（图 7-32c）。多粒金刚石笔的修整效率较高，所修整的砂轮磨出的工件表面粗糙度值较小。金刚石滚轮的修整效率更高，适于修整成形砂轮。大颗粒金刚石笔修整砂轮时，每次的修整深度为 2～20μm，轴向进给速度为 20～60mm/min，一般砂轮的单边总修整量为 0.1～0.2mm。修整时要用大量切削液，以避免因温升损坏金刚石刀。

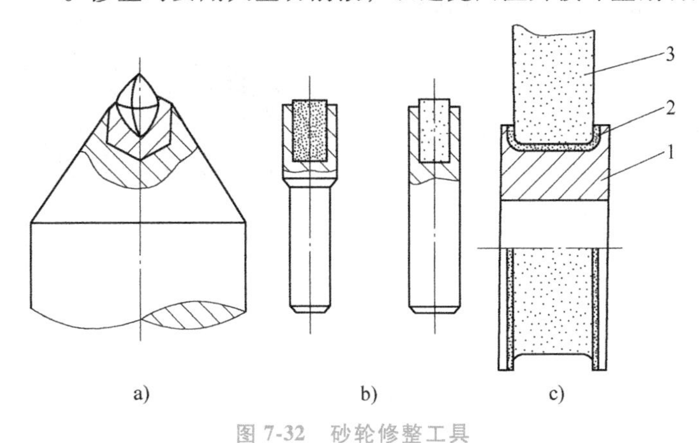

图 7-32　砂轮修整工具

a）大颗粒金刚石笔　b）多粒细碎金刚石笔　c）金刚石滚轮

1—轮体　2—金刚石　3—被修整砂轮

（五）切削液的选用

切削液不仅能起冷却作用，防止工件烧伤；还能将磨屑和脱落的磨粒冲走，以免划伤工件和堵塞砂轮，达到润滑的目的。因此，正确选用切削液可提高工件的加工质量。磨削钢、铸铁、硬质合金、铜（软铜除外）等较硬材料时，常选用苏打水（用于粗磨、高速磨削、强力磨削等产生磨削热较多的情况）、乳化液（用于要求表面粗糙度值低的情况）等。磨削软铜、铝及其合金等较软的材料时，选用煤油（或松节油）再加 10%（体积分数，后同）的全损耗系统用油、2%左右的四氯化碳（阻燃）组成的切削液。磨削螺纹、齿轮等复杂形面时，选用润滑性能好的切削液，如由 92%的硫化油、6%的油酸、20%的松节油组成的切削液，也可采用 10#或 20#全损耗系统用油。

四、思考与练习

1. 外圆磨削有哪些运动？磨削用量如何表示？
2. 磨削外圆时，砂轮和工件须做哪些运动？
3. 砂轮有哪些组成要素？用什么代号表示？砂轮如何选用？
4. 磨粒的硬度与砂轮的硬度有何区别？
5. 说明下列砂轮代号的意义：
   （1）1-300×50×75AF60K5V-35m/s
   （2）11-150/120×35×32-10，20，100GCF36J5B-50m/s
6. 砂轮的形貌对磨削过程有何影响？磨削有何特点？
7. 砂轮的安装应注意哪些问题？
8. 试分析磨削烧伤的形式、产生的原因、对加工质量的影响，以及解决办法。

模块三　数控车床夹具、外圆磨床夹具的选用与设计

一、教学目标

最终目标：能正确选用主轴零件数控车夹具、外圆磨夹具，会设计主轴零件专用数控车夹具、外圆磨夹具。

促成目标：

1）能正确选用主轴零件的数控车夹具、外圆磨夹具。

2）会设计主轴零件的专用数控车夹具、外圆磨夹具。

微课视频（5）

微课视频（6）

车床夹具设计要点

二、案例分析

设计夹具前首先要选择好工件的定位基准，选择定位基准有下列五项基本原则：

1）选择工序基准为定位基准。

2）选择设计基准（即 LK32-20207 图样中，ϕ(75± 0.0095)mm、ϕ(65±0.0085)mm 轴线)作为定位基准。

3）选择各工序的基准尽量统一，以利于减少夹具设计与制造的工作量。

4）应使工件定位准确，夹紧可靠，余量均匀。

5）尽量做到装夹方便，夹具结构简单、可靠。

如项目五模块三所述，对 LK32-20207 主轴这类轴类零件，其定位基准无非就是两端的中心孔或者是外圆。在数控车或者外圆磨削时，夹具一般采用两顶尖比较方便，因此在半精加工时直接用大头顶尖顶住主轴孔就可以了。在半精加工时，对工件加工质量的要求不是很严格，而在精加工或者精密加工时，工件的加工质量必须完全满足图样要求，虽然主轴两端孔口都有 60°的锥孔，但对于精密加工来说，它们是不能满足要求的。第一，锥孔直径大，加工后圆度可能达不到要求；第二，锥孔直径大，加工时线速度也大，摩擦产生的热量也

多，气体热胀冷缩，定位孔就不可靠。因此必须使用两个带中心孔的锥堵。

设计 LK32-20207 主轴的夹具时，就利用两端莫氏 6 号和 1：20 锥孔作为定位基准。后端面 1：20 锥孔是一个工艺孔，虽然零件图中没有这个锥孔，但工艺人员可以设计一个，只要不妨碍使用就可以了。

设计锥堵应注意的问题：

1）中心孔的大小要根据主轴的质量来确定。

2）中心孔的形式至少要用 B 型。

3）因莫氏 6 号或 1：20 锥面结合比较牢靠，因此要考虑便于拆卸的装置。

4）因两端都用锥堵，孔内空气流动不畅，因此要考虑使空气流通的装置。

三、相关知识

（一）常用数控车夹具

为充分发挥数控机床的高效率、高精度和自动化的效能，工件的定位夹紧需适应数控机床高精度、高效率、多方向同时加工、数字程序控制及单件小批生产的要求。装夹方式选择的关键在于夹具的选用。数控加工用夹具应具有较高的定位精度和刚度，结构简单、通用性强，一次装夹可加工多个表面，便于在机床上安装及迅速装卸工件等特性，同时推行标准化、系列化和通用化。

除了使用通用的自定心卡盘和单动卡盘外，数控车床类夹具常分成两大类：用于轴类零件加工的夹具和用于盘类零件加工的夹具。

1. 轴类零件加工用夹具

（1）专用顶尖　对于长度尺寸较大或加工工序较多的轴类零件，为保证每次装夹时的精度，可用两顶尖装夹，中心孔是常用的定位基准。在数控车床上加工轴类零件时，毛坯装在主轴顶尖和尾座顶尖之间，工件由主轴上的拨动卡盘或拨齿顶尖带动旋转。这类夹具在粗车时可传递足够大的转矩，以适应主轴的高转速切削。

1）自动夹紧拨动卡盘。自动夹紧拨动卡盘的结构如图 7-33 所示。工件 1 安装在顶尖 2 和车床的尾座顶尖上。当旋转车床尾座螺杆在向主轴方向顶紧工件时，顶尖 2 也同时顶压起自动复位作用的弹簧 6，顶尖在向左移动的同时，套筒 3（即杠杆机构的支承架）也将与顶尖同步移动。在套筒的槽中装有杠杆 4 和支承销 5，当套筒随着顶尖运动时，杠杆的左端触头则沿锥环 7 的斜面绕着支承销轴线做逆时针方向摆动，从而使杠杆右端的触头（图中示意为半球面）夹紧工件，并将机床主轴的转矩传给工件。

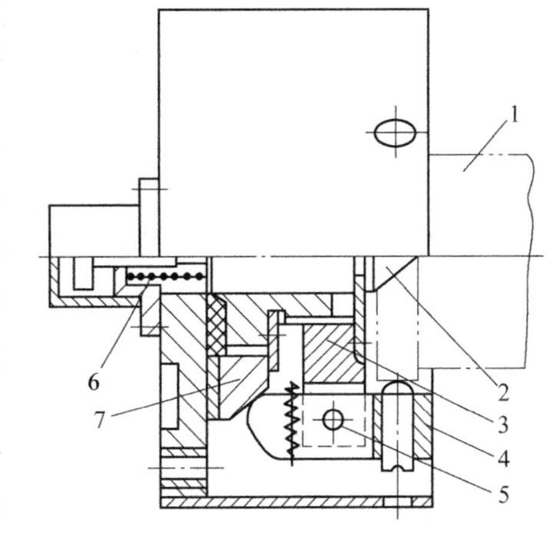

图 7-33　自动夹紧拨动卡盘

1—工件　2—顶尖　3—套筒　4—杠杆　5—支承销　6—弹簧　7—锥环

2）拨齿顶尖。如图 7-34 所示，锥体 1 可通过标准变径套或直接与车床主轴孔连接，锥体内装有用于坯件定心的顶尖 2，拨齿套 5 通过螺钉 4 与锥体连接，止退环 3 可防止螺钉的松动。数控车床通常采用此夹具加工 $\phi10 \sim \phi60$mm 直径的轴类零件。

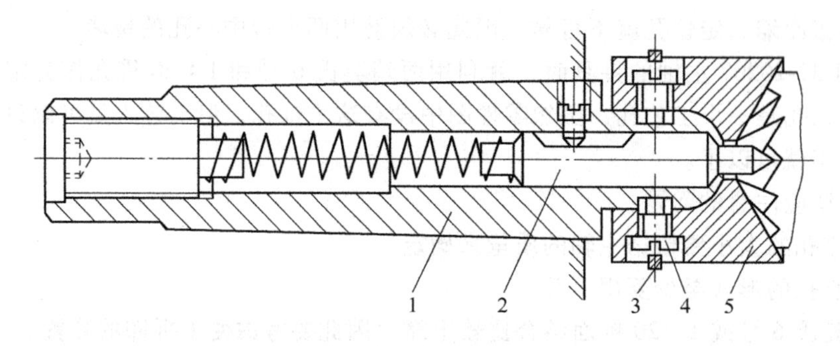

图 7-34 拨齿顶尖

1—锥体 2—顶尖 3—止退环 4—螺钉 5—拨齿套

(2) 自定心中心架 图 7-35 所示为数控自定心中心架，用以减少细长轴加工时的受力变形，并提高其加工精度。该件常作为机床附件提供。其工作原理为：通过安装架与机床导轨相连，工作时由主机发信号，通过液压或气动力源夹紧或松开，其润滑则采用中心润滑系统。

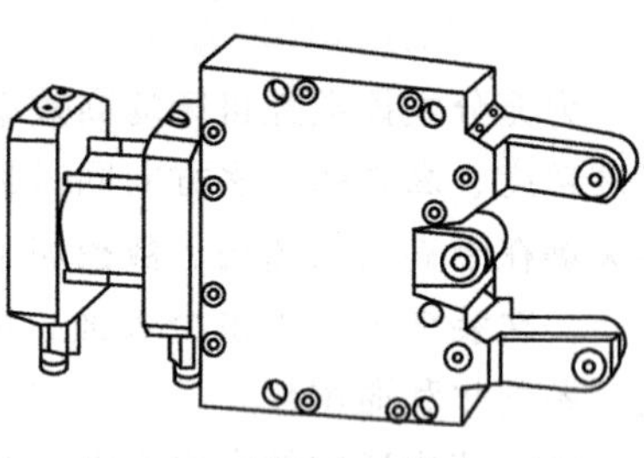

图 7-35 数控自定心中心架

(3) 复合卡盘 图 7-36 所示为复合卡盘结构。传动装置驱动拉杆 8，经套 5、6 和楔块 4、杠杆 3 传给卡爪 1 而夹紧工件，中心轴组件为多种插换调整件。

为保证加工过程中刚度较好，车削较重工件时采用一端夹住另一端用后顶尖的方法。为了防止工件由于切削力的作用而产生轴向位移，必须在卡盘内装一限位支承（图 7-37），或利用工件的台阶限位，这样能承受较大的轴向力，轴向定位准确。

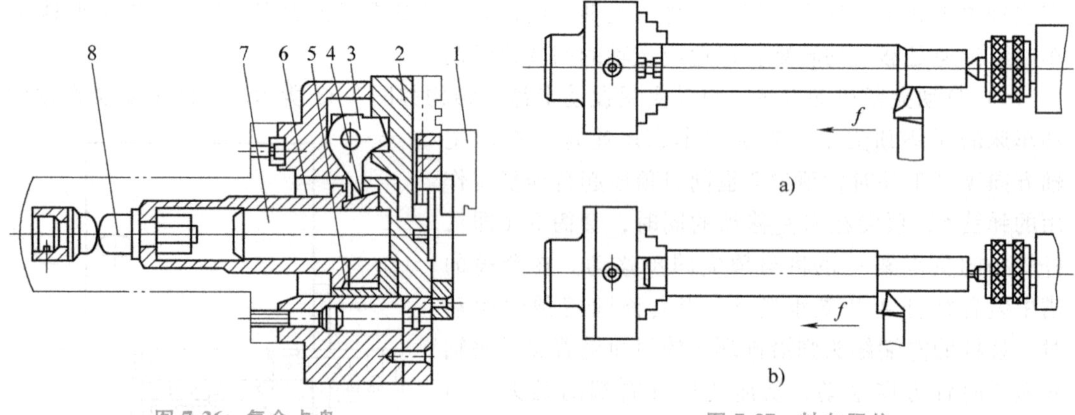

图 7-36 复合卡盘

1—卡爪 2—座块 3—杠杆 4—楔块
5、6—套 7—中心轴组件 8—拉杆

图 7-37 轴向限位

a) 用限位支承 b) 用工件台阶限位

2. 盘类零件加工用夹具

用于盘类工件加工的数控车夹具主要有液压动力卡盘、可调卡爪式卡盘和快速可调卡盘，其结构和工作原理简介如下。

(1) 液压动力卡盘 为提高生产率和减轻劳动强度，数控车床广泛采用液压动力卡盘。

如图 7-38 所示，当数控装置发出夹紧和松开指令时，直接由电磁阀控制液压油进入缸体的左腔或右腔，使活塞向左或向右移动，并由拉杆 2 通过主轴通孔拉动主轴前端卡盘上的滑体 3，滑体 3 又与三个可在盘体上 T 形槽内做径向移动的卡爪滑座 4（图中仅画出一个）以斜楔连接。这样，主轴尾部缸体内活塞的左右移动就转变为卡爪滑座的径向移动，再由装在滑座上的卡爪将工件夹紧和松开。因三个卡爪滑座的径向移动是同步的，故装夹时能实现自动定心。

这种液压动力卡盘的夹紧力的大小可通过调整液压系统的油压进行控制，以适应棒料、盘类零件和薄壁套筒零件的装夹。该种卡盘具有结构紧凑、动作灵敏、能实现较大压紧力的特点。

（2）可调卡爪式卡盘　可调卡爪式卡盘的结构如图 7-39 所示。每个基体卡座 2 上都对应配设有不淬火的卡爪 1，其径向夹紧所需位置可以通过卡爪上的端齿和螺钉单独进行粗调整（错齿移动），或通过差动螺杆 3 单独进行细调整。为了便于对较特殊的、批量大的盘类零件进行准确定位及装夹，还可通过简单的加工程序或数控系统的手动功能，用车刀将不淬火卡爪的夹持面车至所需尺寸。

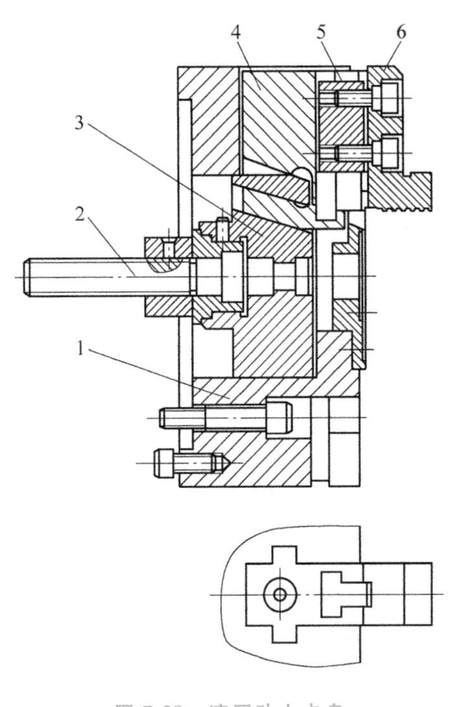

图 7-38　液压动力卡盘

1—盘体　2—拉杆　3—滑体　4—卡爪滑座　5—T 形滑块　6—卡爪

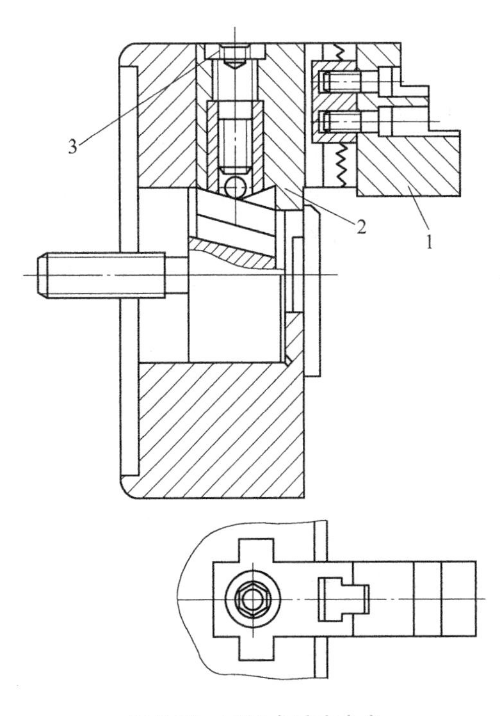

图 7-39　可调卡爪式卡盘

1—卡爪　2—基体卡座　3—差动螺杆

（3）快速可调卡盘　如图 7-40 所示，使用该卡盘时，用专用扳手将螺杆 3 旋动 90°，即可将单独调整或更换的卡爪 5 相对于基体卡座 6 快速移动至所需要的尺寸位置，而不需要对卡爪进行车削。为便于对卡爪进行定位，在卡盘壳体 1 开有圆周槽，当卡爪调整到位后，旋动螺杆 3，使其螺杆上的螺纹与卡爪上的螺纹啮合；同时，被弹簧压着的钢球 4 进入螺杆 3 的小槽中，并固定在需要的位置上。可在约 2min 的时间内，逐个将卡爪快速调整好。这种卡盘要实现快速夹紧过程，需另外借助于安装在车床主轴尾部的拉杆等机械结构。

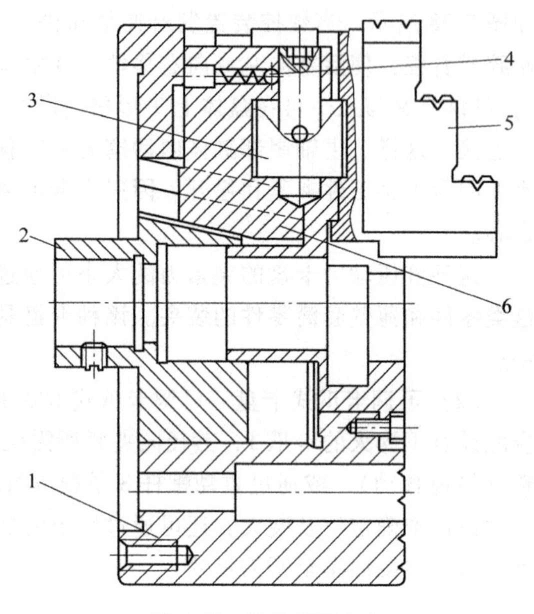

图 7-40 快速可调卡盘

1—卡盘壳体 2—拉杆 3—螺杆 4—钢球 5—卡爪 6—基体卡座

（二）数控车夹具的设计要求

1. 车床夹具在机床主轴上的安装方式

车床夹具与机床主轴的配合表面之间必须有一定的同轴度和可靠的连接，其通常的连接方式有以下几种。

（1）夹具通过主轴锥孔与机床主轴连接　夹具体带有锥柄时，夹具可通过莫氏锥柄直接安装在主轴锥孔中，并用螺栓拉紧，如图 7-41a 所示。这种安装方式的安装误差小、定心精度高，一般适用于 $D<140\text{mm}$ 或 $D<3d$ 的小型夹具。

（2）夹具通过过渡盘与机床主轴连接　对于径向尺寸较大的夹具，一般用过渡盘安装在主轴的头部。过渡盘与主轴配合处的形状取决于主轴前端的结构。

图 7-41b 所示的过渡盘，以内孔在主轴前端的定心轴颈上定位，采用 H7/h6 或 H7/js6 配合，用螺纹紧固，轴向由过渡盘端面与主轴前端的台阶面接触。为防止停机和倒车时因惯性作用使两者松开，用压块 4 将过渡盘压在主轴上。这种安装方式的安装精度受配合精度的影响。

图 7-41c 所示的过渡盘，以锥孔和端面在主轴前端的短圆锥面和端面上定位。安装时，先将过渡盘推入主轴，使其端面与主轴端面之间有 0.05～0.1mm 间隙，用螺钉均匀拧紧后，会产生弹性变形，使端面与锥面全部接触。这种安装方式的定心准确、刚度好，但加工精度要求高。

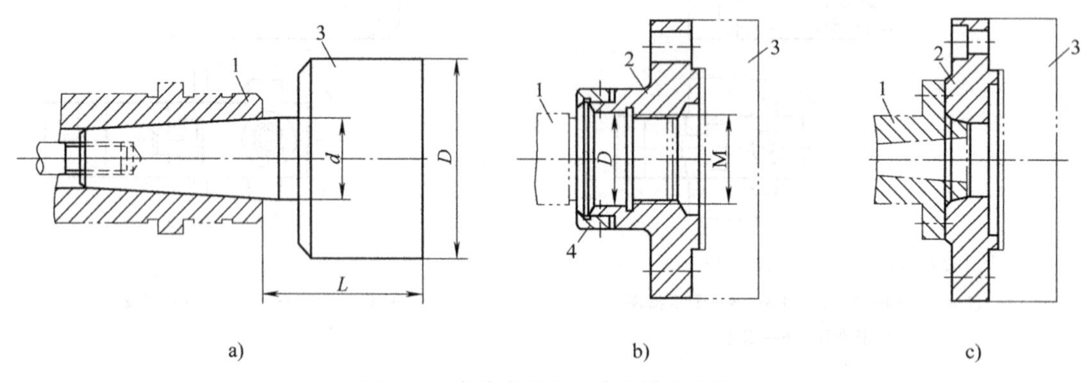

图 7-41 车床夹具与机床主轴的连接

1—主轴 2—过渡盘 3—专用夹具 4—压块

2. 找正基面的设置

为了保证车床夹具的安装精度，安装时应对夹具的限位表面进行仔细找正。若夹具的限位面为与主轴同轴的回转面，则直接用限位表面找正其与主轴的同轴度。若限位面偏离回转中心，则应在夹具体上专门制一孔（或外圆）作为找正基面，使该面与机床主轴同轴，同时，它也作为夹具设计、装配和测量的基准。

为保证加工精度，车床夹具的设计中心（即限位面或找正基面）对主轴回转轴线的同轴度误差应控制在 ϕ0.01mm 之内，限位端面（或找正端面）对主轴回转轴线的跳动量也不应大于 0.01mm。

3. 定位元件的设置

设置定位元件时，应考虑使工件加工表面的轴线与主轴轴线重合。对于回转体或对称零件，一般采用心轴或定心夹紧式夹具，以保证工件的定位基面、加工表面和主轴三者的轴线重合。

对于壳体、支架、托架等形状复杂的工件，由于被加工表面与工序基准之间有尺寸和相互位置要求，所以各定位元件的限位表面应与机床主轴旋转轴线具有正确的尺寸和位置关系。

为了获得定位元件相对于机床主轴轴线的准确位置，有时采用“临床加工”的方法，即限位面的最终加工就在使用该夹具的机床上进行，加工完之后夹具的位置不再变动，避免了很多中间环节对夹具位置精度的影响。如采用不淬火自定心卡盘时，在装夹工件前，先对卡爪“临床加工”，以提高装夹精度。

4. 夹紧装置的设置

车床夹具的夹紧装置必须安全、可靠。在车削过程中，夹具和工件一起随主轴做回转运动，所以夹具要同时承受切削力和离心力的作用，转速越高，离心力越大，夹具承受的外力也越大，这样会抵消部分夹紧装置的夹紧力。此外，工件定位基准的位置相对于切削力和重力的方向来说是变化的，有时同向，有时反向，因此夹紧装置所产生的夹紧力必须足够，自锁性能要好，以防止工件在加工过程中脱离定位元件的工作表面而引起振动、松动或飞出。对高速切削的车、磨夹具，应进行夹紧力克服切削力和离心力的验算。若采用螺旋夹紧机构，一般要加弹簧垫圈或使用锁紧螺母。设计角铁式车床夹具时，夹紧力的施力方向要防止引起夹具体变形。如图 7-42a 所示的施力方式，其夹紧装置比较简单，但可能会引起角铁悬伸部分的变形和夹具体的弯曲变形，且离心力、切削力会助长这种变形。如采用图 7-42b 所示的铰链压板结构，夹紧力虽大，压板有变形，但不会影响加工精度。

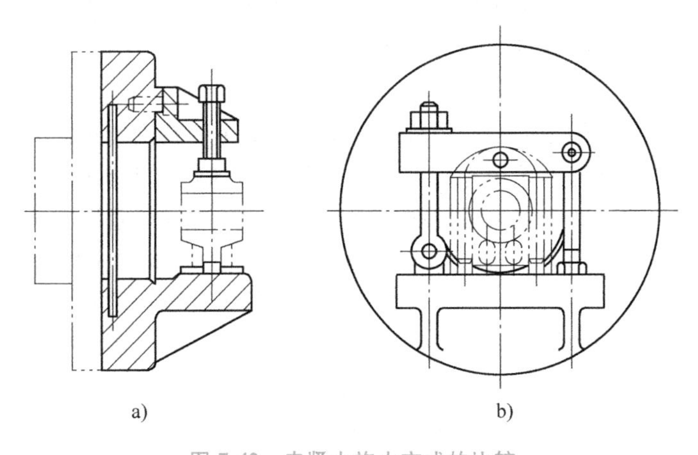

图 7-42　夹紧力施力方式的比较

5. 夹具的平衡

由于夹具随机床主轴高速回转，如不平衡就会产生离心力，不仅引起机床主轴的过早磨损，而且会产生振动，影响工件的加工精度和表面粗糙度，降低刀具的寿命。平衡措施有两种：设置配重块或加工减重孔。为保证平衡及弥补计算的不准，配重块的质量和位置应能调整。通常在夹具体上加工径向或周向的T形槽，或在配重块上开径向或环形槽。

6. 夹具的总体结构要求

1）结构要紧凑，质量要轻，悬伸长度要短。车床夹具的悬伸长度过大，会加剧主轴轴承的磨损，同时引起振动，影响加工质量。夹具的悬伸长度 L 与轮廓直径 D 之比应控制如下：

$D<150$mm 时，$L/D\leqslant2.5$；

$D=150\sim300$mm 时，$L/D\leqslant0.9$；

$D>300$mm，$L/D\leqslant0.6$。

2）车床夹具的夹具体应制成圆形，夹具上（包括工件在内）的各元件不应伸出夹具体的圆形轮廓之外，以免碰伤操作者。当夹具上有不规则的突出部分，或有切削液飞溅及切屑缠绕时，应加设防护罩。

3）夹具的结构应便于工件在夹具上安装和测量，且切屑能顺利排出或清理。

（三）万能外圆磨夹具

1. 通用夹具

万能外圆磨床上工件的装夹与卧式车床的装夹基本相同，常用的装夹方式有三种：前后顶尖、卡盘、心轴。

（1）用前、后顶尖装夹工件　这种装夹方法适用于有中心孔的轴类工件的安装。其特点是装夹快捷方便，定位精度高。装夹时，利用工件两端面上的中心孔，将工件支承在前、后两顶尖之间。磨削时，两顶尖不旋转，工件靠头架上拨盘的拨杆拨动工件上的夹头而旋转。

（2）用卡盘装夹工件　卡盘有自定心卡盘、单动卡盘和花盘三种。在磨床头架主轴的前端装卡盘，以装夹及带动工件旋转。自定心卡盘具有自动定心、装夹方便和迅速等特点，是轴类工件外圆磨削较为理想的夹具之一，适用于无中心孔的圆柱形工件。

（3）用心轴装夹工件　空心工件常以内孔定位磨削外圆，此时必须采用心轴装夹工件，其装夹方法与前、后顶尖装夹相同。

用前、后顶尖装夹时，磨削顶尖不随工件一起转动，且中心孔在装夹前需要修研，以提高加工精度。中心孔的修研详见项目五模块三。

2. 精磨主轴锥孔夹具

主轴锥孔对主轴支承轴颈的径向圆跳动，是机床的主要精度指标之一，因此锥孔加工是关键工序。主轴锥孔磨削通常采用专用夹具，如图7-43所示。夹具由底座6、支架5和浮动夹头3三部分组成，前后两个支架固定在底座上，作为工件定位基准的两段外圆放在支架的两个V形块上，V形块镶有硬质合金，以提高耐磨性，并减少对主轴轴颈的划痕。工件的中心高正好等于磨头砂轮轴的中心高，否则将产生工件锥孔表面的双曲线误差。后端的浮动夹头用锥柄装在磨床主轴的锥孔内，工件尾端插入弹性套4内，用弹簧1把浮动夹头外壳连同主轴向后拉，通过钢球2压向镶有硬质合金的锥柄端面，限制工件的轴向窜动。采用这种浮动连接方法既可保证主轴支承轴颈的定位精度不受磨床头架误差的影响，也可减少机床本身振动对加工质量的影响。

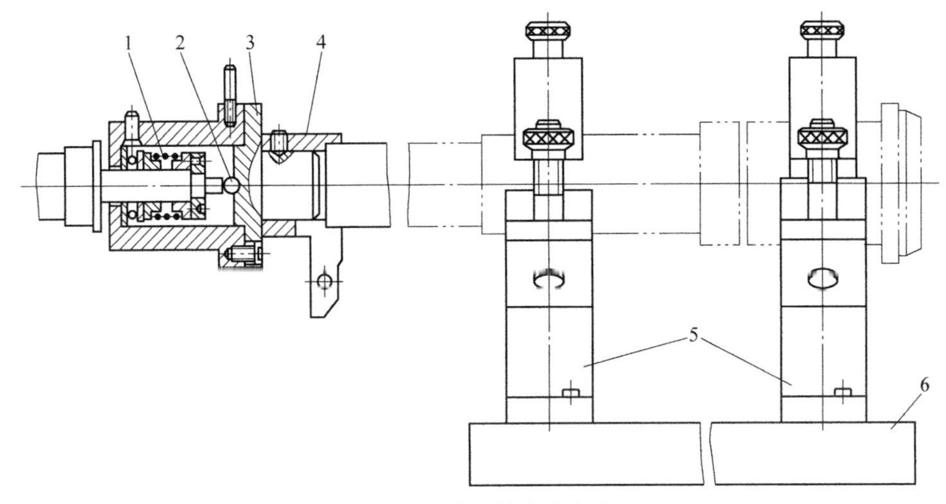

图 7-43　磨主轴锥孔夹具

1—弹簧　2—钢球　3—浮动夹头　4—弹性套　5—支架　6—底座

四、思考与练习

1. 常用数控车夹具的结构特点如何?
2. 试述车床夹具的类型及设计要点。
3. 常用外圆磨夹具的结构特点如何?
4. 主轴的内锥孔加工在中批、大批生产时常采用专用夹具，试述加工主轴内锥孔的夹具结构。

大国工匠——高凤林

高凤林是中国航天科技集团公司第一研究院 211 厂发动机车间班组长，几十年来，他几乎都在做着同样一件事，为火箭焊“心脏”——发动机喷管焊接。

“长征五号”火箭发动机的喷管上，就有数百根空心管线，管壁的厚度只有 0.33mm，高凤林需要通过 3 万多次精密的焊接操作，才能把它们编织在一起，焊缝细到接近头发丝，而长度相当于绕一个标准足球场两周。高凤林说，在焊接时得紧盯着微小的焊缝，一眨眼就会有闪失。“如果这道工序需要十分钟不眨眼，那就十分钟不眨眼。”。

高凤林说，每每看到我们生产的发动机把卫星送到太空，就有一种成功后的自豪感，这种自豪感用金钱买不到。正是这份自豪感，让高凤林一直以来都坚守在这里。三十多年来，130 多枚长征系列运载火箭在他焊接的发动机的助推下，成功飞向太空。这个数字，占到我国发射长征系列火箭总数的一半以上。火箭的研制离不开众多的院士、教授、高工，但火箭从蓝图落到实物，靠的是一个个焊接点的累积，靠的是一位位普通工人的拳拳匠心。专注做一样东西，创造别人认为不可能的可能，高凤林用三十余年的坚守，诠释了航天匠人对理想信念的执着追求。

项目八

主轴零件的工艺规程编制

一、教学目标

最终目标：会编制主轴零件机械加工工艺过程卡片和主轴零件机械加工工序卡片。

微课视频（1）

微课视频（2）

微课视频（3）

二、案例分析

制订机械加工工艺规程前，需要掌握零件的来料状况或毛坯状况，零件的加工余量是多少，熟悉零件的使用要求、零件图样、生产纲领、现场加工设备、生产条件，是全部自己加工还是部分工序外协加工等。

1. 机械加工工艺过程设计

LK32-20207 主轴零件的机械加工工艺过程已在项目五模块三中作了详细分析，其机械加工工艺过程为：锻造→钻中心孔→粗车→深孔钻→热处理（调质）→半精车→钻孔→热处理(淬火)→粗磨→立铣→精车→热处理（油炉定性处理）→半精磨→精磨→终检→入库。严格地说，锻造不属于机械加工工艺过程范围，把它编入的目的是让加工者了解毛坯的形成。其余十五道工序都是 LK32-20207 主轴零件机械加工中的环节，包括终检。终检既是对零件本身加工质量的检查，也是对零件加工工艺规程的检验。主轴是车床的关键零件，加工后必须进行检验和记录。根据 ISO 9000 质量管理体系规定，每道工序都必须自检、互检，专检实行抽查形式，因此在工艺过程中就不注明了。

2. 机械加工工艺过程卡片编制

机械加工工艺过程卡片是以工序为单位、简要说明零件机械加工过程的一种工艺文件。这种卡片列出了整个零件加工所经过的工艺路线（包括毛坯、机械加工和热处理等），但对各工序的说明不够具体，故一般不能直接指导工人操作，而多在生产管理方面使用，主要用于单件小批的零件和中批生产的普通零件。

机械加工工艺过程卡片填写的主要内容有：

（1）产品型号、产品名称、零件图号、零件名称、材料牌号、每台件数　这些内容在零件图样上都有注明，一般写上即可。如 LK32-20207 主轴零件，产品型号为 LK-32，产品名称为数控车床，零件图号为 LK32-20207，零件名称为主轴，零件使用的材料牌号为 45 钢，每台产品需要的零件数量为 1 件。

（2）毛坯种类、毛坯外形尺寸、每毛坯可制件数　这三项内容由工艺人员制订，主要依据是零件的结构形状、生产纲领、原材料规格等。如 LK32-0207 主轴零件的毛坯采用锻件，毛坯的最大尺寸为 ϕ150mm×515mm，每毛坯可制件数为 1 件。

（3）正文部分

1）工序号。工序号是根据确定的工艺过程顺序给每一道工序规定的一个序号，一般从前到后按 10、20、30、…等整数来排列，便于以后更改、插入。

2）工序名称。用本工序缩写名称来表示，或者由公司制订标准，统一规定每种工序名称的缩写名称。如车削加工，就写一个“车”字，铣削加工写“卧铣”或“立铣”等。例如 LK32-20207 主轴零件，由于内、外圆柱面加工质量要求高，分工序 30 粗车、工序 60 半精车、工序 110 精车等。

3）工序内容。工序内容是每道工序操作的步骤，既是指导工人加工，又是指导检验和制订工时定额的依据。编写要清楚明了，规定每道工序各加工表面的工序尺寸及其公差，或留多少余量给下一道工序；本工序定位基准和夹紧位置等。LK32-20207 主轴的主要加工表面为内、外圆柱面，短锥，莫氏锥孔，加工精度与表面质量要求较高，而轴向尺寸要求较低。下面以支承轴颈 $\phi(75\pm0.0095)$ mm 为例说明工序尺寸与公差的确定。

由于支承轴颈的设计基准与定位基准重合，因此工序尺寸与公差的确定无需进行尺寸链计算，根据各工序的加工余量和经济精度即可确定。支承轴颈 $\phi(75\pm0.0095)$ mm 的工序加工余量、工序尺寸及公差、表面粗糙度见表 8-1。

表 8-1　$\phi(75\pm0.0095)$ mm 的工序加工余量、工序尺寸及公差、表面粗糙度

工序名称	工序加工余量/mm	工序经济公差等级/mm	表面粗糙度/μm	工序尺寸及公差/mm
精磨	0.08	IT6,0.019	*Ra*0.8	$\phi75\pm0.0095$
半精磨	0.12	IT7,0.03	*Ra*1.6	$\phi75.08_{-0.03}^{0}$
粗磨	0.4	IT8,0.046	*Ra*3.2	$\phi75.2_{-0.046}^{0}$
半精车	2.4	IT10,0.12	*Ra*6.3	$\phi75.6_{-0.12}^{0}$
粗车	7	IT12,0.3	*Ra*12.5	$\phi78_{-0.3}^{0}$
毛坯	10	8		$\phi85\pm4$

4）车间、工段。车间、工段是根据每个公司的编制来确定的，在制订零件机械加工工艺过程卡片时，尽量把每道工序的加工放在同一车间或工段执行，防止过多的中转。

5）机床设备。所选机床设备的尺寸规格应与工件的外廓尺寸相适应，机床设备的精度

应与本工序要求的加工精度相适应，并要将零件加工均衡地分布在公司的同一种加工设备上。LK32-20207 主轴零件主要工序的机床选择已在项目六中详细阐述。工序 20 在小端打样冲钻孔，工序 70 大端法兰钻 4×ϕ21mm 通孔、2×ϕ6.5mm 沉孔、攻 M6 螺纹，由于孔的中心不在主轴轴线上，选用 Z3050 型摇臂钻床。工序 100 铣 6N9、10N9 圆头封闭键槽，选用立式铣床 B1-400K 或 X5032。

6）工艺装备。工艺装备指本工序用到的所有刀具、夹具、量具、工具等。实际在企业里每个工种都备有必要的刀具、通用夹具、量具、工具等，因此在编制机械加工工艺过程卡片时，就不需面面俱到，只规定几种不常用的刀具、专用夹具、量具、工具即可。LK32-20207 主轴零件主要工序的刀具、夹具选择已在项目七中叙述，量具选择将在项目九中阐述。工序 100 铣 6N9、10N9 圆头封闭键槽，分别采用直柄键槽铣刀 6e8、10e8。

7）工序工时。工序工时分为终准工时和单件工时。终准工时指工人为了生产一批产品或零部件，进行准备和结束工作所消耗的时间，如识图、借领刀具及夹具、领料、安装刀具及夹具、零件完工后交检、归还刀具及夹具等。在大量生产中，产品终年不变，可不计准终工时。单件工时由基本时间、辅助时间、布置工作地时间、休息与生理需要时间四部分组成。基本时间、辅助时间将本工序各工步工时累加即可。布置工作地时间、休息与生理需要时间一般按作业时间的 4%~10%计算。

表 8-2~表 8-5 为 LK32-20207 主轴零件的机械加工工艺过程卡片。

3. 机械加工工序卡片编制

机械加工工序卡片是在机械加工工艺过程卡片的基础上，按每道工序所编制的一种工艺文件。主要内容有工序简图，该工序中每个工步的加工内容、工艺参数、操作要求以及所用设备和工艺装备等。工序卡片主要用于大批量生产中所有的零件，中批生产中复杂产品的关键零件以及单件小批生产中的关键工序。按机械加工工艺过程卡片的要求，对于复杂的工序、零件图样较大（图样在车间中转容易损坏）、要求工序简化、生产批量大的等工序，一般要编制机械加工工序卡片，有的零件甚至要按工步来编制机械加工工序卡片。工序卡片编制越仔细，对于操作工人的技术要求越简单，这要根据具体的情况来确定。如 LK32-20207 主轴，因为要将工件的定位基准、装夹方式等在工序简图中表示出来，因此就把工序卡片按每个工步的要求细分了。

机械加工工序卡片的编制按以下要求编写：

1）产品型号、产品名称、零件图号、零件名称同机械加工工艺过程卡片一样，按图样填上即可。

2）工序简图按零件图要求绘制，将要加工的零件部位表示清楚即可，其他不加工的部位只要与加工面无关可以不表示。工序简图上要将定位面、夹紧面及夹紧方式等表示清楚；加工表面用粗实线表示，不加工表面用细实线表示，一般情况下不使用虚线；图样尺寸大小可不按比例绘制，加工表面要标注尺寸、公差、表面粗糙度及按要求需标注的几何公差等。

3）车间、工序号、工序名称、材料牌号、毛坯种类、毛坯外形尺寸、每毛坯可制件数、每台件数、设备名称、设备型号同机械加工工艺过程卡片，设备编号为企业固定资产编号。

表 8-2　机械加工工艺过程卡片（一）

机械加工工艺过程卡片	产品型号	LK-32	零件图号	LK32-20207		
	产品名称	数控车床	零件名称	主轴	共 4 页	第 1 页

材料牌号	45	毛坯种类	锻件	毛坯外形尺寸	ϕ150mm×515mm	每毛坯可制件数	1	每台件数	1	备注	

工序号	工序名称	工序内容	车间	工段	设备	工艺装备	工序工时 终准	工序工时 单件
10	锻	按锻造工艺制作		锻工				
20	钻中	车小端面，在小端中心划中心位置线，并打样冲眼，钻	金工		Z3050	ϕ10mm 钻头，ϕ1～ϕ16mm 钻夹头，中心钻		
	心孔	ϕ10mm×12mm 孔，孔口倒角 3mm×30°				A6. 3/16		
30	粗车	见粗车工序卡片	金工		CW6163	顶尖，90°外圆车刀，90°端面车刀，0～200mm、		
						0～500mm 游标卡尺，中心架，ϕ25mm、ϕ50mm 钻		
						头，75～100mm 螺旋千分尺		
40	钻深孔	见深孔加工工序卡片	金工		深孔钻专机	ϕ50mm 喷吸钻，中心架		
50	热处理	调质处理：28～32HRC		热处理				
60	半精车	见半精车加工工序卡片	金工		LK-40	大头活动顶尖，95°外圆、端面车刀，90°外圆车刀，		
						0～200mm、0～1000mm 游标卡尺，中心架，95°内孔车		
						刀，莫氏 6 号塞规，2mm 宽切槽刀，45°左、右封油槽		
						刀，50～75mm、75～100mm 螺旋千分尺		
						J01-01/LK32-20207　1 : 20 锥度塞规		
						J02-01/LK32-20207　1 : 4 短锥环规		

描图	
描校	
底图号	
装订号	

标记	处数	更改文件号	签字	日期	标记	处数	更改文件号	签字	日期	设计（日期）	审核（日期）	标准化（日期）	会签（日期）

表 8-3　机械加工工艺过程卡片（二）

机械加工工艺过程卡片	产品型号	LK-32	零件图号	LK32-20207		
	产品名称	数控车床	零件名称	主轴	共 4 页	第 2 页

材料牌号	45	毛坯种类	锻件	毛坯外形尺寸	ϕ150mm×515mm	每毛坯可制件数	1	每台件数	1	备注	

	工序号	工序名称	工序内容	车间	工段	设备	工艺装备	工序工时	
								终准	单件
	70	钻法兰孔	见钻加工工序卡片	金工		Z3050	借用 Z01/LK010-20201，ϕ21mm 钻头，ϕ5. 1mm 钻头，ϕ15. 5mm 钻头，ϕ15. 9H8 铰刀，ϕ6. 5mm 钻头，ϕ10. 5mm 钻头，ϕ10. 5mm 锪平钻头，M6 攻螺纹工具一套		
描图	80	热处理	110 部位淬火、回火处理：48～52HRC	热处理			盐浴炉，硬度计，回火油炉		
描校	90	粗磨	见粗磨加工工序卡片	金工		M1432B	大头顶尖，0～25mm 千分尺，50～75mm 千分尺，75～100mm 千分尺，中心架，J01-02/LK32-20207 塞规，莫氏 6 号塞规，M01-01/LK32-20207 锥堵，M01-02/LK32-20207 锥堵，J02-02/LK32-20207 环规，F46 白刚玉砂轮		
底图号									
装订号									

标记	处数	更改文件号	签字	日期	标记	处数	更改文件号	签字	日期	设计（日期）	审核（日期）	标准化（日期）	会签（日期）	

表 8-4　机械加工工艺过程卡片（三）

	机械加工工艺过程卡片			产品型号	LK-32	零件图号	LK32-20207		
				产品名称	数控车床	零件名称	主轴	共 4 页	第 3 页
材料牌号	45	毛坯种类	锻件	毛坯外形尺寸	ϕ150mm×515mm	每毛坯可制件数	1	每台件数	1 备注
工序号	工序名称	工序内容	车间	工段	设备	工艺装备		工序工时 终准	工序工时 单件
100	铣键槽	见铣键槽加工工序卡片	金工		B1-400K	X01/LK32-20207 夹具，ϕ6mm、ϕ10mm 键槽铣刀，0～150mm 游标卡尺，ϕ6mm、ϕ10mm 键槽塞规			
110	精车	见精车加工工序卡片	金工		LK-40	M01-02/LK32-20207 锥堵，60° 螺纹车刀，M65×1.5、M72×1.5 螺纹环规，3mm 切槽刀，百分表，活动顶尖，中心架，深孔车刀等			
120	热处理	定性处理		热处理		回火油炉			

描图	描校	底图号	装订号

标记	处数	更改文件号	签字	日期	标记	处数	更改文件号	签字	日期	设计（日期）	审核（日期）	标准化（日期）	会签（日期）

表 8-5　机械加工工艺过程卡片（四）

机械加工工艺过程卡片	产品型号	LK-32	零件图号	LK32-20207		
	产品名称	数控车床	零件名称	主轴	共 4 页	第 4 页

材料牌号	45	毛坯种类	锻件	毛坯外形尺寸	ϕ150mm×515mm	每毛坯可制件数	1	每台件数	1	备注	

工序号	工序名称	工序内容	车间	工段	设备	工艺装备	工序工时	
							终准	单件
130	半精磨	见半精磨加工工序卡片	金工		MG1432B	M01-01/LK32-20207 锥堵， M01-02/LK32-20207 锥堵，50～75mm 千分尺，75～100mm 千分尺，J01-03/LK32-20207 塞规，J02-03/LK32-20207 环规，中心架，莫氏 6 号塞规，百分表，磁性表座，F46 白刚玉砂轮		
140	精磨	见精磨加工工序卡片	金工		MG1432B	M01-01/LK32-20207 锥 堵， M01-02/LK32-20207 锥堵，50～75mm 千分尺，75～100mm 千分尺，J02-04/LK32-20207 环规，中心架，莫氏 6 号塞规，百分表，磁性表座，F60 白刚玉砂轮		
150	检验	综合检查						
160	入库	清洗干净，涂上防锈油，入库						

描图	描校	底图号	装订号

标记	处数	更改文件号	签字	日期	标记	处数	更改文件号	签字	日期	设计（日期）	审核（日期）	标准化（日期）	会签（日期）

4）夹具编号、夹具名称在编制机械加工工艺过程卡片时一般已确定，可以根据机械加工工艺过程卡片填写。

5）同时加工件数一般根据夹具结构确定。

6）填写工位器具编号、工位器具名称。工位器具是在零件加工过程中放置零件的工具，这种工具一般也由工艺人员设计，根据零件长短、大小、轻重等设计，并按企业标准对所设计的工位器具进行编号、命名。

7）切削液根据加工需要选择。一般的工序不需要确定，如车床用乳化液、铣床用煤油、磨床用乳化液等。现在切削液的品种越来越多，对每种零件、每道工序的切削液也可能完全不同，必要时需注明。

8）工序工时同机械加工工艺过程卡片。

9）工步号按每个工步加工的前后次序，以 1、2、3、…、n 编号。

10）工步内容即本工序各工步加工的具体内容，是工序卡片的关键。

11）工艺装备即本工步使用的刀具、夹具、量具及辅助工具等。有国家、行业标准的、能外购的一般填写标准代号及规格；没有国家、行业标准的，一般由企业制订标准，规定每种刀、夹、量具等的编号方式，在工艺装备栏中填上自编代号。如 LK32-20207 主轴前端孔的钻模，编号为 Z01/LK32-20207，“Z”表示钻夹具（“Z”是中文“钻”字拼音的第一个大写字母），01 表示本零件第一副钻夹具，LK32-20207 表示该夹具要加工的零件。有的夹具对于其他零件也可通用，就在其他零件的工艺过程卡片和工序卡片中写上该夹具的编号，有时还可以加上“借用”两字加以区别。

12）主轴转速、切削速度、进给量、背吃刀量按切削加工的要求合理选择。进给量和主轴转速按理论查表计算后，须根据机床的进给量和主轴转速铭牌表进行选择，所选择的实际进给量和主轴转速一般小于或接近理论计算值。切削速度根据最终选择的实际主轴转速和本工序加工前工件的待加工表面直径计算求得。下面以工序 60 中半精车支承轴颈 $\phi(75\pm0.0095)$mm 为例说明切削用量的选择。

① 确定背吃刀量。根据表 8-1，半精车加工余量为 2.4mm，因此 $a_p=1.2$mm。

② 确定进给量。半精加工的进给量应根据表面粗糙度值来选，由于要求的表面粗糙度 Ra 为 6.3μm，取 $r_\varepsilon=0.8$mm，查相关资料得 $f=0.5\sim0.6$mm/r。按 LK-40 数控车床纵向进给量，取 $f=0.55$mm/r。

③ 确定切削速度。根据已知条件和已确定的 a_p 和 f 值，查表得 $v_T=120\sim140$m/min，查相关资料得车削过程使用条件改变时，切削速度修正系数 $K_v=K_{Mv}K_{Hv}K_{hv}K_{\kappa_{rv}}K_{tv}=0.77\times1\times1\times0.81\times0.8=0.49896$，则允许的切削速度 $v_T=(120\sim140)K_v=59.875\sim69.854$m/min。

④ 计算机床转速。

$$n=\frac{1000v_T}{\pi d}=\frac{1000v_T}{3.14\times78\text{mm}}=244\sim285\text{r/min}$$

按 LK-40 转速表，选取机床实际转速 $n_{实}=270$r/min。此时的实际切削速度为：

$$v_c=\frac{\pi\times78\times270}{1000}\text{m/min}=66.1\text{m/min}$$

最后确定半精车支承轴颈 $\phi(75\pm0.0095)$mm 的切削用量为

$a_p=1.2\text{mm}$，$f=0.55\text{mm/r}$，$n=270\text{r/min}$，$v_c=66.1\text{m/min}$

13）进给次数根据加工余量、背吃刀量和加工精度确定。

14）确定工步工时（机动和辅助）。根据刀具行程长度、主轴转速、进给量、进给次数计算机动时间（即基本时间、切削时间），辅助时间一般按基本时间的15%~20%估算。下面以工序60工步3中半精车支承轴颈 $\phi(75\pm0.0095)$ mm及台阶为例计算基本时间。

① 根据表8-39，车外圆的基本时间为

$$T_j=\frac{L}{fn}i=\frac{l+l_1+l_2+l_3}{fn}i$$

式中，$l=45\text{mm}$，$l_1=\frac{a_p}{\tan\kappa_r}+(2\sim3)$，$\kappa_r=90°$，$l_1=2\text{mm}$，$l_2=0$，$l_3=0$，$f=0.55\text{mm/r}$，$n=270\text{r/min}$，$i=1$

则
$$T_{j1}=\frac{45+2}{0.55\times270}\text{min}\approx0.3165\text{min}\approx19\text{s}$$

②车台阶基本时间为

$$T_j=\frac{L}{fn}i, L=\frac{d-d_1}{2}+l_1+l_2+l_3$$

式中，$d=88\text{mm}$，$d_1=75.6\text{mm}$，$l_1=0$，$l_2=4\text{mm}$，$l_3=0$，$f=0.4\text{mm/r}$，$n=270\text{r/min}$，$i=1$

则
$$T_{j2}=\frac{6.2+4}{0.4\times270}\text{min}\approx0.094\text{min}\approx5.7\text{s}$$

15）标记、处数、更改文件号、签字、日期等内容在机械加工工艺过程卡片和其他图样中都有，它们主要在更改零件图样或工艺文件内容时使用。

① 标记在更改处使用，一般本图样或工艺文件第一次更改用“ⓐ”表示；第二次更改用“ⓑ”表示；……依次类推。

② 处数是指一次更改几处位置。

③ 更改文件号是公司更改技术文件的一种编号，如GG01/LK32-20207，“GG”是汉语拼音“更改”的缩写，01是更改技术文件号，表示本产品的技术文件第一次更改，LK32-20207表示产品代号（LK32数控车床主轴）。

④ 签字即更改责任人签字。

⑤ 日期即为更改日期。

更改文件的形式由各公司根据技术文件管理标准自行决定。

16）设计、审核、标准化、会签。

① 设计由工艺编制人员签字。

② 审核由产品或图样设计人员签字。

③ 标准化是由标准化管理人员审查签字，看图样、内容等是否符合国家、行业及企业标准要求。

④ 会签一般由生产部门人员审查、签字。

表8-6~表8-31为LK32-20207主轴零件机械加工工序卡片。

表 8-6　机械加工工序卡片（工序 30，工步 1）

机械加工工序卡片	产品型号	LK-32	零件图号	LK32-202??		
	产品名称	数控车床	零件名称	主　轴	共 26 页	第 1 页

车间	工序号	工序名称	材料牌号
金工	30	粗车	45
毛坯种类	毛坯外形尺寸	每毛坯可制件数	每台件数
锻件	ϕ150mm×515mm	1	1
设备名称	设备型号	设备编号	同时加工件数
卧式车床	CW6163		

夹具编号	夹具名称	切削液	
工位器具编号	工位器具名称	工序工时	
		终准	单件

工步号	工步内容	工艺装备	主轴转速/(r/min)	切削速度/(m/min)	进给量/(mm/r)	背吃刀量/mm	进给次数	工步工时 机动	工步工时 辅助
1	A. 夹大端外圆，顶小端中心孔，校正，用端面	活动顶尖							
	车刀车大台阶面及小端面至工序图尺寸	90°端面车刀							
	B. 车各外圆，ϕ88mm、ϕ68mm 外圆留余量	90°外圆车刀							
	2mm，其余一刀车至工序图尺寸	0~200mm 游标卡尺							
	C. 车 ϕ88mm、ϕ68mm 外圆至工序图尺寸	0~500mm 游标卡尺							
		75~100mm 螺旋千分尺							

描　图	
描　校	
底图号	
装订号	

标记	处数	更改文件号	签字	日期	标记	处数	更改文件号	签字	日期	设计(日期)	审核(日期)	标准化(日期)	会签(日期)	

表 8-7　机械加工工序卡片（工序 30，工步 2）

机械加工工序卡片	产品型号	LK-32	零件图号	LK32-20207		
	产品名称	数控车床	零件名称	主　轴	共 26 页	第 2 页

车间	工序号	工序名称	材料牌号
金工	30	粗车	45
毛坯种类	毛坯外形尺寸	每毛坯可制件数	每台件数
锻件	ϕ150mm×515mm	1	1
设备名称	设备型号	设备编号	同时加工件数
卧式车床	CW6163		
夹具编号		夹具名称	切削液
工位器具编号		工位器具名称	工序工时
			终准 / 单件

$\sqrt{Ra\,12.5}$ (√)

工步号	工步内容	工艺装备	主轴转速/(r/min)	切削速度/(m/min)	进给量/(mm/r)	背吃刀量/mm	进给次数	工步工时 机动	工步工时 辅助
2	夹 ϕ68mm 外圆，在 ϕ88mm 处搭中心架，	中心架							
	车大端各外圆、端面至工序图尺寸	90°端面车刀							
		0～200mm 游标卡尺							

描　图

描　校

底图号

装订号

标记	处数	更改文件号	签字	日期	标记	处数	更改文件号	签字	日期	设计（日期）	审核（日期）	标准化（日期）	会签（日期）

表 8-8 机械加工工序卡片(工序 30,工步 3)

机械加工工序卡片	产品型号	LK-32	零件图号	LK32-2020		
	产品名称	数控车床	零件名称	主 轴	共 26 页	第 3 页

车间	工序号	工序名称	材料牌号
金工	30	粗车	45
毛坯种类	毛坯外形尺寸	每毛坯可制件数	每台件数
锻件	ϕ150mm×515mm	1	1
设备名称	设备型号	设备编号	同时加工件数
卧式车床	CW6163		

夹具编号	夹具名称	切削液

工位器具编号	工位器具名称	工序工时	
		终准	单件

$\sqrt{Ra\,12.5}$ (√)

工步号	工步内容	工艺装备	主轴转速/(r/min)	切削速度/(m/min)	进给量/(mm/r)	背吃刀量/mm	进给次数	工步工时 机动	工步工时 辅助
3	夹 ϕ68mm 外圆,在 ϕ88mm 处搭中心架,	中心架	108	17	0.5	25	1		
	校正 ϕ68mm、ϕ88mm 外圆圆跳动不大于	ϕ25mm、ϕ50mm 麻花钻头							
	0.05mm,钻 ϕ50mm 孔至工序图尺寸	0~200mm 游标卡尺							
		百分表							
		磁性表座							

描图	描校	底图号	装订号

标记	处数	更改文件号	签字	日期	标记	处数	更改文件号	签字	日期	设计(日期)	审核(日期)	标准化(日期)	会签(日期)

表 8-9　机械加工工序卡片(工序 40)

机械加工工序卡片	产品型号	LK-32	零件图号	LK32-20207		
	产品名称	数控车床	零件名称	主　轴	共 26 页	第 4 页

车间	工序号	工序名称	材料牌号
金工	40	钻深孔	45
毛坯种类	毛坯外形尺寸	每毛坯可制件数	每台件数
锻件	ϕ150mm×515mm	1	1
设备名称	设备型号	设备编号	同时加工件数
深孔钻专机	自制设备		

夹具编号	夹具名称	切削液	
工位器具编号	工位器具名称	工序工时	
		终准	单件

ϕ68　ϕ88　ϕ50　2　2

$\sqrt{Ra\,12.5}$ (√)

工步号	工步内容	工艺装备	主轴转速/(r/min)	切削速度/(m/min)	进给量/(mm/r)	背吃刀量/mm	进给次数	工步工时 机动	工步工时 辅助
1	夹 ϕ68mm 外圆,在 ϕ88mm 处搭中心架,	中心架	80	12.6	0.15	25	1		
	校正 ϕ68mm、ϕ88mm 外圆圆跳动不大于	ϕ50mm 喷吸钻							
	0.05mm,钻 ϕ50mm 孔至工序图尺寸	百分表							
		磁性表座							

描图	
描校	
底图号	
装订号	

标记	处数	更改文件号	签字	日期	标记	处数	更改文件号	签字	日期	设计(日期)	审核(日期)	标准化(日期)	会签(日期)

表 8-10　机械加工工序卡片(工序 60,工步 1)

机械加工工序卡片	产品型号	LK-32	零件图号	LK32-20207		
	产品名称	数控车床	零件名称	主　轴	共 26 页	第 5 页

车间	工序号	工序名称	材料牌号
金工	60	半精车	45
毛坯种类	毛坯外形尺寸	每毛坯可制件数	每台件数
锻件	ϕ150mm×515mm	1	1
设备名称	设备型号	设备编号	同时加工件数
数控车床	LK-40		
夹具编号		夹具名称	切削液
工位器具编号		工位器具名称	工序工时
			终准 / 单件

3　2　ϕ84　$\phi135^{+0.40}_{+0.30}$　2　24　12.5　506.5　$\sqrt{Ra6.3}$ (√)

工步号	工步内容	工艺装备	主轴转速/(r/min)	切削速度/(m/min)	进给量/(mm/r)	背吃刀量/mm	进给次数	工步工时 机动	工步工时 辅助
1	夹小端外圆,在 ϕ88mm 处搭中心架,车	中心架							
	ϕ84mm、ϕ135mm 及端面至工序图尺寸	95°端面车刀							
		95°外圆车刀							
		0~200mm 游标卡尺							

描图	描校	底图号	装订号

标记	处数	更改文件号	签字	日期	标记	处数	更改文件号	签字	日期	设计(日期)	审核(日期)	标准化(日期)	会签(日期)

表 8-11　机械加工工序卡片（工序 60，工步 2）

机械加工工序卡片	产品型号	LK-32	零件图号	LK32-20207	
	产品名称	数控车床	零件名称	主　轴	共 26 页 第 6 页

车间	工序号	工序名称	材料牌号
金工	60	半精车	45
毛坯种类	毛坯外形尺寸	每毛坯可制件数	每台件数
锻件	ϕ150mm×515mm	1	1
设备名称	设备型号	设备编号	同时加工件数
数控车床	LK-40		

夹具编号	夹具名称	切削液

工位器具编号	工位器具名称	工序工时	
		终准	单件

$\sqrt{Ra\,6.3}$ (√)

工步号	工步内容	工艺装备	主轴转速/(r/min)	切削速度/(m/min)	进给量/(mm/r)	背吃刀量/mm	进给次数	工步工时 机动	工步工时 辅助
2	夹 ϕ135mm 外圆，在 ϕ68mm 处搭中心架，校正圆跳动不超过 0.05mm，车小端面至总长 505mm，孔口倒角 2mm×30°	中心架 95°端面车刀 0～1000mm 游标卡尺							

描图	
描校	
底图号	
装订号	

标记	处数	更改文件号	签字	日期	标记	处数	更改文件号	签字	日期	设计（日期）	审核（日期）	标准化（日期）	会签（日期）

表 8-12　机械加工工序卡片（工序 60，工步 3、4）

机械加工工序卡片	产品型号	LK-32	零件图号	LK32-202[illegible]		
	产品名称	数控车床	零件名称	主　轴	共 26 页	第 7 页

车间	工序号	工序名称	材料牌号
金工	60	半精车	45
毛坯种类	毛坯外形尺寸	每毛坯可制件数	每台件数
锻件	ϕ150mm×515mm	1	1
设备名称	设备型号	设备编号	同时加工件数
数控车床	LK-40		

夹具编号	夹具名称	切削液

工位器具编号	工位器具名称	工序工时	
		终准	单件

I放大　II放大

技术要求
未注倒角C1。

$\sqrt{Ra\,6.3}$ (√)

工步号	工步内容	工艺装备	主轴转速/(r/min)	切削速度/(m/min)	进给量/(mm/r)	背吃刀量/mm	进给次数	工步工时 机动	工步工时 辅助
3	夹 ϕ135mm 外圆，顶小端中心孔，车各外圆至工序图尺寸	大活动顶尖							
		90°外圆车刀							
4	车各退刀槽至工序图尺寸	2mm 宽切槽刀							
		45°左、右封油槽刀							
		0~200mm 游标卡尺							
		0~500mm 游标卡尺							
		75~100mm 螺旋千分尺							
		50~75mm 螺旋千分尺							

描图　描校　底图号　装订号

标记	处数	更改文件号	签字	日期	标记	处数	更改文件号	签字	日期	设计(日期)	审核(日期)	标准化(日期)	会签(日期)

表 8-13　机械加工工序卡片（工序 60，工步 5）

机械加工工序卡片	产品型号	LK-32	零件图号	LK32-20207		
	产品名称	数控车床	零件名称	主　轴	共 26 页	第 8 页

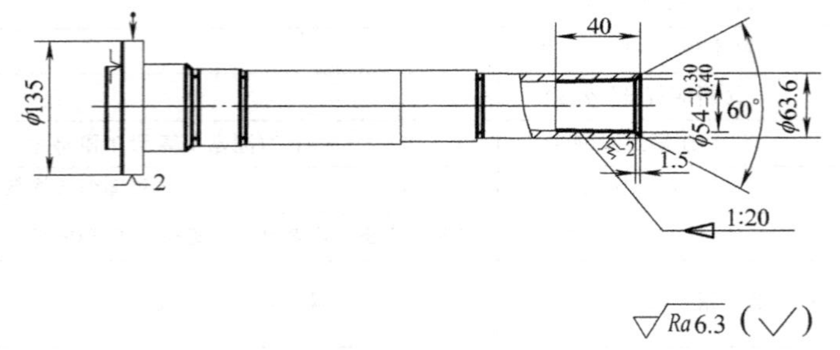

车间	工序号	工序名称	材料牌号
金工	60	半精车	45
毛坯种类	毛坯外形尺寸	每毛坯可制件数	每台件数
锻件	ϕ150mm×515mm	1	1
设备名称	设备型号	设备编号	同时加工件数
数控车床	LK-40		

夹具编号	夹具名称	切削液	
工位器具编号	工位器具名称	工序工时	
		终准	单件

工步号	工步内容	工艺装备	主轴转速/(r/min)	切削速度/(m/min)	进给量/(mm/r)	背吃刀量/mm	进给次数	工步工时 机动	工步工时 辅助
5	夹 ϕ135mm 外圆，在 ϕ63.6mm 处搭中心架，	中心架							
	校正圆跳动不超过 0.05mm，车 1：20 锥孔至工	95°内孔车刀							
	序图尺寸，孔口倒角 1.5mm×30°（锥度用 J01-	0～200mm 游标卡尺							
	01/LK32-20207 检验，接触面积不小于 60%）	J01-01/LK32-20207 1：20 锥度塞规							

描图	
描校	
底图号	
装订号	

标记	处数	更改文件号	签字	日期	标记	处数	更改文件号	签字	日期	设计（日期）	审核（日期）	标准化（日期）	会签（日期）

表 8-14　机械加工工序卡片(工序 60,工步 6)

机械加工工序卡片	产品型号	LK-32	零件图号	LK32-20207		
	产品名称	数控车床	零件名称	主　轴	共 26 页	第 9 页

车间	工序号	工序名称	材料牌号
金工	60	半精车	45
毛坯种类	毛坯外形尺寸	每毛坯可制件数	每台件数
锻件	ϕ150mm×515mm	1	1
设备名称	设备型号	设备编号	同时加工件数
数控车床	LK-40		
夹具编号		夹具名称	切削液
工位器具编号		工位器具名称	工序工时
			终准 / 单件

$\sqrt{Ra\,6.3}$ ($\sqrt{}$)

工步号	工步内容	工艺装备	主轴转速/(r/min)	切削速度/(m/min)	进给量/(mm/r)	背吃刀量/mm	进给次数	工步工时 机动	工步工时 辅助
6	夹 ϕ63.4mm 外圆,在 ϕ85.5mm 外圆处搭中心架,校正圆跳动不超过 0.05mm,车大端莫氏 6 号锥孔至工序图尺寸。孔口倒角 1.5mm×30°(锥度用莫氏 6 号塞规 1 检验,接触面积不小于 60%)	中心架 95°内孔车刀 0~200mm 游标卡尺 莫氏 6 号塞规 1							

描　图

描　校

底图号

装订号

标记	处数	更改文件号	签字	日期	标记	处数	更改文件号	签字	日期	设计(日期)	审核(日期)	标准化(日期)	会签(日期)

表 8-15 机械加工工序卡片（工序 60，工步 7、8）

机械加工工序卡片	产品型号	LK-32	零件图号	LK32-20207		
	产品名称	数控车床	零件名称	主 轴	共 26 页	第 10 页

车间	工序号	工序名称	材料牌号
金工	60	半精车	45
毛坯种类	毛坯外形尺寸	每毛坯可制件数	每台件数
锻件	φ150mm×515mm	1	1
设备名称	设备型号	设备编号	同时加工件数
数控车床	LK-40		

夹具编号	夹具名称	切削液	
工位器具编号	工位器具名称	工序工时	
		终准	单件

工步号	工步内容	工艺装备	主轴转速/(r/min)	切削速度/(m/min)	进给量/(mm/r)	背吃刀量/mm	进给次数	工步工时 机动	工步工时 辅助
7	夹小端 φ63.4mm 外圆，在 φ85.5mm 处搭中心架，车大端至工序图尺寸（1∶4 短锥用 J02-01/LK32-20207 环规检验，接触面积不小于 60%）	90°外圆车刀 端面切槽刀							
8	车内切槽Ⅲ至工序图尺寸	J02-01/LK32-20207 1∶4 短锥环规 中心架							

描图	描校	底图号	装订号

标记	处数	更改文件号	签字	日期	标记	处数	更改文件号	签字	日期	设计（日期）	审核（日期）	标准化（日期）	会签（日期）

表 8-16　机械加工工序卡片（工序 70）

机械加工工序卡片	产品型号	LK-32	零件图号	LK32-2020[illegible]		
	产品名称	数控车床	零件名称	主　轴	共 26 页	第 11 页

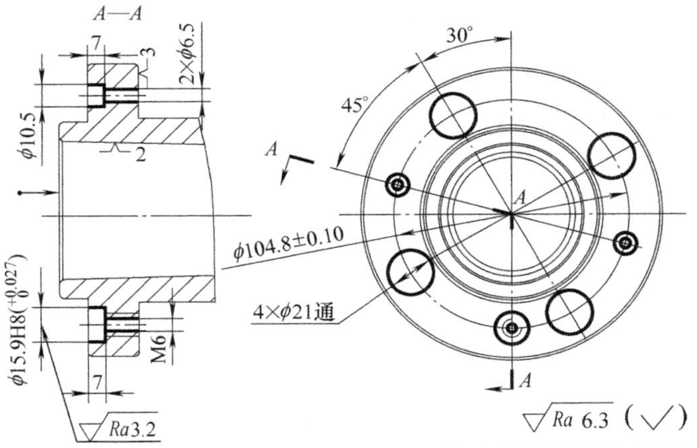
A—A
7
3
2×ϕ6.5
ϕ10.5
2
ϕ15.9H8($^{+0.027}_{0}$)
M6
7
Ra3.2
30°
45°
A
ϕ104.8±0.10
4×ϕ21通
A
A
Ra 6.3 (√)

车间	工序号	工序名称	材料牌号
金工	70	钻法兰孔	45
毛坯种类	毛坯外形尺寸	每毛坯可制件数	每台件数
锻件	ϕ150mm×515mm	1	1
设备名称	设备型号	设备编号	同时加工件数
摇臂钻床	Z3050		1
夹具编号		夹具名称	切削液
Z01/LK010-20201			
工位器具编号		工位器具名称	工序工时
			终准 / 单件

工步号	工步内容	工艺装备	主轴转速/(r/min)	切削速度/(m/min)	进给量/(mm/r)	背吃刀量/mm	进给次数	工步工时 机动	工步工时 辅助
1	模钻 4×ϕ21mm 通孔至工序图示	借用 Z01/LK010-20201	130	8.6	0.24	10.5	1		
		ϕ21mm 钻头							
2	模钻 M6 螺纹底孔 ϕ5.1mm，扩 ϕ15.9mm	ϕ5.1mm 钻头	480	7.7	0.1	2.55	1		
	孔至 ϕ15.75mm，铰 ϕ15.9H8 孔至工序图示	ϕ15.75mm 锪钻	180	8.8	0.18	5.325	1		
		ϕ15.9H8 铰刀	80	4	0.3	0.075	1		
3	模钻 2×ϕ6.5mm 孔，并扩 ϕ10.5mm×7mm	ϕ6.5mm 钻头	480	9.8	0.1	3.25	1		
	至工序图示	ϕ10.5mm 锪平钻头	380	12.5	0.16	2	1		
4	攻 M6-7H 螺孔至工序图示	M6 丝锥	50	0.9	1	0.45	1		

描图	描校	底图号	装订号

标记	处数	更改文件号	签字	日期	标记	处数	更改文件号	签字	日期	设计(日期)	审核(日期)	标准化(日期)	会签(日期)

表 8-17 机械加工工序卡片（工序 90，工步 1）

机械加工工序卡片	产品型号	LK-32	零件图号	LK32-20207		
	产品名称	数控车床	零件名称	主　轴	共 26 页	第 12 页

车间	工序号	工序名称	材料牌号
金工	90	粗磨	45
毛坯种类	毛坯外形尺寸	每毛坯可制件数	每台件数
锻件	ϕ150mm×515mm	1	1
设备名称	设备型号	设备编号	同时加工件数
万能外圆磨床	M1432B		

夹具编号	夹具名称	切削液	
工位器具编号	工位器具名称	工序工时	
		终准	单件

$\phi135$　$\phi85.1\pm0.02$　$\phi72.2_{-0.046}^{0}$　$\phi75.2_{-0.046}^{0}$　$Ra1.6$　$\phi65.2_{-0.046}^{0}$　$\phi63.2_{-0.046}^{0}$　$\phi70$　2　$22_{+0.05}^{+0.15}$　270 ± 0.10　2　$Ra\,3.2$ (√)

工步号	工步内容	工艺装备	主轴转速/(r/min)	切削速度/(m/min)	进给量/(mm/r)	背吃刀量/mm	进给次数	工步工时 机动	工步工时 辅助
1	夹 ϕ135mm 外圆，顶小端中心孔，粗磨	大头顶尖							
	各外圆至工序图尺寸	0~25mm 千分尺							
		50~75mm 千分尺							
		75~100mm 千分尺							
		1-400×50×203.2-WA/F46K5V-35m/s							

描图	描校	底图号	装订号

标记	处数	更改文件号	签字	日期	标记	处数	更改文件号	签字	日期	设计（日期）	审核（日期）	标准化（日期）	会签（日期）

表 8-18　机械加工工序卡片（工序 90，工步 2）

机械加工工序卡片	产品型号	LK-32	零件图号	LK32-20207		
	产品名称	数控车床	零件名称	主　轴	共 26 页	第 13 页

工序简图	车间	工序号	工序名称	材料牌号
$\phi135$　$\phi85.1$　$\phi65.2$　$\phi54_{-0.20}^{-0.15}$　1:20　$\sqrt{Ra\,3.2}$ (√)	金工	90	粗磨	45
	毛坯种类	毛坯外形尺寸	每毛坯可制件数	每台件数
	锻件	ϕ150mm×515mm	1	1
	设备名称	设备型号	设备编号	同时加工件数
	万能外圆磨床	M1432B		
	夹具编号		夹具名称	切削液
	工位器具编号		工位器具名称	工序工时
				终准 / 单件

工步号	工步内容	工艺装备	主轴转速 /(r/min)	切削速度 /(m/s)	进给量 /(mm/r)	背吃刀量 /mm	进给次数	工步工时 机动	工步工时 辅助
2	夹 ϕ135mm 外圆，在 ϕ65mm 处搭中心架，校正 ϕ65.2mm、ϕ85.1mm 圆跳动不超过 0.02mm，磨小端 1∶20 内锥孔至工序图要求（锥度用 J01-02/LK32-20207 检验，接触面积不小于 75%）	中心架 J01-02/LK32-20207 1-40×10×13-WA/F46K5V-35m/s	80	35	5	0.05	5		

描图	描校	底图号	装订号

标记	处数	更改文件号	签字	日期	标记	处数	更改文件号	签字	日期	设计（日期）	审核（日期）	标准化（日期）	会签（日期）

表 8-19 机械加工工序卡片（工序 90，工步 3）

机械加工工序卡片	产品型号	LK-32	零件图号	LK32-20207		
	产品名称	数控车床	零件名称	主 轴	共 26 页	第 14 页

车间	工序号	工序名称	材料牌号
金工	90	粗磨	45
毛坯种类	毛坯外形尺寸	每毛坯可制件数	每台件数
锻件	ϕ150mm×515mm	1	1
设备名称	设备型号	设备编号	同时加工件数
万能外圆磨床	M1432B		

夹具编号	夹具名称	切削液	
工位器具编号	工位器具名称	工序工时	
		终准	单件

工步号	工步内容	工艺装备	主轴转速/(r/min)	切削速度/(m/s)	进给量/(mm/r)	背吃刀量/mm	进给次数	工步工时 机动	工步工时 辅助
3	夹小端外圆，在 ϕ85.1mm 处搭中心架，校正 ϕ65.2mm、ϕ85.1mm 外圆圆跳动不超过 0.02mm，磨大端莫氏 6 号锥孔至工序图尺寸。锥孔用莫氏 6 号塞规涂色法检查，接触面积不少于 75%	中心架 莫氏 6 号塞规 1-40×10×13-WA/F46K5V-35m/s	80	35	5	0.05	9		

描图		描校		底图号		装订号	

标记	处数	更改文件号	签字	日期	标记	处数	更改文件号	签字	日期	设计（日期）	审核（日期）	标准化（日期）	会签（日期）

表 8-20　机械加工工序卡片（工序 90，工步 4）

机械加工工序卡片	产品型号	LK-32	零件图号	LK32-20207		
	产品名称	数控车床	零件名称	主　轴	共 26 页	第 15 页

车间	工序号	工序名称	材料牌号
金工	90	粗磨	45
毛坯种类	毛坯外形尺寸	每毛坯可制件数	每台件数
锻件	ϕ150mm×515mm	1	1
设备名称	设备型号	设备编号	同时加工件数
万能外圆磨床	M1432B		

夹具编号	夹具名称	切削液	
工位器具编号	工位器具名称	工序工时	
		终准	单件

M01-02/LK32-20207　M01-01/LK32-20207

$\phi 135^{+0.20}_{+0.15}$　$22^{+0.05}_{0}$

$\sqrt{Ra1.6}$ (√)

工步号	工步内容	工艺装备	主轴转速/(r/min)	切削速度/(m/s)	进给量/(mm/r)	背吃刀量/mm	进给次数	工步工时 机动	工步工时 辅助
4	两端锥孔装上锥堵，磨 ϕ135mm 外圆至	M01-01/LK32-20207							
	工序图尺寸，并靠磨大端台阶面至工序图	M01-02/LK32-20207							
	尺寸	1-400×50×203. 2-WA/F46K5V-35m/s							

描　图

描　校

底图号

装订号

										设计（日期）	审核（日期）	标准化（日期）	会签（日期）	
标记	处数	更改文件号	签字	日期	标记	处数	更改文件号	签字	日期					

表 8-21 机械加工工序卡片（工序 90，工步 5）

机械加工工序卡片	产品型号	LK-32	零件图号	LK32-20207		
	产品名称	数控车床	零件名称	主 轴	共 26 页	第 16 页

车间	工序号	工序名称	材料牌号
金工	90	粗磨	45
毛坯种类	毛坯外形尺寸	每毛坯可制件数	每台件数
锻件	ϕ150mm×515mm	1	1
设备名称	设备型号	设备编号	同时加工件数
万能外圆磨床	M1432B		

夹具编号	夹具名称	切削液	
工位器具编号	工位器具名称	工序工时	
		终准	单件

M01–02/LK32–20207

M01–01/LK32–20207

$\phi 82.56^{+0.24}_{+0.2}$

1:4

$\sqrt{Ra\,3.2}$ (√)

工步号	工步内容	工艺装备	主轴转速/(r/min)	切削速度/(m/s)	进给量/(mm/r)	背吃刀量/mm	进给次数	工步工时 机动	工步工时 辅助
5	用两顶尖装夹（同工步 4），工作台逆时针方向旋转 7°7′30″，磨 1：4 锥面至工序图尺寸。用 J02-02/LK32-20207 环规涂色法检查，接触面积不小于 75%	M01-01/LK32-20207 M01-02/LK32-20207 J02-02/LK32-20207 1-400×50×203.2-WA/F46K5V-35m/s							

描图	描校	底图号	装订号

标记	处数	更改文件号	签字	日期	标记	处数	更改文件号	签字	日期	设计（日期）	审核（日期）	标准化（日期）	会签（日期）

表 8-22　机械加工工序卡片（工序 100）

机械加工工序卡片	产品型号	LK-32	零件图号	LK32-20207		
	产品名称	数控车床	零件名称	主　轴	共 26 页	第 17 页

车间	工序号	工序名称	材料牌号
金工	100	铣键槽	45
毛坯种类	毛坯外形尺寸	每毛坯可制件数	每台件数
锻件	ϕ150mm×515mm	1	1
设备名称	设备型号	设备编号	同时加工件数
大立铣	B1-400K		
夹具编号		夹具名称	切削液
X01/LK32-20207		铣夹具	
工位器具编号		工位器具名称	工序工时
			终准 / 单件

工步号	工步内容	工艺装备	主轴转速/(r/min)	切削速度/(m/min)	进给量/(mm/r)	背吃刀量/mm	进给次数	工步工时 机动	工步工时 辅助
1	夹具装上工作台，校正基准面与工作台的	X01/LK32-20207							
	运动方向的平行度不超过 0.02mm，夹紧	ϕ6mm、ϕ10mm 键槽铣刀							
	工件装上夹具，定位面贴实，夹紧，铣	0~150mm 游标卡尺							
	两处键槽至工序图尺寸	ϕ6mm、ϕ10mm 键槽塞规							

描　图

描　校

底图号

装订号

										设计（日期）	审核（日期）	标准化（日期）	会签（日期）
标记	处数	更改文件号	签字	日期	标记	处数	更改文件号	签字	日期				

表 8-23 机械加工工序卡片（工序 110，工步 1）

机械加工工序卡片	产品型号	LK-32	零件图号	LK32-20207		
	产品名称	数控车床	零件名称	主 轴	共 26 页	第 18 页

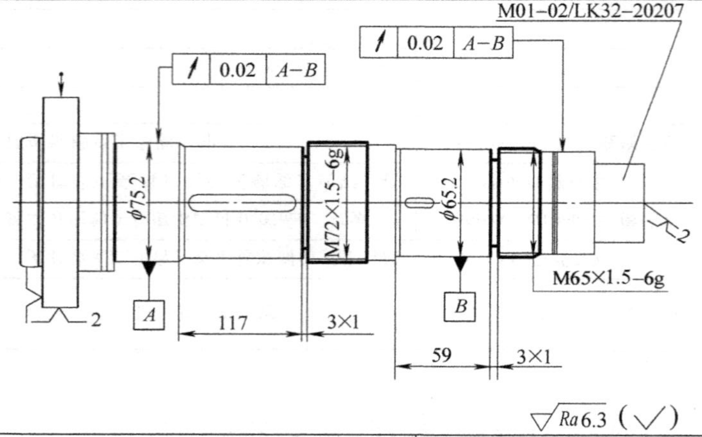

车间	工序号	工序名称	材料牌号
金工	110	精车	45
毛坯种类	毛坯外形尺寸	每毛坯可制件数	每台件数
锻件	ϕ150mm×515mm	1	1
设备名称	设备型号	设备编号	同时加工件数
数控车床	LK-40		

夹具编号	夹具名称	切削液	
工位器具编号	工位器具名称	工序工时	
		终准	单件

工步号	工步内容	工艺装备	主轴转速/(r/min)	切削速度/(m/min)	进给量/(mm/r)	背吃刀量/mm	进给次数	工步工时 机动	工步工时 辅助
1	夹大端 ϕ135mm 外圆，顶小端锥堵中心孔，校正 ϕ75.2mm、ϕ65.2mm 外圆圆跳动不超过 0.02mm，分别车 M65×1.5-6g、M72×1.5-6g 螺纹至工序图尺寸，注意两处外径的极限偏差车至 -0.30 ~ -0.20mm。两处切槽如工序图示	M01-02/LK32-20207 60°螺纹车刀 3mm 切槽刀							

描图	描校	底图号	装订号

标记	处数	更改文件号	签字	日期	标记	处数	更改文件号	签字	日期	设计（日期）	审核（日期）	标准化（日期）	会签（日期）

表 8-24 机械加工工序卡片（工序 110，工步 2）

机械加工工序卡片	产品型号	LK-32	零件图号	LK32-20207		
	产品名称	数控车床	零件名称	主 轴	共 26 页	第 19 页

车间	工序号	工序名称	材料牌号
金工	110	精车	45
毛坯种类	毛坯外形尺寸	每毛坯可制件数	每台件数
锻件	ϕ150mm×515mm	1	1
设备名称	设备型号	设备编号	同时加工件数
数控车床	LK-40		
夹具编号	夹具名称	切削液	
工位器具编号	工位器具名称	工序工时	
		终准	单件

ϕ135　ϕ75.2　ϕ65.2　ϕ52　307　2

$\sqrt{Ra\,6.3}$ (√)

工步号	工步内容	工艺装备	主轴转速/(r/min)	切削速度/(m/min)	进给量/(mm/r)	背吃刀量/mm	进给次数	工步工时 机动	工步工时 辅助
2	夹大端 ϕ135mm 处，在 ϕ65.2mm 处搭中心架，校正 ϕ65.2mm 和 ϕ75.2mm 外圆圆跳动不超过 0.03mm，车 ϕ52mm 内孔至工序图尺寸	中心架 深孔车刀							

描图	
描校	
底图号	
装订号	

标记	处数	更改文件号	签字	日期	标记	处数	更改文件号	签字	日期	设计（日期）	审核（日期）	标准化（日期）	会签（日期）

表 8-25 机械加工工序卡片（工序 130，工步 1）

机械加工工序卡片

产品型号	LK-32	零件图号	LK32-20207		
产品名称	数控车床	零件名称	主 轴	共 26 页	第 20 页

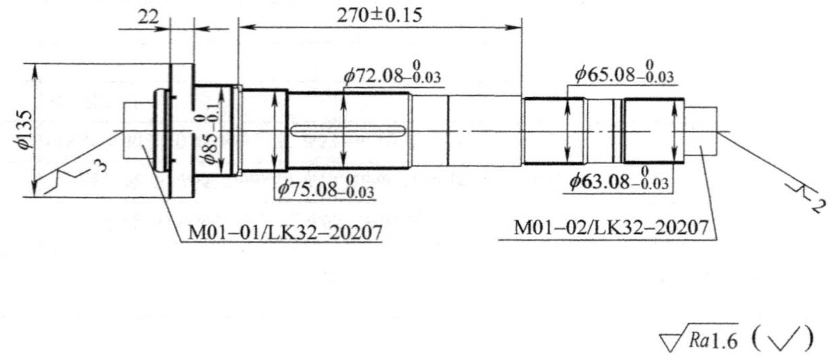

22　270±0.15
$\phi135$　$\phi85^{\ 0}_{-0.1}$　$\phi72.08^{\ 0}_{-0.03}$　$\phi75.08^{\ 0}_{-0.03}$　$\phi65.08^{\ 0}_{-0.03}$　$\phi63.08^{\ 0}_{-0.03}$
3　2
M01-01/LK32-20207　M01-02/LK32-20207
$\sqrt{Ra1.6}$ (√)

车间	工序号	工序名称	材料牌号
金工	130	半精磨	45
毛坯种类	毛坯外形尺寸	每毛坯可制件数	每台件数
锻件	ϕ150mm×515mm	1	1
设备名称	设备型号	设备编号	同时加工件数
精密万能外圆磨床	MG1432A		

夹具编号	夹具名称	切削液	
工位器具编号	工位器具名称	工序工时	
		终准	单件

工步号	工步内容	工艺装备	主轴转速/(r/min)	切削速度/(m/min)	进给量/(mm/r)	背吃刀量/mm	进给次数	工步工时 机动	工步工时 辅助
1	工件两端锥孔擦净，装上两端锥堵，用	M01-01/LK32-20207							
	两顶尖装夹，磨各直径至工序图尺寸，并	M01-02/LK32-20207							
	靠磨台阶面至工序图尺寸	50~75mm 千分尺							
		75~100mm 千分尺							
		1-400×50×203. 2-WA/F46K5V-35m/s							

描图	描校	底图号	装订号

										设计（日期）	审核（日期）	标准化（日期）	会签（日期）
标记	处数	更改文件号	签字	日期	标记	处数	更改文件号	签字	日期				

表 8-26　机械加工工序卡片（工序 130，工步 2）

机械加工工序卡片	产品型号	LK-32	零件图号	LK32-20207		
	产品名称	数控车床	零件名称	主　轴	共 26 页	第 21 页

M01-02/LK32-20207
M01-01/LK32-20207
3
2
1:4
$\phi82.56^{+0.09}_{+0.068}$
$\sqrt{Ra1.6}$ (√)

车间	工序号	工序名称	材料牌号
金工	130	半精磨	45
毛坯种类	毛坯外形尺寸	每毛坯可制件数	每台件数
锻件	φ150mm×515mm	1	1
设备名称	设备型号	设备编号	同时加工件数
精密万能外圆磨床	MG1432A		

夹具编号	夹具名称	切削液	
工位器具编号	工位器具名称	工序工时	
		终准	单件

工步号	工步内容	工艺装备	主轴转速/(r/min)	切削速度/(m/min)	进给量/(mm/r)	背吃刀量/mm	进给次数	工步工时 机动	工步工时 辅助
2	用两顶尖装夹（同工步 1），工作台逆时	M01-01/LK32-20207							
	针方向旋转 7°7′30″，磨 1∶4 锥面至工序图	M01-02/LK32-20207							
	尺寸（用 J02-03/LK32-20207 环规涂色法检	J02-03/LK32-20207							
	查，接触面积不小于 80%）	1-400×50×203. 2-WA/F46K5V-35m/s							

描　图	描　校	底图号	装订号

标记	处数	更改文件号	签字	日期	标记	处数	更改文件号	签字	日期	设计（日期）	审核（日期）	标准化（日期）	会签（日期）

表 8-27 机械加工工序卡片（工序 130，工步 3）

机械加工工序卡片	产品型号	LK-32	零件图号	LK32-20207		
	产品名称	数控车床	零件名称	主 轴	共 26 页	第 22 页

Morse No.6

$\phi63.27^{+0.03}_{0}$

$\phi63.08$ $\phi65.08$ $\phi85$

$\sqrt{Ra1.6}$ (√)

车间	工序号	工序名称	材料牌号
金工	130	半精磨	45
毛坯种类	毛坯外形尺寸	每毛坯可制件数	每台件数
锻件	φ150mm×515mm	1	1
设备名称	设备型号	设备编号	同时加工件数
精密万能外圆磨床	MG1432A		

夹具编号	夹具名称	切削液	
工位器具编号	工位器具名称	工序工时	
		终准	单件

工步号	工步内容	工艺装备	主轴转速/(r/min)	切削速度/(m/min)	进给量/(mm/r)	背吃刀量/mm	进给次数	工步工时 机动	工步工时 辅助
3	夹小端外圆，在 φ85mm 处搭中心架，校	中心架							
	正 φ65.08mm、φ85mm 外圆圆跳动不超过	莫氏 6 号塞规							
	0.02mm，磨大端莫氏 6 号锥孔至工序图尺	百分表							
	寸（锥孔用莫氏 6 号塞规涂色法检查，接	磁性表座							
	触面积不少于 80%）	1-40×10×13-WA/F46K5V-35m/s							

描 图

描 校

底图号

装订号

										设计（日期）	审核（日期）	标准化（日期）	会签（日期）	
标记	处数	更改文件号	签字	日期	标记	处数	更改文件号	签字	日期					

表 8-28 机械加工工序卡片（工序 130，工步 4）

机械加工工序卡片	产品型号	LK-32	零件图号	LK32-20207		
	产品名称	数控车床	零件名称	主 轴	共 26 页	第 23 页

车间	工序号	工序名称	材料牌号
金工	130	半精磨	45
毛坯种类	毛坯外形尺寸	每毛坯可制件数	每台件数
锻件	ϕ150mm×515mm	1	1
设备名称	设备型号	设备编号	同时加工件数
精密万能外圆磨床	MG1432A		

夹具编号	夹具名称	切削液	
工位器具编号	工位器具名称	工序工时	
		终准	单件

工步号	工步内容	工艺装备	主轴转速/(r/min)	切削速度/(m/min)	进给量/(mm/r)	背吃刀量/mm	进给次数	工步工时 机动	工步工时 辅助
4	夹 ϕ135mm 外圆，在 ϕ65.08mm 处搭中	中心架							
	心架，校正 ϕ65.08mm、ϕ85mm 圆跳动不	J01-03/LK32-20207							
	超过 0.02mm，磨小端 1∶20 内锥孔至工序	百分表							
	图要求（用 J01-03/LK32-20207 塞规检验，	磁性表座							
	接触面积不小于 80%）	1-40×10×13-WA/F46K5V-35m/s							

描图	描校	底图号	装订号

标记	处数	更改文件号	签字	日期	标记	处数	更改文件号	签字	日期	设计（日期）	审核（日期）	标准化（日期）	会签（日期）

表 8-29　机械加工工序卡片（工序 140，工步 1）

机械加工工序卡片	产品型号	LK-32	零件图号	LK32-20207		
	产品名称	数控车床	零件名称	主　轴	共 26 页	第 24 页

0.005　ϕ0.005 A–B　0.015 A–B　0.005　ϕ0.005 A–B
ϕ135　3　$\phi75\pm0.0095$　Ra0.8　Ra1.6　$\phi72^{\ 0}_{-0.03}$　Ra0.8　$\phi65\pm0.0085$　$\phi63^{\ 0}_{-0.025}$
A　0.015 A–B　Ra1.6　B　Ra1.6　2
0.01 A–B　0.015 A–B
Ra0.8　270±0.15　Ra0.8
M01–01/LK32–20207　M01–02/LK32–20207

车间	工序号	工序名称	材料牌号
金工	140	精磨	45
毛坯种类	毛坯外形尺寸	每毛坯可制件数	每台件数
锻件	ϕ150mm×515mm	1	1
设备名称	设备型号	设备编号	同时加工件数
精密万能外圆磨床	MG1432A		

夹具编号	夹具名称	切削液	
工位器具编号	工位器具名称	工序工时	
		终准	单件

工步号	工步内容	工艺装备	主轴转速/(r/min)	切削速度/(m/min)	进给量/(mm/r)	背吃刀量/mm	进给次数	工步工时 机动	工步工时 辅助
1	顶两端锥堵中心孔，磨各外圆直径至工	M01-01/LK32-20207							
	序图尺寸	M01-02/LK32-20207							
		50~75mm 千分尺							
		75~100mm 千分尺							
		1-400×50×203-WA/F60L5V-35m/s							

描　图

描　校

底图号

装订号

										设计（日期）	审核（日期）	标准化（日期）	会签（日期）
标记	处数	更改文件号	签字	日期	标记	处数	更改文件号	签字	日期				

表 8-30　机械加工工序卡片（工序 140，工步 2）

机械加工工序卡片	产品型号	LK-32	零件图号	LK32-20207		
	产品名称	数控车床	零件名称	主　轴	共 26 页	第 25 页

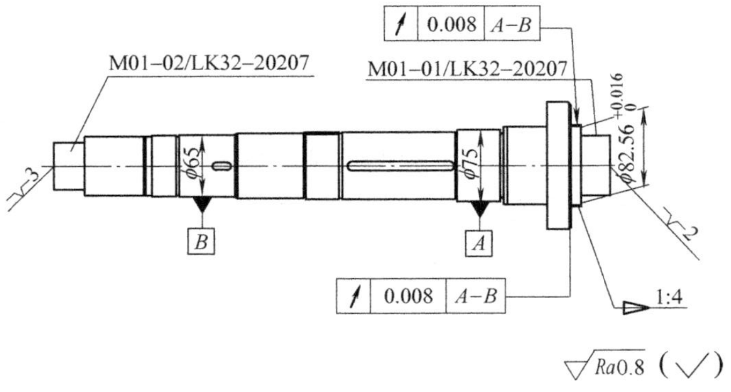

车间	工序号	工序名称	材料牌号
金工	140	精磨	45
毛坯种类	毛坯外形尺寸	每毛坯可制件数	每台件数
锻件	φ150mm×515mm	1	1
设备名称	设备型号	设备编号	同时加工件数
精密万能外圆磨床	MG1432A		

夹具编号	夹具名称	切削液	
工位器具编号	工位器具名称	工序工时	
		终准	单件

工步号	工步内容	工艺装备	主轴转速/(r/min)	切削速度/(m/min)	进给量/(mm/r)	背吃刀量/mm	进给次数	工步工时 机动	工步工时 辅助
2	用两顶尖装夹（同工步 1），工作台逆时	M01-01/LK32-20207							
	针方向旋转 7°7′30″，磨 1∶4 锥面至工序图	M01-02/LK32-20207							
	尺寸（用 J02-04/LK32-20207 环规涂色法检	J02-04/LK32-20207							
	查，接触面积大于 85%）	1-400×50×203. 2-WA/F60L5V-35m/s							

描图	描校	底图号	装订号

标记	处数	更改文件号	签字	日期	标记	处数	更改文件号	签字	日期	设计（日期）	审核（日期）	标准化（日期）	会签（日期）

表 8-31 机械加工工序卡片（工序 140，工步 3）

机械加工工序卡片	产品型号	LK-32	零件图号	LK32-20207		
	产品名称	数控车床	零件名称	主 轴	共 26 页	第 26 页

Morse No.6
ϕ63.348±0.01
近轴端
| ↗ | 0.01 | A−B |
| ↗ | 0.025 | A−B |
距轴端 300 处
ϕ65
ϕ75
2
A
B
$\sqrt{Ra0.8}$ ($\surd$)

车间	工序号	工序名称	材料牌号
金工	140	精磨	45
毛坯种类	毛坯外形尺寸	每毛坯可制件数	每台件数
锻件	ϕ150mm×515mm	1	1
设备名称	设备型号	设备编号	同时加工件数
精密万能外圆磨床	MG1432A		

夹具编号	夹具名称	切削液	
工位器具编号	工位器具名称	工序工时	
		终准	单件

工步号	工步内容	工艺装备	主轴转速 /(r/min)	切削速度 /(m/min)	进给量 /(mm/r)	背吃刀量 /mm	进给次数	工步工时 机动	工步工时 辅助
3	以两支承轴颈 ϕ65mm、ϕ75mm 和小端平面	莫氏 6 号塞规							
	为基准，磨大端莫氏 6 号锥孔至工序图尺寸	1-40×10×13-WA/F60L5V-35m/s							
	（锥孔用莫氏 6 号塞规涂色法检查，接触面								
	积大于 85%）								

描 图	描 校	底图号	装订号

标记	处数	更改文件号	签字	日期	标记	处数	更改文件号	签字	日期	设计（日期）	审核（日期）	标准化（日期）	会签（日期）

三、相关知识

（一）数控加工工艺基础

1. 数控加工工艺内容的选择

对于某个零件来说，并非全部机械加工工序都适合在数控机床上完成，往往只是其中一部分适合采用数控加工。这就需要对零件图样进行仔细的工艺分析，选择那些最适合、最需要进行数控加工的内容和工序，并结合本企业设备的实际，立足于解决难题、攻克关键和提高生产效率，充分发挥数控加工的优势。选择时，一般可按下列顺序考虑：

1）通用机床无法加工的内容应作为优选内容。

2）通用机床难加工，质量也难以保证的内容应作为重点选择内容。

3）通用机床效率低、手工操作劳动强度大的内容，可在数控机床尚存在富余能力的基础上进行选择。

一般来说，上述这些加工内容采用数控加工后，在产品质量、生产效率与综合效益等方面都会得到明显提高。相比之下，下列一些工序则不宜选择采用数控加工：

1）占机调整时间长。如以毛坯的粗基准定位加工第一个精基准，要用专用工装协调的加工内容。

2）加工部位分散，要多次安装、设置原点。这时采用数控加工很麻烦，效果不明显，可安排通用机床补加工。

3）按某些特定的制造依据（如样板等）加工的型面轮廓。主要原因是获取数据困难，易与检验依据发生矛盾，增加编程难度。

此外，在选择和决定加工内容时，也要考虑生产批量、生产周期、工序周转情况等。

2. 基本特点

数控加工工艺与普通机床的加工工艺相比较，遵循的基本原则和使用方法大致相同。但由于数控加工具有自动化程度高、精度高、加工质量稳定、生产效率高等特点，相应地使数控加工工艺形成了下列特点。

（1）数控加工工艺内容要求具体详细　由于数控加工的自动化程度高，在零件的加工过程中一般不需要人工干预，因此在普通机床上加工时原本由操作工人在加工中灵活掌握，并可通过适时调整来处理的许多工艺问题，在数控加工时就必须事先具体详细设计和安排。如刀具尺寸、加工余量、切削用量、进给路线、工序内的工步安排等，在普通机床加工可以由操作者自行决定，而数控加工时必须预先确定好上述参数并编入数控加工程序中。

（2）数控加工工艺设计要求更严密、精确　数控机床虽然自动化程度较高，但自适应性差，它不能像普通机床在加工时可以根据加工过程中出现的问题比较自由地进行人为调整。如数控机床在攻螺纹时，就不知道孔中是否已挤满切屑，是否需要退一下刀，或先清理一下切屑再继续加工，这些必须事先由工艺员精心考虑，否则可能导致严重的后果。又如普通机床加工零件时，通常经过多次“测量—调整背吃刀量—加工”过程来满足零件的精度要求，而数控加工过程严格按程序规定的尺寸进给，因此在对零件图进行数学处理和计算时，都要力求准确无误。在实际工作中，由于一个小数点或一个逗号的差错而酿成重大机床事故和质量事故的例子屡见不鲜。因此，数控加工工艺设计要求更加严谨、准确。

3. 特殊要求

数控加工工艺有以下特殊要求：

1）数控机床较普通机床的刚度高，所配备的刀具质量也较好，因而在同等情况下，所采用的切削用量通常要比普通车床大，加工效率也较高。选择切削用量时，要充分考虑这些特点。

2）由于数控机床的功能复合化程度越来越高，因此，工序相对集中是现代数控加工工艺的特点。

3）由于数控机床加工的零件比较复杂，因此，在装夹方式和夹具设计时，要特别注意刀具与夹具、工件的干涉问题。

4）首件试加工也是数控加工工艺的重要内容。

4. 数控加工工艺设计的基本原则

对于一般机械加工工艺的基本原则，数控加工工艺仍然要遵循，但数控加工工艺还具有它的独特性。

（1）数控加工零件图的工艺性分析　在确定数控加工零件和加工内容后，根据所了解的数控机床的性能及实际工作经验，需要对零件图进行工艺性分析，以减少后续编程和加工中可能出现的失误。工艺性分析主要包括两个方面：其一，检查零件图的完整性和正确性，包括对轮廓零件检查构成轮廓各几何元素的尺寸或相互关系（如相切、相交、平行、垂直和同轴等）；检查零件图上各个方向的尺寸是否有统一的设计基准，以保证多次装夹加工后其相对位置的正确性。其二，对于一些特殊零件（例如对于厚度尺寸有要求的大面积薄壁板零件，由于数控加工时的切削力和薄板的弹性退让容易产生切削面的振动，会影响薄板厚度尺寸公差和表面粗糙度的要求），在加工时应采取特别的工艺处理手段，例如改进装夹方式，采用合适的加工顺序和刀具，选择恰当的粗、精加工余量等。

（2）夹具的选择　数控加工对夹具的要求可以从以下几个方面考虑：

1）尽量减少装夹次数，提高加工效率及保证加工精度。

2）尽量采用组合夹具、通用夹具，避免采用专用夹具。

3）尽量减少加工辅助时间，使零件的定位、夹紧和拆卸过程方便、迅速。有条件时，批量较大的零件应采用气动或液压夹具、多工位夹具。

4）夹具要开敞，其定位、夹紧机构元件不能影响加工中的进给（如产生碰撞等）。

5）夹具的坐标方向和机床的坐标方向相对固定，便于建立零件与机床坐标系的尺寸关系。

（3）刀具的选择　数控加工对刀具的要求可以从以下几个方面考虑：

1）良好的切削性能。现代数控机床朝着高速、高刚度、大功率方向发展，因此要求刀具必须具有能够承受高速切削和强力切削的性能，且同一批刀具在切削性能和刀具寿命方面要稳定。

2）较高的精度。随着加工零件的日益复杂和精密，要求刀具必须具备较高的精度以适应加工的需要。

3）先进的刀具材料。

（4）确定刀具对工件的相对位置　数控加工中，确定刀具对工件的相对位置十分重要，它是通过对刀点来实现的。对刀点往往设在零件的加工原点，其选择原则见项目七模块一。

5. 数控加工工艺技术文件

数控加工工艺技术文件是数控加工工艺设计的内容之一，其目的和作用与普通机床加工工艺的技术文件相同。目前国内尚无统一标准，下面介绍几种数控加工专用技术文件，供参考使用。

(1) 数控加工工序卡片　这种卡片是编制数控加工程序的主要依据，也是操作人员配合数控程序进行数控加工的主要指导性工艺文件。主要内容包括工步号、工步内容、各工步所用刀具以及切削用量等。当工序加工内容不太复杂时，也可把工序简图画在工序卡片上。常见格式见表 8-32。

表 8-32　数控加工工序卡片

<table>
<tr><td colspan="2" rowspan="2">(单位名称)</td><td colspan="2" rowspan="2">数控加工工序卡片</td><td colspan="2">产品名称或代号</td><td>零件名称</td><td>材料</td><td colspan="2">零件图号</td></tr>
<tr><td colspan="2"></td><td></td><td></td><td colspan="2"></td></tr>
<tr><td>工序号</td><td>程序编号</td><td colspan="2">夹具名称</td><td colspan="2">夹具编号</td><td colspan="2">使用设备</td><td colspan="2">车　间</td></tr>
<tr><td></td><td></td><td colspan="2"></td><td colspan="2"></td><td colspan="2"></td><td colspan="2"></td></tr>
<tr><td>工步号</td><td colspan="3">工 步 内 容</td><td>刀具号</td><td>刀具规格/mm</td><td>主轴转速/(r/min)</td><td>进给量/(mm/r)</td><td>背吃刀量/mm</td><td>备注</td></tr>
<tr><td></td><td colspan="3"></td><td></td><td></td><td></td><td></td><td></td><td></td></tr>
<tr><td></td><td colspan="3"></td><td></td><td></td><td></td><td></td><td></td><td></td></tr>
<tr><td></td><td colspan="3"></td><td></td><td></td><td></td><td></td><td></td><td></td></tr>
<tr><td></td><td colspan="3"></td><td></td><td></td><td></td><td></td><td></td><td></td></tr>
<tr><td></td><td colspan="3"></td><td></td><td></td><td></td><td></td><td></td><td></td></tr>
<tr><td>编制</td><td></td><td>审核</td><td></td><td>批准</td><td></td><td colspan="2">共　页</td><td colspan="2">第　页</td></tr>
</table>

(2) 数控加工刀具卡片　刀具卡片是组装刀具和调整刀具的依据。主要内容包括刀具号、刀具名称、刀具型号、刀片型号及牌号等。常见格式见表 8-33。

表 8-33　数控加工刀具卡片

<table>
<tr><td>产品名称或代号</td><td></td><td>零件名称</td><td></td><td>零件图号</td><td></td><td>程序号</td><td></td></tr>
<tr><td rowspan="2">工步号</td><td rowspan="2">刀具号</td><td rowspan="2">刀具名称</td><td rowspan="2">刀具型号</td><td colspan="2">刀　片</td><td rowspan="2">刀尖圆弧半径/mm</td><td rowspan="2">备　注</td></tr>
<tr><td>型　号</td><td>牌　号</td></tr>
<tr><td></td><td></td><td></td><td></td><td></td><td></td><td></td><td></td></tr>
<tr><td></td><td></td><td></td><td></td><td></td><td></td><td></td><td></td></tr>
<tr><td></td><td></td><td></td><td></td><td></td><td></td><td></td><td></td></tr>
<tr><td></td><td></td><td></td><td></td><td></td><td></td><td></td><td></td></tr>
<tr><td></td><td></td><td></td><td></td><td></td><td></td><td></td><td></td></tr>
<tr><td>编 制</td><td></td><td>审 核</td><td></td><td>批 准</td><td></td><td>共　页</td><td>第　页</td></tr>
</table>

（3）数控加工程序单　简要说明程序段的内容。主要包括切削参数、刀具参数、程序号、程序段及其说明。常见格式见表8-34。

（4）数控进给路线图　说明关于编程中的刀具路线（如从哪里下刀、在哪里抬刀、哪里是斜下刀等），使操作者在加工前就计划好夹紧位置及控制夹紧元件的高度，这样可以减少事故的发生。如果必须在加工过程中挪动夹紧位置，也需要事先说明，这些用程序和工序难以说明或表达清楚时，可以用进给路线图加以附加说明。

表8-34　数控加工程序单

零件名称			机　床		数控系统	
程序名称			程序员		日　期	
切削参数	切削速度		背吃刀量		进给量	
	粗：	精：	粗：	精：	粗：	精：
刀具参数						
程序号	程　序　段				说　明	

（二）数控车切削用量的选择

数控编程时，编程人员必须确定每道工序的切削用量，并以指令的形式写入程序中。数控车床加工中的切削用量包括背吃刀量、主轴转速或切削速度（用于恒线速切削）、进给速度或进给量。对于不同的加工方法，需要选用不同的切削用量。切削用量的选择原则是：保证零件加工精度和表面粗糙度，充分发挥刀具的切削性能，保证合理的刀具寿命，使刀具能加工完一个零件或保证刀具的寿命不低于一个工作班，至少不低于半个班的工作时间，并充分发挥机床的性能，最大限度提高生产率，降低成本。上述切削用量应在机床说明书给定的允许范围内选取。

1. 背吃刀量的选择

在工艺系统刚度和机床功率允许的条件下，尽可能选取较大的背吃刀量，以减少进给次数。当零件的精度要求较高时，则应考虑适当留出精车余量，所留精车余量一般比普通车削时所留的余量少，常取0.1~0.5mm。

2. 主轴转速的选择

（1）光车时主轴的转速　光车时主轴的转速应根据零件上被加工部位的直径，并按零件和刀具的材料及加工性质等条件所允许的切削速度来确定。切削速度除了计算和查表选取外，还可根据实践经验确定。需要注意的是交流变频调速数控车床的低速输出力矩小，因而切削速度不能太低。

（2）车螺纹时主轴的转速　车削螺纹时，原则上主轴的转速只要能保证主轴每转一周时，刀具沿主进给轴（多为 Z 轴）方向位移一个螺距即可。但在数控车床上车螺纹时，会受到以下几方面的影响。

1）螺纹加工程序段中指令的螺距值，相当于以进给量 f（单位为mm/r）表示的进给速

度 v_f，如果机床的主轴转速选择过高，其换算后的进给速度（单位为 mm/min）则必定大大超过正常值。

2）刀具在其位移过程的始终，都将受到服务驱动系统升/降频率和数控装置插补运算速度的约束，由于升/降频特性满足不了加工需要等原因，则可能因主进给运动产生的“超前”和“滞后”而导致部分螺纹的螺距不符合要求。

3）车削螺纹必须通过主轴的同步运行功能实现，即车削螺纹需要有主轴脉冲发生器（编码器）。当主轴转速选择过高时，通过编码器发出的定位脉冲（即主轴每转一周时所发出的一个基准脉冲信号）将可能因“过冲”（特别是当编码器的质量不稳定时）而导致工件螺纹产生乱纹（俗称“乱扣”）。

鉴于上述原因，不同的数控系统车螺纹时推荐使用不同的主轴转速范围。大多数经济数控车床的数控系统推荐车螺纹时的主轴转速 n 为

$$n \leqslant \frac{1200}{P} - k$$

式中 P——被加工螺纹的螺距（mm）；

k——保险系数，一般为 80。

3. 进给速度的选择

进给速度是数控机床切削用量中的重要参数，其大小直接影响表面粗糙度值和车削效率。主要根据零件的加工精度和表面粗糙度要求以及刀具、工件的材料性质选取。最大进给速度受机床刚度和进给系统的性能限制。确定进给速度的原则如下：

1）当工件的质量要求能够得到保证时，为提高生产效率，可选择较高的进给速度。一般在 200~300mm/min 范围内选取。

2）在切断、加工深孔或用高速钢刀具加工时，宜选择较低的进给速度，一般在 20~50mm/min 范围内选取。

3）当加工精度、表面粗糙度要求较高时，进给速度应选小些，一般在 20~50mm/min 范围内选取。

4）刀具空行程时，特别是远距离“回零”时，可以采用该机床数控系统设定的最高进给速度。

计算进给速度时，可查阅《切削用量手册》选取每转进给量 f，然后按公式 $v_f = fn$ 计算进给速度。

（三）磨削用量的选择

1. 外圆磨削用量的选择

微课视频（4）

（1）磨削用量的选择顺序　磨削用量的选择顺序是：先选工件速度 v_w（应计算出工件转速 n_w），再选轴向进给量 f_a，最后选径向进给量 f_r。

（2）选择的一般原则　磨削用量的选择原则是在保证工件表面质量的前提下，尽量提高生产率。磨削速度一般采用普通速度，即 $v_c \leqslant 35$m/s；有时采用高速磨削，即 $v_c > 35$m/s，如 45m/s、50m/s、60m/s、80m/s 或更高。

1）粗磨时，应选择较大的径向进给量和轴向进给量，使用粒度较粗的或修整得比较粗的砂轮。精磨时，应选择较小的径向进给量和轴向进给量，使用粒度较细的或修整得比较细的砂轮。

2）工件刚度好时，可选择较大的径向进给量和轴向进给量，但粗磨时也可采用较小的径向进给量而适当增大轴向进给量。

3）磨削细长工件时，应适当降低工件速度。

4）导热性差或强度和硬度较高的工件应选择较小的径向进给量。

5）使用切削性能好的砂轮、大气孔砂轮和铬刚玉、微晶刚玉砂轮等，可选择较大的径向进给量。

（3）外圆磨削用量　外圆磨削粗加工、精加工时，砂轮速度 $v_c \leqslant 35m/s$。纵向进给外圆磨削用量见表 8-35。

表 8-35　纵向进给外圆磨削用量

工件速度 v_w/(m/min)	工件磨削表面直径/mm	20	30	50	80	120	200
	粗　磨	10~20	11~22	12~24	13~26	14~28	15~30
	精磨非淬火钢及铸铁	15~30	18~35	20~40	25~50	30~60	35~70
	精磨淬火钢及耐热钢	20~30	22~35	25~40	30~50	35~60	40~70
轴向进给量 f_a/(mm/r)	粗　磨	$f_a=(0.5\sim0.8)B$					
	精　磨	表面粗糙度 Ra 值为 0.8μm　$f_a=(0.4\sim0.6)B$ 表面粗糙度 Ra 值为 0.4~0.2μm　$f_a=(0.2\sim0.4)B$					
径向进给量 f_r /(mm/单(或双)行程)	粗　磨	0.015~0.05					
	精　磨	0.005~0.01					

注：1. B 为砂轮宽度，单位为 mm。

2. 磨铸铁时，工件速度在建议的范围内取上限。

2. 无心外圆磨削用量的选择

无心外圆磨粗、精磨磨削用量见表 8-36、表 8-37。

表 8-36　无心外圆磨粗磨磨削用量

双面的磨削深度 $2a_p$/mm	工件磨削表面直径 d_w/mm									
	5	6	8	10	15	25	40	60	80	100
	纵向进给速度/(mm/min)									
0.10	—	—	—	1910	2180	2650	3660	—	—	—
0.15	—	—	—	1270	1460	1770	2440	3400	—	—
0.20	—	—	—	955	1090	1325	1830	2550	3600	—
0.25	—	—	—	760	875	1060	1465	2040	2880	3820
0.30	—	—	3720	635	730	885	1220	1700	2400	3190
0.35	—	3875	3200	545	625	760	1045	1450	2060	2730
0.40	3800	3390	2790	475	547	665	915	1275	1800	2380

注：1. 纵向进给速度建议不大于 4000mm/min。

2. 导轮倾斜角为 3°~5°。

3. 表内磨削用量能得到加工表面粗糙度 Ra 值 1.6μm。

表 8-37 无心外圆磨精磨磨削用量

(1)精磨行程次数 N 及纵向进给速度 v_f/(mm/min)

精度等级	工件磨削表面直径 d_w/mm																	
	5		10		15		20		30		40		60		80		100	
	N	v_f	N	v_f	N	v_f	N	v_f	N	v_f	N	v_f	N	v_f	N	v_f	N	v_f
IT5	3	1800	3	1600	3	1300	3	1100	4	1100	4	1050	5	1050	5	900	5	800
IT6	3	2000	3	2000	3	1700	3	1500	4	1500	4	1300	5	1300	5	1100	5	1000
IT7	2	2000	2	2000	3	2000	3	1750	3	1450	3	1200	4	1200	4	1100	4	1100
IT8	2	2000	2	2000	2	1750	2	1500	3	1500	3	1500	3	1300	3	1200	3	1200

纵向进给速度的修正系数

工件材料	壁厚和直径之比			
	>0.15	0.12~0.15	0.10~0.11	0.08~0.09
淬火钢	1	0.8	0.63	0.5
非淬火钢	1.25	1.0	0.8	0.63
铸钢	1.6	1.25	1.0	0.8

(2)与导轮转速及导轮倾斜角有关的纵向进给速度 v_f

导轮转速/(r/s)	导轮倾斜角								
	1°	1°30′	2°	2°30′	3°	3°30′	4°	4°30′	5°
	纵向进给速度 v_f/(mm/min)								
0.30	300	430	575	720	865	1000	1130	1260	1410
0.38	380	550	730	935	1110	1270	1450	1610	1790
0.48	470	700	930	1165	1400	1600	1830	2030	2260
0.57	550	830	1100	1370	1640	1880	2180	2380	2640
0.65	630	950	1260	1570	1880	2150	2470	2730	3040
0.73	710	1060	1420	1760	2120	2430	2790	3080	3440
0.87	840	1250	1670	2130	2500	2860	3280	3630	4050

纵向进给速度的修正系数

导轮直径/mm	200	250	300	350	400	500
修正系数	0.67	0.83	1.0	1.17	1.33	1.67

注：1. 精磨用量不应大于粗磨用量。

2. 表内的行程次数由砂轮宽度 B=150~200mm 计算得到；当 B=250mm 时，行程次数可减少 40%；当 B=400mm 时，减少 60%。

3. 导轮倾斜角磨削的公差等级为 IT5 时，用 1°~2°；公差等级为 IT6 时，用 2°~2°40′；公差等级为 IT8 时，用 2°30′~3°30′。

4. 精磨的进给速度建议不大于 2000mm/min。

5. 磨轮的寿命为 900s。

6. 精磨中最后一次行程的磨削深度：公差等级为 IT5 时为 0.015~0.02mm；公差等级为 IT6~IT7 时为 0.02~0.03mm；其余几次都是半精磨行程，其磨削深度为 0.04~0.05mm。

3. 高速磨削用量的选择

高速外圆磨削钢件的磨削用量见表 8-38。

表 8-38　高速外圆磨削钢件的磨削用量

砂轮速度/(m/s)	纵向磨削		切入磨削进给速度/(mm/min)	速比(砂轮速度/工件速度)
	纵向进给速度/(m/s)	磨削深度/mm		
45	0.016~0.033	0.015~0.02	1~2	60~90
50~60	0.033~0.042	0.02~0.03	2~2.5	
80	0.02~0.05	0.04~0.05	2.5~3	60~100

(四) 机动时间（基本时间）的计算

1. 车削和镗削机动时间的计算

车削和镗削加工的常用符号：

T_j——机动时间（min）；
L——刀具或工作台行程长度（mm）；
l——切削加工长度（mm）；
l_1——刀具切入长度（mm）；
l_2——刀具切出长度（mm）；
l_3——试切附加长度（mm）；
d——工件或刀具直径（mm）；
v_c——切削速度（m/min）；
f——主轴每转刀具进给量（mm/r）；
n——机床主轴转速（r/min）；
i——进给次数；
a_p——背吃刀量（mm）。

车削和镗削机动时间的计算公式见表 8-39。单件小批生产时的试切附加长度 l_3 按表 8-40 选取。

表 8-39　车削和镗削机动时间的计算公式　（单位：mm）

加工示意图	计 算 公 式	备　注
车外圆和镗孔	$T_j=\frac{L}{fn}i=\frac{l+l_1+l_2+l_3}{fn}i$ $l_1=\frac{a_p}{\tan\kappa_r}+(2\sim3)$ $l_2=3\sim5$	1)当加工到台阶时，$l_2=0$ 2) l_3 的值见表 8-40 3)主偏角 $\kappa_r=90°$时，$l_1=2\sim3$

（续）

加工示意图	计算公式	备　注
车端面、切断或车圆环端面、切槽 d　d_1　车圆环　f d　l_2　车端面　f	$T_j=\frac{L}{fn}i$ $L=\frac{d-d_1}{2}+l_1+l_2+l_3$	1）车槽时，$l_2=l_3=0$，切断时，$l_3=0$ 2）d_1 为车圆环的内径或车槽后的底径 3）车实体端面和切断时，$d_1=0$

表 8-40　试切附加长度 l_3　（单位：mm）

测量尺寸	测量工具	l_3
—	游标卡尺、钢直尺、卷尺、内卡钳、塞规、样板、深度尺	5
≤250	卡规、外卡钳、千分尺	3~5
>250		5~10
≤1000	内径百分尺	5

2. 磨削机动时间的计算

磨削加工的常用符号：

z_b——单面加工余量（mm）；　B——砂轮宽度（mm）；

f_a——轴（纵）向进给量（mm/r）；　n_w——工件每分钟转速（r/min）；

f_{rs}——单行程磨削深度（或横向）进给量（mm/单行程）；

f_{rd}——双行程磨削深度（或横向）进给量（mm/双行程）；

v_r——切入法磨削进给速度（mm/min）；　f_{ra}——切入法磨削深度（mm/r）；

K——考虑磨削加工终了时的无火花磨削及为消除加工面形状误差而进行局部修磨的系数，其值见表 8-41 和表 8-42。

表 8-41　外圆磨削的修磨系数 K

磨削方法	加工表面的形状	加工性质和表面粗糙度			
		粗　磨	精　磨		
			$Ra0.8\mu m$	$Ra0.4\mu m$	$Ra0.2\mu m$
纵磨	圆柱体	1.1	1.4	1.4	1.55
切入磨	圆柱体	1.1	1.0	1.0	—
	圆柱体带 1 个圆角	1.3	1.3	1.3	—
	圆柱体带 2 个圆角	1.65	1.65	1.65	—
	端面	—	1.4	1.4	—

表 8-42　无心磨、内圆磨和平面磨削的修磨系数 K

磨削方法	磨削精度/mm				
	≤0.1	0.10~0.07	0.07~0.05	0.05~0.03	0.03~0.02
无心磨(通磨)	—	1.05	1.3	1.3	1.3
内圆磨	1.1	1.25	1.4	1.7	2.0
平面磨	1.0	1.07	1.2	1.44	1.7

磨削机动时间的计算公式见表 8-43。

表 8-43　磨削机动时间的计算公式

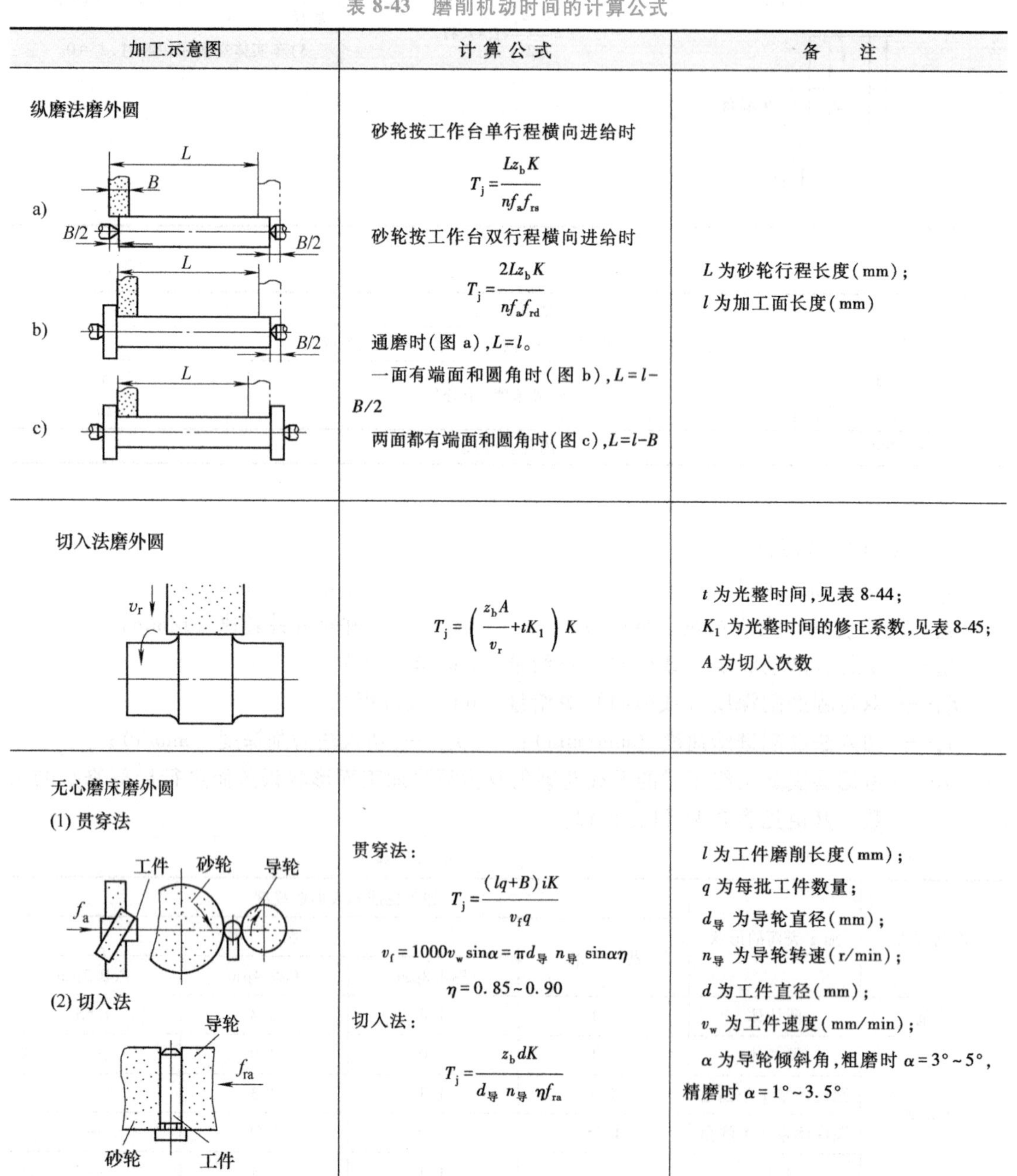

加工示意图	计算公式	备注
纵磨法磨外圆	砂轮按工作台单行程横向进给时 $$T_j=\frac{Lz_bK}{nf_af_{rs}}$$ 砂轮按工作台双行程横向进给时 $$T_j=\frac{2Lz_bK}{nf_af_{rd}}$$ 通磨时(图 a),$L=l$。 一面有端面和圆角时(图 b),$L=l-B/2$ 两面都有端面和圆角时(图 c),$L=l-B$	L 为砂轮行程长度(mm); l 为加工面长度(mm)
切入法磨外圆	$$T_j=\left(\frac{z_bA}{v_r}+tK_1\right)K$$	t 为光整时间,见表 8-44; K_1 为光整时间的修正系数,见表 8-45; A 为切入次数
无心磨床磨外圆 (1) 贯穿法 (2) 切入法	贯穿法: $$T_j=\frac{(lq+B)iK}{v_fq}$$ $$v_f=1000v_w\sin\alpha=\pi d_{导}\ n_{导}\ \sin\alpha\eta$$ $$\eta=0.85\sim0.90$$ 切入法: $$T_j=\frac{z_bdK}{d_{导}\ n_{导}\ \eta f_{ra}}$$	l 为工件磨削长度(mm); q 为每批工件数量; $d_{导}$ 为导轮直径(mm); $n_{导}$ 为导轮转速(r/min); d 为工件直径(mm); v_w 为工件速度(mm/min); α 为导轮倾斜角,粗磨时 $\alpha=3°\sim5°$,精磨时 $\alpha=1°\sim3.5°$

（续）

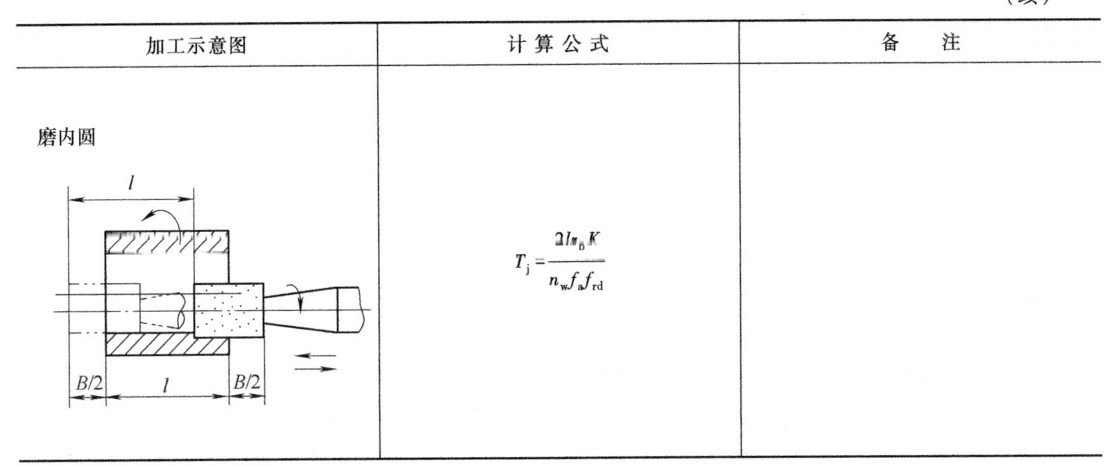

加工示意图	计算公式	备注
磨内圆	$T_j = \dfrac{2 l n_b K}{n_w f_a f_{rd}}$	

光整时间及其修正系数分别见表 8-44 和表 8-45。

表 8-44　光整时间 t　（单位：min）

工件的磨削表面直径 d/mm	表面粗糙度 Ra0.8μm									表面粗糙度 Ra0.4μm								
	工件的磨削表面长度 l/mm									工件的磨削表面长度 l/mm								
	20	30	40	50	60	80	100	120	150	20	30	40	50	60	80	100	120	150
20	0.05	0.07	0.10	0.13	0.15	0.20	0.26	0.31	0.42	0.08	0.11	0.16	0.21	0.24	0.32	0.42	0.50	0.67
30	0.06	0.09	0.12	0.15	0.19	0.25	0.32	0.38	0.52	0.10	0.14	0.19	0.24	0.30	0.40	0.51	0.60	0.83
40	0.07	0.10	0.14	0.17	0.21	0.28	0.36	0.43	0.57	0.12	0.16	0.22	0.27	0.34	0.45	0.57	0.70	0.95
50	0.08	0.12	0.16	0.19	0.24	0.32	0.41	0.50	0.67	0.14	0.19	0.25	0.30	0.39	0.51	0.66	0.80	1.08
60	0.09	0.13	0.17	0.22	0.26	0.35	0.46	0.55	0.73	0.15	0.21	0.27	0.35	0.42	0.56	0.73	0.90	1.15
80	0.10	0.15	0.19	0.25	0.30	0.40	0.51	0.63	0.84	0.16	0.24	0.30	0.40	0.48	0.64	0.82	1.00	1.35
100	0.11	0.16	0.22	0.27	0.36	0.45	0.57	0.69	0.92	0.18	0.26	0.35	0.45	0.60	0.72	0.91	1.10	1.45
120	0.12	0.18	0.25	0.31	0.40	0.50	0.65	0.80	1.05	0.19	0.29	0.40	0.50	0.64	0.80	1.05	1.30	1.70
150	0.13	0.20	0.28	0.35	0.43	0.57	0.72	0.90	1.20	0.21	0.32	0.45	0.56	0.69	0.91	1.15	1.45	1.90

表 8-45　光整时间的修正系数 K_1

工件材料	公差等级 IT5 和 IT6							公差等级 IT7 和 IT8						
	直径余量/mm													
	0.2	0.3	0.4	0.5	0.6	0.8	1.0	0.2	0.3	0.4	0.5	0.6	0.8	1.0
耐热钢	0.9	1.10	1.30	1.40	1.50	1.75	2.00	1.10	1.30	1.50	1.75	1.90	2.20	2.50
非淬火钢及铸铁	0.8	0.95	1.11	1.25	1.36	1.58	1.76	1.00	1.20	1.40	1.60	1.70	2.00	2.20
淬火钢	0.64	0.77	0.89	1.00	1.09	1.26	1.41	0.80	0.95	1.11	1.20	1.36	1.58	1.76

四、思考与练习

1. 与普通机械加工工艺相比较，数控加工工艺有什么特殊要求？

2. 试选择 LK32-20207 主轴工序 90 工步 1 中粗磨支承轴颈 ϕ（75±0.0095）mm 的磨削用量。

3. 试计算 LK32-20207 主轴工序 90 工步 1 中粗磨支承轴颈 ϕ（75±0.0095）mm 的机动时间。

大国工匠——宁允展

CRH380A 型列车，曾以世界第一的速度试跑京沪高铁，可以说是中国高铁的一张国际名片。打造这张名片的，有一位不可或缺的人物，他就是高铁首席研磨师——宁允展。

宁允展是 CRH380A 型列车的首席研磨师，是中国第一位从事高铁列车转向架“定位臂”研磨的工人，从事该工序的工人全国不超过 10 人。他研磨的转向架装上了 644 列高速动车组，奔驰 8.8 亿 km，相当于绕地球 22000 圈。宁允展坚守生产一线 24 年，他曾说，“我不是完人，但我的产品一定是完美的。”做到这一点，需要一辈子踏踏实实做手艺。486.1km/h，这是 CRH380A 型列车在京沪高铁跑出的最高时速，它刷新了高铁列车试验运营速度的世界纪录。如果把高铁列车比作一位长跑运动员，车轮是脚，转向架就是腿，而宁允展研磨的定位臂就是脚踝。宁允展对技术的掌控和精准把握，让国外专家都竖起了大拇指。宁允展说：“工匠就是凭实力干活，实事求是，想办法把手里的活干好，这是本分。”

项目九

主轴零件的质量检测与质量分析

最终目标：会检测主轴零件，能分析加工方法对零件质量的影响因素。

促成目标：

1）会使用千分尺、千分表、表面粗糙度测量仪。

2）会检测主轴零件。

3）会分析加工方法对零件质量的影响因素。

模块一 主轴零件的加工质量检测

一、教学目标

最终目标：会使用千分尺、千分表、表面粗糙度测量仪检测主轴零件。

促成目标：

1）会使用千分尺、千分表、表面粗糙度测量仪。

2）能掌握主轴检测要点。

3）会检测主轴零件。

二、案例分析

微课视频（1）

微课视频（2）

主轴零件的加工质量检测指主轴零件精密加工后的加工精度和表面质量检测。LK32-20207 主轴零件的加工质量检测主要为以下四个方面。

1. 尺寸精度及形状精度的检测

这种检测一般用螺旋千分尺进行测量。在同一圆柱面上多测量几个点，如在 $\phi(75\pm0.0095)$mm 圆柱面右端圆周上呈 45°方向测量 4 个点，在 $\phi(75\pm0.0095)$mm 圆柱面左端圆周上呈 45°方向测量 4 个点。一般把右端 4 个点或左端 4 个点的最大值与最小值之差看成是圆度误差，将 8 个点的最大值与最小值之差看成是圆柱度误差。$\phi(75\pm0.0095)$mm、ϕ(65±

0.0085)mm 的圆柱度公差只有 0.005mm，因此在测量时使用螺旋千分尺的经验很重要。一般要配备一副量规，用于经常校对千分尺。如测量精度要求更高，就得用圆度仪或三坐标测量仪，以减少人的视觉误差，测量结果更精确。

2. 锥面尺寸的检测

对于一般无配合要求的锥面，可用游标卡尺测量大端、小端及长度尺寸。在 LK32-20207 主轴的前端，有两处锥面，即 1∶4 的外锥面和莫氏 6 号的内锥面，两处锥面的质量好坏对机床精度影响很大，因此检测要求很高。一般来说，测量锥面最好、最准确的方法是用涂色法检查，如 1∶4 短锥的测量，第一步在被检测的外锥面上沿锥度方向涂上 3 条宽 10mm 左右的蓝油，蓝油要涂得薄而均匀；第二步用 J02/LK32-20207 环规套在被检测的外锥面上，轻轻转动环规；第三步取下环规，检查蓝油研磨的痕迹与整个蓝油长度方向的比例，就是接触长度；第四步，擦净被测锥面与环规上的蓝油；第五步，将环规重新套上被测锥面，用塞尺测量环规端面与主轴法兰面的距离，这就是锥面大端尺寸。一般将环规尺寸作为“零”位尺寸，塞尺测得的厚度尺寸除以 4，就是锥面大端尺寸的公差。

由于主轴锥面长度太短，测量时很容易产生误差，因此在设计环规时，要增加一辅助支承，即在环规后端增加一固定的圆孔，在主轴前端内锥孔压入一定位心轴（将 M01-01/LK32-20207 锥堵外露端的外圆尺寸磨成与环规支承孔小间隙配合的尺寸）。

3. 表面粗糙度的检测

在实际使用中，主轴表面与其他零件表面不产生滑动，因此对表面粗糙度的要求并不是很高，一般使用表面粗糙度样板对照就可以了。表面粗糙度样板是根据不同的加工方法分别制作的，有车加工工序用的、刨加工工序用的、铣加工工序用的、磨加工工序用的等。LK32-20207 主轴表面粗糙度检测为磨加工用表面粗糙度样板。

4. 位置精度的检测

LK32-20207 主轴零件的位置公差主要有三类：同轴度、圆跳动和对称度。

（1）同轴度的测量　正规的同轴度测量方式一般用圆度仪或三坐标测量仪，在被测物体的若干圆周上测量，然后经计算机计算获得。这种检测方法虽然精度高，但比较麻烦，且这些检测设备也不够普及，因此只有在特殊情况下才使用。一般的测量方式与测量圆跳动相同，圆跳动值中最大值的一半，就是同轴度误差。

（2）圆跳动的测量　一般轴类零件圆跳动的测量，是将零件两端的中心孔顶在偏摆仪上，测量用的百分表（或千分表）与被测表面接触，转动零件并记录指针变化，计算得到最大值与最小值之差即为圆跳动值。

注意：①测头与零件表面接触过程中，压表不要过多，0.2～0.3mm 就可以。②测头轴线尽量与工件轴线垂直。③在同一圆柱表面上，多测量几个点，取其中最大值。

LK32-20207 主轴的测量方法与上面提到的略有不同，因为它的基准在两处圆柱的轴线上［ϕ(75±0.0095)mm 和 ϕ(65±0.0085)mm］，而非在零件的轴线上。测量时，需在 ϕ(75±0.0095)mm 和 ϕ(65±0.0085)mm 两圆柱面位置安装两支承点（原理等同于 V 形块，支承点与圆柱表面接触要少），主轴后端锥孔内装一锥堵，锥堵的中心孔内用润滑脂粘上一大小合适的钢球，钢球既与锥堵中心孔相切，又必须露出锥堵的端面，再在后端装一角铁作为支承，顶住钢球，防止工件在转动过程中产生轴向窜动，然后用百分表（或千分表）按需要进行检测。

此外，LK32-20207 主轴莫氏 6 号锥孔的圆跳动还有近轴端和离轴端 300mm 处两个要求。测量时，首先要加工一根检测心轴，一端为莫氏 6 号，另一端为圆柱面，圆柱长度最少 300mm 以上（一般在 320mm 左右），心轴最好是中空的，既可减轻重量，又可防止心轴变形及在检测过程中重心偏移。然后把心轴插入莫氏 6 号锥孔，用百分表（或千分表）分别测量心轴靠近主轴大端和距离主轴端面 300mm 的位置，百分表（或千分表）的读数差就是两处的圆跳动值。

LK32-20207 主轴上 M72×1.5-6g、M65×1.5-6g 的同轴度公差均为 ϕ0.05mm，由于螺纹测量比较困难，一般都不检测，只有靠工艺来保证。

（3）对称度的测量　加工一厚度与键槽一样宽的定位块，压入键槽，然后在两支承轴颈位置用两支承点支承（同测量圆跳动一样），用百分表拉平定位块的上平面，并记录读数；再将主轴旋转 180°，用相同的方法测量定位块的另一侧读数，并记录，两侧读数之差，就是键槽的对称度误差。

三、相关知识

（一）主轴零件的加工质量检验概述

检验是确保主轴零件加工质量的一个重要环节。

轴类零件的检验包括加工精度检验和表面质量检验两个方面。加工精度包括尺寸精度、形状精度、位置精度；表面质量包括表面几何形状特征和表面力学物理性能变化。对重要的轴和精密主轴，还要进行表层物理性能检验。通过检验可以确定零件是否达到设计要求。

检验工作分成品检验和工序间检验。工序间检验可以检查出工序中存在的问题，便于及时纠正及监督工艺过程的正常进行。

轴类零件的工作图是检验的依据。检验时，首先检验各表面的尺寸精度和形状精度是否合格，然后检验表面粗糙度是否达到图样要求，最后在专用检验夹具上检验位置精度。成批生产、工艺稳定时，可采用抽检的方式。主要表面的硬度检验在热处理车间进行。根据生产批量不同，表面粗糙度采用比较法或表面轮廓仪检验。尺寸精度可采用通用量具或专用量具检验。位置精度的检验则需要一定的专用检验夹具。主轴锥孔的接触精度采用锥度量规、涂色法检验。

从检验的时间来分，检验主要分为加工中的检验和加工后的检验。

（1）加工中的检验　检验时，自动测量装置作为辅助装置安装在机床上。这种检验方式能在不影响加工的情况下，根据测量结果，主动地控制机床的工作过程，如改变进给量，自动补偿刀具磨损，自动退刀、停机等，使之适应加工条件的变化，防止产生废品，故又称为主动检验。主动检验属在线检测，即在设备运行，生产不停顿的情况下，根据信号处理的基本原理，掌握设备运行的状况，对生产过程进行预测、预报及必要调整。在线检测在机械制造中的应用越来越广。

（2）加工后的检验　单件小批生产时，尺寸精度一般用外径千分尺检验；大批量生产时，常采用光滑极限量规检验，长度大而精度高的工件可用比较仪检验。表面粗糙度可用粗糙度样板进行检验；要求较高时，则用光学显微镜或轮廓仪检验。圆度误差可由千分尺测出的工件同一截面内直径的最大差值来确定，也可用千分表借助 V 形块来测量，若条件许可，可用圆度仪检验。圆柱度误差通常由千分尺测出同一轴向剖面内直径最大值与最小值之差的方法来确定。主轴相互位置精度的检验一般以轴两端顶尖孔或工艺锥堵上的顶尖孔为定位基准，在两支承轴颈上方分别用千分表测量。

（二）千分表及其使用方法

千分表是一种高精度的长度测量工具，广泛用于测量工件的几何形状误差及相互位置误差，适用于尺寸公差等级为IT5～IT7的零件的校正和检验。千分表按其制造精度可分为0级、1级、2级三种，0级精度较高。使用时，应按照零件的形状和精度要求，选用合适的千分表的精度等级和测量范围，如图9-1、图9-2所示。

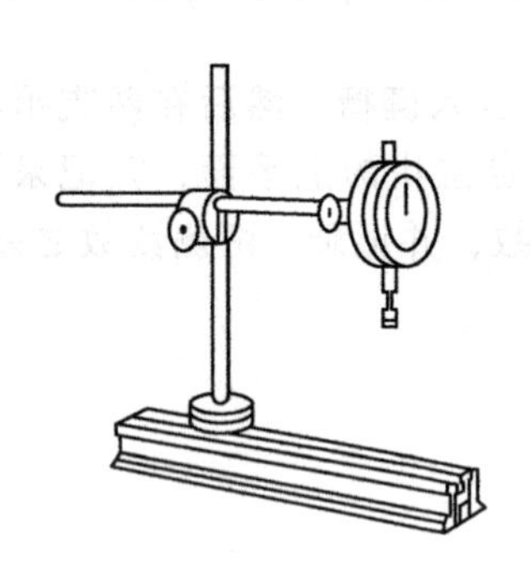
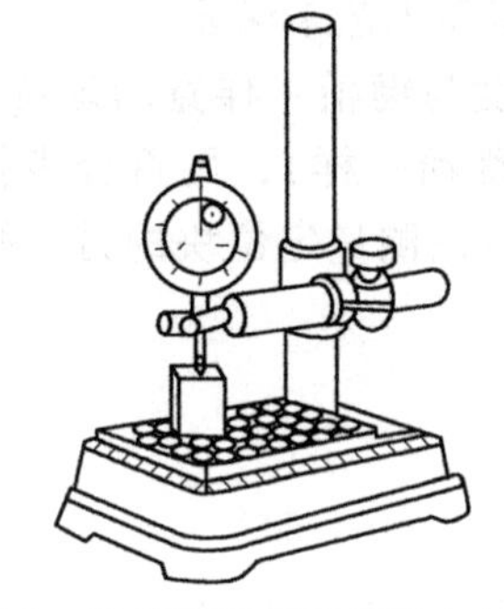
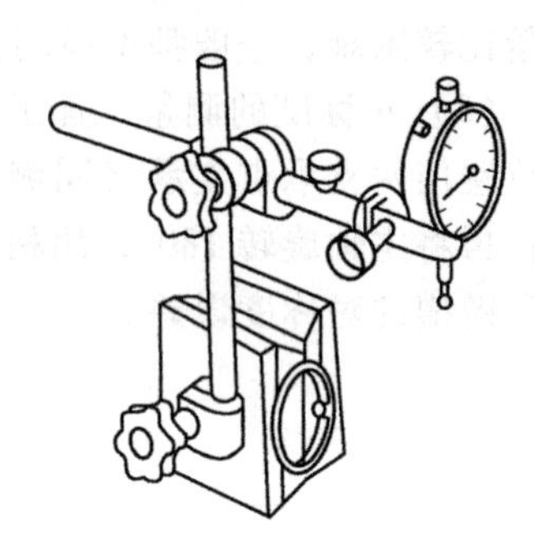

图9-1　安装在专用夹持架上的千分表

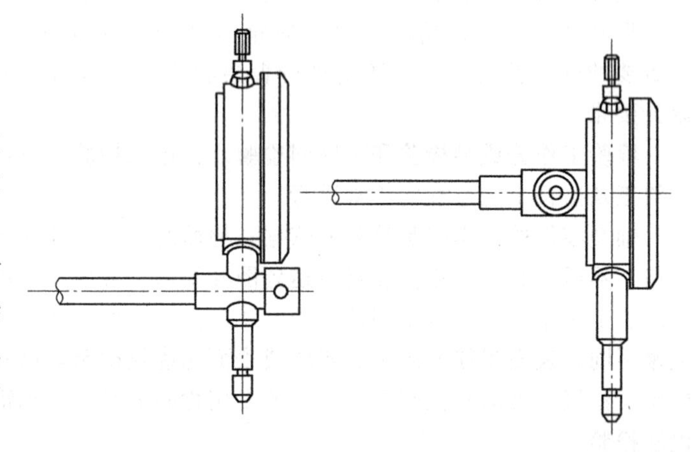

图9-2　千分表的安装方法

使用千分表时，应注意：

1）测量前，必须把千分表固定在可靠的表架上，并要夹牢；要多次提拉千分表的测量杆，放下测量杆与工件接触，观察其重复指示值是否相同。

2）为了保证测量精度，千分表测量杆必须与被测工件表面垂直，即使测量杆的轴线与被测量尺寸的方向一致，否则将使测量杆活动不灵活或使测量结果不准确。

3）测量时，可用手轻轻提起测量杆的上端，然后把工件移至测头下，注意不准把工件强行推入测量头下，更不准用工件撞击测头，以免影响测量精度和撞坏千分表。为了保持一定的起始测量力，测头与工件接触时，测量杆应有至少0.1mm的压缩量。

4）测量时，不要使测量杆的行程超过它的测量范围；不要使测头突然撞在零件上；也不要使千分表受到剧烈的振动和撞击，免得损坏千分表的机件而失去精度。用千分表测量表面粗糙度或有显著凹凸不平的零件是错误的。

5）为了保证千分表的灵敏度，测量杆上不要加油，以免油污进入表内。

6）千分表不使用时，应使测量杆处于自由状态，免使表内的弹簧失效。如内径百分表上的百分表，在不使用时应拆下来保存。

（三）主轴零件的圆度、圆柱度及跳动检测

圆度表示零件上圆的要素的实际形状与其中心保持等距的情况，即通常所说的圆整程度。圆度公差是在同一截面上，实际圆对理想圆所允许的最大变动量。

圆柱度表示零件上圆柱面外形轮廓上的各点，对其轴线保持等距的状况。圆柱度公差是实际圆柱面对理想圆柱面所允许的最大变动量。

跳动公差是指关联实际要素绕基准轴线回转一周或连续回转时所允许的最大跳动量。跳动公差包括圆跳动和全跳动。圆跳动是被测实际要素绕基准轴线做无轴向移动、回转一周中，由位置固定的指示表在给定方向上测得的最大读数与最小读数之差。全跳动是被测实际要素绕基准轴线做无轴向移动的连续回转，同时指示器沿理想素线连续移动，由指示表在给定方向上测得的最大读数与最小读数之差。

圆度是形状公差，没有基准，测量的值只要满足所给的区间即可。圆跳动属于位置公差，是相对基准来说的。对于轴类零件，圆跳动在生产中可通过顶尖座上的百分表或千分表进行测量，而圆度可用圆度仪进行测量。圆跳动一般比圆度数值大，可用偏摆仪或 V 形架检查。圆度的精度不高时，可以用杠杆千分尺、两点法测量比较。

跳动和圆柱度的测量器具主要有杠杆表、高度尺、V 形架以及专用的支架等。

检查工件的圆度、圆柱度或跳动时，如图 9-3 所示，将工件放在 V 形架上或专用支架上，使测头与工件表面接触，并调整指针使其摆动，然后将刻度盘零位对准指针，接着慢慢地移动表座或工件，当指针顺时针方向摆动时，说明工件偏高，逆时针方向摆动则说明工件偏低。

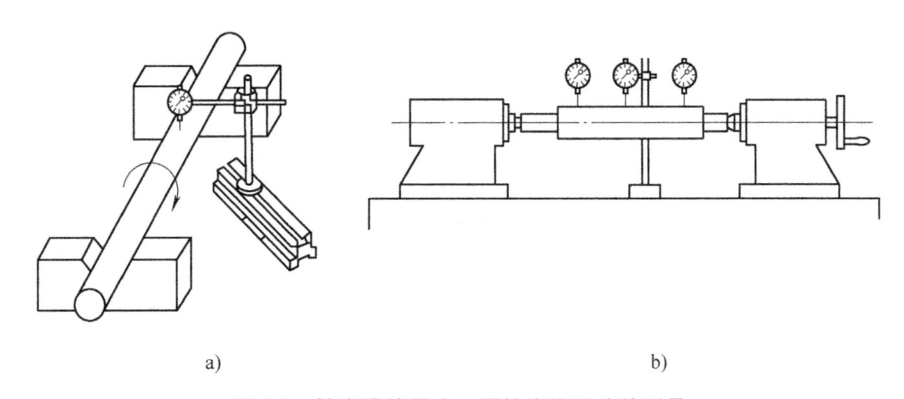

图 9-3 轴类零件圆度、圆柱度及跳动的测量

a）工件放在 V 形架上 b）工件放在专用支架上

测量轴时，以指针摆动的最大数字为读数（最高点）；测量孔时，以指针摆动的最小数字（最低点）为读数。

（四）表面粗糙度的检测

表面粗糙度是零件最重要的特性之一，在计量科学中，表面质量的检测具有重要的地位。最早人们用标准样件或样块，通过肉眼观察或用手触摸，对表面粗糙度做出定性的综合评定。1929 年，德国的施马尔茨（G. Schmalz）首先对表面微观不平度的深度进行了定量测量。1936 年，美国的艾卜特（E. J. Abbott）研制成功了第一台车间用的测量表面粗糙度的轮廓仪。1940 年，英国 Taylor-Hobson 公司研制成功了表面粗糙度测量仪“泰吕塞夫（TALYSURF）”。以后，各国又相继研制出了多种测量表面粗糙度的仪器。目前，测量表面粗糙度常用的方法有比较法、光切法、干涉法、针描法和印模法等。表面粗糙度检测的程序如下：

1）目测检查。当工件表面粗糙度比规定的表面粗糙度明显好或不好时，不需用更精确的方法检验。工件表面存在着明显影响表面功能的表面缺陷时，选择目测法检验判定。

2）比较检查。若用目测检查不能做出判定，可采用视觉或显微镜及表面粗糙度比较样块进行比较判定。

3）仪器检查。若用表面粗糙度比较样块比较检查不能做出判定，应采用仪器测量。

① 对不均匀表面，在最有可能出现表面粗糙度参数极限值的部位上进行测量。

② 对表面粗糙度均匀的表面，应在几个均布位置上分别测量，至少测量3次。

③ 当给定表面粗糙度参数上限或下限时，应在表面粗糙度参数可能出现最大值或最小值处测量。

④ 表面粗糙度参数注明是最大值的要求时，通常在表面可能出现最大值（如有一个可见的深槽）处，至少测量3次。

具体检测方法见表9-1。

表9-1 检测表面粗糙度的常用方法

序号	检验方法	适用参数及范围/μm	说明
1	样块比较法	直接目测 Ra>2.5； 用放大镜 Ra：0.32~0.5	以表面粗糙度比较样块工作面上的表面粗糙度为标准，用视觉法或触觉法与被测表面进行比较，以判定被测表面是否符合规定。用样块进行比较检验时，样块和被测表面的材质、加工方法应尽可能一致。样块比较法简单易行，适合在生产现场使用
2	显微镜比较法	Ra<0.32	将被测表面与表面粗糙度比较样块靠近在一起，用比较显微镜观察两者被放大的表面；以样块工作面上的表面粗糙度为标准，观察比较被测表面是否达到相应样块的表面粗糙度，从而判定被测表面粗糙度是否符合规定。此方法不能测出表面粗糙度参数值
3	电动轮廓仪比较法	Ra：0.025~6.3 Rz：0.1~25	电动轮廓仪系触针式仪器。测量时，仪器触针尖端在被测表面垂直于加工纹理方向的截面上做水平移动，从指示仪表直接得出一个测量行程 Ra 值。这是 Ra 值测量最常用的方法。或者用仪器的记录装置描绘表面粗糙度轮廓曲线的放大图，再计算 Ra 或 Rz 值。此类仪器适合在计量室使用。但便携式电动轮廓仪可在生产现场使用
4	光切显微镜测量法	Rz：0.8~100	光切显微镜（双管显微镜）利用光切原理测量表面粗糙度。从目镜观察表面粗糙度轮廓图像，用测微装置测量 Rz 值和 Ra 值。也可通过测量描绘出轮廓图像，再计算 Ra 值。因其方法较繁而不常用。必要时，可将表面粗糙度轮廓图像拍照下来评定。光切显微镜适合在计量室使用
5	干涉显微镜测量法	Rz：0.032~0.8	干涉显微镜利用光波干涉原理，以光波波长为基准来测量表面粗糙度。被测表面有一定的表面粗糙度就呈现出凸凹不平的峰谷状干涉条纹，通过目镜观察、利用测微装置测量这些干涉条纹的数目和峰谷的弯曲程度，即可计算出表面粗糙度的 Ra 值。必要时，还可将干涉条纹的峰谷拍照下来评定。干涉法适用于精密加工的表面粗糙度测量，适合在计量室使用
6	针描法	Ra：0.02~10	针描法又称触针法。当触针直接在工件被测表面上轻轻划过时，由于被测表面轮廓峰谷起伏，触针将在垂直于被测轮廓表面方向上产生上下移动，触针的上下运动通过传感器转换为电信号加以放大，然后通过指示表或其他输出装置将有关表面粗糙度的数据或图形输出来。这种仪器适用于测定0.02~10μm的 Ra 值，其中有少数型号仪器还可测定更小的参数值。仪器配有各种附件，以适应平面、内外圆柱面、圆锥面、球面、曲面，以及小孔、沟槽等形状的表面测量。常用的仪器是电动轮廓仪，测量迅速方便，测量精度高

四、思考与练习

1. 主轴零件的加工质量检测包括哪些主要内容？
2. 主轴零件检测常用的仪器有哪些？
3. 试分析 LK32-20207 主轴加工质量检测的主要指标。

模块二　主轴零件的加工质量分析

一、教学目标

最终目标：会分析加工方法对零件加工质量的影响因素。

二、案例分析

微课视频（3）

微课视频（4）

微课视频（5）

LK32-20207 主轴零件的质量分析主要从两个方面进行：

（1）零件的加工质量分析　主要对每道工序机械加工（或热处理）后的质量进行分析。

1）分析每道工序加工后产生不合格零件的原因。

2）分析上道工序的加工对下道工序的影响。

3）分析主轴零件每道工序的加工余量是否合理。

（2）零件加工后装配成车床的质量分析

1）分析与主轴上的其他零件的配合情况。

2）分析主轴装配后的动平衡状态。

3）分析主轴装配的调试过程。

主轴零件在动态状态下的质量才是最重要的。

三、相关知识

（一）机械加工精度概述

1. 加工精度与加工误差

加工误差类型

加工精度是加工后零件表面的实际尺寸、形状、位置三种几何参数与图样要求的理想几何参数的符合程度。理想的几何参数，对尺寸而言，就是平均尺寸；对表面几何形状而言，就是绝对的圆、圆柱、平面、锥面和直线等；对表面之间的相互位置而言，就是绝对的平行、垂直、同轴、对称等。零件的实际几何参数与理想几何参数的偏离数值称为加工误差。

机械加工精度包括尺寸精度、形状精度和位置精度三个方面。

（1）尺寸精度　加工后的零件表面本身或表面之间的实际尺寸与理想零件尺寸之间的符合程度。

（2）形状精度　加工后的零件表面本身的实际形状与理想零件表面形状相符合的程度。

（3）位置精度　加工后零件各表面间的实际位置与理想零件表面间的位置相符合的程度。

零件的尺寸精度、形状精度和位置精度之间是存在联系的。通常形状公差应限制在位置公差之内，而位置公差应限制在尺寸公差之内。

加工精度与加工误差都是评价加工表面几何参数的术语。加工精度用公差等级衡量，等级值越小，其精度越高；加工误差用数值表示，数值越大，其误差越大。加工精度高，就是加工误差小，反之亦然。

任何加工方法所得到的实际参数都不会绝对准确，从零件的功能看，只要加工误差在零件图要求的公差范围内，就认为保证了加工精度。

2. 影响加工精度的因素

由机床、夹具、刀具和工件组成的机械加工工艺系统（简称工艺系统）会产生各种各样的误差，这些误差在各种不同的具体工作条件下都会以各种不同的方式（或扩大、或缩小）反映为工件的加工误差。

工艺系统中凡是能直接引起加工误差的因素都称为原始误差，它们是工件产生加工误差的根源。工艺系统的原始误差主要有以下几种：

1）加工原理误差。

2）工艺系统的几何误差。包括机床的几何误差、调整误差、刀具和夹具的制造误差、工件的安装误差，以及工艺系统磨损所引起的误差。

3）工艺系统受力变形所引起的误差。

4）工艺系统受热变形所引起的误差。

5）工件内应力引起的误差。

（二）加工原理误差

加工原理误差是由于采用了近似的成形运动或近似的切削刃轮廓进行加工所产生的误差。在实践中，完全精确的加工原理常常很难实现，或者加工效率低，或者使机床或刀具的结构极为复杂、难以制造。有时由于连接环节多，使机床传动链中的误差增加，或使机床的刚度和制造精度很难保证。

如用滚刀切削渐开线齿轮时，滚刀应为一渐开线蜗杆。而实际上为了使滚刀制造方便，采用阿基米德基本蜗杆或法向直廓基本蜗杆代替渐开线蜗杆，从而在加工原理上产生了误差。另外，由于滚刀的切削刃数量有限，齿形是由各个刀齿轨迹的包络线所形成，所切出的齿形实际上是一条近似渐开线的折线，而不是光滑的渐开线。又如用模数铣刀成形铣削齿轮，对于每种模数只用一套（8~15 把）铣刀来分别加工一定齿数范围内的所有齿轮，由于每把铣刀是按照一种模数的一种齿数设计制造的，因而加工其他齿数的齿轮时，齿形就有了误差。再如车削模数蜗杆时，由于蜗杆的螺距等于蜗轮的齿距 πm，其中 m 为模数，π 是一个无理数，但是车床交换齿轮的齿数是整数值，因此在选择交换齿轮时，只能将 π 化为近似的分数值计算，因而产生了由刀具相对工件的成形运动不准确而引起的加工原理误差。

采用近似的成形运动或近似的切削刃轮廓虽然会带来加工原理误差，但往往可简化机床或刀具的结构，反而能得到较高的加工精度。因此，只要其误差不超过规定的精度要求，在生产中仍能得到广泛的应用。

（三）工艺系统的几何误差

1. 机床的几何误差

（1）机床主轴的回转运动误差

1）主轴的回转运动误差概述。机床主轴的回转精度对工件的加工精度有直接影响。主轴的回转精度是指主轴的实际回转轴线相对其平均回转轴线（实际回转轴线的对称中心）的漂移。理论上，主轴回转时，其回转轴线的空间位置是固定不变的，即瞬时速度为零。但由于主轴部件在加工、装配过程中的各种误差和回转时的受力、受热等因素，使主轴在每一瞬时的回转轴线的空间位置处于变动状态，造成轴线漂移，形成回转误差。

主轴的回转误差可分为三种基本形式：轴向圆跳动、径向圆跳动和角度摆动，如图 9-4 所示。

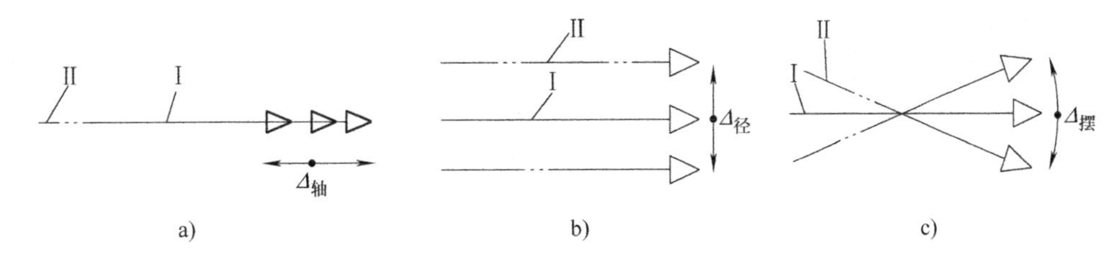

图 9-4　主轴回转误差的基本形式

a）轴向圆跳动　b）径向圆跳动　c）角度摆动

Ⅰ—理想回转轴线　Ⅱ—实际回转轴线

实际上，主轴工作时，其回转误差综合地影响着主轴的回转精度，从而影响工件的加工精度。主轴的回转误差对加工精度的影响如下：

① 轴向圆跳动。对内、外圆柱面车削或镗孔影响不大。主要影响端面形状和轴向尺寸的精度。车削螺纹时，使导程产生误差。

② 径向圆跳动。车削内、外圆柱面时，设通过刀尖的工件表面的法线方向为 y 方向，如图 9-5 所示，当主轴在 y 方向有径向圆跳动误差时，它以 1∶1 的关系转化为加工误差，此方向为误差敏感方向。当其跳动频率与主轴转速一致时，将使任意直径上的半径减小量正好等于另一半径的增大量而抵消了直径误差，这时，虽然任意直径的尺寸相等，但加工后的圆柱面与基准圆柱面必然产生同轴度误差，横截面产生圆度误差。一般而言，应严格控制在 y 方向的圆跳动。

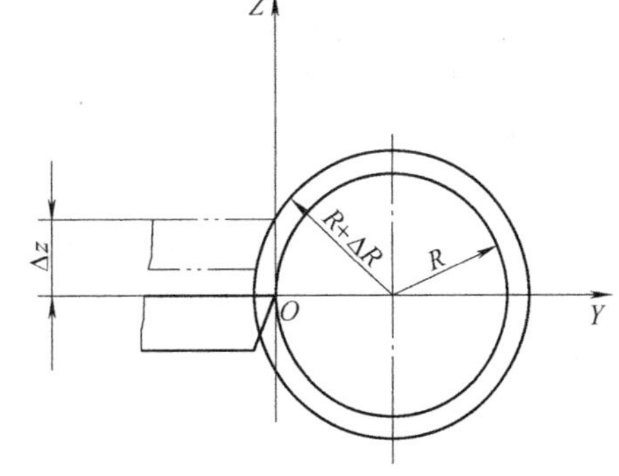

图 9-5　非敏感方向的径向圆跳动对车削的影响

若径向圆跳动在非敏感方向，如图 9-5 所示的 Z 方向，则由分析可得，$(R+\Delta R)^2=\Delta z^2+R^2$，展开并略去微小项 ΔR^2，得 $\Delta R\approx\Delta z^2/(2R)$，即工件的半径误差 ΔR 为跳动量 Δz 的“二次小量”，故可忽略不计。

③ 角度摆动。对于车削和镗削来说，主轴的角度摆动将使工件产生圆度和圆柱度误差。

2）主轴回转运动误差的影响因素。机床主轴的运动不是孤立的，它与机床的整个运动及主轴与相关零件的配合都是有联系的。要想找出相关的影响因素，就必须从零件的本身和与其相关联的零件来分析。具体地说，既要从零件的设计、制造上来分析，也要看到零件安装结构的问题，更不要忽略使用正确性的影响。主轴回转运动误差的主要影响因素如下：

① 机床的设计方面。

a. 热变形。一般主轴前部的轴承受力大且复杂，易发热，不能很好地处理局部散热的问题，就会引起主轴安装基面的变化，导致主轴产生回转运动误差。

b. 径向不等刚度。主轴的回转系统中，径向刚度的不均匀性会导致主轴发生跳动而影响主轴的回转运动。

c. 误差传递。由于设计原理的缺陷，在机床的整个内部传动系统中，前面传动元件的运动误差会通过传动链最终将有关运动误差传给主轴，导致主轴产生回转运动误差。

② 制造方面。

a. 主轴的制造。主轴本身的圆度误差（特别是支承轴颈的圆度误差）、主轴上各工作面的同轴度误差，这些误差将直接引起主轴的回转运动误差。

b. 轴承的制造。轴承的制造误差包括轴承内滚动体的几何误差，轴承内、外滚道的形位误差，轴承内、外圆的几何误差，轴承定位端面相对主轴回转轴线的垂直度误差等。轴承是轴运转的支点，轴承制造的误差会直接传递给主轴的回转运动。

c. 机床的制造。机床本身的制造误差主要有机床上安装主轴的轴承孔的圆度误差，前后轴承孔的同轴度误差，这些误差都会引起主轴的回转运动误差。

③ 安装与调整方面。

a. 主轴安装不理想。如安装不规范、不到位等。

b. 轴承安装不理想。如轴承与轴的配合不到位，轴承与轴孔的配合不到位等。

c. 轴承间隙调整不理想。这会引起主轴轴向、径向及其角度摆动等各方面的运转误差。

d. 机床安装不理想。如基础不结实、水平未调整好等。

④ 使用方面。使用过程中由于负荷、润滑、操作、保养等方面的差错，都可能使主轴发生磨损、变形、移位等，从而引发主轴的回转运动误差。

对于不同类型的机床，其影响因素也各不相同。一般有以下两种情况。

a. 对于工件回转类机床（如车床、外圆磨床等），因切削力的方向不变，主轴回转时作用在支承上的作用力方向也不变化，此时，主轴的支承轴颈的圆度误差的影响较大，而轴承孔圆度误差的影响较小，如图 9-6a 所示。

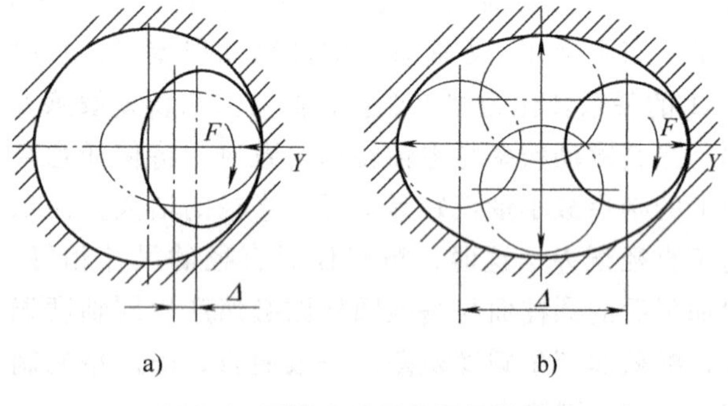

图 9-6 两类主轴回转误差的影响

a）工件回转类机床 b）刀具回转类机床

b. 对于刀具回转类机床（如钻、铣、镗床等），因切削力的方向随旋转方向而变化，此时，主轴的支承轴颈的圆度误差的影响较小，而轴承孔圆度误差的影响较大，如图 9-6b 所示。

3）提高主轴回转精度的途径。

① 设计与制造高精度的主轴部件。为了提高主轴的制造精度，安装轴承的主轴轴颈的尺寸和形状误差必须严格控制，其精度不应低于轴承的相应精度。主轴本身应具有较好的刚度，以免受力弯曲后造成轴承内、外环滚道的相对偏转。为了提高轴承精度，滑动轴承可采用静压轴承和多油楔动压轴承。同时还要提高装配和调整质量。

② 使回转精度不依赖于机床主轴的制造精度。外圆磨削时，磨床的前、后顶尖都不转动，只起定心作用，这就可以避免头架主轴回转误差对加工精度的影响。

（2）机床导轨误差

1）车床导轨在水平面内的直线度误差。如图 9-7 所示，导轨在 Y 方向产生了直线度误差 Δ，使车刀在被加工表面的法线方向产生了位移 Δy，从而造成工件半径上的误差 $\Delta R=\Delta y$；当车削长外圆时，则产生圆柱度误差。由此可见，床身导轨在水平面内如果有直线度误差，使工件在纵向截面和横向截面内分别产生形状误差和尺寸误差。当导轨向后凸出时，工件上将产生鞍形加工误差；当导轨向前凸出时，工件上将产生鼓形加工误差。

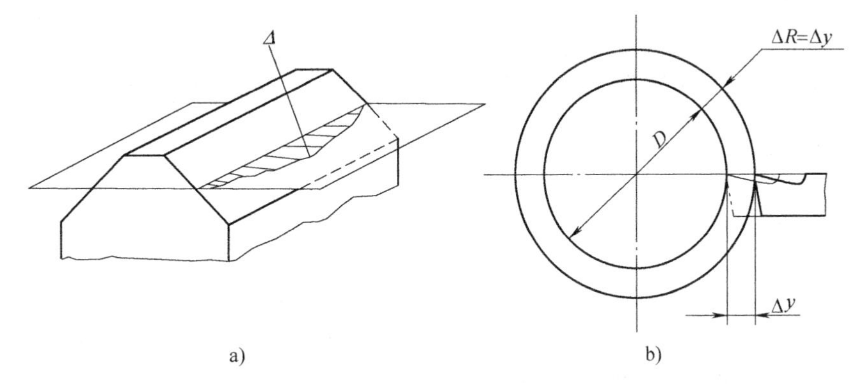

图 9-7　导轨在水平面内的直线度误差引起的加工误差

2）车床导轨在垂直面内的直线度误差。如图 9-8 所示，导轨在 Z 方向存在误差 Δ，使车刀在被加工表面的切线方向产生位移，造成半径上的误差 $\Delta R\approx\dfrac{\Delta z^2}{D}$，该误差影响不大。但对平面磨床、龙门刨床、铣床等，将引起工件相对砂轮或刀具的法向位移，其误差将直接反映到被加工表面而造成形状误差，如图 9-9 所示。

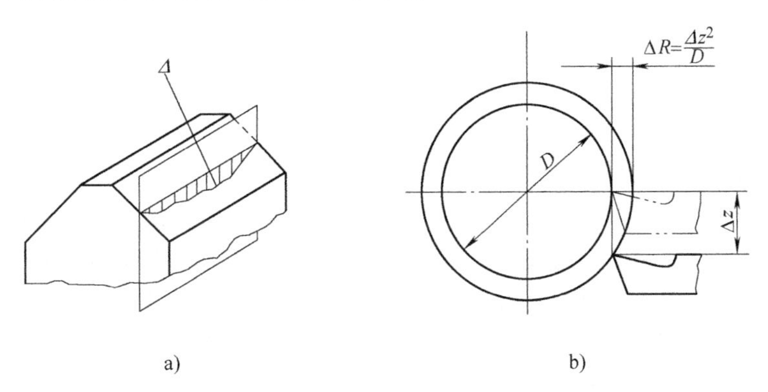

图 9-8　导轨在垂直面内的直线度误差引起的加工误差

由此可见，原始误差引起工件相对于刀具产生相对位移，若产生在加工表面法向方向（误差敏感方向），对加工精度有直接影响；若产生在加工表面切向方向（误差非敏感方向），可忽略不计。

3）导轨面间的平行度误差。如图 9-10 所示，车床两导轨的平行度误差（扭曲）使床鞍产生横向倾斜，进而刀具产生位移，因而引起工件形状误差。由图示几何关系可求出

$\Delta y \approx H\Delta/B$。一般车床的 $H/B \approx 2/3$，对于外圆磨床，$H \approx B$，故 Δ 对加工精度的影响不容忽视。由于沿导轨全长上 Δ 的不同，将使工件产生圆柱度误差。

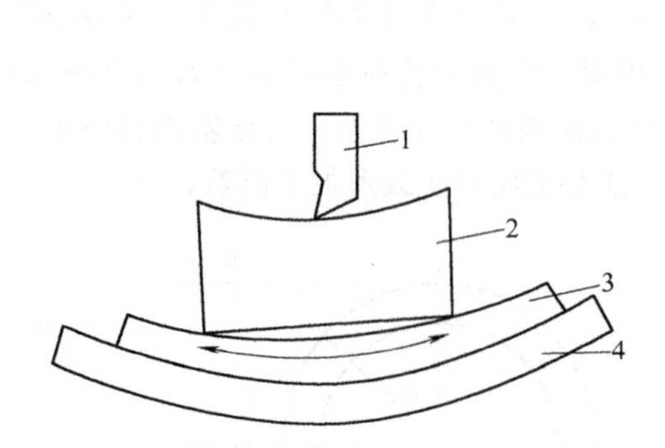

图 9-9 龙门刨床导轨在垂直面内的直线度误差

1—刨刀 2—工件 3—工作台 4—床身导轨

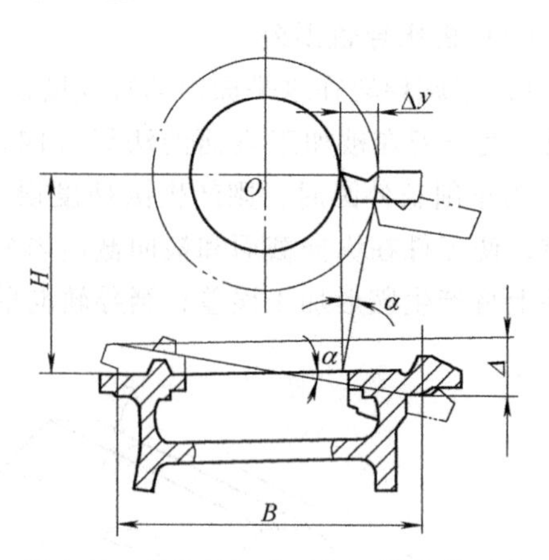

图 9-10 导轨的扭曲对加工精度的影响

机床的安装对导轨精度的影响较大，尤其是床身较长的机床，因床身刚度较差，自重引起基础下沉而造成导轨变形。因此，机床在安装时应有良好的基础，并严格进行测量和校正，而且在使用期还应定期复校和调整。

（3）传动链的传动误差 机床的切削运动是通过传动链实现的。机床传动链由于本身的制造误差、安装误差和工作中的磨损，会破坏刀具与工件之间准确的速比关系，从而影响工件的加工精度。传动链两端元件之间的相对运动误差，称为传动误差。

传动误差视传动链中各传动元件（如齿轮、分度蜗杆副、丝杠副等）在传动链中的位置不同，其影响程度也不同。如各个传动齿轮的转角误差将通过传动比反映到末端（工件）。若传动链是升速传动，则传动元件的转角误差将被扩大；对于降速传动，则转角误差将被缩小。在螺纹加工中，直接固定在传动丝杠上的齿轮对传动误差的影响最大，其他中间传动齿轮的影响则较小。

2. 工艺系统的其他几何误差

（1）刀具的误差 机械加工中常用的刀具有一般刀具、定尺寸刀具和成形刀具。

1）一般刀具（如车刀、铣刀、镗刀等）的制造误差对加工精度没有直接影响，但刀具的磨损会引起工件尺寸和形状的改变。为了减小刀具磨损对加工精度的影响，应根据工件的材料和加工要求，合理地选择刀具材料、切削用量和冷却润滑方式。

2）定尺寸刀具（如钻头、铰刀、拉刀等）的制造误差直接影响工件的尺寸精度。刀具磨损、安装不当、切削刃刃磨不对称也会影响工件的加工精度。

3）采用成形刀具（如成形车刀、模数铣刀、齿轮滚刀等）加工时，刀具的形状误差直接影响工件的形状精度。用成形刀具对工件进行展成加工时，刀具的切削刃形状及有关尺寸和技术条件也会直接影响工件的加工精度。

（2）夹具的误差 夹具的误差包括定位误差、各元件的制造误差及装配误差、在机床上安装的误差、对刀和磨损误差等。夹具的误差直接影响加工表面的位置精度和尺寸精度。在设计夹具时，凡影响工件精度的尺寸应严格控制，可取工件上相应尺寸或位置公差的1/5~1/2。

(3) 测量误差　工件在加工过程中要用各种量具、量仪等进行检验测量，再根据测量结果对工件进行试刀和调整机床。量具本身的制造误差、测量方法、测量时的接触力、测量温度和目测正确程度等都会直接影响加工精度，因此，要正确地选择和使用量具，以保证测量精度。

(4) 调整误差　在工艺系统中，工件与刀具在机床上的相对位置精度通过调整机床、刀具、夹具和工件等来保证。要对工件进行检验测量，再根据测量结果对刀具、夹具、机床进行调整，这就可能引入调整误差。

在试切法加工中，影响调整误差的主要因素是测量误差和进给系统的精度。在低速微量进给中，进给系统常会出现“爬行”现象，其结果使刀具的实际进给量比刻度盘的数值偏大或偏小，造成加工误差。

在调整法加工中，影响调整误差的因素有测量精度、调整精度、重复定位精度等。用定程机构调整时，调整精度取决于行程挡块、靠模及凸轮机构等的制造精度和刚度，以及与其配合使用的离合器、控制阀等的灵敏度。用样板或样件调整时，调整精度取决于样板或样件的制造、安装和对刀精度。

(四) 工艺系统受力变形引起的误差

1. 工艺系统的刚度

(1) 工艺系统刚度的计算　工艺系统在切削力、传动力、夹紧力、惯性力及重力的作用下会产生变形，从而使已经调整好的刀具与工件的相对位置发生变化，造成工件的加工误差。如车削细长轴时，工件在切削力作用下产生弯曲变形，加工后使工件产生“鼓形”。

工艺系统变形通常是弹性变形。工艺系统抵抗变形的能力越大，工件的加工精度越高。人们用刚度的概念来表达工艺系统抵抗变形的能力。

从材料力学可知，作用力 F（静载）与由它所引起的在作用力方向上产生的变形量 y 的比值称为静刚度 k（简称刚度）。

$$k=\frac{F}{y}$$

式中　k——静刚度（N/mm）；

F——作用力（N）；

y——沿作用力 F 方向的变形（mm）。

对于工艺系统的受力变形，主要应研究误差敏感方向，即通过刀尖的加工表面的法线方向的位移。因此，工艺系统刚度 k_{xt} 定义为：工件和刀具的法向切削分力 F_p 与在总切削力的作用下，在该方向上的相对位移 y_{xt} 的比值，即 $k_{xt}=\frac{F_p}{y_{xt}}$。

工艺系统的总变形量应是 $y_{xt}=y_{jc}+y_{dj}+y_{jj}+y_{gj}$，而 $k_{xt}=\frac{F_p}{y_{xt}}$，$k_{jc}=\frac{F_p}{y_{jc}}$，$k_{dj}=\frac{F_p}{y_{dj}}$，$k_{jj}=\frac{F_p}{y_{jj}}$，$k_{gj}=\frac{F_p}{y_{gj}}$。

其中，y_{xt} 为工艺系统总的变形量（mm）；k_{xt} 为工艺系统总的刚度（N/mm）；y_{jc} 为机床变形量（mm）；k_{jc} 为机床刚度（N/mm）；y_{dj} 为刀架的变形量（mm）；k_{dj} 为刀架的刚度（N/mm）；y_{jj} 为夹具的变形量（mm）；k_{jj} 为夹具的刚度（N/mm）；y_{gj} 为工件的变形量

(mm)；k_{gj}为工件的刚度 (N/mm)。

工艺系统刚度的一般式为

$$k_{xt}=\frac{1}{\frac{1}{k_{jc}}+\frac{1}{k_{dj}}+\frac{1}{k_{jj}}+\frac{1}{k_{gj}}}$$

因此，当知道工艺系统的各个组成部分的刚度后，即可求出系统的刚度。但部件的刚度问题比较复杂，迄今没有合适的计算方法，只能用实验的方法加以测定。

(2) 影响机床部件刚度的因素

1) 接触面间的接触变形。经机械加工后的零件在相互接触时，实际接触面积只是名义接触面积的一小部分，如图 9-11 所示。

在外力作用下，这些接触点产生了较大的接触应力，引起接触变形。其中既有表面层的弹性变形，还有局部的塑性变形；接触表面的塑性变形是造成残余变形的原因。经过多次加载后，凸点被逐渐压平，接触状态逐渐趋于稳定，不再产生塑性变形。

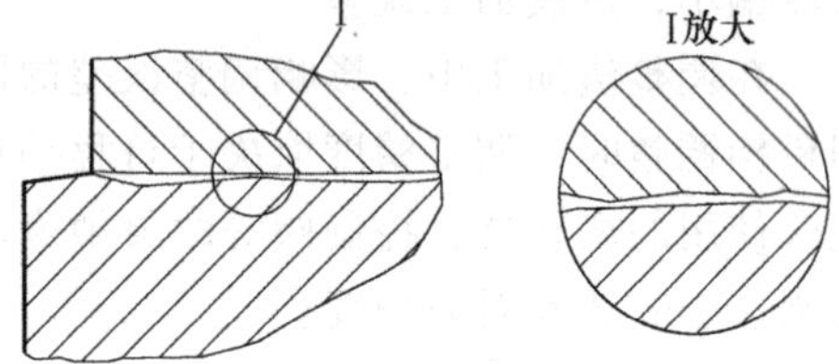

图 9-11　表面间的接触情况

2) 薄弱零件的变形。机床部件中的薄弱零件对部件刚度的影响很大。如机床中常用的楔铁，由于其结构长而薄，刚度差，加工时难以保证平直，以至装配后接触不良，在外力作用下变形较大，使部件刚度大大降低。

3) 间隙和摩擦的影响。零件接触面间的间隙对接触刚度的影响主要表现在加工中载荷方向经常改变的镗床、铣床上。当载荷方向改变时，间隙所引起的位移破坏原来刀具与加工表面间的准确位置。若载荷是单向的，加工时工件始终靠向一边，此时间隙的影响较小。

零件接触面间的摩擦力对接触刚度的影响在载荷变动时较为显著。如在加载时，由于摩擦力抵消一部分作用力，阻止变形的增加；卸载时，摩擦力阻止变形的恢复。由于变形的不均匀增减，进而引起加工误差。

2. 工艺系统受力变形引起的加工误差

(1) 切削力大小变化引起的加工误差——误差复映规律

由于毛坯加工余量和材料硬度的变化，引起了切削力的变化，因而产生了工件的尺寸误差和形状误差。

以车削为例，如图 9-12 所示，由于毛坯的圆度误差（如椭圆），车削时使背吃刀量在 a_{p1} 与 a_{p2} 之间变化。因此，切削分力 F_p 也随背吃刀量 a_p 的变化由最大 F_{pmax} 变到最小 F_{pmin}。工艺系统将产生相应的变形，即由 y_1 变到 y_2（刀尖相对工件在法线方向的位移变化），工件因此形成圆度误差，这种现象称为“误差复映”。

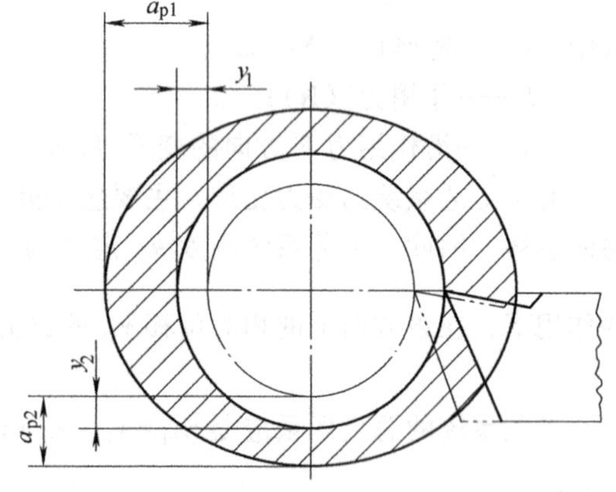

图 9-12　零件形状误差的复映

误差复映的大小，可由刚度计算公式求得。

毛坯圆度的最大误差　　$\Delta_m = a_{p1} - a_{p2}$　　(9-1)

车削后工件的圆度误差　　$\Delta_w = y_1 - y_2$　　(9-2)

而　$y_1 = \dfrac{F_{pmax}}{k_{xt}}$，$y_2 = \dfrac{F_{pmin}}{k_{xt}}$，

又　$F_p = A(a_p - y)$

所以

$$\left.\begin{aligned} y_1 &= \frac{A(a_{p1} - y_1)}{k_{xt}} \approx \frac{A}{k_{xt}} a_{p1} \\ y_2 &= \frac{A(a_{p2} - y_2)}{k_{xt}} \approx \frac{A}{k_{xt}} a_{p2} \end{aligned}\right\} \tag{9-3}$$

将式（9-3）代入式（9-2）得

$$\Delta_w = y_1 - y_2 = \frac{A}{k_{xt}}(a_{p1} - a_{p2})$$

令

$$\varepsilon = \frac{\Delta_w}{\Delta_m} = \frac{A}{k_{xt}}$$

式中　ε——误差复映系数；

　　A——径向切削力系数。

复映系数 ε 定量地反映了毛坯误差经过加工后减少的程度，它与工艺系统的刚度成反比，与径向切削力系数 A 成正比。要减小工件的复映误差，可增加工艺系统的刚度或减少径向切削力系数（例如用主偏角接近 90°的车刀、减少进给量 f 等）。

当毛坯误差大，一次进给不能满足加工精度要求时，需要多次进给来消除 Δ_m 复映到工件上的误差。设第一次进给量为 f_1，毛坯误差为 Δ_m，则第一次进给后工件的误差为 $\Delta_{w1} = \varepsilon_1 \Delta_m$，第二次进给后工件的误差为 $\Delta_{w2} = \varepsilon_2 \varepsilon_1 \Delta_m$，同理，第 n 次进给后工件的误差为

$$\Delta_{wn} = \varepsilon_n \cdots \varepsilon_2 \varepsilon_1 \Delta_m \tag{9-4}$$

可以根据已知的 Δ_m 值，由式（9-4）估计加工后的工件误差，或根据工件的公差值与毛坯误差值来确定加工次数。由于 ε 总是小于 1，经过几次进给后，ε 已降至很小。一般 IT7 要求的工件经过 2~3 次进给后，可使复映误差减小到公差允许值的范围内。

（2）切削力作用点位置变化引起的误差

1）在车床顶尖间车削短而粗的光轴。由于工件和刀具的变形很小，可忽略不计，则工艺系统的总位移取决于床头、尾座（包括顶尖）和刀架的位移，如图 9-13a 所示。

加工中车刀处于图 9-13a 所示位置时，在切削分力 F_p 的作用下，头架由 A 点位移到 A'，尾座由 B 点位移到 B'，刀架由 C 点位移到 C'，它们的位移量分别用 y_{tj}、y_{wz} 和 y_{dj} 表示。工件轴线 AB 位移到 $A'B'$，在刀具切削点处工件轴线的位移为 $y_x = y_{tj} + \Delta x$，即

$$y_x = y_{tj} + (y_{wz} - y_{tj})\frac{x}{L} \tag{9-5}$$

设 F_A、F_B 为 F_p 所引起的头架、尾座处的作用力，则

$$\left.\begin{aligned} y_{tj} &= \frac{F_A}{k_{tj}} = \frac{F_p}{k_{tj}}\left(\frac{L-x}{L}\right) \\ y_{wz} &= \frac{F_B}{k_{wz}} = \frac{F_p}{k_{wz}}\,\frac{x}{L} \end{aligned}\right\} \tag{9-6}$$

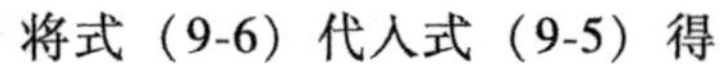

将式（9-6）代入式（9-5）得

$$y_x = \frac{F_p}{k_{tj}}\left(\frac{L-x}{L}\right)^2 + \frac{F_p}{k_{wz}}\left(\frac{x}{L}\right)^2$$

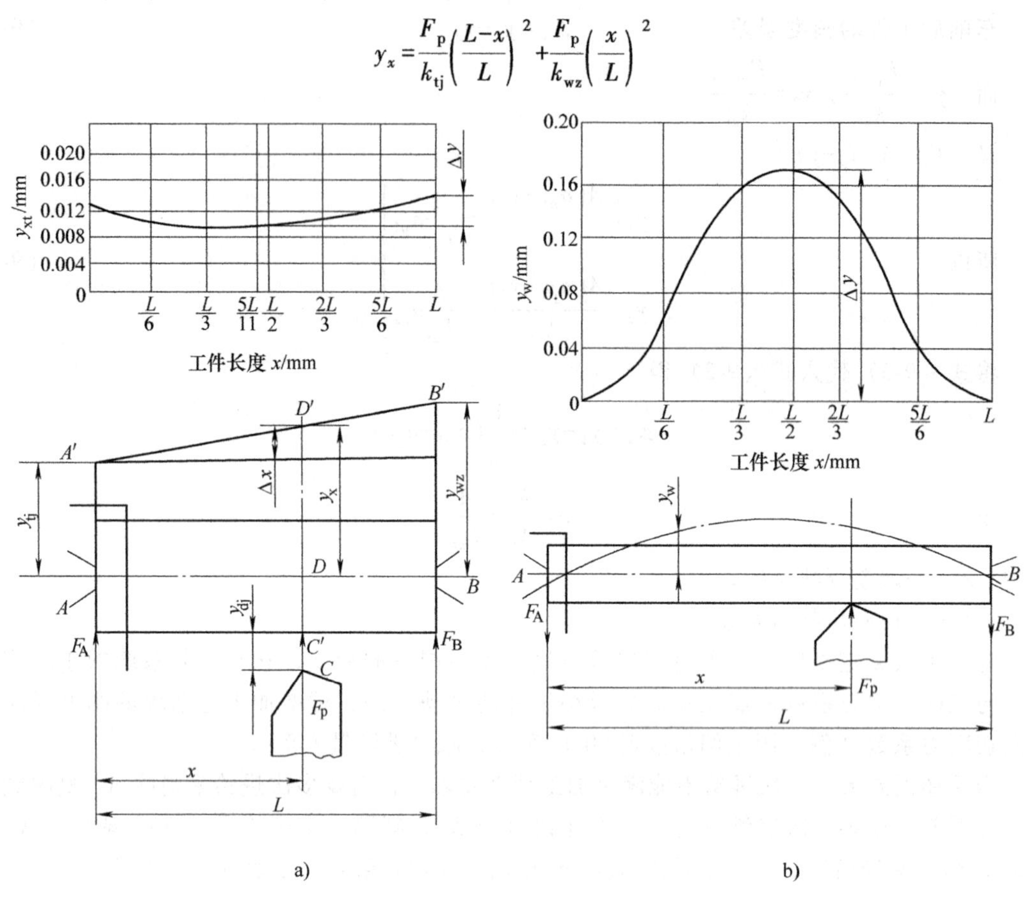

图 9-13　工艺系统变形随力作用点变化而变化

a）车短轴　b）轴细长轴

工艺系统的总位移为

$$y_{xt} = y_x + y_{dj} = F_p\left[\frac{1}{k_{dj}} + \frac{1}{k_{tj}}\left(\frac{L-x}{L}\right)^2 + \frac{1}{k_{wz}}\left(\frac{x}{L}\right)^2\right]$$

由上式可看出，工艺系统的变形是 x 的函数。因此，随着车刀位置（即切削力位置）的变化，工艺系统的变形也是变化的。变形大的地方，背吃刀量较小；变形小的地方，切去较多的金属，加工出的工件呈两头粗、中间细的鞍形。其全长上的最大半径与最小半径之差即为圆柱度误差。

2）在两顶尖间车削细长轴。由于工件刚度很低，机床、夹具、刀具在切削力作用下的变形可忽略不计，则工艺系统的位移完全取决于工件的变形，如图 9-13b 所示。加工中车刀处于图示位置时，工件的轴线产生弯曲变形。根据材料力学的计算公式，其切削点的变形量为

$$y_w = \frac{F_p}{3EI}\frac{(L-x)^2x^2}{L}$$

由上式可看出，工件在 $L/2$ 处的变形最大。在头架、尾座处的变形为零。故加工出的工件呈中间粗、两头细的鼓形。

（3）其他作用力引起的加工误差

1）惯性力引起的加工误差。切削加工中，由于高速旋转零部件（包括夹具、工件和刀具等）的不平衡而产生离心力，且在每一转中不断改变方向，使工艺系统的受力变形发生变化，从而引起加工误差。如图 9-14 所示，车削一个不平衡工件时，若离心力 F 与切削力 F_p 方向相反，则将工件推向刀具，使背吃刀量增加；若 F 与 F_p 同向，则工件被拉离刀具，背吃刀量减小，结果造成工件的圆度误差。生产中遇到这种情况时，可在不平衡质量的反向配置平衡块，使两者的离心力相互抵消；必要时还须降低转速，以减小离心力对加工精度的影响。

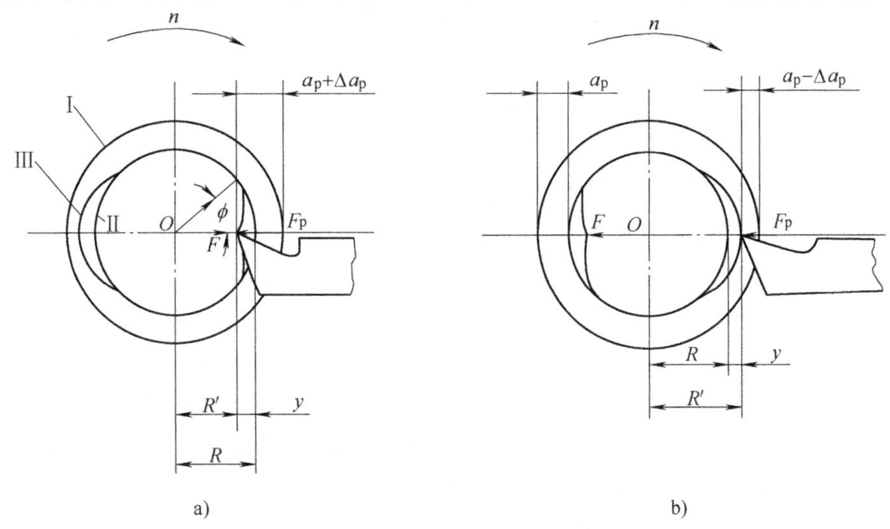

图 9-14　惯性力引起的加工误差

a）F 与 F_p 反向时　b）F 与 F_p 同向时

Ⅰ—毛坯表面　Ⅱ—理想形状表面　Ⅲ—实际切出形状表面

2）由传动力引起的加工误差。在车床或磨床上加工轴类零件时，常用单爪拨盘带动工件旋转。如图 9-15 所示，在拨盘的每一转中，传动力方向是变化的，有时与切削力 F_p 同向，有时反向，因此造成了与惯性力相似的加工误差。为此，加工精密零件时改用双爪拨盘或柔性连接装置带动工件转动。

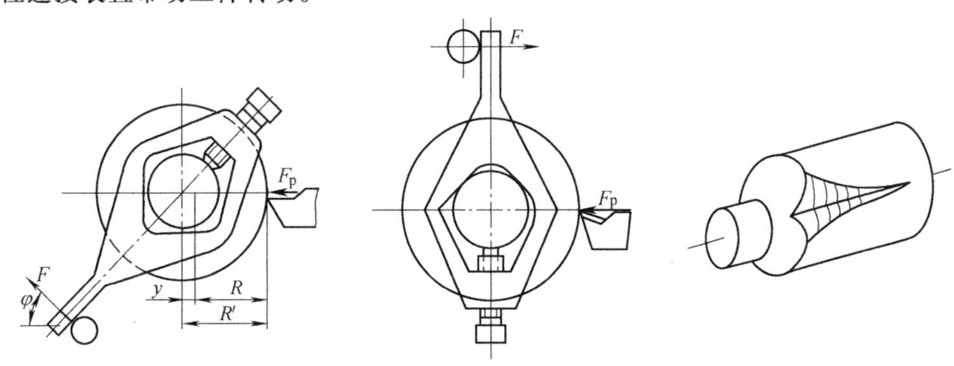

图 9-15　单拨销拨动力引起的加工误差

3）由夹紧力引起的加工误差。当加工刚度较差的工件时，若夹紧不当，会引起工件变形而产生形状误差。如图 9-16 所示，用自定心卡盘夹持薄壁套筒，夹紧后工件呈三棱形

（图 9-16a），车出的孔为正圆（图 9-16b）；松夹后套筒的弹性变形恢复，孔就成了三棱形（图 9-16c）。为了减少加工误差，应使夹紧力均匀分布，可以在夹紧时增加一个开口过渡环（图 9-16d），或采用专用卡爪（图 9-16e）。

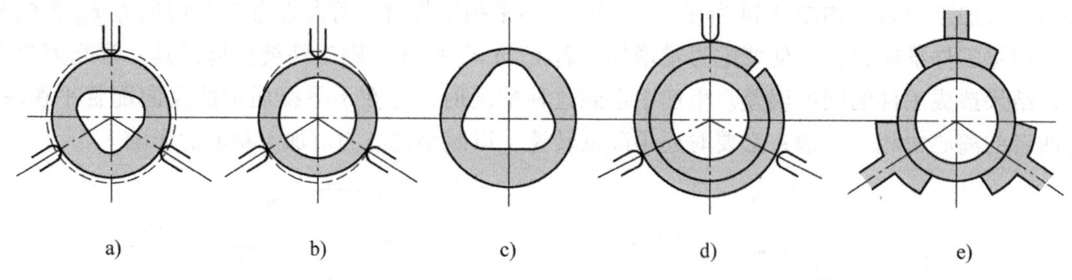

图 9-16　套筒夹紧变形误差

4）重力所引起的加工误差。工艺系统有关零部件的重力所引起的变形也会造成加工误差。如大型立车、龙门铣床、龙门刨床刀架横梁由于主轴箱或刀架的重力而产生变形；摇臂钻床的摇臂在主轴箱自重的影响下产生变形，造成主轴轴线与工作台不垂直。

3. 减小工艺系统受力变形的主要措施

（1）提高接触刚度　提高接触刚度常用的方法是改善机床部件主要零件接触面的配合质量。如对机床导轨及装配基面进行刮研；提高顶尖锥体同主轴和尾座套筒锥孔的接触质量；多次修研加工精密零件用的中心孔等。通过刮研可改善配合表面的表面粗糙度和形状精度，使实际接触面积增加，从而有效提高接触刚度。

提高接触刚度的另一措施是在接触面间预加载荷，这样可消除配合面间的间隙，增加接触面积，减少受力后的变形量。如在一些轴承的调整中就采用此项措施。

（2）提高工件、部件的刚度，减少受力变形　对刚度较低的叉架类、细长轴等工件，其主要措施是减小支承间的长度，如设置辅助支承、安装跟刀架或中心架。加工中还常采用一些辅助装置以提高机床部件的刚度。图 9-17 所示为在转塔车床上采用导向杆和支承座来提高刀架的刚度。

（3）采用合理的装夹方法　在夹具设计或工件装夹时，都必须尽量减少弯曲力矩。如图 9-18 所示，在卧式铣床上加工角铁零件的端面时，可用圆柱铣刀加工（图 9-18a），也可用面铣刀加工（图 9-18b）。

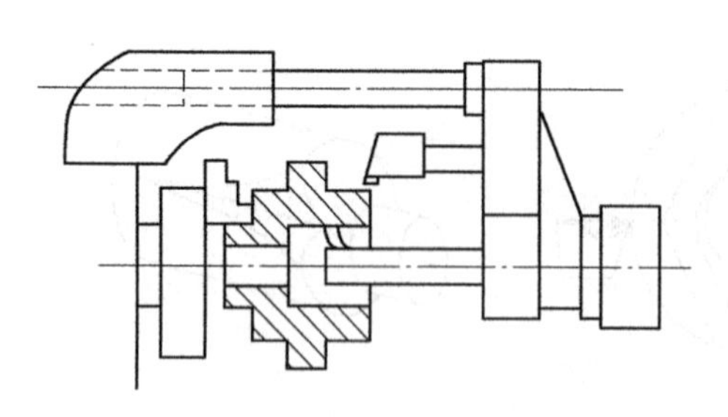

图 9-17　转塔车床上提高刀架刚度的措施

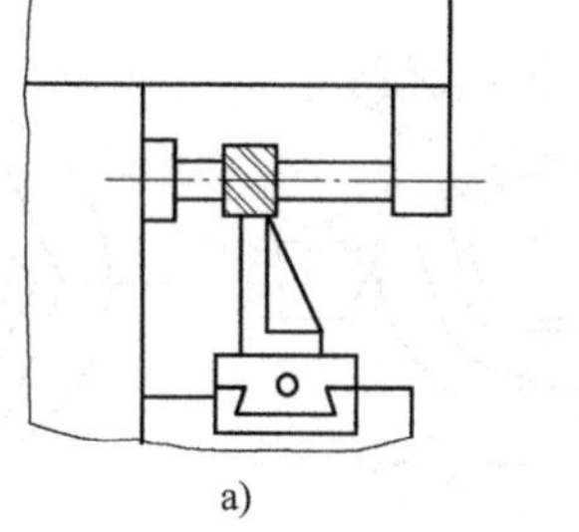

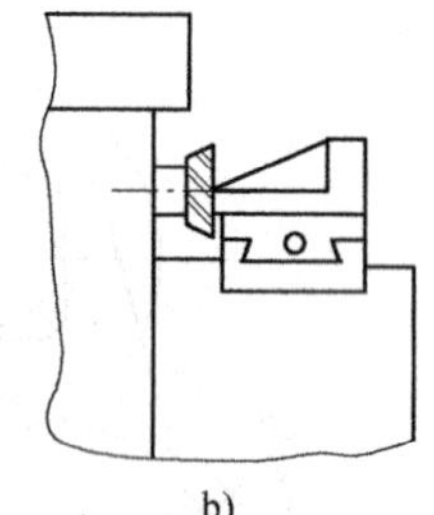

图 9-18　铣角铁零件的两种装夹方法

（五）工艺系统受热变形引起的误差

在机械加工过程中，工艺系统因受热引起的变形称为热变形。工艺系统的热变形破坏了工件与刀具相对位置的准确性，造成加工误差。据统计，在精密加工中，由于热变形引起的加工误差占总加工误差的 40%~70%。

引起工艺系统热变形的热源有切削热、机床运动部件的摩擦热和外界热源的辐射及传导。工艺系统受各种热源的影响，温度会逐渐升高，与此同时，它们也通过各种方式向周围散发热量。当单位时间内传入和散发的热量相等时，则认为工艺系统达到热平衡。此时的温度场（物体上各点温度的分布称为温度场）处于稳定状态，受热变形也相应地趋于稳定，由此引起的加工误差是有规律的，所以，精密加工应在热平衡之后进行。

1. 机床热变形对加工精度的影响

在工作中，机床受各种热源的影响，各部件将产生不同程度的热变形，这样不仅破坏了机床的几何关系，而且还影响各成形运动的位置关系和速比关系，从而降低了机床的加工精度。由于各类机床的结构和工作条件相差很大，所以引起机床热变形的热源和变形形式也各不相同。图 9-19 所示是几种机床在工作状态下热变形的趋势。

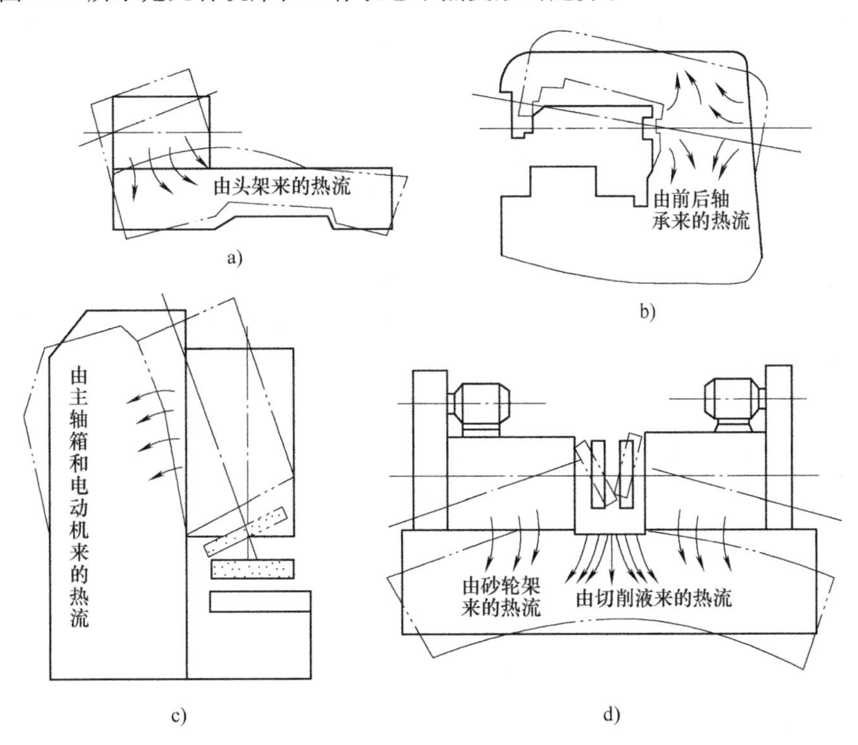

图 9-19　几种机床热变形的趋势

a）车床　b）铣床　c）平面磨床　d）双端面磨床

对于车、铣、镗床类机床，其主要热源是主轴箱轴承和齿轮的摩擦热与主轴箱中油池的发热，使箱体和床身产生变形和翘曲，从而造成主轴的位移和倾斜；磨床类机床的主要热源为砂轮主轴轴承和液压系统的发热，引起砂轮架位移、工件头架位移和导轨的变形。

对于大型机床如导轨磨床、外圆磨床、龙门铣床等长床身部件，床身的热变形是影响加工精度的主要因素。由于床身长，床身上表面与底面间的温差将使床身产生弯曲变形，表面中部凸起。

2. 工件热变形对加工精度的影响

在机械加工中，工件的热变形主要是由切削热引起的。对于大型或精密零件，外部热源如环境温度、日光等辐射热的影响也不可忽视。对于不同的工件材料、不同的加工方法和不同的形状及尺寸，工件的受热变形也不相同。

（1）工件均匀受热　对于一些形状简单、对称的零件，如轴、套筒等，加工时（如车削、磨削）切削热能较均匀地传入工件，工件热变形量可按下式估算

$$\Delta L = \alpha L \Delta t$$

式中　α——工件材料的热膨胀系数（1/℃）；

L——工件在热变形方向的尺寸（mm）；

Δt——工件温升（℃）。

在精密丝杠加工中，工件的热伸长会产生螺距的累积误差。如在磨削 400mm 长的丝杠螺纹时，每磨一次温度升高 1℃，则被磨丝杠将伸长

$$\Delta L = 1.17\times10^{-5}\times400\times1\text{mm} = 0.0047\text{mm}$$

而 5 级丝杠的螺距累积误差在 400mm 长度上不允许超过 5μm。因此，热变形对工件的加工精度影响很大。

在较长的轴类零件加工中，开始切削时，工件温升为零，随着切削加工的进行，工件温度逐渐升高而使直径逐渐增大，增大量被刀具切除，因此，加工完工件冷却后将出现锥度误差（圆柱度、尺寸误差）。

（2）工件不均匀受热　在刨削、铣削、磨削加工平面时，工件单面受热，上下平面间产生温差，从而引起热变形，导致工件向上凸起，凸起部分被工具切去，加工完毕冷却后，加工表面就产生了中凹，造成了几何形状误差。如图 9-20 所示，在平面磨床上磨削长为 L、厚为 h 的薄板工件时，工件单面受热，上、下面间形成温差 Δt，在垂直平面内产生弯曲变形的近似计算如下

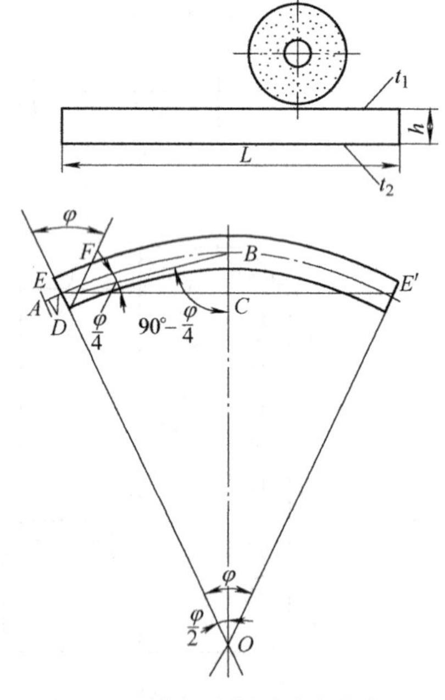

图 9-20　薄板磨削时的弯曲变形

$$\Delta = \overline{BC} = \frac{L}{2}\tan\frac{\varphi}{4} \approx \frac{L\varphi}{8}$$

$$EF \approx \Delta L = \alpha L \Delta t = \alpha(t_1 - t_2)L$$

$$\tan\varphi \approx \frac{EF}{DE} = \frac{\alpha(t_1 - t_2)L}{h} \approx \varphi$$

所以
$$\Delta = \frac{\alpha \Delta t L^2}{8h}$$

例如，精刨铸铁导轨时，$L=2000$mm，$h=600$mm，如果床面与床脚温差为 2.4℃，$\alpha=1.1\times10^{-5}$/℃，则

$$\Delta = 1.1\times10^{-5}\times2.4\times\frac{2000^2}{8\times600}\text{mm} \approx 0.022\text{mm}$$

3. 刀具热变形对加工精度的影响

刀具的热变形主要是由切削热引起的。切削加工时，虽然大部分切削热被切屑带走，传入刀具的热量并不多，但由于刀具体积小，热容量小，导致刀具切削部分的温度急剧升高。刀具的热变形对加工精度的影响比较显著。

图 9-21 所示为车削时车刀的热变形与切削时间的关系曲线。连续工作时，在切削之初刀具温度上升较快，其伸长速度也很快，大约 20min 后，可逐渐达到热平衡，变形量不再增加，一般车刀的热伸长量可达 0.03～0.05mm。由于车刀为非定值刀具，其工作中的热伸长量与切削刃的磨损量混杂在一起，一般由及时的刀具调整来解决刀具热变形加工误差。对于一次进给长度较长的精加工，则应该注意保证冷却质量，尽量降低工作温度。

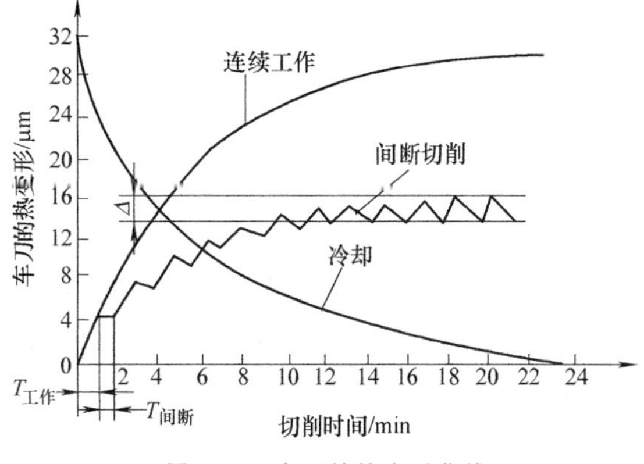

图 9-21　车刀的热变形曲线

图 9-21 中的间断切削为车削短小轴类零件时的情况。由于车刀不断有短暂的冷却时间，所以是一种断续切削。断续切削比连续切削时车刀达到热平衡所需要的时间要短，热变形量也小。因此在开始切削阶段，刀具热变形较显著，外圆车削时会使工件尺寸逐渐减小，当达到热平衡后，其热变形趋于稳定，对加工精度的影响不明显。

4. 减小工艺系统热变形的主要途径

（1）减少热源的发热

1）分离热源。凡是可能分离出去的热源，如电动机、变速箱、液压系统、切削液系统等尽可能移出。对于不能分离的热源，如主轴轴承、丝杠副、高速运动的导轨副等，则可从结构、润滑等方面改善其摩擦特性，以减少发热。例如，采用静压轴承、静压导轨，改用低黏度润滑油、锂基润滑脂或循环冷却润滑、油雾润滑等措施。

2）减少切削热或磨削热。通过控制切削用量、合理选择和使用刀具来减少切削热。当零件精度要求高时，应注意将粗加工和精加工分开。

3）加强散热能力。使用大流量切削液或喷雾等方法冷却，可带走大量切削热或磨削热。大型数控机床、加工中心机床普遍采用冷冻机对润滑油、切削液进行强制冷却，以提高冷却效果。

（2）保持工艺系统的热平衡　由热变形规律可知，在机床刚开始运转的一段时间内，温升较快，热变形大。当达到热平衡状态后，热变形趋于稳定，加工精度才易保证。因此，对于精密机床，特别是大型机床，可预先高速空运转或设置控制热源，人为地给机床加热，使之较快达到热平衡状态，然后再进行加工。基于同样原因，精密加工机床应尽量连续加工，避免中途停机。

（3）均衡温度场　当机床零部件的温升均匀时，机床本身就呈现一种热稳定状态，从而使机床产生不影响加工精度的均匀热变形。

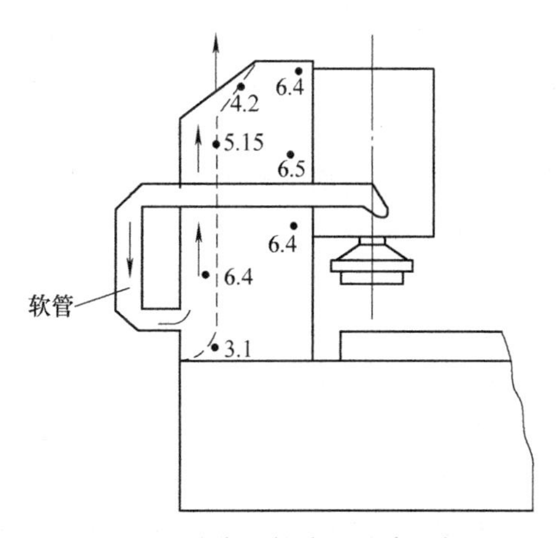

图 9-22　均衡立柱前、后壁温度场

图 9-22 所示为平面磨床采用热空气来加热温

度较低的立柱后壁，以减小立柱前、后壁的温差，从而减少立柱的弯曲变形。图中的热空气从电动机风扇排出，通过特设的管道引向防护罩和立柱的后壁空间。采取这种措施后，工件的端面平行度公差可以降低到未采取均衡措施前的1/4~1/3。

再如M7150A平面磨床，如图9-23所示，在设计上采用“热补偿油沟”结构，利用带有“余热”的回油流经床身下部，使床身下部温度升高，借以平衡床身上、下部的温差，使温差减小。

(4) 控制环境温度　对于精密机床，一般应安装在恒温车间。一般精密级为±1℃，精密级为±0.5℃，超精密级为±0.01℃。恒温车间的平均温度一般为20℃，但可根据季节和地区调整。如冬季可取17℃，夏季可取23℃，以节省能源。

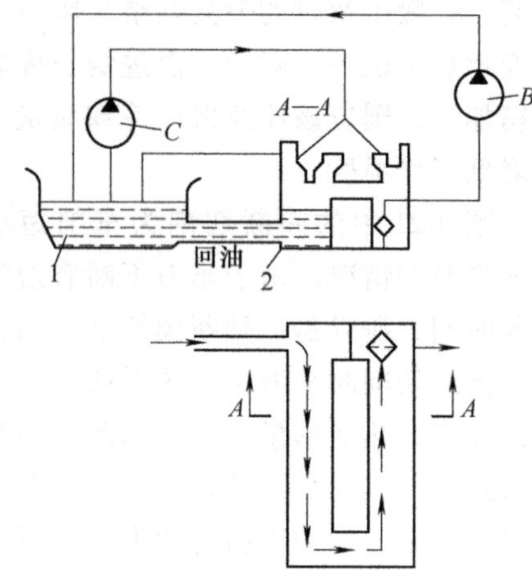

图9-23　M7150A磨床的热补偿油沟

(六) 工件内应力引起的误差

内应力是指当外部载荷去除后，仍残存在工件内部的应力，也称残余应力。

工件经铸造、锻造或切削加工后，内部存在的各个内应力互相平衡，可以保持形状精度的暂时稳定，但它的内部组织有强烈的要恢复到一种稳定的没有内应力的状态；一旦外界条件发生变化，如环境温度改变、继续进行切削加工、受到撞击等，内应力的暂时平衡就会被打破而进行重新分布，这时工件将产生变形，从而破坏原有的精度。如果把具有内应力的重要零件安装到机器上，在机器的使用过程中也会产生变形，影响整台机器的使用。因此，必须对内应力产生的原因进行分析，并采取有效措施消除内应力的不良影响。

1. 内应力产生的原因及所引起的加工误差

(1) 毛坯制造中产生的内应力　在铸、锻、焊及热处理等热加工过程中，由于工件各部分冷热收缩不均匀以及金相组织转变时的体积变化，使毛坯内部产生了很大的内应力。毛坯的结构越复杂，各部分壁厚越不均匀，散热的条件差别越大，则毛坯内部产生的内应力也越大。

图9-24所示为一个壁厚不匀的铸件。在浇注后的冷却过程中，由于壁1和壁2比较薄，散热较易，所以冷却较快；壁3较厚，冷却较慢。当壁1和壁2从塑性状态冷却到弹性状态时（约620℃），壁3的温度还比较高，处于塑性状态，所以壁1和壁2收缩时壁3不起牵制作用，铸件内部不产生内应力。但当壁3冷却到弹性状态时，壁1和壁2的温度已经降低很多，收缩速度已经变慢，而这时壁3收缩较快，就受到了壁1和壁2的阻碍，因此，壁3产生了拉应力，壁1和壁2产生了压应力，形成了相互平衡的状态。

如果在铸件壁2上开一个缺口，如图9-24b所示，则壁2的压应力消失，铸件在壁3和壁1的内应力作用下，壁3收缩，壁1被拉，发生弯曲变形，直至内应力重新分布并达到新的平衡为止。一般情况下，各种铸件都难免产生冷却不均匀而形成的内应力。

图9-25所示机床床身，铸造时外表面总比中心部分冷却得快，为提高导轨面的耐磨性，还常采用局部激冷工艺使它冷却得更快一些，以获得较高的硬度。由于表里冷却不均匀，床身内部的残余应力就更大。当粗加工刨去一层金属后，就如同图9-24b中壁2被切开一样，

引起床身内应力重新分布，产生弯曲变形。由于这个新的平衡过程需一段较长时间才能完成，因此尽管导轨经精加工去除了大部分的变形，但床身内部组织还在继续变化，合格的导轨面就逐渐地丧失了原有的精度。因此，必须充分消除零件内应力及其对加工精度的影响。

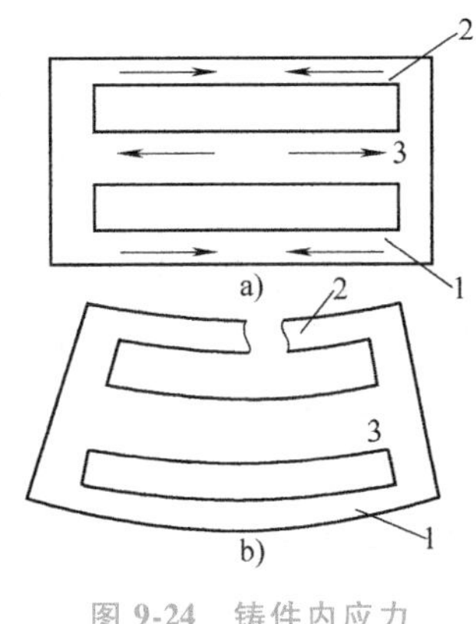

图 9-24　铸件内应力

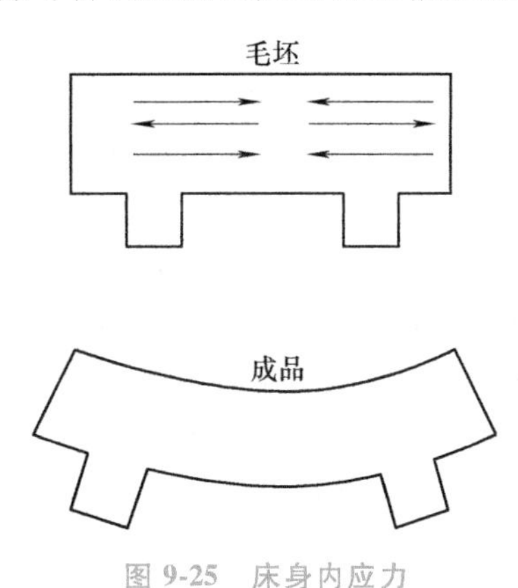

图 9-25　床身内应力

（2）冷校直带来的内应力　细长轴类零件车削后，常因棒料在轧制中产生的内应力要重新分布，而使其产生弯曲变形。为了纠正这种弯曲变形，有时采用冷校直。其方法是在与变形相反的方向加力 F，使工件反向弯曲产生塑性变形，以达到校直的目的。如图 9-26 所示，在力 F 作用下工件内部的应力分布如图 9-26b 所示，即在轴线以上部分产生压应力，轴线以下产生拉应力。当部分材料的应力超过弹性极限时，即产生塑性变形。如图 9-26c 所示，区域Ⅰ为弹性变形区，区域Ⅱ为塑性变形区。当外力去除后，弹性变形部分Ⅰ要恢复，塑性变形部分Ⅱ已不能恢复，两部分材料产生互相牵制的作用，使应力重新分布而产生新的内应力平衡状态。如经加工切去一层金属，则内应力又将重新分布而导致弯曲。所以，对于精度要求较高的细长轴（如精密丝杠），一般不许采用冷校直来减小弯曲变形，而应采用加大毛坯余量、经过多次加工和时效处理来消除内应力，或采用热校直来代替冷校直。

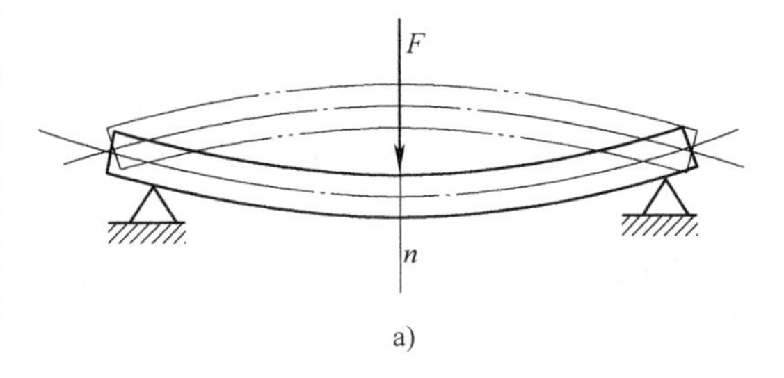

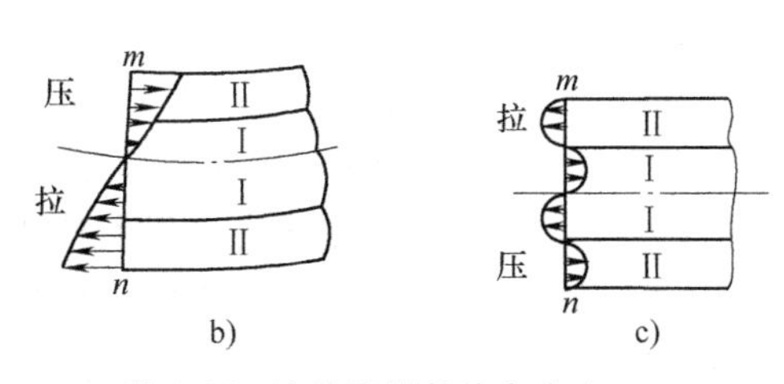

图 9-26　冷校直引起的内应力

（3）切削加工产生的内应力　工件在切削加工时，其表面层在切削力和切削热的作用下会产生不同程度的塑性变形，引起体积改变，从而产生残余应力。这种残余应力的分布情况由加工时的工艺因素决定。

内部有残余应力的工件在切去表面的一层金属后，残余应力要重新分布，从而引起工件的变形。因此，在拟定工艺规程时，要将加工划分为粗、精等不同阶段进行，以使粗加工后内应力重新分布所产生的变形在精加工阶段去除。对质量和体积均很大的笨重零件，即使在同一台重型机床上进行粗、精加工，也应该在粗加工后将被夹紧的工件松开，使之有充足时间重新分布内应力，即使其充分变形后，再重新夹紧进行精加工。

2. 减少或消除内应力的措施

（1）合理设计零件结构　在零件的结构设计中，应尽可能简化结构，使壁厚均匀、减小壁厚差、增大零件的刚度。

（2）进行时效处理　自然时效处理是把毛坯或经粗加工后的工件置于露天下，利用温度的自然变化，经过多次热胀冷缩，使工件内部组织发生微观变化，从而逐渐消除内应力。这种方法一般需要半年至五年的时间，虽造成在制品和资金的积压，但效果较好。

人工时效处理是将工件进行热处理，分高温时效和低温时效。前者是将工件放在炉内加热到500~680℃，保温4~6h，再随炉冷却至100~200℃出炉，而后在空气中自然冷却。低温时效时，工件加热到100~160℃，保温几十小时后出炉。低温时效效果好，但时间长。振动时效是工件受到激振器的敲击，或工件在大滚筒中回转互相撞击，一般振动30~50min即可消除内应力。这种方法节省能源、简便、效率高，近年来发展很快；适用于中小零件及非铁金属件等。

（3）合理安排工艺　机械加工时，应注意粗、精加工分开；注意减小切削力，如减小余量、减小背吃刀量并进行多次进给，以避免工件变形。

（4）尽量不采用冷校直工序　对于精密零件，严禁进行冷校直。

（七）提高加工精度的工艺措施

机械加工误差是由工艺系统中的误差引起的。前面分别讨论了工艺系统各种误差对加工精度的影响，但在一定条件下仅考虑了某种因素的作用，实际上往往是多种因素综合作用的结果。提高加工精度、保证产品质量的方法有：减少误差法、误差补偿法、误差分组法、误差转移法、就地加工法，以及误差平均法等。下面结合实例对这几种方法予以讨论。

1. 减少误差法

首先应提高机床、夹具、刀具和量具等的制造精度，控制工艺系统的受力、受热变形。其次在查明产生加工误差的主要因素之后，设法对误差直接进行消除或减弱。

例如车削细长轴时，如图9-27a所示，因工件刚度低，容易产生弯曲变形和振动，严重地影响了工件的几何形状精度和表面粗糙度。为了减少因背向力使工件弯曲变形所产生的加工误差，除采用跟刀架外，还可采用反向进给的切削方法，如图9-27b所示，使F_f对细长轴的受力状态由压缩变成拉伸，同时应用弹性的尾座顶尖，不会把轴压弯；采用大进给量和大主偏角的车刀，也可以增大轴向的拉伸作用，进一步减少弯曲变形，消除径向振动，使切削平稳。

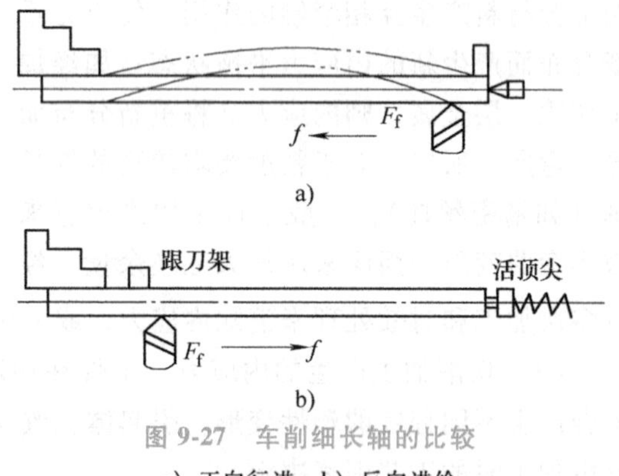

图9-27　车削细长轴的比较

a）正向行进　b）反向进给

2. 误差补偿法

误差补偿法就是人为地造成一种误差，以抵消加工、装配或使用过程中的误差。当已有误差是负值时，人为的误差为正值，反之取负值；尽量使两者大小相等、方向相反，以达到最大限度地减少误差的目的。

例如摇臂钻床，虽然在加工时摇臂、导轨能达到加工要求，但在装上主轴部件以后，因主轴部件的自重往往引起摇臂变形，使主轴与工作台不垂直，有时甚至超差。为此，在加工摇臂导轨时采用预加载荷法，使加工、装配和使用条件一致，这样可使摇臂导轨长期保持高的精度；也可在画出摇臂导轨受力弯曲变形的近似曲线的基础上，采取按曲线相反的形状来刮研摇臂导轨，即人为地造成一种形状误差，以抵消摇臂变形引起的误差，使之达到要求。

再如，在精密螺纹加工中，机床传动链的误差将直接反映到被加工零件的螺距上，使精密丝杠的加工精度受到限制。为了满足精密丝杠加工的要求，在生产中广泛应用误差补偿原理来消除传动链的误差。

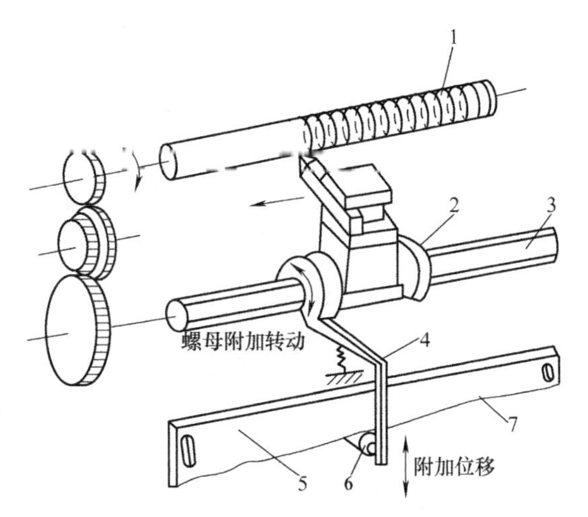

图 9-28　螺纹加工校正装置

1—工件　2—丝杠螺母　3—车床丝杠　4—摆杆
5—校正尺　6—滚柱　7—校正曲线

图 9-28 所示为在精密丝杠车床上用校正装置进行误差补偿的示意图。图中与车床丝杠相配合的丝杠螺母 2 和摆杆 4 连接，摆杆的另一端装有和校正尺 5 接触的滚柱 6。当丝杠转动时，滚柱就沿校正尺移动。由于校正尺上预先已加工出与丝杠螺距误差相对应的曲线，因此，就使摆杆上升或下降，造成了螺母的附加转动。当螺母与丝杠反向转动时，螺距就增大；同向转动时，螺距就减小，从而以校正尺的人为误差抵消丝杠的螺距误差，使加工精度得以提高。

3. 误差分组法

在机械加工过程中，有时由于上道工序（或毛坯）的加工误差较大，将通过误差复映规律，或通过定位误差的作用，影响本工序的加工精度。若在加工前把工件按误差大小分为 n 组，每组工件的误差范围就缩小为原来的 $1/n$，这就大大减少了上道工序对本道工序的影响。

例如，在制造齿轮时，若剃齿心轴与齿坯定位孔的配合间隙过大，则齿坯定位的同轴度误差过大，致使齿圈的径向圆跳动超差；同时，剃齿时也容易产生振动，引起齿面波纹度，使齿轮工作时噪声较大。因此，必须设法限制配合间隙，以保证齿坯孔和心轴间的同轴度要求。具体方法为：齿坯的定位孔按尺寸大小分成若干组，分别与某个尺寸的剃齿心轴对应配合，以减少由于间隙而产生的定位误差，从而提高加工精度。具体分组情况见表 9-2。

表 9-2　误差分组表

项目	齿坯孔径/ mm	心轴直径/mm	配合间隙/mm
第一组	φ25.000~φ25.004	φ25.002	±0.002
第二组	φ25.004~φ25.008	φ25.006	±0.002
第三组	φ25.008~φ25.013	φ25.011	+0.002 -0.003

误差分组法的实质是用提高测量精度的手段来弥补加工精度的不足，从而达到较高的精度要求。由于测量、分组需要花费时间，故一般只在配合精度很高、而加工精度不易提高时采用。

4. 误差转移法

误差转移法实质上是转移工艺系统的几何误差、受力变形和热变形引起的误差。当机床的精度达不到零件的加工要求时，往往不应一味去提高机床精度，而应在工艺方法上、夹具上去想办法，使机床的加工误差转移到不影响工件加工精度的方向上。

例如，对于采用转位刀架加工的工序，其转位误差将直接影响零件有关表面的加工精度。若将刀具安装到定位的非敏感方向，则可大大减少其影响。如图 9-29 所示，使六角刀架转位时的重复定位误差$\pm\Delta a$转移到零件内孔加工表面的误差非敏感方向，可以减少加工误差的产生，提高加工精度。利用镗模镗孔时，所采用的浮动连接，就是使机床的误差不能传递到镗孔上，也是一种误差转移的实例。

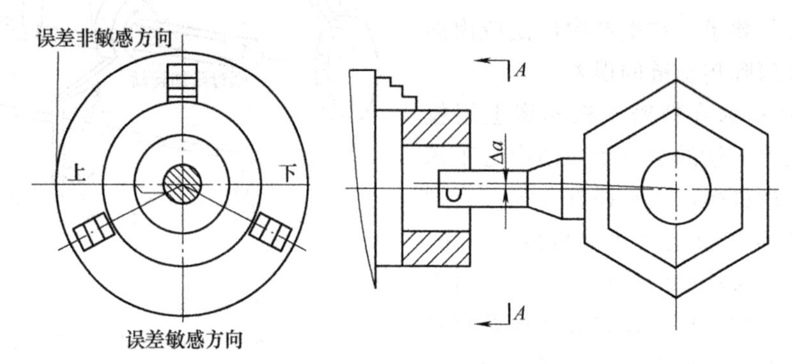

图 9-29　刀具转位误差的转移

5. 就地加工法

在加工和装配中，有些精度问题涉及的零、部件数量多、关系复杂，因而累积误差过大，若采用提高零、部件精度的方法，势必使得相关零件的精度要求太高，有时不仅生产困难，甚至不可能生产。此时若采用就地加工法就可解决这种难题。

如在转塔车床的制造中，转塔上六个安装刀架的大孔，其轴线必须保证和主轴的旋转轴线重合，而六个面又必须和主轴的轴线垂直。如果把转塔作为单独零件，加工出这些表面后再装配，要想达到上述两项要求是很困难的，因为它包含了很复杂的尺寸链关系。实际生产中则采用就地加工法。

就地加工的方法是：这些表面在装配前不进行精加工，等它装配到机床上以后，再在主轴上装上镗刀杆和能做径向进给的小刀架，镗削和车削六个大孔及端面，这样就能保证精度。

就地加工的要点是：要求保证部件间什么样的位置关系，就在这样的位置关系上，利用一个部件装上刀具去加工另一部件。

就地加工法不但可应用于机床的装配中，在零件的加工中也常常用来作为保证精度的有效措施。例如，在机床上“就地”修正花盘和卡盘平面的平面度和卡爪的同轴度；在机床上“就地”修正夹具的定位面等。

6. 误差平均法

对配合精度要求很高的工件，常采用研磨的方法提高精度。研具和加工表面之间相对研擦和磨损的过程，也就是误差相互比较和减少的过程，这样的方法被称为误差平均法。误差平均法的实质是：利用有密切联系的表面相互比较、相互检查，在对比中发现差异后，或是相互修正（如偶件的对研），或互为基准进行加工。

所谓有密切联系的表面，有以下三种类型：

（1）配偶件的表面　如配合精度要求很高的轴和孔（燃油泵柱塞副），丝杠与螺母，端齿盘精密分度副等，常采用研磨的方法来达到配合精度。

（2）成套件的表面　如三块一组的标准平板，是用相互对研、配刮的方法加工出来的。因为三个平板的表面能够分别两两密合，只有在都是精确的平面条件下才有可能。还有诸如90°角尺、角度规、多棱体等高精度量具和工具也是采用误差平均法制造的。

（3）工件本身相互有牵连的表面　如精密分度盘分度槽面的磨削加工，也是典型的利用误差平均法的例子。如图9-30所示，先按已加工槽初定砂轮与定位卡爪之间的夹角，逐槽磨一遍。由于初夹角与工件分度槽夹角不可能完全吻合，存在一定的角度误差，致使磨削各槽的加工余量不等，出现加工余量过大或过小的现象。这时，就应调整定位元件，使砂轮与定位基准之间的夹角增大或减小。经过多次调整与磨削，最后使每个槽都有相等的加工余量。然后，再极精细地磨一遍，使各槽都能被轻微地磨到，表现为磨削火花极少，直至无火花为止，这时所有分度角的误差均接近于零。

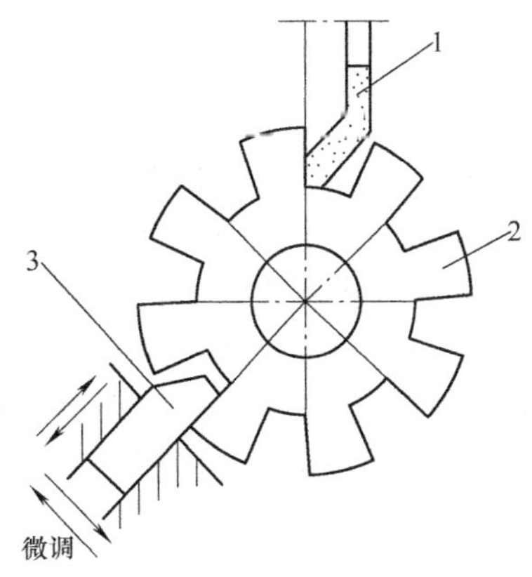

图9-30　精密分度盘分度槽面的磨削
1—砂轮　2—分度盘　3—定位元件

在实际生产的过程中，由于分度装置的定位元件的制造误差等因素的影响，实际的分度误差并不为零，一般仍有极小的分度误差。

（八）机械加工表面质量概述

1. 机械加工表面质量的含义

在机械加工过程中，无论采用何种加工方法，加工后的零件表面都不是完全理想的光滑表面，总是残留着不同程度的表面粗糙度、表面层残余应力、表面层冷作硬化等加工缺陷。这些加工缺陷虽然只产生在很薄的表面层中，但对零件的可靠性、耐久性影响极大。机械零件的加工质量，除了加工精度外，还包含表面质量。研究影响机械加工表面质量的主要工艺因素及其变化规律，对保证产品质量具有重要意义。

机械加工表面质量有下列两方面的含义。

（1）表面几何形状特征　如图9-31所示，加工表面的几何形状总是以“峰”“谷”形式交替出现，偏离其理想光滑表面，其偏差又有宏观和微观的差别。

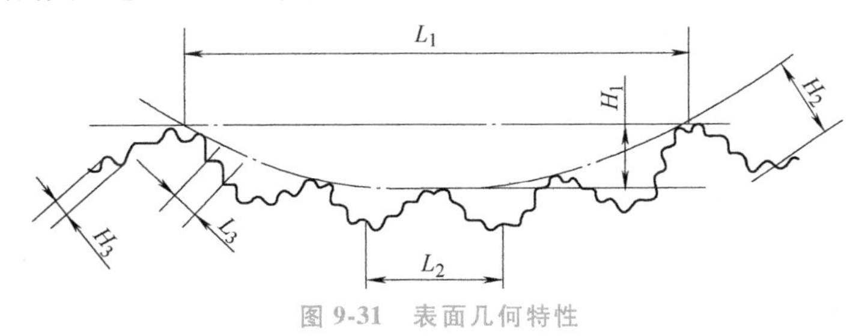

图9-31　表面几何特性

1）表面粗糙度。它是指加工表面的微观几何形状误差，其波长与波高的比值一般小于50，如图9-31中的L_3、H_3。

2）表面波度。它是介于宏观几何形状误差与微观几何形状误差（即表面粗糙度）之间的周期性几何形状误差，其波长与波高的比值一般为50~1000，如图9-31中的L_2、H_2。

（2）表面层的物理力学性能　包括表面层的加工硬化、表面层的金相组织变化和表面层的残余应力。

2. 零件表面质量对零件使用性能的影响

（1）表面质量对零件耐磨性的影响　零件的耐磨性与摩擦副的材料、润滑及表面质量有关。如图9-32所示，磨损过程可分为三个阶段。第Ⅰ阶段称为初期磨损阶段，此时两个表面只是在一些凸峰顶部接触，实际接触面积大大小于理论接触面积，凸峰接触部分将产生较大的压强。表面越粗糙，实际接触面积越小，凸峰处的压强越大，故磨损显著。经过初期磨损后，摩擦副表面的接触面积增大，压强变小，进入正常磨损阶段（阶段Ⅱ）。在这一阶段零件的耐磨性最好。随着时间的推移，当表面粗糙度值变得很小时，零件表面存储润滑油的能力急剧下降，润滑条件恶化使得紧密接触的两表面发生分子黏合现象，摩擦阻力增大，从而进入磨损的第Ⅲ阶段，即急剧磨损阶段。显然，表面粗糙度值存在一个最佳参数，此时磨损量最小。图9-33所示的实验曲线表现的就是这种关系，图中Ra_1及Ra_2就是在不同载荷时的最佳表面粗糙度值。

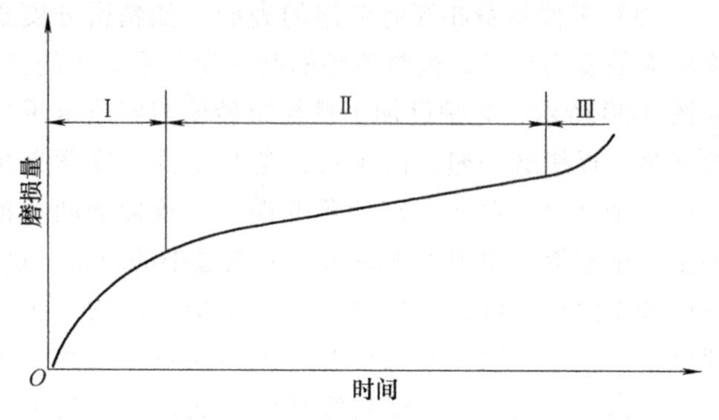

图9-32　磨损过程的三个阶段

表面层的冷作硬化减少了摩擦副接触处的弹性和塑性变形，耐磨性一般能提高0.5~1倍。但过度的冷作硬化会使金属组织疏松，甚至出现表面裂纹、表面剥脱，从而影响零件的耐磨性。图9-34所示曲线反映了表面的冷硬程度与耐磨性的关系。

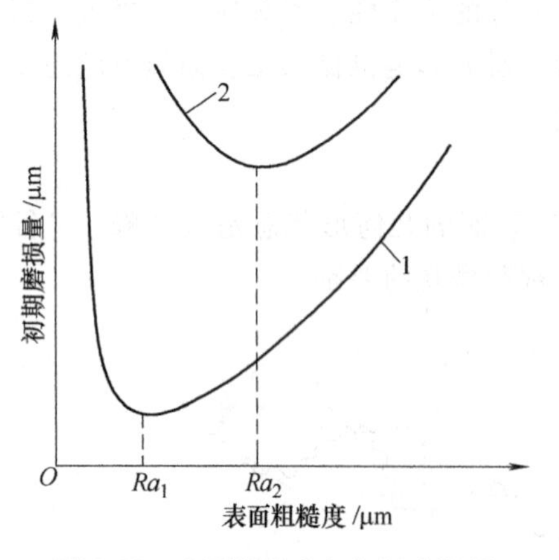

图9-33　表面粗糙度与初期磨损量

1—轻载荷　2—重载荷

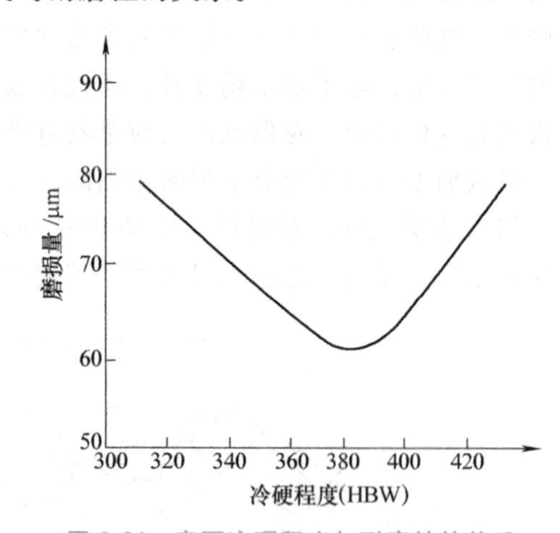

图9-34　表面冷硬程度与耐磨性的关系

（2）表面质量对零件疲劳强度的影响　在交变载荷作用下，零件表面微观不平的凹谷、划痕、裂纹等缺陷最易引起应力集中，并发展成疲劳裂纹，导致零件的疲劳损坏；减小表面粗糙度值可使疲劳强度提高。

表面层的残余压应力可以部分抵消工作载荷引起的拉应力，使零件的疲劳强度提高。而表面层的残余拉应力则会使疲劳裂纹加剧，从而降低疲劳强度。

表面层的冷作硬化能阻碍疲劳裂纹的扩大，提高零件的强度；但冷硬程度过大，反而易产生裂纹，故冷硬程度与硬化深度应控制在一定范围内。

（3）表面质量对耐蚀性的影响　零件在潮湿的空气中或在腐蚀性介质中工作时，会发生化学腐蚀或电化学腐蚀。减小表面粗糙度值就可以提高零件的耐蚀性。

零件在应力状态下工作时，会产生应力腐蚀，可加速腐蚀作用。如表面存在裂纹，则更增加了应力腐蚀的敏感性。

（4）表面质量对零件配合的影响　表面的几何特性将使配合零件间实际的有效过盈量或有效间隙值发生变化，必然会影响到它们的配合性质与配合精度。例如对于间隙配合，表面粗糙度值太大会使磨损量过大，进而配合间隙迅速增大，对于气动、液压等配合精度要求高的零件，会使间隙增加，影响系统性能。而对于过盈配合，在装配过程中配合表面的凸峰将会受挤压，使实际的有效过盈量减少，影响连接的可靠性。

表面的残余应力会使零件变形，引起零件的形状和尺寸误差，因此也会影响零件的配合。

（5）表面质量对接触刚度的影响　表面粗糙度对零件的接触刚度有很大的影响，表面粗糙度值越小，则接触刚度越高。

（九）影响零件表面粗糙度的因素

1. 切削加工表面粗糙度的形成

机械加工时，加工表面的几何特性（表面粗糙度）形成的原因大致可归纳为两个因素：一是切削刃（或砂轮）与工件相对运动所形成的表面粗糙度——几何因素；二是与工件材料的性能及切削（或磨削）机理有关的因素——物理因素。

（1）几何因素　刀具相对于工件作进给运动时，在加工表面留下了切削层残留面积，其形状是刀具几何形状的复映。

在理想的切削条件下，由于切削刃的形状和进给量的影响，在加工表面上遗留下来的切削层残留面积就形成了理论表面粗糙度 H，如图 9-35 所示。由图中的几何关系可知，当刀尖圆弧半径 $r_\varepsilon=0$ 时（图 9-35a），有

$$H=\frac{f}{\cot\kappa_r+\cot\kappa_r'} \tag{9-7}$$

刀尖圆弧半径 $r_\varepsilon\neq0$ 时（图 9-35b），有

$$H=r_\varepsilon-\sqrt{r_\varepsilon-\left(\frac{f}{2}\right)^2}\approx\frac{f^2}{8r_\varepsilon} \tag{9-8}$$

以上两式是理论计算的结果，称为理论表面粗糙度。切削加工后表面的实际表面粗糙度与理论表面粗糙度有较大的差别，这是由于存在着与被加工材料的性能及与切削机理有关的物理因素的缘故。

（2）物理因素　切削过程中影响表面粗糙度的物理因素为金属表面层的塑性变形。在

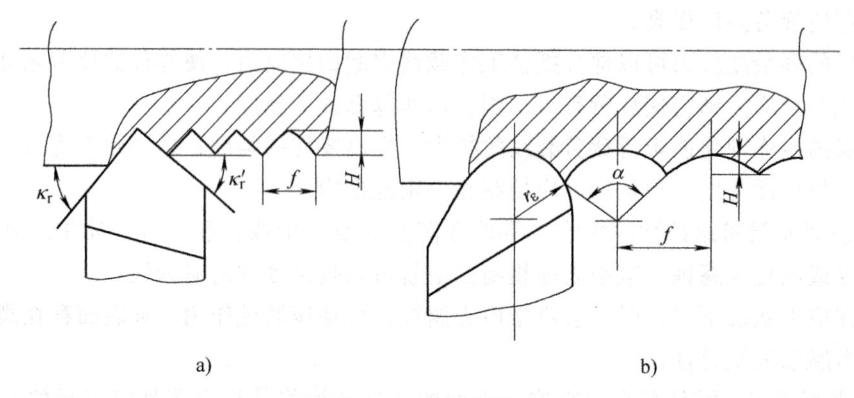

图 9-35　切削层残留面积

切削过程中，刀具的刃口圆角及后刀面与工件的挤压摩擦使金属材料产生塑性变形，使原有残留面积扭歪或沟纹加深，因而增大了表面粗糙度。切削塑性材料时出现的积屑瘤与鳞刺，也会使表面粗糙度增大。切削脆性材料时，切屑呈碎粒状，加工表面往往出现崩碎痕迹，留下许多麻点，使表面更为粗糙。

切削加工时工艺系统的振动也会使工件已加工表面的表面粗糙度值增大。

2. 影响切削加工表面粗糙度的主要因素

（1）切削用量

1）切削速度 v_c。切削速度对表面粗糙度的影响比较复杂。一般情况下，在低速或高速切削时，不会产生积屑瘤，故加工后表面粗糙度值较小。在以 20~50m/min 的切削速度加工塑性材料（如低碳钢、铝合金等）时，常容易出现积屑瘤和鳞刺，再加上切屑分离时的挤压变形和撕裂作用，使表面粗糙度更加恶化。切削速度越高，切削过程中切屑和加工表面层的塑性变形的程度越小，加工后表面粗糙度值也就越小。图 9-36 所示为切削易切钢时切削速度对表面粗糙度的影响规律。

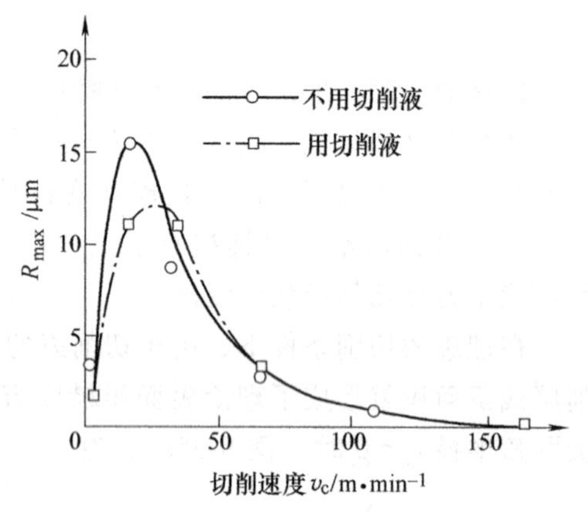

图 9-36　切削速度对表面粗糙度的影响

实验证明，产生积屑瘤的临界速度将随加工材料、切削液及刀具状况等条件的不同而不同。由此可见，用较高的切削速度既可使生产率提高，又可使表面粗糙度值变小。因此，不断地创造条件以提高切削速度，一直是提高工艺水平的重要方向。其中，发展新刀具材料和采用先进刀具结构可使切削速度大为提高。

2）进给量 f。进给量是影响表面粗糙度最为显著的一个因素，由式（9-7）、式（9-8）可知，进给量越小，残留面积的高度越小，此外，鳞刺、积屑瘤和振动均不易产生，因此表面质量越高。但进给量太小，切削厚度减薄，加剧了切削刃钝圆半径对加工表面的挤压，使硬化严重，不利于表面粗糙度值的减小，有时甚至会引起自激振动而使表面粗糙度值增大。所以在生产中，硬质合金刀具在切削时的进给量不宜小于 0. 05mm/r。

减小进给量的最大缺点是降低了生产效率；为了提高生产率，减少因进给量增大而使粗糙度增大的影响，通常可利用提高切削速度或选用较小副偏角和磨出倒角刀尖 b_{ε} 或修圆刀尖 r_{ε} 的办法来改善。

3）背吃刀量 a_p。一般来说，背吃刀量对加工表面粗糙度的影响不明显。但当 $a_p <$ 0.03mm 时，由于切削刃不可能刃磨得绝对尖锐，即具有一定的钝圆半径，正常切削已不能维持，常出现挤压、打滑和周期性地切入加工表面，从而使表面粗糙度值增大。

为降低加工表面的粗糙度值，应根据刀具刃口刃磨的锋利情况选取相应的背吃刀量。

（2）刀具的几何参数

1）增大刃倾角 λ_s 对降低表面粗糙度值有利。λ_s 增大时，实际的工作前角也随之增大，切削过程中的金属塑性变形程度随之下降，切削力 F 也明显下降，这会显著地减轻工艺系统的振动，从而使加工表面的表面粗糙度值减小。

2）减少刀具的主偏角 κ_r 和副偏角 κ_r' 及增大刀尖圆弧半径 r_{ε}，可减小切削残留面积，使其表面粗糙度值减小。

3）增大刀具的前角 γ_o 使刀具易于切入工件，减小塑性变形，有利于减小表面粗糙度值。但当前角太大，切削刃有嵌入工件的倾向时，反而使表面变粗糙。

4）当前角一定时，后角 α_o 越大，切削刃钝圆半径越小，切削刃越锋利；同时，还能减小后刀面与加工表面间的摩擦和挤压，有利于减小表面粗糙度值。但后角过大会削弱刀具的强度，容易产生切削振动，使表面粗糙度值增大。生产中也利用 $\alpha_o \leqslant 0°$ 的刀具对切削表面进行挤压，达到光整加工的目的。其加工方法是：在后刀面上小棱面处磨出 $\alpha_o \leqslant 0°$，采用较低的切削速度，较小的背吃刀量，浇注润滑性能良好的切削液，并在精度和刚度较高的机床上进行挤压。经挤压后的表面粗糙度 Ra 值达 2.5～1.25μm，同时提高了表面层的硬度和疲劳强度。

（3）工件材料的性能　采用热处理工艺以改善工件材料的性能是减小其表面粗糙度值的有效措施。例如，工件材料的金属组织的晶粒越均匀，粒度越细，加工时越易获得较小的表面粗糙度值。对工件进行正火或回火处理后再加工，能使加工表面粗糙度值明显减小。

（4）切削液　在低速切削过程中浇注润滑性能良好的切削液可减小积屑瘤、鳞刺的影响，减小表面粗糙度值。

高速切削时，切削液浸入切削区域较困难，切屑流出时也易带走切削液，且零件转动时切削液被甩出，故切削液对表面粗糙度的影响不明显。

（5）刀具材料　不同的刀具材料，由于化学成分的不同，在加工时刀面硬度及刀面粗糙度的保持性，刀具材料与被加工材料金属分子的亲合程度，以及刀具前、后刀面与切屑和加工表面间的摩擦系数等均有所不同。

（6）工艺系统的振动　工艺系统的低频振动，一般会使工件的加工表面产生表面波度；而工艺系统的高频振动将对加工的表面粗糙度产生影响。为降低加工的表面粗糙度值，则必须采取相应措施以防止加工过程中产生高频振动。

3. 磨削加工后的表面粗糙度

磨削加工的表面，是由砂轮上大量几何角度不同且不规则分布的磨粒微刃切削、刻划出的无数极细的沟槽形成的。显然，每单位面积的磨粒越多，刻痕的等高性越好，则表面粗糙度值也就越小。

在实际的磨削过程中，还有塑性变形的影响。磨粒大多具有很大的负前角，切削刃并不锋利，切屑厚度一般仅为 0.2μm 左右。因此大多数砂轮在磨削过程中只在加工面上挤过，根本没有切削。加工表面在多次挤压下反复出现塑性变形。磨削时的高温使这种塑性变形加剧，表面粗糙度值增大。

从以上分析可知，影响磨削表面粗糙度的因素有：

（1）砂轮粒度　砂轮粒度越细，单位面积上的磨粒数就越多，磨削表面的表面粗糙度就越小。

（2）砂轮的修整　修整砂轮的目的是使其具有正确的几何形状和锐利等高的微刃。修整后的砂轮越光滑，砂轮的等高性及锋利程度越好，则磨削表面的表面粗糙度就越小。

（3）砂轮的运转速度　提高砂轮的运转速度，可增加加工表面单位面积的刻痕数，同时由于此时塑性变形的传播速度小于磨削速度，材料来不及产生塑性变形，从而可降低表面粗糙度。

（4）磨削深度与工件速度　增大磨削深度和工件速度将增加塑性变形的程度，从而增大表面粗糙度。为了既提高效率又降低表面粗糙度，磨削加工的径向进给量通常为先“大”后“小”。

（十）影响零件表面层物理力学性能的因素

在机械加工过程中，工件由于受到切削力和切削热的作用，其表面层的力学、物理性能将产生很大的变化，造成与基体材料性能的差异。这些差异主要表现为表面层的金相组织和显微硬度的变化及表面层中出现残余应力。

1. 表面层的加工硬化

在切削或磨削加工过程中，若加工表面层产生的塑性变形使晶体间产生剪切滑移，晶格严重扭曲，并产生晶粒的拉长、破碎和纤维化，引起表面层的强度和硬度提高的现象，称为冷作硬化现象。表面层的硬化程度取决于产生塑性变形的力、变形速度及变形时的温度。产生变形的力越大，塑性变形越大，产生的硬化程度也越大。变形速度越快，塑性变形越不充分，产生的硬化程度也就相应减小。变形时的温度高，则硬化程度减小。

影响表面层冷作硬化的因素有：

（1）刀具　刀具的刃口圆角和后刀面的磨损对表面层的冷作硬化有很大影响，刃口圆角和后刀面的磨损量越大，冷作硬化层的硬度和深度也越大。

（2）切削用量　在切削用量中，影响较大的是切削速度 v_c 和进给量 f。当 v_c 增大时，则表面层的硬化程度和深度都有所减小。一方面切削速度增大会使温度增高，有助于冷作硬化的恢复；另一方面由于切削速度的增大，刀具与工件的接触时间短，使工件的塑性变形程度减小。当进给量 f 增大时，切削力增大，塑性变形程度也增大，因此表面层的冷作硬化现象也就越严重。但当 f 较小时，由于刀具的刃口圆角在加工表面上的挤压次数增多，因此表面层的冷作硬化现象也会增大。

（3）工件材料　工件材料的硬度越低，塑性越大，切削加工后其表面层的冷作硬化现象越严重。

2. 表面层金相组织的变化

在机械加工过程中，工件的加工区由于切削热会使加工表面温度升高。当温度超过金相组织变化的临界点时，就会产生金相组织变化。对于一般的切削加工，切削热大部分被切屑带走，影响不严重。但对磨削加工而言，由于其产生的单位面积上的切削热要比一般切削加工大数十倍，故工件的表面温度可高达1000℃左右，必然会引起表面层金相组织的变化，使表面硬度下降，并伴随产生残余拉应力及裂纹，从而使工件的使用寿命大幅降低，这种现象称为磨削烧伤。因此，磨削加工是一种典型的易于出现加工表面金相组织变化的加工方法。

根据磨削烧伤时温度的不同，烧伤可分为以下几种：

（1）回火烧伤　磨削淬火钢时，若磨削区的温度超过马氏体转变温度，则工件表面原来的马氏体组织将转化成硬度较低的回火托氏体或索氏体组织，此即为回火烧伤。

（2）淬火烧伤　磨削淬火钢时，若磨削区的温度超过相变临界温度，在切削液的急冷作用下，工件表面最外层金属转变为二次淬火马氏体组织，其硬度比原来的回火马氏体高，但是又硬又脆，而其下层因冷却速度较慢仍为硬度较低的回火组织，这种现象即为淬火烧伤。

（3）退火烧伤　不用切削液进行干磨时若磨削区的温度超过相变的临界温度，由于工件金属表层空冷冷却速度较慢，使磨削后的强度、表面硬度急剧下降，则产生了退火烧伤。

磨削烧伤时，表面会出现黄、褐、紫、青等烧伤色，这是工件表面在瞬时高温下产生的氧化膜颜色。不同烧伤色的表面，其烧伤程度不同。对于较深的烧伤层，虽然在加工后期采用无进给磨削可除掉烧伤色，但烧伤层却未除掉，成为将来使用中的隐患。

影响磨削烧伤的因素主要有：

（1）磨削用量　磨削用量主要包括磨削深度、工件的纵向进给量及工件的速度。当磨削深度增大时，工件的表面温度及表层下不同深度的温度都会随之升高，磨削烧伤增加，故磨削深度不可过大。工件的纵向进给量的增加使得砂轮与工件的表面接触时间相对减少，散热条件得到改善，磨削烧伤减轻。增大工件的速度虽然使磨削区的温度上升了，但由于热源作用时间减少，金相组织来不及变化，总的来说可以减轻磨削烧伤。

对于增加进给量、工件速度而导致的表面粗糙度值增大，一般采用提高砂轮转速及较宽砂轮来补偿。

（2）冷却方法　利用切削液带走磨削区的热量可以避免烧伤，但目前通用的冷却方法效果较差，原因是切削液未能进入磨削区。如图9-37所示，切削液不易进入磨削区*AB*，只能大量地倾注在离开磨削区的已加工面上，但这时烧伤已经产生。

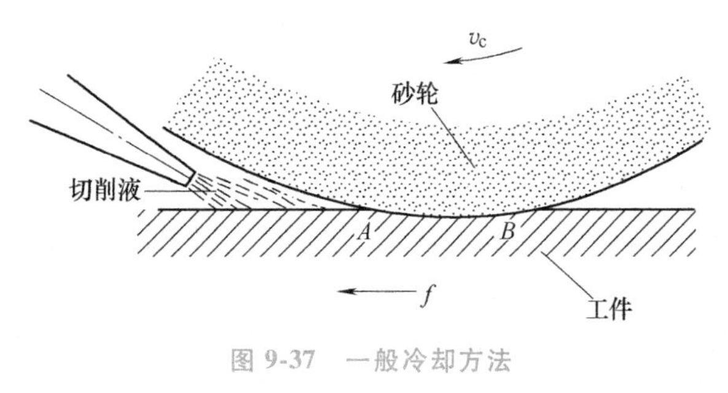

图9-37　一般冷却方法

为了使切削液能较好地进入磨削区而起到冷却作用，目前可采用内冷却法、喷射法、间断磨削法与含油砂轮等。图9-38所示为内冷却砂轮结构。内冷却法是将切削液通过砂轮的空心主轴引入砂轮的中心腔内，由于砂轮具有多孔性，当砂轮高速旋转时，强大的离心力将切削液沿砂轮孔隙向四周甩出，使磨削区直接得到冷却。

（3）砂轮　硬度过高的砂轮，其结合力太强，自锐性差，将使磨削力增大，易产生磨削烧伤，故常选用较软的砂轮。提高砂轮磨粒的硬度、韧性和强度，有助于保持刃尖的锋利性及自锐性，从而抑制磨削烧伤。金刚石磨料由于其强度、硬度都比较高，而且在无切削液的情况下，它的摩擦系数也只有0.05，相对而言最不易产生磨削烧伤，是一种理想的磨料。砂轮结合剂应为具有一定弹性的材料，如树脂类。当某种原因使磨削力增大时，磨粒能产生一定的弹性退让，使磨削深度减小；同时由于树脂的耐热性差，高温时结合性能显著下降，磨粒易于脱落，这些都有助于避免磨削烧伤。

选用粗粒度砂轮磨削时，既可减少发热量，又可在磨削软而塑性大的材料时避免砂轮的堵塞。

（4）工件材料　工件材料的硬度越高，磨削发热量越多；但材料过软，则易于堵塞砂轮，反而使加工表面温度急剧上升。工件材料的强度可分为高温强度与常温强度两类。高温强度越高，磨削时所消耗的功率越多。例如在室温时，45钢的强度比20CrMo合金钢的强度高65MPa，但在600℃时，后者的强度却比前者高180MPa，因此20CrMo钢的磨削加工发热量比45钢大。

工件材料的韧性越大，所需磨削力也越大，发热也越多。

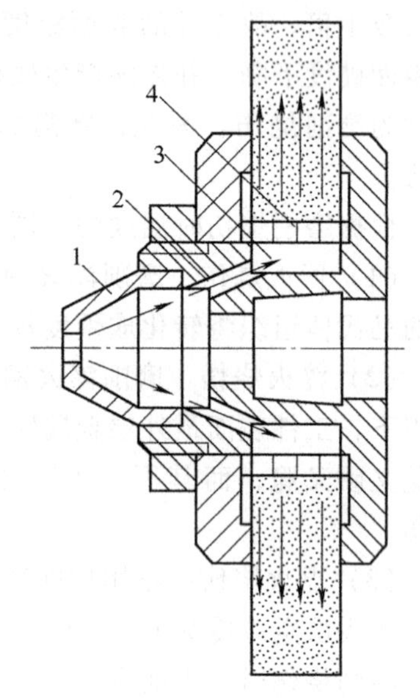

图9-38　内冷却砂轮结构

1—锥形盖　2—冷却液通孔

3—砂轮中心孔　4—有径向小孔的薄壁套

导热系数低的材料，如轴承钢、高速工具钢等，在磨削加工中更易产生金相组织的变化。

3. 表面层的残余应力

工件经机械加工后，表面层组织会发生形状变化或组织变化，在表面层及其与基体材料的交界处就会产生互相平衡的应力，即表面层的残余应力。残余压应力可提高工件表面的耐磨性和疲劳强度，而残余拉应力则起相反的作用。若拉应力值超过工件材料的疲劳强度极限值时，则使工件表面产生裂纹，加速工件损坏。

残余应力的产生，有以下三种原因：

（1）冷态塑性变形引起的残余应力　在机械加工过程中，由于切削力的作用使工件表面产生强烈的塑性变形，而此时基体金属处于弹性变形状态。切削力消除后，基体金属趋向恢复，但受到表面层的限制，因而要产生残余应力。其中切削刀具对已加工表面的挤压和摩擦的影响较大，使表面层产生伸长塑性变形，这时产生的残余应力为压应力。

（2）热态塑性变形引起的残余应力　切削加工时，由于表面层与基体受热源作用的影响不同，产生的热膨胀变形程度也不同。切削结束后，由于表层已产生塑性变形并受到基体的限制，就要产生残余拉应力。磨削温度越高，热塑性变形越大，残余拉应力也越大，甚至出现裂纹。

（3）金相组织变化引起的残余应力　机械加工过程中产生的高温会引起表面层的金相组织变化，不同的金相组织具有不同的相对密度，即具有不同的比热容。如果表面层发生金相组织的转变，不论是膨胀还是收缩，必然与基体之间产生残余应力。

例如，钢中马氏体的密度为7.75kg/dm^3，奥氏体的密度为7.96kg/dm^3，珠光体的密度为7.78kg/dm^3。磨削淬火钢时，如果产生回火，表层组织从马氏体变为托氏体或索氏体（密度与珠光体相近），比热容减小，由于受到基体的阻碍而产生残余拉应力。若表层温度

超过 Ac_3，冷却又充分，则原表层的残余奥氏体转变为马氏体，比热容增大并受阻，这时工件表面将形成残余压应力。

机械加工后金属表面层的残余应力，是上述三者的综合结果。在不同的条件下，其中某一种或两种因素可能起主导作用。在一般的切削加工中，当切削温度不高时，起主导作用的是冷态塑性变形，将产生残余压应力。在磨削加工中，热态塑性变形和金相组织变化起主导作用，将产生残余拉应力。

（十一）控制和改善工件表面质量的方法

为了使工件表面层的质量满足使用要求，常采用以下方法控制和改善工件的表面质量：创造精密加工的工艺条件；采用光整加工工序；采用表面层强化工艺等。其中应用最广的是表面层强化工艺，它能使金属表面层获得有利于疲劳强度提高的残余压应力及冷硬层，从而提高零件的使用可靠性。表面层强化工艺主要包括滚压加工及喷丸强化。

（1）滚压加工　滚压加工是利用具有高硬度的滚轮或滚珠，对工件表面进行滚压，使其产生冷态塑性变形，将工件表面上原有的凸峰填充到相邻的凹谷中，使工件表面的微观不平度得到改善，表面金属产生晶格畸变、残余压应力及冷硬层，从而使工件表面层得到光整和强化，如图 9-39 所示。

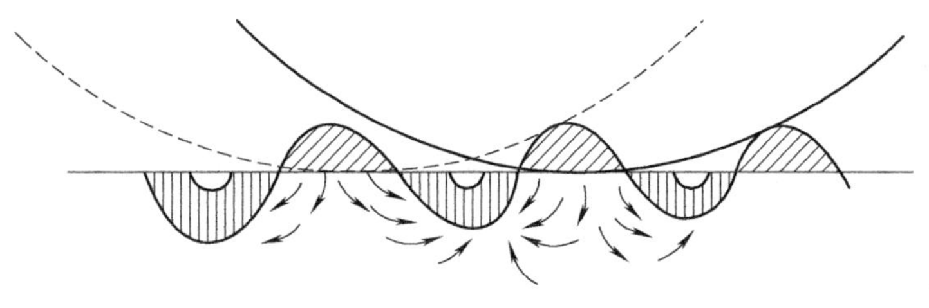

图 9-39　滚压加工原理图

滚压加工主要用于加工外圆、孔、平面及成形表面；对于存在应力集中的零件，效果更为明显（疲劳强度可提高 50%）。图 9-40 所示为典型的滚压加工示意图。

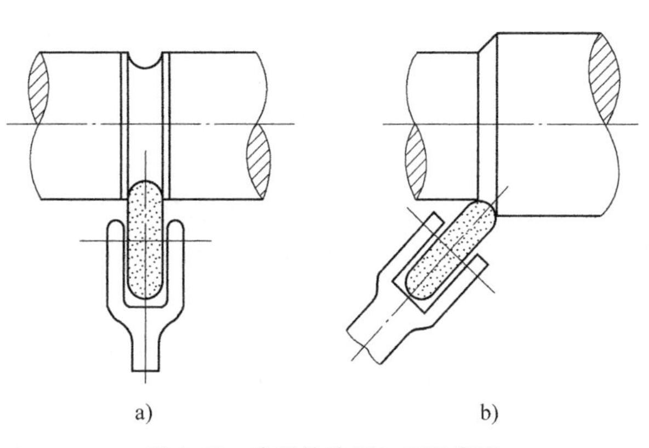

图 9-40　典型的滚压加工示意图

（2）喷丸强化　喷丸强化是利用大量快速喷射的弹丸打击工件表面，使其产生残余压应力及冷硬层，从而大大提高零件的疲劳强度及使用寿命。喷丸用钢或铸铁制成。喷射设备为压缩空气喷丸装置或离心式喷丸装置，喷射速度可达 30~50m/s。喷丸强化的主要加工对象是形状复杂的零件，如弹簧、齿轮、曲轴等。经喷丸强化处理后的零件，硬化深度可达 0.7mm，表面粗糙度 Ra 值可由 3.2μm 减少到 0.4μm，使用寿命可提高几倍到几十倍。

（十二）机械加工中的振动

在机械加工过程中，工件与刀具之间常常产生振动，将影响工件与刀具之间正常的运动轨迹，降低加工表面质量，缩短刀具和机床的寿命，同时影响生产率，污染工作环境，严重时可使加工无法进行。因此，研究机械加工过程中的振动，掌握其规律，并加以限制或消除，是机械加工技术的重要研究课题。

1. 加工振动的分类及引起振动的原因

机械加工中的振动按照传统分为自由振动、强迫振动和自激振动三大类。

（1）自由振动　一个系统产生振动首先是由于一个外界刺激力引起的，当外界刺激力去除后，由于系统的阻尼作用使得振动逐渐衰减，如果没有持续的维持振动继续下去的刺激力不断作用，振动会衰减和停止，这种振动称为自由振动。

机械加工中引起自由振动的激振原因主要是：由于工件材质不均，切削过程中切削刃碰到硬质点，引起切削力发生变化；或者由往复运动引起的换向冲击；如果机床地基隔振措施不良，外界激振力也会由基础传入。

（2）强迫振动　强迫振动是指系统受到周期性激振力的作用所激发的不衰减振动。它的最大特点是系统本身所具有的阻尼不足以快速衰减这种受迫振动，所以强迫振动的振动频率与激振力的频率相等。当激振力的频率接近于振动系统的固有频率时，振幅会急剧增大，系统将产生共振。强迫振动中的激振力是不随振动过程而逐渐增大的，这一点有别于自激振动。

诱发强迫振动的周期性激振力多为断续切削时的冲击；机床高速旋转引起的零件的不平衡；机床传动件的缺陷，例如齿轮啮合工作面有缺陷、轴承的滚动体有缺陷；机床液压系统的压力波动等原因。

（3）自激振动　自激振动是指在振动中振动能量不断地得到自动补充，促使振动自动维持、甚至不断加强的振动。自激振动的最大特点是振动能量的正反馈，即振动的维持不是靠外界，而是靠系统自身的能量正反馈作用。

例如，在一个刚度较差的车削系统中车削加工时，由于加工余量不均会引起初始振动，这一振动会造成切削刃相对于工件的位置发生变化。若位置变化的结果使得背吃刀量增大，将导致激振力的增大，从而使振动能量增大，形成了正反馈，则振动加剧。如果这种正反馈不断得到维持和加强，就形成自激振动。自激振动与强迫振动的最大区别是自激振动的激振力会在正反馈作用下不断得到补充和加强。

促成自激振动的主要原因是振动能量得到了正反馈。切断反馈途径；变正反馈为负反馈；增加系统的动态刚性和阻尼都可以有效减小自激振动。

2. 振动对加工质量的影响

振动对机械加工是有害的，这种危害表现在以下几方面：

（1）影响加工的表面粗糙度　振动破坏了工艺系统的正常切削过程，从而使零件的加工表面出现振纹；高频振动时产生微观不平度，低频振动时产生波度。

（2）降低生产率　振动限制了切削用量的进一步提高，从而影响生产率的提高，严重时可使切削无法继续进行。

（3）影响刀具的寿命　切削过程中的振动可能使刀尖切削刃崩碎，韧性差的刀具（硬质合金、陶瓷）尤为严重。此外，振动还会加速刀具的磨损。

（4）破坏机床、夹具的精度　振动使机床、夹具的零件连接部分松动，间隙增大，进而降低机床、夹具的刚度与精度。

（5）环境污染　由振动引起的噪声将恶化工作环境，影响工人的健康。

3. 减小振动的有效措施

对于工艺系统的自由振动和强迫振动，只要找到其周期性激振力产生的原因，就可以有相应的办法来解决。减小强迫振动的途径一般有以下几种：

（1）尽量减少激振力　①消除零件高速回转的不平衡，避免离心惯性力的产生，如对于高速转动的砂轮、主轴系统、转子等，都要严格进行相应的静平衡或动平衡处理。②提高高速运动部件的传动平稳性，如齿轮要保证啮合质量，滚动轴承的精度等级要达到设计要求，滚道和滚动体不得有缺陷；对高速带传动系统也要引起重视，带轮不得有缺陷和运动偏心，同组使用的传动带要注意厚度、宽窄、柔性尽量一致，以保证传动平稳。

（2）加强隔振措施　①精加工机床应远离重载荷粗加工机床，其床座基础要加强隔振措施，防止外部振源的传入。②将振动较大的电动机、液压站等动力部件与机床本体隔离开，传动带不要张得过紧。

（3）增加阻尼，提高刚度　增加阻尼是减振的基本措施。机械加工过程中的很多强迫振动都是因工艺系统的动刚度及阻尼不足引起的。可通过预紧轴承、调整导轨镶条间隙、减小刀杆悬伸长度、研合接触面等手段来提高工艺系统的动刚度和阻尼；对刚度差的工件要增加辅助支承及肋板等。强迫振动的频率要远离工艺系统的固有频率，当两者频率较近时，应注意调整主运动的速度，以防产生共振。

对于工艺系统的自激振动，因其产生的原因较为复杂，目前最有效的手段是抗振和减振。

（1）抗振措施　在机床方面主要是提高工艺系统的动态刚度（包括前述提高动刚度的所有措施），合理布置肋板可以有效提高机床的结构刚度；采用滑动轴承或静压轴承比滚动轴承的刚度高；机床主轴采用三点支承结构比两点支承刚度高。

在刀具方面，主要是合理设计刀杆的结构、形状，提高刀杆的惯性矩，选用高刚度材料做刀杆，尽量缩短刀具的悬伸长度；合理选择刀具的几何参数和切削用量。

在工件安装方面，要注意正确使用跟刀架、中心架。

（2）减振措施　主要是用各种减振装置对振动进行干扰和阻尼。

图9-41所示为一种冲击式减振镗杆。当镗杆产生自激振动时，冲击块1会与镗杆2发生反复碰撞，其碰撞频率的初相滞后于自激振动，对自激振动起到干扰作用，从而消耗了振动能量。图9-42所示为一种摩擦式阻尼减振器，它利用多层碟形簧片的弹性势能来吸收振动能量。图9-43所示为一种液压阻尼器，它利用液压节流孔4的降压原理来衰减振动能量。

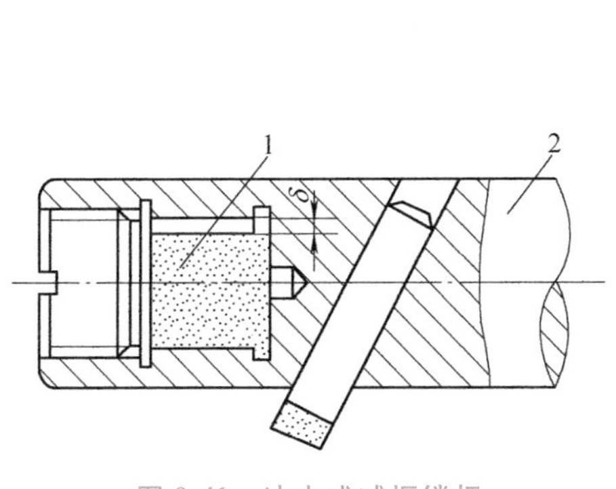

图9-41　冲击式减振镗杆

1—冲击块　2—镗杆

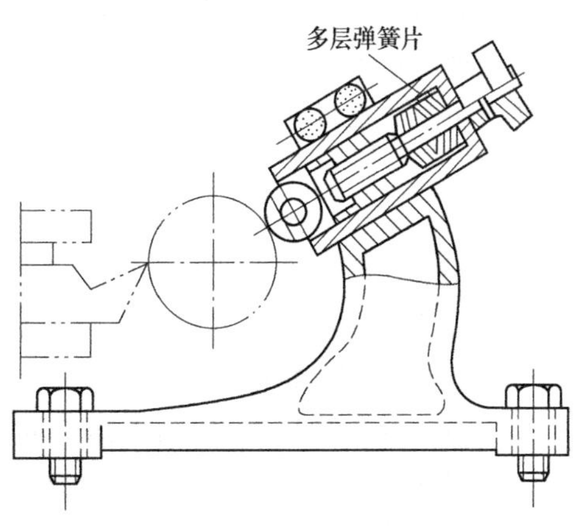

图9-42　摩擦式阻尼减振器

在实际生产中，应用减振器来衰减和吸收振动能量的方法很有效，各种减振器的结构方案也很多。

除了上述抗振和减振措施以外，合理选择切削用量、刀具角度、切削刃结构也是生产中经常采用的减振措施。

在切削用量方面，最主要的影响因素是切削速度 v_c，有车削试验证明：当切削速度 v_c 在 20~60m/min 范围内时，自激振动的振幅很大，而切削速度在高速（150m/min 以上）或很低范围内时，自激振动的振幅就较小，如图 9-44 所示。

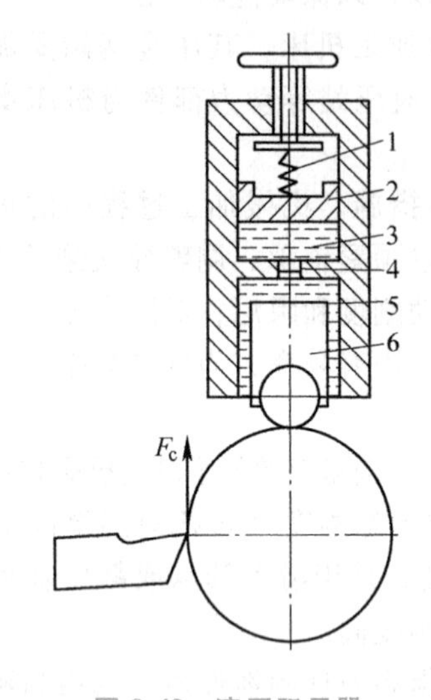

图 9-43 液压阻尼器

1—弹簧 2—活塞 3—液压缸后腔
4—液压节流孔 5—液压缸前腔 6—柱塞

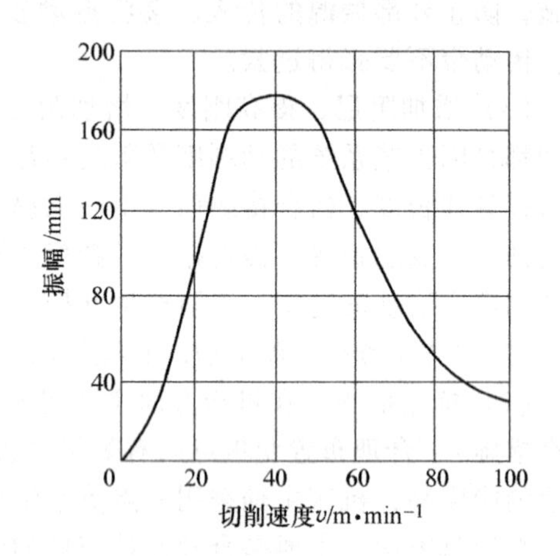

图 9-44 切削速度与振幅的关系

进给量与振幅间的关系是：当 f 较小时，振幅会较大，随着 f 的增大振幅反而会减小，所以只要表面粗糙度许可，选取较大的 f 可以避免自激振动。

在刀具方面，适当增大前角 γ_o、主偏角 κ_r 能够减小振动；后角 α_o 越大，越易引起自激振动，但后角 α_o 过小将造成后刀面挤压工件，也会引起自激振动，一般可采取在切削刃主后刀面处磨出 0.1~0.3mm 的负倒棱，能起到很好的防振作用；在前刀面上留出月牙槽也可以有助于防振。在刀具使用方面，最关键的是注意刀尖不要安装过高。

四、思考与练习

1. 试分析 LK32-20207 主轴的加工质量。
2. 加工误差包括哪几方面？原始误差与加工误差有何关系？
3. 试述影响加工精度的主要因素。
4. 试述主轴的回转精度对加工精度的影响。
5. 何谓加工误差敏感方向、非敏感方向？举例说明。
6. 什么叫误差复映？如何减小误差复映的影响？
7. 分析在车床上加工时，产生下述误差的原因：

（1）如图 9-45 所示，利用自定心卡盘镗孔时，引起内孔与外圆不同轴、端面与外圆不垂直。

（2）分析在车床上镗锥孔或车外锥体时，由于刀尖装得高于或低于工件轴线，将会引起什么样的误差？

（3）在车床上用两顶尖安装、车削细长轴时，出现图 9-46 所示误差的原因是什么？应分别采用什么办法加以消除或减小误差？

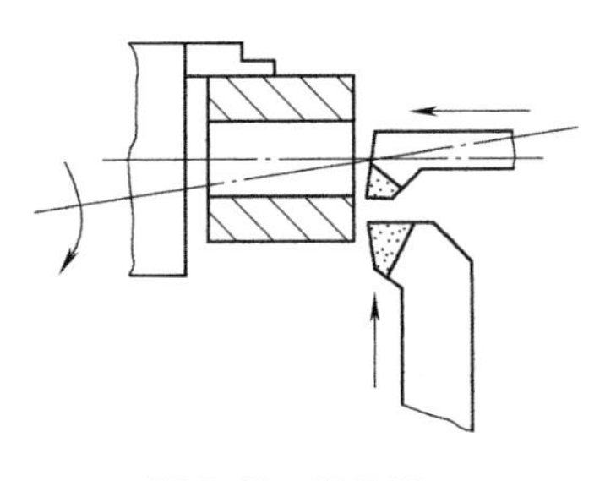

图 9-45　题 7 图一

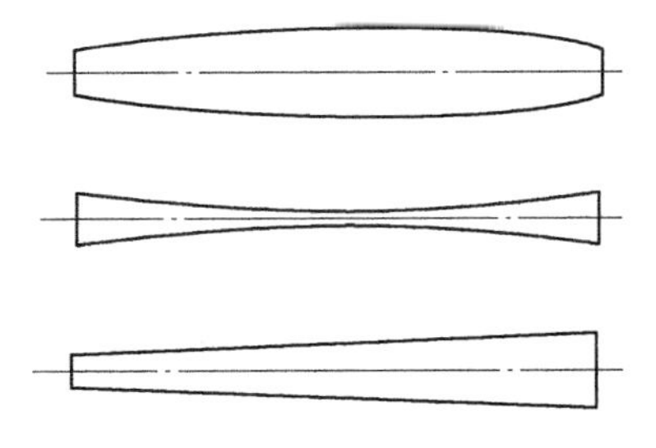

图 9-46　题 7 图二

8. 在车削加工前，工人常在刀架上装上镗刀，以修整自定心卡盘的工作面或花盘的端面（图 9-47），其目的是什么？试分析能否提高主轴的回转精度和减小轴向圆跳动。

9. 在磨削锥孔时，用检验锥度的塞规着色检验，发现只在塞规中部接触或在塞规的两端接触，如图 9-48 所示。分析造成误差的因素。

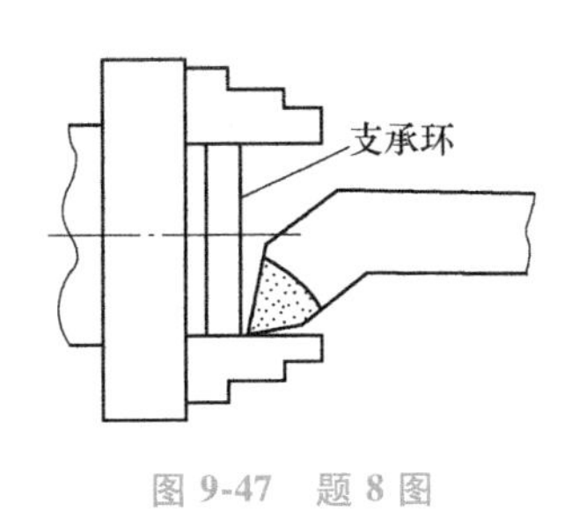

图 9-47　题 8 图

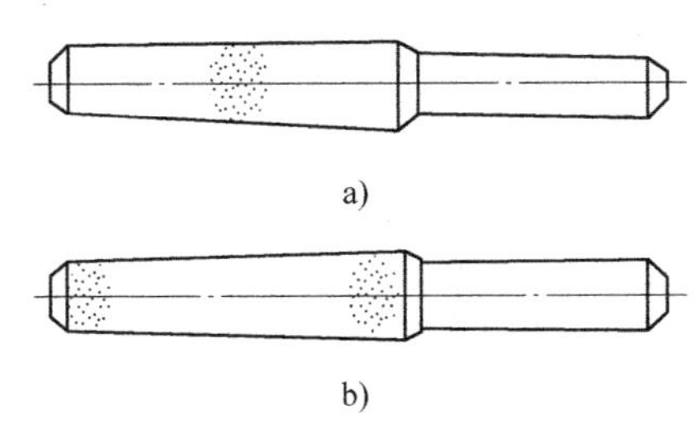

图 9-48　题 9 图

10. 磨削外圆时，使用固定顶尖（图 9-49）的目的是什么？哪些因素能引起外圆的圆度误差和锥度误差？

11. 磨削外圆时，若磨床前、后顶尖不等高（图 9-50），工件将产生什么样的几何形状误差？

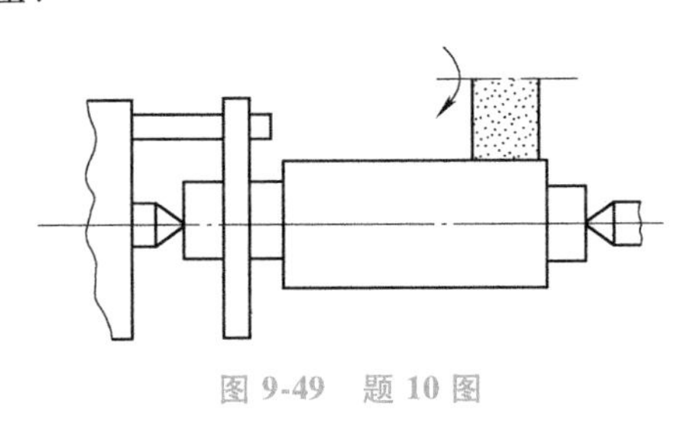

图 9-49　题 10 图

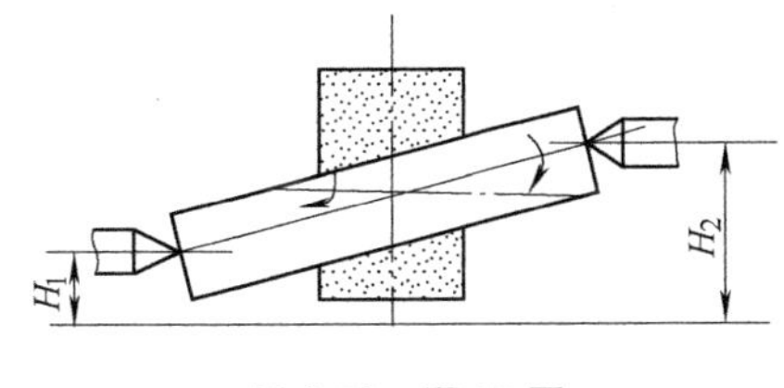

图 9-50　题 11 图

12. 车细长轴时，工人经常在车削一刀后，将后顶尖松一下再车削下一刀。试分析其原因。

13. 机械加工的表面质量包括哪些具体内容？其对机器的使用性能有何影响？
14. 什么是磨削烧伤？有哪几种形式？对零件的使用性能有何影响？
15. 影响表面粗糙度的因素有哪些？
16. 机械加工过程中引起强迫振动的振源有哪些？如何防止或减小强迫振动？
17. 控制自激振动的基本途径是什么？
18. 提高机械加工精度的途径有哪些？

大国工匠——洪家光

航空发动机是飞机的心脏，被誉为现代工业“皇冠上的明珠”，是衡量一个国家综合国力的重要标志之一。洪家光负责的是用于航空发动机的专用工装工具，这些工具精度要求非常高，洪家光对每一个微小尺寸都追求精益求精。

在一次加工精密工装工具时，恰巧当时掌握此项技术的师傅生病住院，洪家光就主动承担起这项任务。他在当时的车床无法满足加工要求的情况下，一项项改进，减小拖板与导轨的间隙，提高传动机构中齿轮间啮合的精度；原有的刀台抗振性不强，他就重做刀台；小拖板与导轨有间隙，他就想办法将小拖板固定……

几年时光，无数次尝试，洪家光与团队最终研发出一套用于打磨叶片成形砂轮的金刚石滚轮工具，被叶片加工厂使用后，加工叶片的效率和质量明显提升。

洪家光先后完成一系列工装工具技术革新，解决了一连串制造难题。以他名字命名的“洪家光劳模创新工作室”和“洪家光技能大师工作站”承担起了“传帮带、提技能”的职责。他以共产党员的责任与担当，带领工作室团队申报并授权30余项国家专利，完成创新和攻关项目、成果转化百余项。

洪家光的心中始终有一个“大国工匠梦”，他梦想的背后，是“航发人”代代传承的家国情怀：国为重、家为轻，择一事、终一生。

参考文献

[1] 黄金永. 传动轴制造 [M]. 2版. 北京：机械工业出版社，2017.
[2] 娄岳海. 主轴制造 [M]. 2版. 北京：机械工业出版社，2017.
[3] 孙学强. 机械加工技术 [M]. 2版. 北京：机械工业出版社，2018.
[4] 崇凯. 机械制造技术基础课程设计指南 [M]. 2版. 北京：化学工业出版社，2015.
[5] 邹青，呼咏. 机械制造技术基础课程设计指导教程 [M]. 2版. 北京：机械工业出版社，2018.
[6] 王明耀，李海涛. 机械制造技术 [M]. 3版. 北京：机械工业出版社，2021.
[7] 范思冲. 机械基础 [M]. 4版. 北京：机械工业出版社，2018.
[8] 黄云清. 公差配合与测量技术 [M]. 4版. 北京：机械工业出版社，2019.
[9] 李益民. 机械制造工艺设计简明手册 [M]. 2版. 北京：机械工业出版社，2022.
[10] 王先逵. 机械制造工艺学 [M]. 4版. 北京：机械工业出版社，2019.
[11] 张普礼. 机械加工设备 [M]. 北京：机械工业出版社，2017.
[12] 蔡厚道. 数控机床构造 [M]. 3版. 北京：北京理工大学出版社，2016.